U0254236

3D打印材料丛书
Series
on Materials
for 3D Printing

“十三五”国家重点出版物
出版规划项目

3D打印材料丛书

3D打印
无机非金属材料

沈晓冬 主 编
史玉升 伍尚华 张景贤 副主编

化学工业出版社
·北 京·

内容简介

《3D打印无机非金属材料》结合作者在无机非金属材料3D打印方面的研究经验与成果，从材料角度出发，系统介绍了陶瓷材料、胶凝材料、玻璃材料、型砂以及无机复合材料等各类3D打印无机非金属材料的制备、工艺原理以及应用等方面的基础理论与国内外最新研究进展。书中基于3D打印工艺及应用需求对所用材料制备方法、成形机制等的介绍有助于读者从材料制备全过程视角理解3D打印无机非金属材料、工艺和专用装备开发及产业应用存在的关键问题和发展方向。

本书可供从事3D打印材料研发、设计、生产、应用的科研、工程技术人员及相关部门管理人员参考阅读，也可作为大专院校材料、机械等专业本科生及研究生的教材。

图书在版编目（CIP）数据

3D打印无机非金属材料/沈晓冬主编. —北京：化学工业出版社，2020.12（2021.10重印）
（3D打印材料丛书）
“十三五”国家重点出版物出版规划项目
ISBN 978-7-122-37950-4

Ⅰ.①3… Ⅱ.①沈… Ⅲ.①立体印刷-印刷术-无机非金属材料 Ⅳ.①TTS853②B321

中国版本图书馆CIP数据核字（2020）第214431号

责任编辑：窦　臻　林　媛　　　　文字编辑：陈　雨
责任校对：王素芹　　　　　　　　装帧设计：尹琳琳

出版发行：化学工业出版社（北京市东城区青年湖南街13号　邮政编码100011）
印　　装：中煤（北京）印务有限公司
787mm×1092mm　1/16　印张16¼　彩插3　字数372千字　2021年10月北京第1版第2次印刷

购书咨询：010-64518888　　　　售后服务：010-64518899
网　　址：http://www.cip.com.cn
凡购买本书，如有缺损质量问题，本社销售中心负责调换。

定　　价：118.00元

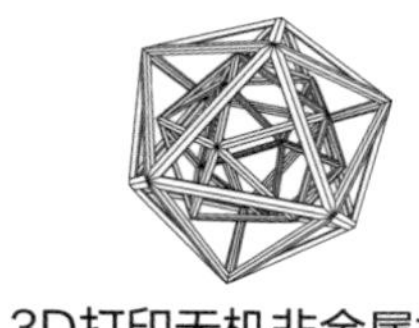

3D打印无机非金属材料
Inorganic
Non-metallic Materials
for 3D Printing

编 委 会

编写人员名单

主　　编：沈晓冬

副 主 编：史玉升　伍尚华　张景贤

参加编写人员：（按姓名汉语拼音排序）

范晓孟　赖建中　李　伶　李艳辉　刘　铁　马广义　马素花　马　涛

彭　凡　钱颖锋　沈春英　沈晓冬　史玉升　汤　兵　唐明亮　王晓钧

王振地　文世峰　吴东江　吴甲民　伍尚华　徐　博　殷小玮　张景贤

张强强　张　垠　张　宇　郑　海

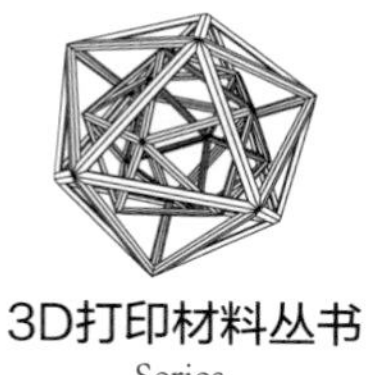

3D打印材料丛书
Series
on Materials
for 3D Printing

序

3D 打印被誉为催生第四次工业革命的 21 项颠覆性技术之一，其综合了材料科学与化学、数字建模技术、机电控制技术、信息技术等诸多领域的前沿技术。作为其灵魂的 3D 打印材料，是整个 3D 打印发展过程中最重要的物质基础，很大程度上决定了其能否得到更加广泛的应用。然而，3D 打印关键材料的“缺失”已经成为影响我国 3D 打印应用及普及的短板，如何寻找优质的 3D 打印材料并实现其产业化成了整个行业关注的焦点。

2017 年 3 月，中国工程院启动了“中国 3D 打印材料及应用发展战略研究”咨询项目，项目汇聚了中国工程院化工、冶金与材料工程学部联合机械与运载、医药卫生、环境轻纺等学部的 26 位院士，组织了全国 100 余位 3D 打印研究、生产领域及政府部门、行业协会的专家和学者，历时两年完成了本咨询项目。本项目研究成果凝练了我国 3D 打印材料及应用存在的突出问题，提出了我国 3D 打印材料及应用发展思路、战略目标和对策建议。

项目组紧紧抓住“制造强国、材料先行”这一主线，以满足重大工程需求和人民身体健康提升为牵引，对我国 3D 打印材料及应用近年来的一些突出问题进行了广泛调研。两年来，项目组先后赴北京、辽宁、江苏、上海、浙江、陕西、广东、湖南等省市同 3D 打印研究和制造的专家、学者开展了深入的交流和座谈，并组织项目组专家赴德国、比利时等 3D 打印技术先进国家考察调研。先后召开了 14 次研讨会，在学术交流会上作报告 100 余个，1000 余名专家学者、企业管理技术人员、政府官员参与项目活动，最终形成了一系列研究成果。

“3D 打印材料丛书”是“中国 3D 打印材料及应用发展战略研究”咨询项目的重要成果，入选“十三五”国家重点出版物出版规划项目。丛书共有五个分册，分别是《中国 3D 打印材料及应用发展战略研究咨询报告》《3D 打印技术概论》《3D 打印金属材料》《3D 打印

聚合物材料》《3D 打印无机非金属材料》。丛书综述了 3D 打印技术的基本理论、成形技术、设备及应用；根据 3D 打印材料领域积累的科技成果，全面系统地介绍了 3D 打印金属材料、聚合物材料、无机非金属材料的理论基础、生产制备工艺、创新技术及应用，以及 3D 打印过程中各类材料所呈现出的独特组织性能演变规律和性能调控原理；反映了本领域国内外最新研究成果和发展现状，并展望了 3D 打印材料和技术的发展趋势。

本丛书的出版，感谢中国工程院咨询项目的支持和项目组成员的共同努力。希望本丛书能为我国 3D 打印材料及其产业化应用起到积极推动作用，并为相关政府单位、生产企业、高校、科研院所等开展创新研究工作提供帮助。

中国工程院院士

周廉

2020 年 2 月

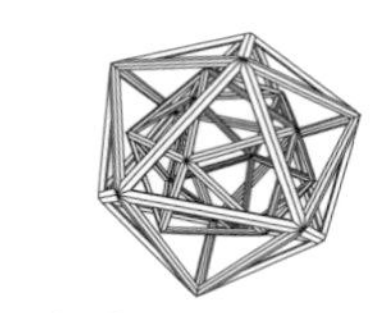

3D打印无机非金属材料
Inorganic
Non-metallic Materials
for 3D Printing

前言

3D打印作为第三次工业革命的代表性技术，是21世纪以来智能制造等领域关注的焦点，已经得到学术界和产业界的共同推动，并受到各国政府的重视与大力支持。无机非金属材料是三大类基础材料之一。理论上，所有的无机非金属材料都可以通过现有的3D打印工艺实现复杂制品的成形。虽然无机非金属材料是种类最多、产量和用量最大的基础材料，但是，无机非金属材料3D打印技术无论在专用装备和专用材料开发还是应用领域拓展等方面都较聚合物材料和金属材料滞后。这一方面是由于社会各界对无机非金属材料的3D打印未能给予足够重视，缺乏应用牵引；另一方面也是因为无机非金属材料的多样性和复杂性，且一般具有熔点高、脆性大和缺陷敏感性强等特点，导致其3D打印难度较大，需开展更深入的研究。

从材料体系分析，胶凝材料、陶瓷材料和玻璃材料仍然是现今无机非金属材料3D打印技术应用的主要材料体系。混凝土、石膏和骨水泥等无机胶凝材料，氧化铝陶瓷、氮化硅陶瓷以及碳化硅陶瓷等陶瓷材料以及硅酸盐玻璃材料等，都是较早研究并逐渐应用的无机非金属材料。另外，石墨烯材料的打印以及以碳纤维、玻璃纤维等为增强材料的复合材料等先进无机非金属材料的3D打印也正在受到越来越多的关注。针对不同打印工艺的专用材料是目前无机非金属材料3D打印的瓶颈，也是研究热点。

从打印工艺看，目前已有的几乎所有3D打印工艺都可适用于无机非金属的成形。特别是黏结剂喷射、挤出成形等工艺在无机非金属材料成形方面有极为广泛的应用。但是，相关专用装备开发滞后是无机非金属材料3D打印发展的一个制约因素。

从应用的广度与深度分析，无机非金属材料3D打印已经在文创、设计、建筑、医学以及部分高技术领域得到一定的应用。特别是在模具制造方面，砂型打印使得传统砂型制造得

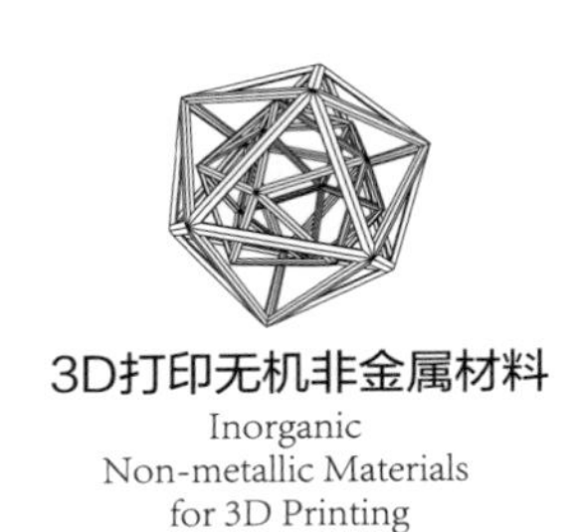

到质的改变，不仅砂型复杂结构的构建得到提升，而且在环保等方面也有明显改善。另外，3D 打印技术也为以无机非金属材料为主体的一体化器件成形、多材料打印等提供了可能。然而，目前无机非金属材料 3D 打印无论在应用的广泛性还是引领性、影响性等方面暂时还无法与聚合物材料和金属材料相比拟。

基于以上现状，本书从材料角度出发，介绍材料的性能、制备、成形和应用等，为行业专业人员和学生全面了解、系统学习无机非金属材料 3D 打印相关知识提供参考，以推动无机非金属材料 3D 打印的研究、应用与产业发展。

全书共 7 章，由沈晓冬担任主编，史玉升、伍尚华、张景贤担任副主编，负责拟定大纲和编写主要内容，唐明亮、吴甲民负责全书内容的整理。各章节编写分工为：第 1 章由沈晓冬、唐明亮编写；第 2 章由史玉升、伍尚华、吴甲民、沈春英、殷小玮、范晓孟、吴东江、马广义、张景贤、李伶、李艳辉、马涛编写；第 3 章由徐博编写；第 4 章由沈晓冬、唐明亮、赖建中、张垠、马素花、汤兵、郑海、王振地、张宇编写；第 5 章由钱颖锋、彭凡、文世峰、刘轶编写；第 6 章由张强强、王晓钧编写；第 7 章由沈晓冬、史玉升、伍尚华、张景贤、唐明亮、吴甲民编写。

本书多处引用了国内外文献，在参考文献中都标明了出处，在此向相关作者表示感谢。同时也感谢南京工业大学、江苏薄荷新材料科技有限公司和共享装备股份有限公司等单位给予本书出版的大力支持。另外，由于无机非金属材料 3D 打印还处于研究起步阶段，部分材料研究还较少，相关文献不多，本书也在多处首次引用了编写团队未发表的相关研究成果。

鉴于作者水平所限，书中难免有不妥之处，敬请各位专家、同行以及读者批评指正。

编　者

2020 年 4 月

目录
CONTENTS

第1章
绪论
1

第2章
3D打印陶瓷材料
11

第 1 章 绪　论

1.1　3D 打印无机非金属材料特性与分类

1.2　3D 打印无机非金属材料成形工艺概述

1.3　无机非金属材料 3D 打印技术的发展

1.4　3D 打印无机非金属材料应用

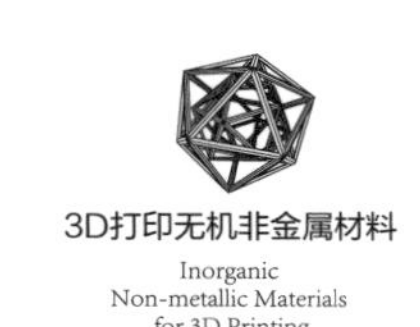

3D打印又称增材制造，是一种快速成形技术。它以数字模型为基础，通过逐层叠加方式实现物体三维形态的构造。由于3D打印技术在构造自由度、原材料利用率、复制精确性、个性化定制等诸多方面的优势，被认为是第三次工业革命最具代表性和标志性的生产工具[1]，在航空航天、生物医疗、工业设计、食品、教育文创和建筑工程等众多领域都具有广阔的应用前景。

随着计算机、自动控制以及新材料等领域技术的快速发展，三十多年来，3D打印新工艺和新装备不断涌现，3D打印技术的应用领域不断拓展，并在航天航空和文创设计等领域发挥越来越重要的作用。但是，打印速率慢、打印成本高等不足仍然制约着3D打印技术的快速推广与广泛应用。除了关键装备外，3D打印用材料已成为3D打印技术关键制约因素和发展瓶颈[2,3]。

材料是人类赖以生存和发展的物质基础，是当代文明的三大支柱之一，也是新技术革命的重要标志。3D打印材料是3D打印技术的关键支撑，它的特性在很大程度上决定了3D打印成形件的综合性能及成本[4]。无机非金属材料是三大材料体系之一，最早为人类所利用，具有高熔点、高硬度、耐腐蚀、耐磨损、高强度和良好的抗氧化性等优良性能，同时兼具良好的隔热性、透光性及铁电性、铁磁性和压电性等功能特性，在航空航天、生物医疗、国防、电子、建筑和铸造等领域有广泛应用。以无机非金属材料为主要成分的3D打印材料兼具以上特点，并且能够实现复杂制品的制备，必然是未来无机非金属材料开发、应用和3D打印技术研究的重点和热点。

1.1 3D打印无机非金属材料特性与分类

1.1.1 3D打印无机非金属材料特性

与金属和高分子等3D打印材料相比，无机非金属材料的3D打印有其鲜明特点：

① 材料种类多样，形态各异，大多数的无机非金属材料都可以通过3D打印工艺实现成形；

② 适用于无机非金属材料的3D打印工艺多，几乎目前所有的3D打印工艺都可以用于该类材料的成形。

1.1.2 3D打印无机非金属材料分类

3D打印无机非金属材料的分类方法主要有两种：一种从材料的形态进行分类，另一种从材料的组成进行分类。

(1) 按照形态分类

按照形态，3D 打印无机非金属材料可以分为：

① 粉体材料　打印所用材料为以具有一定粒度的颗粒形式存在的无机粉体材料，包括陶瓷粉体材料、水泥粉体材料、石膏粉体材料、玻璃粉体材料、型砂等。这些粉体颗粒的粒径从纳米级到毫米级不等，一般都直接用于黏结剂喷射（3DP）工艺、激光选区烧结（SLS）工艺、激光选区熔化（SLM）工艺等具有粉床铺粉过程的 3D 打印工艺。这些工艺都要求 3D 打印粉体材料具有较高的堆积密度和很好的流动性，这就相应对粉体颗粒的级配和形貌等提出比较严格的要求和标准。

② 浆体材料或膏体材料　主要包括以各种无机粉体材料调配成的具有一定黏度和流变性的浆体或膏体材料，如陶瓷浆料或膏料、玻璃浆料、水泥混凝土浆体等。这些材料主要用于光固化成形（SL）工艺、喷墨打印成形（IJP）工艺和挤出成形（EFF）工艺等 3D 打印工艺。这些工艺都具有材料铺展或者挤出的过程，因此浆体或者膏体需要具有低的黏度、好的流变性、分散性、稳定性以及较高的固相含量。这就对调配浆体材料所用的无机粉体颗粒组分的粒度大小、颗粒级配和形貌、有机组分特性、有机与无机组分之间的作用与结合特性等都有特定的要求。

③ 线材或片材　主要是由陶瓷粉末、玻璃粉末、纤维等无机材料与高分子材料等混合并成形的具有一定细度、厚度和长度的热塑性线状或片状材料。这些型材主要用于熔融沉积成形（FDM）工艺或分层实体成形（LOM）工艺，在型材固相含量、力学性能、热熔温度以及成丝特性等方面都对材料有严格要求。

(2) 按照材料分类

按照材料组成或特性，3D 打印无机非金属材料可以分为：

① 胶凝材料　具有一定胶凝特性，在物理、化学作用下，能从浆体变成坚固的硬化体，并能胶结其他物料，形成有一定机械强度制品的无机非金属材料。该类材料主要包括水泥基材料（包括硅酸盐水泥、硫铝酸盐水泥、铝酸盐水泥、磷酸盐水泥等）、石膏材料、镁质胶凝材料等。胶凝材料的流动性、凝结机制、凝结速率、凝结时间和凝固制品的微观结构及力学性能等都对 3D 打印工艺参数及打印制品性能等有重要影响。

② 陶瓷材料　这里主要指能够烧结成以晶相材料为主要组分的结构材料或功能材料所用的天然或人工合成的氧化物或者非氧化物无机非金属材料，如氧化铝陶瓷材料、氧化锆陶瓷材料等。大部分耐火材料也属于该类材料的范畴。对于 3D 打印陶瓷材料可以为粉体材料、浆体或膏体材料，也可以为线材或片材。除了 SLM 工艺外，3D 打印技术仅成形陶瓷坯体，还需经过烧结等热处理工艺。因此，除了打印工艺对所用陶瓷材料的流动性等成形性能有要求外，陶瓷坯体脱脂收缩性能、烧结性能等对所用陶瓷材料组成及颗粒特性等也有一定要求。

③ 玻璃材料　主要指 3D 打印玻璃制品所用的非晶态无机非金属固体材料，包括硅酸盐玻璃材料、硼酸盐玻璃材料、石英玻璃材料等。玻璃材料形态可以为粉体、块体，也可以为丝材。打印过程一般需通过高温熔化以挤出细丝成形。玻璃材料的软化点、成丝特性等是 3D 打印工艺关注的重点，是对所用玻璃材料的基本要求。

④ 复合材料　这里主要指用于 3D 打印的基体材料或者增强材料为无机材料的多组分组

成的混合材料，包括无机纤维增强的复合材料、无机颗粒增强的复合材料等。复合材料 3D 打印主要通过 EFF 工艺，大多需要预先制成线材。因此，除了复合材料内部各相结合特性之外，3D 打印工艺对材料的成丝特性、挤出特性等也有明确要求。

1.2 3D 打印无机非金属材料成形工艺概述

因为无机非金属材料种类很多，形态各异，性质也不同，因此，现有几乎所有 3D 打印工艺都可用于无机非金属材料的打印成形：

① 材料挤出成形（EFF）工艺　EFF 工艺是通过气压、活塞或者螺旋等各种方式将材料从喷嘴中挤出获得丝材并逐层叠加，获得预设结构坯体的 3D 打印工艺。该工艺具有成本低、设备维护简单等特点。该工艺适用性强，打印材料可以是线材也可以是浆料，能够实现胶凝材料、陶瓷材料、玻璃材料、复合材料等几乎所有无机非金属材料的打印成形。其中，FDM 工艺属于一种特殊的 EFF 工艺。

② 黏结剂喷射成形（3DP）工艺　利用微液滴喷射技术，在粉床上将黏结剂喷射在需要成形的位置形成薄层并逐层黏结固化获得三维实体。该工艺最大的特点是操作简单，成本不高，适用于大多数无机非金属粉体材料成形，如水泥粉体材料、陶瓷粉体材料、石膏材料等。3DP 工艺还有一个很大优势就是可成形尺寸大，大型砂型模具和建筑的 3D 打印都有采用该类工艺。由于黏结剂黏结强度较低，导致部件强度有限，并且黏结剂与粉体比例较高，导致 3DP 工艺难以获得固相含量和致密度高、力学性能优良的制品。

③ 激光选区烧结成形（SLS）工艺　SLS 工艺的原理是电脑控制激光束扫描粉床上的无机非金属材料粉末，当有机黏结粉末或有机包覆层经过熔化和重新凝固的过程后，无机粉末被黏结成坯体。打印所用粉末可以是无机粉末和有机黏结粉末组成的混合粉末，也可以是表面包覆有机材料的无机粉末。理论上，陶瓷制品、玻璃制品和砂型等无机制品的打印皆可采用此种工艺。黏结剂的类型、用量以及加入黏结剂后的陶瓷密度低、力学性能差等问题一直制约着该技术的发展，难以得到高精度、高强度、高致密度的无机制品。同时，由于以激光作为热源，打印设备造价和打印成本都比较高，后期维护相对复杂。

④ 光固化成形工艺　光固化成形工艺主要分为两种：立体光固化成形（SL）工艺和数字光处理成形（DLP）工艺。SL 工艺是利用特定波长的光照射含有光敏树脂的浆料，逐点固化，由点到线到面最终制备出坯体。DLP 工艺是在 SL 工艺基础上发展而来的，同样是利用光固化光敏树脂来实现成形，不同之处在于 DLP 工艺采用的是面曝光技术，打印效率高，

但是精度和打印尺寸受限。光固化成形工艺最早主要用于高分子树脂的成形。近几年，将无机陶瓷粉体与光敏树脂混合制成浆料，通过该工艺成形高精度、高固相含量的陶瓷坯体成为陶瓷材料 3D 打印的主流研究工艺。高固相含量、低黏度和高稳定性陶瓷浆料的配制是目前的研究热点和难点。

⑤ 激光选区熔化成形（SLM）工艺　SLM 工艺是无机非金属粉末在激光束的热作用下完全熔化，经冷却凝固而成形的一种工艺。该工艺是金属材料 3D 打印的主流工艺，但是理论上也可用于陶瓷制品的一次直接制备，免烧结工艺。但由于成形过程热应力很大，陶瓷制品产生裂纹是目前该工艺的研究难点。

⑥ 喷墨打印成形（IJP）工艺　IJP 工艺是含有非金属粉末的浆料直接由喷嘴喷出以沉积成构件的一种工艺。IJP 工艺具有成形原理简单、适用材料体系广、打印成本低、易产业化等优势，但要求粉末粒径分布均匀、浆料流动性好并且稳定性非常好。另外，喷墨打印头容易堵塞，对于高度不同和内部多孔的三维结构的打印成形比较困难。

⑦ 叠层实体制造成形（LOM）工艺　LOM 工艺是激光切割系统按照计算机提取的横截面轮廓线数据，将陶瓷流延片材切割出所需的内外轮廓，然后按照顺序进行叠加成形为三维实体的一种工艺。该工艺成形效率很高，无需支撑，但由于需将片材进行切割叠加，不可避免地产生大量材料浪费的现象，利用率较低。另外，该工艺不适合打印复杂、中空的零件，成形坯体各方向力学性能相差较大，层与层之间存在较为明显的台阶效应，最终成品的边界需要进行抛光打磨等后处理。表 1-1 为 7 种无机非金属材料 3D 打印工艺在材料、固化机制、成形及支撑方面的对比。

表 1-1　无机非金属材料 3D 打印工艺对比

打印工艺	EFF	3DP	SLS	SL/DLP	SLM	IJP	LOM
材料类型	膏体/线材	粉体	粉体	浆料/膏体	粉体	浆料	片材
固化机制	水化反应/热塑性	黏结剂黏结/水化反应	有机物熔融黏结	光固化反应	激光熔融	黏结剂黏结/水化反应	热压
成形尺寸	大	大	大	小	大	小	大
支撑	需要	不需	不需	需要	不需	不需	不需

1.3 无机非金属材料 3D 打印技术的发展

3D 打印技术是在 20 世纪 80 年代中期发展起来的一种快速成形技术。自 1986 年美国发明家 Charles Hull 注册 3D Systems 公司，并推出世界首台以光固化技术为基础的 3D 打印机 SLA-250 开始，3D 打印进入商业化时代。之后，1988 年 Dr. Scott Crump 发明了熔融沉积成形技术，1989 年 C. R. Dechard 发明了激光选区烧结技术，3D 打印技术进入快速发展阶段。

无机非金属材料 3D 打印技术与整体 3D 打印技术基本是同步发展的，在一些工艺发展过程中甚至具有主导作用。1989 年，激光选区烧结技术首次实现了陶瓷材料的 3D 打印[5]，1991 年美国人 Helisys 发明分层实体制造系统将陶瓷作为重要打印材料。1993 年，美国麻省理工学院的 Emanual Saches 发明了 3DP 打印技术并用于陶瓷材料和石膏材料打印。同年，Sachs 加入了等静压处理工艺实现了 Al_2O_3 陶瓷的 3DP 成形[6]。1995 年，Z. Corporation 公司开始开发基于 3DP 技术的打印机，并在 2005 年推出世界第一台基于石膏材料的高精度彩色 3D 打印机 Spectrum Z510。之后近十年，石膏材料都作为唯一能实现全彩打印的材料用于各个领域。至此，无机非金属 3D 打印主流工艺基本都已出现并逐渐得到应用。目前，无机非金属 3D 打印不仅在砂型打印、石膏模型打印方面具有不可替代的作用，并且陶瓷 3D 打印工艺不断增多，为无机非金属 3D 打印在功能材料领域的广泛应用提供了重要支撑。

1.4 3D 打印无机非金属材料应用

无机非金属材料应用广泛，3D 打印无机非金属制品同样在多个领域都有着巨大的应用价值和潜力。

1.4.1 生物医疗领域

鉴于石膏、羟基磷灰石、磷酸钙等无机非金属材料良好的生物相容性、可降解性、骨传导性、骨诱导性和耐磨性等特性，3D 打印技术在生物医疗领域有着广泛的应用，包括术前塑形、辅助肢具制备、骨植入或修复[7]、支架[8,9] 以及齿科应用等多个方面。图 1-1 为 3D 打印的磷酸钙颅段[10]。

1.4.2 设计领域

由于 3D 打印技术的无模制造特点，其在产品设计开发等方面有着很好的应用。特别是无机非金属材料中的石膏材料能够实现低成本的全彩打印，其在设计中的应用十分广泛，包

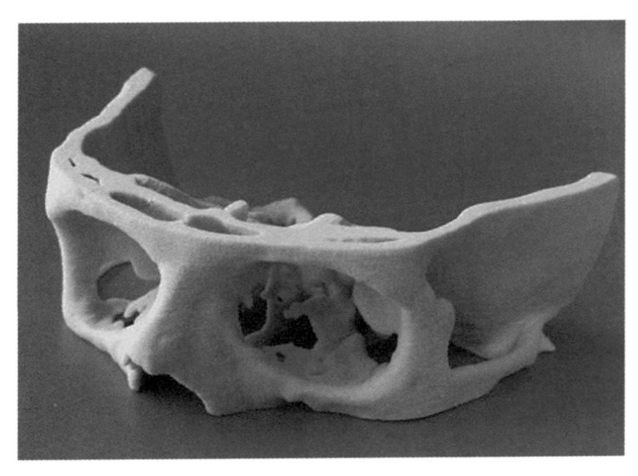

图 1-1 3D 打印的磷酸钙颅段

括无机非金属材料 3D 打印在内的 3D 打印技术在产品的原型设计、造型设计、迭代设计以及优化设计等各阶段都有应用需求。新型的加工工艺，不仅能够拓宽设计者的思维，活跃设计灵感，提升形体的自由度，提升对曲线折线的交叉、旋转、错落与更迭的应用，缩短开发周期，降低设计风险，实现功能最优化设计[11,12]。除了工业设计，3D 打印在文创设计领域也有重要应用，包括彩色模型、陶艺[13]、玻璃工艺品[14]、珠宝首饰的设计[15] 等，如图 1-2 中所示的无机非金属 3D 打印工艺品。另外，石膏彩色塑形在考古、地质勘探、地形地貌和采矿等方面应用也在不断推广。

(a) 3D打印陶瓷工艺品[16]

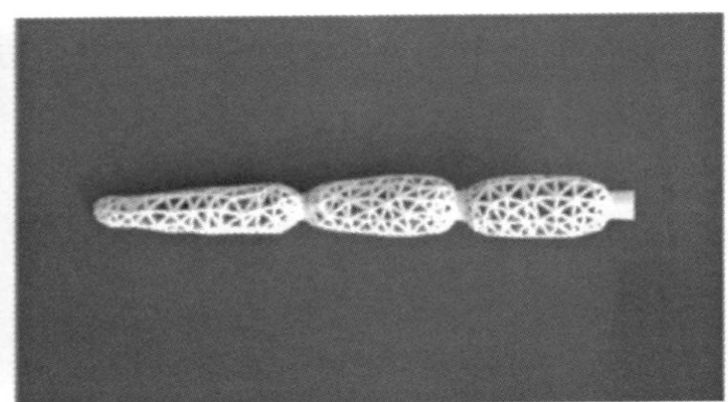

(b) 3D打印陶瓷首饰——莲藕吊坠《恋乡》[17]

图 1-2 无机非金属 3D 打印工艺品

1.4.3 模具制造领域

模具制造是目前 3D 打印技术一个重要应用领域，也是目前 3D 打印技术比较成熟的应用方向。3D 打印技术可以节约模具生产周期，降低制造成本，加快产品研发，实现最终产品定制化等[18]。无机非金属材料 3D 打印在模具领域的应用主要包括两个方面：一是砂型的 3D 打印[19]，二是石膏模具的 3D 打印。其中，3D 打印砂型已经得到比较广泛的市场应用，主要用于大型铸造用复杂模具的制备，其工艺包括黏结剂喷射 3D 打印砂型和激光选区烧结 3D 打印砂型[20]，如图 1-3 所示的 3D 打印砂型[19]。3D 打印石膏模具目前处于研发阶段，主要用于一些小型精密铸造，其利用的是黏结剂喷射 3D 打印工艺。

图 1-3 3D 打印砂型

1.4.4 建筑领域

3D 打印在建筑领域的应用已有多个示范工程[21]，主要有两种成形工艺：一种工艺是黏结剂喷射式（D-shape 工艺），另一种是挤压式（轮廓工艺）[22]。打印建筑的途径也有两种：一种是直接打印建筑主体结构，另一种是打印建筑的全部或部分构件然后进行拼装，类似于装配式房屋。这两种方式都从一定程度上改变了建筑的建造方式，有利于实现建筑设计师的奇思妙想，并且能够提高房屋的建造效率，节省人工和材料，实现绿色施工，实现建筑业的现代化[23]。但是建筑 3D 打印也存在很多的技术问题，如建筑寿命、力学性能等需要进行系统分析研究。3D 打印除了在陆地建筑有很大应用前景外，还有可能在水运工程中得到应用，如打印混凝土沉箱[24]等。

1.4.5 其他领域

除了以上以结构塑形为主的应用外，由于无机非金属材料的优异功能特性，使得其在高温领域、耐磨领域、光学领域[25] 和新能源领域[26] 等都有潜在的应用需求。

参考文献

[1] The Economist. A third industrial revolution. The Economist，2012，04，21st.
[2] 新材料产业编辑部. 材料仍是制约 3D 打印产业发展关键因素. 新材料产业，2019，2：1.
[3] 温斯涵，李丹. 3D 打印材料产业发展现状及建议. 新材料产业，2019，2：2-6.
[4] 陈双，吴甲民，史玉升. 3D 打印材料及其应用概述. 物理，2018，47（11）：715-724.

［5］ 房鑫卿. 3D打印技术的发展历程及应用前景. 轻工科技，2019，35（5）：77-78.

［6］ 陈维善. 浅谈典型无机非金属材料增材制造研究与应用. 中国金属材料通报，2018，6：179-181.

［7］ 刘玮玮. 磷酸钙基骨修复材料的仿生制备及其3D打印的研究. 成都：西南交通大学，2018.

［8］ Detsch R，Schaefer S，Deisinger U，Ziegler G，Seitz H，Leukers B. In vitro-osteoclastic activity studies on surfaces of 3D printed calcium phosphate scaffolds. Journal of Biomaterials Applications，2011，26（3）：359-380.

［9］ Tarafder S，Davies N M，Bandyopadhyay A，Bose S. 3D printed tricalcium phosphate bone tissue engineering scaffolds：effect of SrO and MgO doping on in vivo osteogenesis in a rat distal femoral defect model. Biomaterials Science，2013，1（12）：1250-1259.

［10］ Khalyfa A，Vogt S，Weisser J，Grimm G，Rechtenbach A，Meyer W，Schnabelrauch M. Development of a new calcium phosphate powder-binder system for the 3D printing of patient specific implants. Journal of Materials Science-Materials in Medicine，2007，18（5）：909-916.

［11］ Bingheng Lu，Dichen Li，Xiaoyong Tan. 3D Printing-perspective development trends in additive manufacturing and 3D printing. Engineering，2015，1（1）：85-89.

［12］ 尹光辉，陈杭，游俊. 3D打印技术在工业设计上的研究. 学科探索，2018，11：52-57.

［13］ 郭蔚，邓霞，曹阳. 3D陶瓷打印的工艺特点与艺术特征. 装饰，2016（3）：96-97.

［14］ Aaron Oussoren，Philip Robbins，Keith Doyle，et al. Digital Making：3D printing and artisanal glass production. NIP & Digital Fabrication Conference，2015，1：411-415.

［15］ 杨景周，李妍. 3D打印个性化陶瓷吊坠首饰. 宝石和宝石学杂志，2018，增刊：201-203.

［16］ 郭蔚，邓霞，曹阳. 3D陶瓷打印的工艺特点与艺术特征. 装饰，2016，275：96-97.

［17］ 杨景周，李妍. 3D打印个性化陶瓷吊坠首饰. 宝石和宝石学杂志，2018，增刊：201-203.

［18］ 肖婷，刘坚. 模具制造中3D打印技术的应用研究. 工业设计，2019（5）：154-155.

［19］ 马涛，李哲，程勤等. 3D打印技术在砂型铸造领域的应用前景分析. 现代铸铁，2019（2）：38-40，50-51.

［20］ 范兴平. 3D打印在模具制造中的应用展望. 粉末冶金工业，2018，28（6）：69-73.

［21］ Wu P，Wang J，Wang X. A critical review of the use of 3-D Printing in the construction industry. Automation in Construction，2016，68：21-31.

［22］ Behrokh Khoshnevis. Automated construction by contour crafting-related robotics and information technologies. Journal of automation in construction，2004，13（1）：5-19.

［23］ 肖绪文，马荣全，田伟. 3D打印建造研发现状及发展战略. 施工技术，2017，46（1）：5-8.

［24］ 陈明佳，何扬. 3D打印技术在水运工程中的探索. 中国水运，2018（12）：14-16.

［25］ John Klein，Michael Stern，Giorgia Franchin. Additive manufacturing of optically transparent glass. 3D Printing and Additive Manufacturing，2015，2（3）：92-105.

［26］ Zhibin Lei，Jintao Zhang，LiLi Zhang，et al. Functionalization of chemically derived graphene for improving its electrocapacitive energy storage properties. Energy & Environmental Science，2016，9（6）：1891-1930.

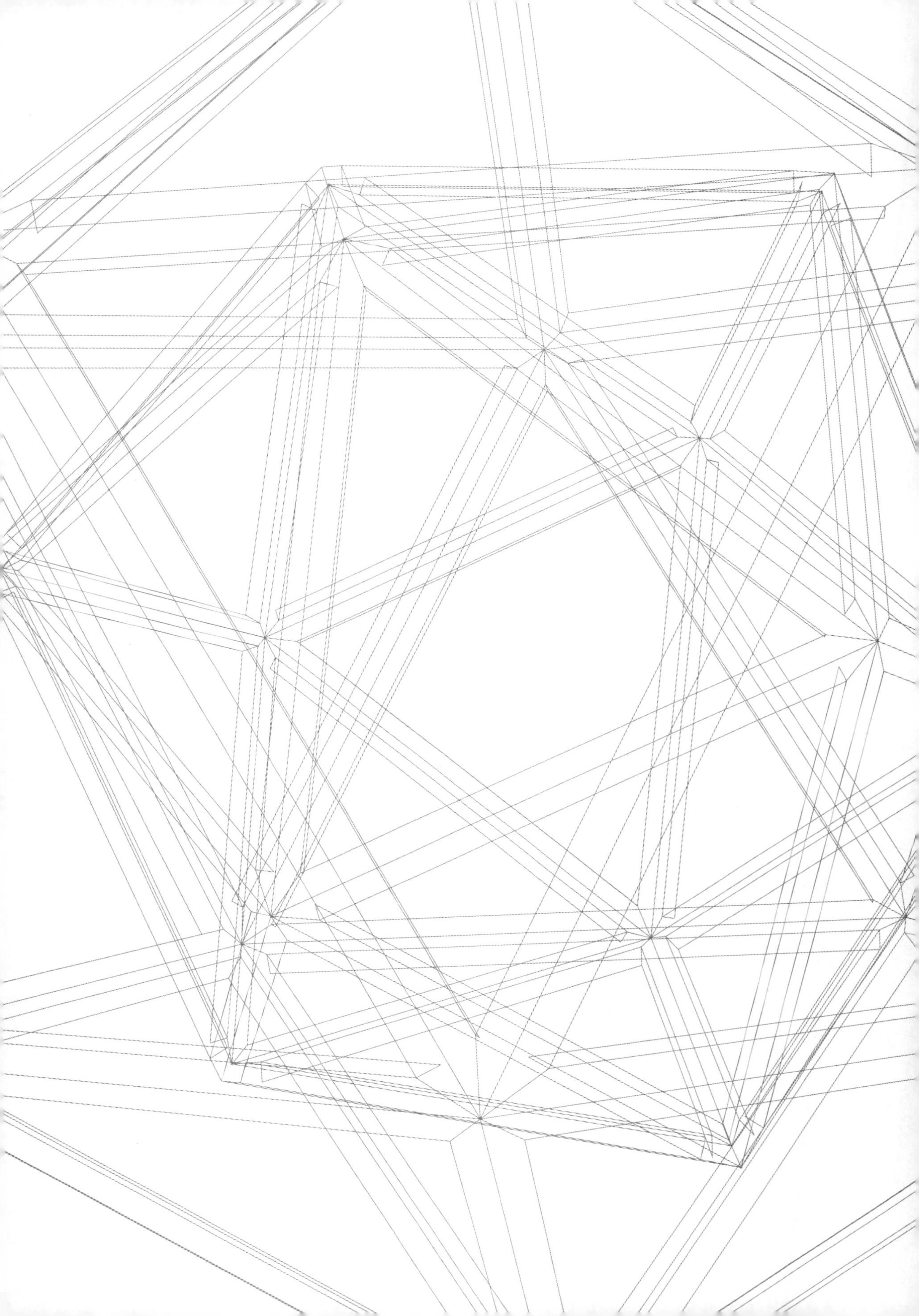

第2章
3D打印陶瓷材料

2.1　3D打印陶瓷原料与制备技术
2.2　激光选区烧结成形技术
2.3　光固化成形技术
2.4　三维喷印成形技术
2.5　激光选区熔化成形技术
2.6　其他成形技术
2.7　陶瓷3D打印技术的应用

陶瓷材料具有耐高温、耐腐蚀、高硬度等一系列优点，在航空航天、生物医疗、电子信息等领域具有广阔的应用前景。然而，陶瓷材料脆性大、硬度高，难以进行机械加工，这使得复杂结构陶瓷零件的制造成为一个难题。尽管人们提出了凝胶注模成形、直接凝固注模成形等多种胶态成形方法来制造复杂结构陶瓷零件，但这些方法均依赖模具，某些复杂结构陶瓷零件，甚至无法用上述方法制造。随着现代工业对复杂陶瓷零件的要求越来越高，如何制造复杂结构陶瓷零件成为了一个亟待解决的重要问题。3D打印技术可以无需模具制造各类复杂结构零件，已被成功应用于制造复杂结构高分子和金属零件。近年来，陶瓷3D打印技术也逐渐获得了人们的重视，人们对各类陶瓷3D打印技术进行了较为系统深入的研究，取得了一些研究成果。本章对3D打印陶瓷原料与制备工艺、各类陶瓷3D打印技术和陶瓷3D打印的应用等做了全面的论述。

2.1 3D打印陶瓷原料与制备技术

陶瓷3D打印中，除了采用天然矿物原料制备紫砂等艺术瓷外，研究最多的、较成熟的高性能陶瓷主要为Al_2O_3、ZrO_2、SiC、Si_3N_4陶瓷。使用的原料形态主要为陶瓷粉体、陶瓷丝材、陶瓷片材和陶瓷浆料/膏体；按组成分为氧化物陶瓷和非氧化物陶瓷，见表2-1。

表2-1 3D打印陶瓷材料分类

类别	氧化物陶瓷	非氧化物陶瓷
原料名称	Al_2O_3 ZrO_2 SiO_2等	SiC Si_3N_4等

除了以上原料外，用于3D打印的无机非金属材料还有砂子、石墨烯、碳纤维以及部分复合材料等以无机非金属材料为主体的3D打印材料，本章不将其列为研究对象。

3D打印成形技术所用各种原料形态如表2-2所示。

表2-2 3D打印成形技术所用陶瓷原料形态

技术	SLS	SL	DLP	3DP	SLM	EFF	DIW	FDM	LOM
原料形态	粉体	浆料	浆料	粉体/浆料	粉体	浆料/膏料	浆料/膏料	丝材	片材

从表 2-2 可以看出，3DP（三维喷印）、SLS（激光选区烧结）和 SLM（激光选区熔化）这三种成形技术，所用原料为粉体，要求粉体粒径尺寸小于 100μm，具有较好的流动性。SL（立体光固化）和 DLP（数字光处理）两种成形技术所用原料，是由陶瓷粉体、分散剂和其他外加剂组成的浆料，陶瓷粉体一般要求粒径尺寸小于 1μm，具有较窄的粒径分布，不发生团聚以及具有良好的流动性；SL 和 DLP 所用的陶瓷浆料固相含量一般需达到 40%～60%（体积分数），黏度小于 3000mPa・s。FDM（熔融沉积成形）技术要求丝材，陶瓷丝材要经过高温喷嘴熔化，所以对原料要求较高，除了满足基本的成形要求外，还要求原料具有一定的抗弯强度、抗压强度、抗拉强度和硬度。此外，为了保证最终零件的尺寸精度，还要求丝材陶瓷材料熔化后具有一定的黏度和流动性及较小的体积收缩。LOM（分层实体制造）技术要求片材，片材陶瓷厚度一般几十微米，一般由陶瓷粉体经过流延成形获得。EFF（挤出成形）和 DIW（墨水直写成形）技术要求高固相含量的浆料或膏料，经由喷头挤出，成形出想要的陶瓷坯体形状，随后固化成形。

2.1.1 3D 打印陶瓷粉体的制备方法

无论是浆料、膏料、线材还是片材，陶瓷粉体都是其中最为重要的组成部分，所以具有高纯度、高均匀性、高分散性以及粒径可控的陶瓷粉体的制备是关键技术之一。目前常用的陶瓷粉体制备方法分为三大类：固相法、液相法和气相法。

固相法常用盐类热分解法、自蔓延合成法和碳热还原合成法三种，它们的技术过程及优缺点见表 2-3。

表 2-3 固相法制备陶瓷粉体

方法	技术过程	优点	缺点
盐类热分解法	对盐类直接加热分解	① 技术简单； ② 成本低	① 易团聚； ② 要求原料纯度高； ③ 复合粉体均匀性差
自蔓延合成法	对具有放热反应的反应物外加热源点火而启动反应，并形成燃烧波传播下去，反应极快	① 能耗低； ② 效率高； ③ 可合成多种陶瓷粉体	① 反应难以控制； ② 复合粉体制备困难
碳热还原合成法	以无机碳作为还原剂所进行的氧化还原反应	① 制备非氧化物粉体； ② 技术简单； ③ 成本低	① 反应时间较长； ② 粉体粒径较大

液相制备法（即湿化学法）主要用于氧化物陶瓷粉体的制备，主要包括溶剂蒸发法、化学共沉淀法和其他方法（水热法、溶胶-凝胶法），表 2-4 为常用液相法的比较。

表 2-4　液相法制备陶瓷粉体

方法		技术过程	优点	缺点
溶剂蒸发法	直接蒸发法	直接加热蒸发溶剂，使溶质过饱和析出，然后烘干煅烧	① 技术简单； ② 成本低	① 有严重的硬团聚体； ② 复合粉体化学均匀性差
	喷雾干燥法	利用喷雾干燥器将溶液或浆料分散成＜300μm 的小液滴并迅速加热将溶剂蒸发，最后煅烧得到陶瓷粉体	① 成分均匀性较好； ② 可避免团聚体尺寸过大，强度过硬； ③ 烧结性能较好	① 仍有团聚体； ② 对喷雾条件敏感，质量不稳定
	冷冻干燥法	首先对浆料或共沉淀胶体经雾化喷嘴喷到液氮中快速冷冻，然后在真空中升华干燥，经煅烧得到陶瓷粉体	① 由于冰升华不存在水的表面张力，防止了硬团聚体的形成； ② 成分均匀性好； ③ 产量大	设备投资大，成本高
化学共沉淀法		首先配制含可溶性金属离子的盐溶液，然后加入过量沉淀剂形成不溶性化合物沉淀，再经水洗、过滤、干燥和煅烧得到陶瓷粉体	① 纯度高； ② 成分均匀可控； ③ 粒度小且分布窄	① 易形成硬团聚体； ② 粉体成分不稳定； ③ 水洗过滤使粉体回收率降低
水热法		在高压釜中，金属或金属化合物在一定温度和压力下与水发生反应直接生成金属氧化物粉体	① 不需进行前驱体热分解，可直接结晶出氧化物粉体； ② 团聚少，粒径小，分布窄，外形可控； ③ 烧结活性高	① 反应条件苛刻； ② 成本高； ③ 难以制备复合粉体
溶胶-凝胶(sol-gel)法	传统胶体型溶胶凝胶法	通过对化学共沉淀反应的仔细控制，使初始形成的尺寸小于 100nm 的小微粒不团聚为大颗粒沉淀，从而直接得到胶体溶液，经凝胶固化、干燥、煅烧得到陶瓷粉体	① 具有化学共沉淀法的优点，但粉体尺寸更细小； ② 可制备出粉体、薄膜、纤维等多种形状的陶瓷材料； ③ 成本低	具有化学共沉淀法的缺点，关键仍然是防止硬团聚体的形成
	无机聚合物型溶胶凝胶法	即金属醇水解法，是利用金属醇盐的水解、聚合反应得到无机高分子聚合体，其颗粒尺寸(2～5nm)处于溶胶范围内，经凝胶固化、干燥、煅烧即得到所需粉体	① 纯度高； ② 组成易控制，化学成分均匀； ③ 颗粒尺寸小，分布范围窄； ④ 团聚轻，活性高； ⑤ 可制备多形状	① 原料昂贵； ② 技术复杂，不便操作； ③ 成本高
	配合物型溶胶凝胶法	将某种配合剂与金属离子反应生成可溶性配合物，经缓慢蒸发溶解得到溶胶、凝胶，再经干燥、煅烧得到陶瓷粉体	① 具有传统 sol-gel 法的优点； ② 成分均匀可控； ③ 可用无机盐作原料； ④ 成本低； ⑤ 可制备含碱金属或碱土金属的多组分复合粉体	① 凝胶易吸潮； ② 凝胶含盐类杂质较多，热分解过程复杂； ③ 团聚严重

气相法制备陶瓷粉体主要包括以下三种方法：

① 气相沉积法，由于不同组分的蒸气压不同，制备多组分复合粉体困难；

② 气相分解法，所需组分均存在于同一起始原料中，经气相分解反应即可制得所需粉体，化学均匀性难以得到保证；

③ 气相反应法，经等离子或激光直接加热，使气体组分之间发生反应得到所需的陶瓷粉体。

气相法制备的粉体颗粒很细，且无硬团聚，可制备多种陶瓷粉体；但制备多组分复合粉体的难度大，设备投资大，制粉成本高。

目前，采用粉体作为打印原料的陶瓷3D打印成形技术主要包括SLS（激光选区烧结）、间接3DP（间接三维喷印）和SLM（激光选区熔化）。SLS技术用陶瓷粉体的制备方法主要包括机械混合法和覆膜法。SLS技术用粉体要根据粉体材料的热吸收性、热传导性、粒径及其分布、颗粒形状、堆积密度以及流动性等物理特性来进行选择，主要包括各类氧化物陶瓷粉体（如Al_2O_3、ZrO_2、高岭土等）和非氧化物陶瓷粉体（如Si_3N_4、SiC等）；间接3DP技术则要求无明显团聚的陶瓷粉体作为原料，并尽可能地选择球状颗粒，通常采用Al_2O_3、ZrO_2、MgO、Si_3N_4、SiC等氧化物和非氧化陶瓷粉体；SLM技术用陶瓷粉体的制备方法主要有粉碎法、喷雾干燥法和高温等离子体法等，其陶瓷粉体粒度、分布、颗粒形状和流动性对SLM成形具有关键性影响，主要包括ZrO_2、Al_2O_3、SiO_2、Si_3N_4、TiC、SiC、莫来石等。

2.1.2 3D打印陶瓷浆料的制备方法

2.1.2.1 3D打印常用陶瓷浆料流变曲线

浆料3D打印时，先把陶瓷粉体加水或其他溶剂，制成可流动的浆料。获得高固相含量、低黏度的浆料，使其具有好的流动性和稳定性对成形技术和陶瓷质量影响很大。3D打印膏料一般要求固相含量大于50%（体积分数），黏度≤10Pa·s，粒径≤1μm；浆料一般要求黏度≤1Pa·s，固相含量大于50%（体积分数）。3D打印常用的原料有氧化铝（Al_2O_3）浆料、氧化锆（ZrO_2）浆料、碳化硅（SiC）浆料等。它们的流变曲线如下。

图2-1为碱性条件下不同固含量Al_2O_3浆料的流变曲线。可以看出：碱性浆料在低的

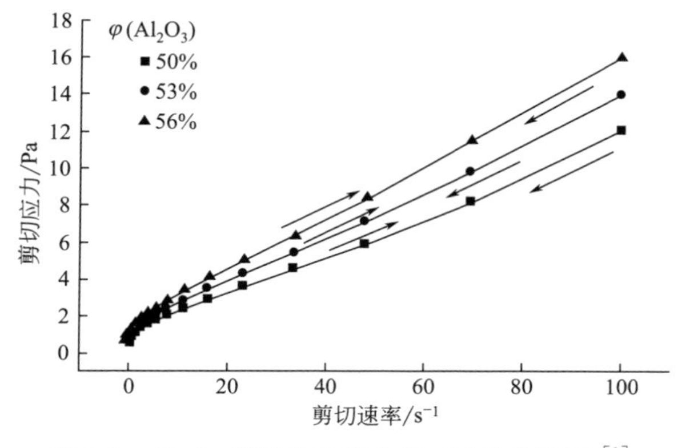

图2-1 Al_2O_3浆料的流变曲线（碱性条件下）[1]

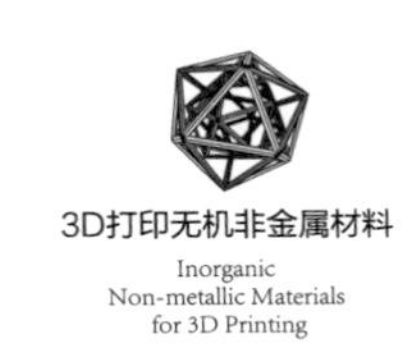

剪切速率（$<100s^{-1}$）时，表现为剪切变稀，即随着剪切速率增加，浆料黏度下降[1]。

图 2-2 为 ZrO_2 固相含量为 50%（体积分数）时，分散剂添加量为 0.5%，各种 pH 值时浆料流变曲线。由图可知，不同 pH 值的浆料，随剪切速率增加，黏度下降[2]。

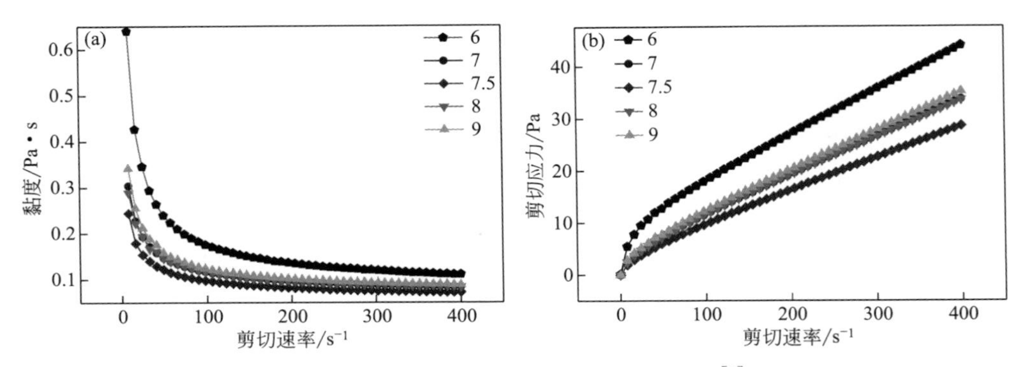

图 2-2　不同 pH 值时 ZrO_2 浆料流变曲线[2]

（a）剪切速率-黏度曲线；（b）剪切速率-剪切应力曲线

图 2-3 是固相含量为 40%（体积分数）的 SiC 浆料的流变性能[3]。由图 2-3(a) 可见，剪切应力和剪切速率之间没有呈现正比的关系，根据浆料在恒剪切速率下的流变曲线模型，可以判断 SiC 浆料为剪切变稀型非牛顿流体。

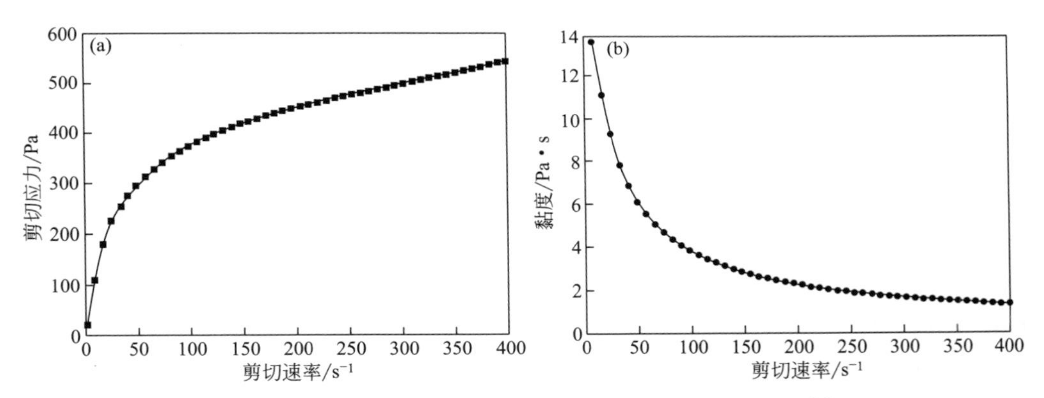

图 2-3　固相含量 40%（体积分数）的 SiC 浆料流变曲线[3]

（a）剪切速率-剪切应力曲线；（b）剪切速率-黏度曲线

对于陶瓷浆料来说，浆料通常在较宽的固相浓度范围和较宽的剪切速率范围内表现出复杂的非牛顿流体行为。一般情况下，浆料在很低及很高的剪切速率下表现出牛顿流动特性，而在中间相当宽的剪切速率范围内表现出剪切变稀或剪切增稠的特性。

2.1.2.2　流变性能影响因素

影响浆料流变性能的因素很多，主要有浆料的 pH 值、分散剂的种类和用量、固相含量、粉体本身的性质等。

(1) pH 值的影响

pH 值是影响浆料黏度的重要因素之一。从静电稳定的角度出发，在溶液中，胶团离子带同种电荷，同种电荷相互排斥，ζ 电位的绝对值越大，胶团间的排斥力越大，胶团在溶液中分散性越好，黏度越低。pH 值可影响颗粒的 Zeta 电位（ζ 电位），因而影响其流动性和稳定性。图 2-4 是 Al_2O_3 浆料颗粒的 ζ 电位及黏度与 pH 值的关系。由图中可见，pH 值为 3 和 12 时，颗粒 ζ 电位分别达到最大正值和负值，根据 DLVO 理论，ζ 电位绝对值越大，颗粒间的静电排斥力越大，浆料越稳定，这时体系的稳定性和流动性都很好；而 pH 值在 9 左右时，ζ 电位为 0，体系不稳定，流动性最差。

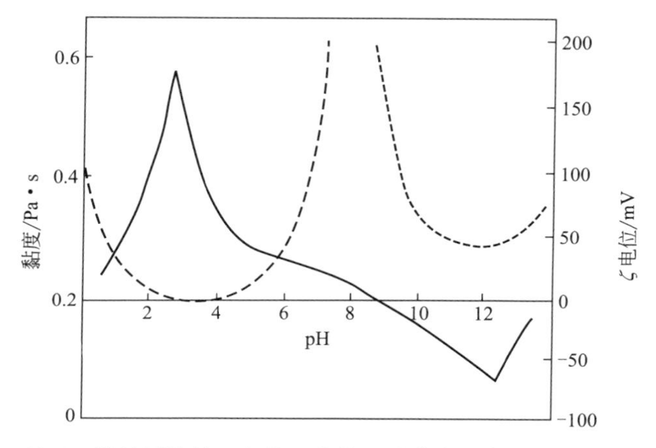

图 2-4　Al_2O_3 浆料颗粒的 ζ 电位（实线）及黏度（虚线）与 pH 值的关系

许海仙等[2] 研究了纳米 ZrO_2（一次粒径 80～100nm）粉体的 ζ 电位与 pH 值的关系，见图 2-5。由图可知没有添加分散剂的 ZrO_2 粉体的等电点约为 3.5，随着 pH 值的增加，粉体 ζ 电位绝对值接近 40mV，pH>8 时，制备的浆料黏度低、稳定性好。

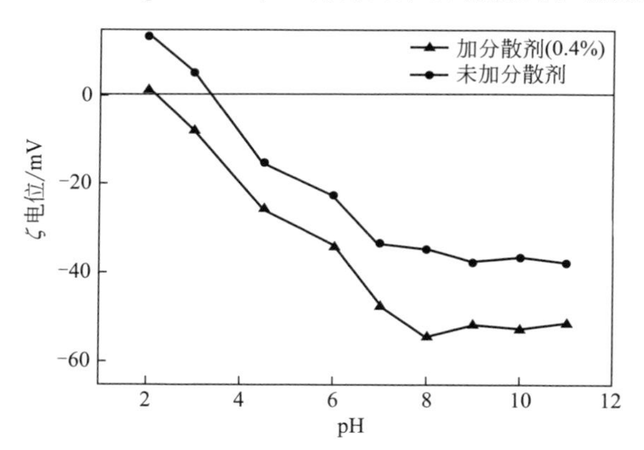

图 2-5　ZrO_2 浆料 ζ 电位与 pH 值的关系[2]

SiC 浆料 ζ 电位与 pH 值的关系见图 2-6。图中可见，在 pH 值为 2～4 时，ζ 电位的绝对值小于 10mV。当浆料的 pH 值在 10 左右，ζ 电位达到最小值，绝对值达到 54mV，此时有较好的分散性。

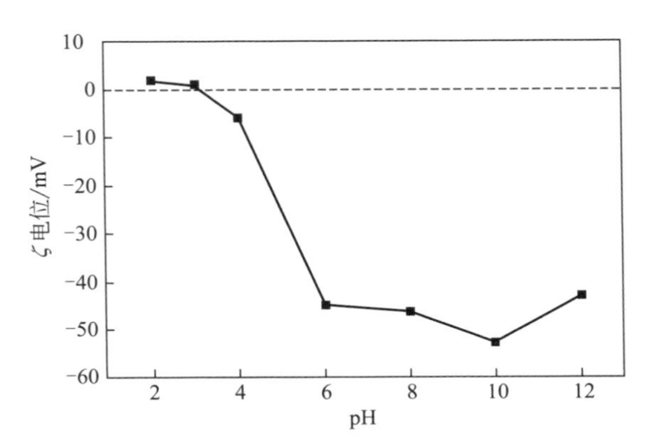

图 2-6　SiC 浆料 ζ 电位与 pH 值的关系

Si_3N_4 浆料的 ζ 电位与 pH 值的关系如图 2-7 所示。图中可见，Si_3N_4 浆料等电点在 5.6 左右。当料浆 pH 值为 10 时，其 ζ 电位有较大负值，绝对值大于 35mV，此时有较好的分散性。

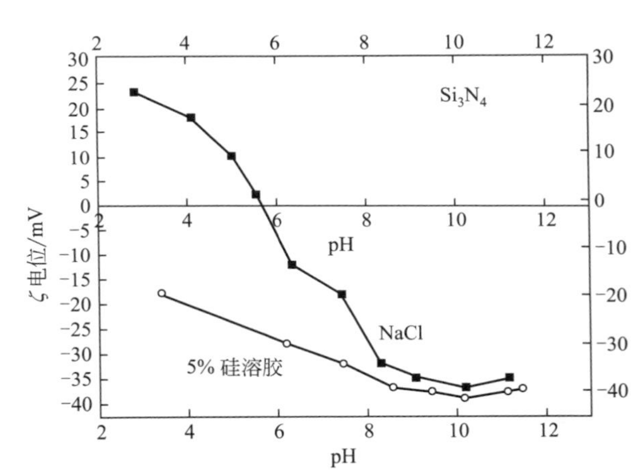

图 2-7　Si_3N_4 浆料 ζ 电位与 pH 值的关系

(2) 分散剂的影响

为了制备低黏度、高固相含量的浆料，一般在陶瓷浆料的制备过程中加入分散剂。分散剂一般为高分子聚电解质，它的一端吸附在颗粒表面，另一端则延伸到分散介质中，在颗粒之间形成一道阻挡层，阻止颗粒发生碰撞、聚集和沉降。

(3) 表面活性剂的影响

利用表面活性剂对浆料颗粒进行表面改性，制备所需浆料。例如制备油性浆料时，将 Al_2O_3 加入到油酸中，Al_2O_3 吸附油酸后变为亲油颗粒，能很好地分散在液体石蜡中，形成流动性很好的油性浆料。

(4) 固相含量的影响

为了减小产品收缩和避免变形、开裂等缺陷的产生，应尽量提高浆料中粉体的比例，浆料的固相含量一般应大于 50%（体积分数），但随着固相含量的增加，黏度会急剧增加。随着浆料固相体积分数的提高，意味着溶剂的减少，颗粒间距减小，范德华引力增大，颗粒间的总位垒降低，颗粒在热运动下的碰撞频率增加，浆料黏度上升，同时由于颗粒间的相互碰撞容易发生聚沉。

(5) 粉体性质的影响

粉体的形状、粒径和粒度分布对浆料的流变性能会产生很大的影响。球形颗粒的需水量较小，自身旋转运动产生的阻力小，而不规则的颗粒会吸附更多的水，颗粒旋转运动产生的阻力大，从而使系统的黏度增加。

图 2-8 展示了 Al_2O_3 和 ZrO_2 质量比为 3∶1 时，Al_2O_3 颗粒级配对浆料流变性能的影响。图中 Al_2O_3-I（A_0）中位径 1.76μm，Al_2O_3-I（A_1）中位径 0.61μm，两种 Al_2O_3 粉料以不同的质量比进行颗粒级配，制备固相含量为 50% 的 ZTA 浆料的流变曲线。当 Al_2O_3-I（A_0）和 Al_2O_3-I（A_1）的质量比为 0∶5 或 1∶4 时，即浆料中以细颗粒为主要组成部分，细颗粒的比表面积较大，颗粒表面溶剂的吸附量较多，在相同固相体积分数下，浆料中的自由溶剂体积减小，浆料黏度增加，流变性能变差；其次，细颗粒的范德华引力较大，颗粒间易产生团聚，导致颗粒沉降。

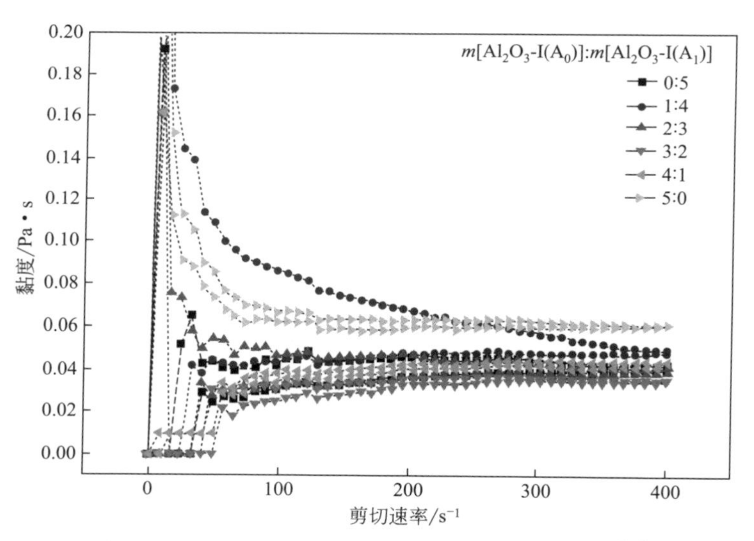

图 2-8 Al_2O_3 颗粒级配对 ZTA 浆料流变性的影响[8]

当 Al_2O_3-I（A_0）和 Al_2O_3-I（A_1）的质量比由 0∶5 增至 3∶2 时，随着粗颗粒的加入，浆料黏度逐渐降低，并在 3∶2 时浆料的黏度达到最低，此时浆料的流变性达到最佳。当 Al_2O_3-I（A_0）和 Al_2O_3-I（A_1）的质量比由 3∶2 增至 1∶4 时，即粗颗粒继续增加，浆料的黏度又会增大。因此，浆料制备时可通过粗细颗粒调配，达到降低浆料黏度，提高浆料固相体积分数的效果。

(6) IJP 成形技术用陶瓷浆料特殊要求

除了以上浆料要求的性能外，IJP 成形浆料（陶瓷墨水）还应具有以下三方面的流变特性：

① 在低剪切速率时具有较高的黏度，以防止储存时浆料沉淀；

② 剪切降黏，有利于打印成形；

③ 打印成形后能恢复网架结构，使黏度升高，防止变形。

即 3D 打印的陶瓷墨水应具有假塑性的流变特性，在加压打印时，低黏度有利于陶瓷墨水喷出，一旦打印成制品后，黏度增大，有利于陶瓷坯体的定形。通常，陶瓷浆料本身不具备上述特性，需借助流变剂的功能。

3D 打印中对浆料的流变性能研究得不多，下面以具有假塑性特性的涂料为例进行说明。涂料主要成分为成膜物质、颜料和助剂，各配方流变曲线见图 2-9。

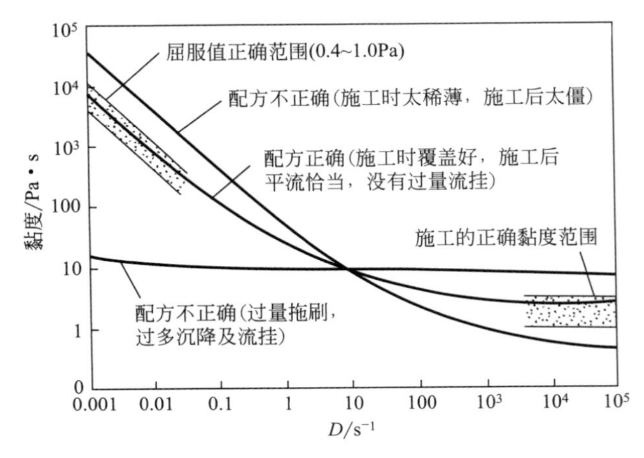

图 2-9　涂料各配方的流变曲线

黏度随剪切速率的变化速度对打印质量影响很大，恢复太慢，施工后的流平性好，但流挂现象严重；恢复太快，流平性不好，但不发生流挂。所以结构的恢复速度要适中，既保证不发生明显流挂，又要保证流平性好，才是最佳的配方。此时，屈服值为 0.4～1.0Pa，施工时的黏度为 1Pa·s 左右。

另外，光固化成形所需陶瓷浆料大多采用精细陶瓷粉体，通过机械分散法制得；用于 LOM 成形技术的陶瓷片材常用的制备方法为流延成形法，见图 2-10 示意图。

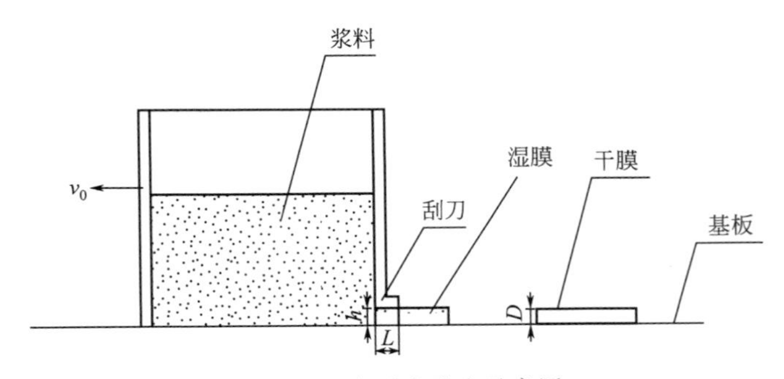

图 2-10　流延成形法示意图

除了上面所述浆料的制备技术外，还有将陶瓷粉与黏结剂直接混合、将黏结剂覆在陶瓷颗粒表面、制成覆膜陶瓷、将陶瓷粉体进行表面改性后再与黏结剂混合等方法。

2.1.3 3D打印陶瓷丝材的制备方法

丝材主要作为FDM技术的原材料。在此工艺中，将陶瓷粉与高分子黏结剂混合制备细丝是关键，需要合适的黏度、柔韧性、弯曲模量、强度和结合性能等。通过挤制工艺使陶瓷-高分子复合原料形成的细丝来成形三维立体的陶瓷坯体。目前已开发出制备丝材专用的热塑性结合剂，主要有ABS、PLA、聚己内酯、聚碳酸酯和聚酰胺[4]，也有高抗冲聚苯乙烯[5]和聚对苯二甲酸丁二醇酯[6]用于3D打印的报道。其中PLA是一种具有高强度、生物相容性和可降解的环境友好材料，广泛应用于食品工业和机械制造[7]。

周运宏等[8]利用PBS/PLA/滑石粉制备3D打印线材，从中发现PLA的加入明显降低了PBS/PLA/滑石粉复合材料的结晶温度，出现PLA和PBS的结晶共存。PBS/PLA/滑石粉复合材料的复数黏度、储能模量和损耗模量均随PLA含量的增加而增大，体系表现出刚性后，减少打印过程中的塌陷，有利于提高试样的精度。

2.1.4 3D打印陶瓷片材的制备方法

片材主要作为LOM技术的原材料。在LOM生产过程中，原材料的性能决定了成形后坯体和烧结体的性能，较好的柔韧性便于连续加工，较高的强度则可以保证切割和叠层时的顺利进行，同时能经受热压辊的碾压作用而不致开裂。好的叠加性能和烧结活性便于生产出较高致密度和强度的烧结体。实现较低温度下流延片叠层制造的前提是热熔胶特性、黏结剂特性和流延片表面形貌等因素。因此，合适的流延膜材料是实现LOM技术的关键。

流延法（tape casting），也称刮刀法，是一种用来制备大尺寸、薄平面陶瓷材料的重要成形方法，也是一种较为先进成熟的成形工艺。相对于轧膜法和干压法，流延成形具有以下优点：与干压相比，劳动强度小，材料利用率高，材料性能更为稳定一致；所用原材料和设备价格低廉，制作成本低，生产效率高，适于工业化生产，可连续操作；工艺设计灵活，流延浆料的配比和工艺参数都可以根据所需产品性能的不同进行灵活调整；因薄材呈二维平面分布，材料缺陷尺寸小；能廉价制备单相或复相陶瓷膜。

(1) 非水基流延成形

在非水基流延工艺生产中，乙醇、甲苯、二甲苯等是常用的溶剂。通常有机溶剂表面张力比水小得多，所以颗粒粉体在有机溶剂中比水中的润湿性好。在实际工业化生产中采用较多的是混合溶剂，主要是二元或三元共沸体系。与单一溶剂相比，混合溶剂对有机添加剂（黏结剂、塑化剂等）的溶解性更好，沸点低，并能以恒定的组分挥发。

非水基流延成形工艺过程包括浆料制备、球磨、脱泡、流延、干燥、剥离等工序。通常是在有机溶剂中将陶瓷粉体与分散剂、黏结剂、塑化剂等混合，形成均匀分散、稳定悬浮的浆料。成形时由刮刀高度控制流延膜厚度，浆料从料斗槽底部流至基带上，基带与刮刀相对运动形成流延素坯，在表面张力的作用下形成的上表面光滑均匀。待溶剂蒸发，有机添加剂在陶瓷颗粒间形成网络结构，得到具有一定柔韧性和强度的素坯，干燥后的流延膜从基带剥离卷轴待用，最终经烧结得到陶瓷制品[9]。

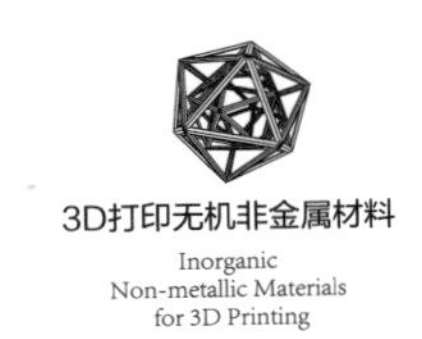

(2) 水基流延成形

水基流延成形工艺使用水基溶剂，因此在各流延工序上与非水基流延成形工艺不同。在水基流延成形工艺中，由于水是极性分子，在浆料中加入分散剂、黏结剂、塑化剂等有机添加剂时，需考虑水分子与有机添加剂的相容性问题。因此，在添加剂的选择上，需选择水溶性或者能够在水中形成稳定乳浊液的有机物以确保得到稳定悬浮的浆料，同时使分散剂的用量尽可能少，在保证流延膜具有一定柔韧性和机械强度前提下使黏结剂、塑化剂等有机物的用量尽量少。

水基流延成形具有价格低廉、无毒性、原料不易燃等特点，但此工艺也面临一些问题：所需的黏结剂浓度高；蒸发速率低，膜片干燥困难；氢键引起陶瓷粉体团聚导致絮凝；浆料对工艺参数变化敏感，不易成形表面致密光滑的流延膜片；缺陷引起应力集中，导致烧结时产生开裂[10,11]。

2.2 激光选区烧结成形技术

2.2.1 激光选区烧结成形技术用原材料与制备

陶瓷材料具有熔点高、缺陷敏感性强等特点，很难实现激光直接烧结，因此目前通常将陶瓷粉体混合或包覆低熔点黏结剂，然后通过激光选区烧结（SLS）技术成形，激光熔化黏结剂以实现逐层黏结，从而制出陶瓷坯体，随后通过排胶去除黏结剂、高温烧结致密化等后处理过程，获得陶瓷零件[12]。下面将对常见的 SLS 用原材料及其制备方法进行介绍。

2.2.1.1 激光选区烧结成形技术用陶瓷粉体和黏结剂

用于 SLS 成形技术的材料广泛，选择 SLS 用陶瓷材料时，要考虑粉体材料的热吸收性、热传导性、粒径及其分布、颗粒形状、堆积密度以及流动性等物理特性对陶瓷零件性能的影响。目前，国内外研究较多的 SLS 用陶瓷材料主要有各类氧化物陶瓷（如 Al_2O_3、ZrO_2、高岭土等）和非氧化物陶瓷（如 Si_3N_4、SiC 等）[12]。

SLS 用黏结剂的要求是：熔点低、润湿性好、黏度低。目前，陶瓷材料 SLS 成形主要有三种类型的黏结剂：无机非金属黏结剂［如磷酸二氢铝 $Al(H_2PO_4)_3$］、金属黏结剂（如铝粉）、有机黏结剂（如环氧树脂、酚醛树脂、尼龙 PA12）。无机非金属黏结剂和金属黏结

剂在坯体后处理阶段不易去除，容易在陶瓷中引入其他杂相，对陶瓷零件，特别是功能陶瓷零件的性能将会产生较大的影响。有机黏结剂在后续排胶过程中可以从成形坯体中排除，不会对陶瓷零件的相组成和性能等产生影响，在目前的陶瓷 SLS 成形技术中应用较多[12]。

2.2.1.2 激光选区烧结成形技术用复合陶瓷粉体的制备方法

现阶段已经得到广泛研究的 SLS 成形技术用复合陶瓷粉体的制备方法主要包括机械混合法和覆膜法[13～15]。

(1) 机械混合法

机械混合法是将陶瓷粉体和适量黏结剂置于行星球磨机等设备，通过机械混合得到满足 SLS 要求的复合陶瓷粉体的方法。机械混合法可用于制备多种复合陶瓷粉体，制备方法简单、成本低廉、周期短、对设备要求较低、环境友好。采用机械混合法制备复合陶瓷粉体时，黏结剂的加入量要适当。黏结剂含量过低，会导致 SLS 过程中陶瓷素坯无法成形；黏结剂含量过高，陶瓷素坯在排胶阶段可能会发生溃散，制造的陶瓷孔隙率过高。在保证素坯强度满足后续处理要求的条件下，一般选择较少的黏结剂加入量。以 Al_2O_3 聚空心球-环氧树脂 E12 复合陶瓷粉体的制备为例，介绍采用机械混合法制备复合陶瓷粉体的技术。

图 2-11 (a)、(b) 为 1200℃煅烧处理后的 Al_2O_3 聚空心球的 SEM 图。由图可知，Al_2O_3 聚空心球为球状且球形度良好，内部含有大量孔隙，具有良好的流动性。Al_2O_3 聚空心球粉体具有合适的粒径分布（平均粒径 88.6μm）和良好的球形度，满足 SLS 成形对粉体的要求。图 2-11 (c)、(d) 为所使用的环氧树脂 E12 的 SEM 图。E12 呈现细小的不规则颗粒状，平均粒径为 13.7μm，E12 分散于大颗粒的 Al_2O_3 聚空心球中将会有较好的混合效果和黏结效果。将煅烧后的 Al_2O_3 聚空心球和不同含量的环氧树脂 E12 进行机械混合，混合时间为 2h。图 2-11 (e)、(f) 为采用机械混合法制备的 Al_2O_3 聚空心球-E12 复合陶瓷粉体的 SEM 图，其中环氧树脂 E12 加入量为 12%。由图可知，Al_2O_3 聚空心球和 E12 混合较为均匀，并且 Al_2O_3 聚空心球形态完整，保证了后续素坯成形和烧结样品的性能。

机械混合法是制备适于 SLS 成形的陶瓷/黏结剂复合陶瓷粉体的有效方法之一。采用该方法制备 SLS 用复合陶瓷粉体，工艺简单、无污染，而且便于大批量生产。然而，由于不同性质的粉体仍然相对独立存在，且其密度和形态差别较大，混合时易产生成分偏聚，从而降低 SLS 成形的坯体性能。

(2) 覆膜法

覆膜法是对被覆膜的陶瓷粉体表面均匀包覆一层高分子黏结剂，制得用于 SLS 成形的覆膜陶瓷粉体的方法。利用覆膜法制备的 SLS 用复合陶瓷粉体能使得陶瓷和聚合物粉体混合均匀，并且在 SLS 铺粉烧结过程中，减少粉体偏聚的现象。采用黏结剂包覆陶瓷粉体成形的坯体比黏结剂与陶瓷粉体机械混合得到复合陶瓷粉体成形的坯体强度更高，并且最终零件的成形精度和力学性能也更好。这是由于采用黏结剂包覆方式得到的坯体，其内部的黏结剂和陶瓷颗粒分布更加均匀，坯体在后处理过程中的收缩变形性相对较小，所得零件的内部组织也更均匀。以下为两种具体的覆膜方法：

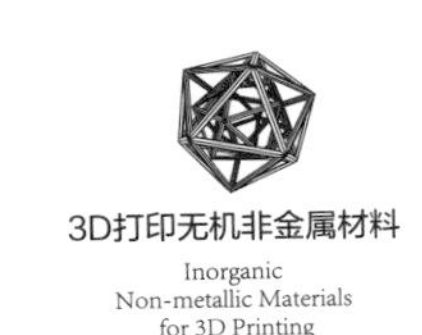

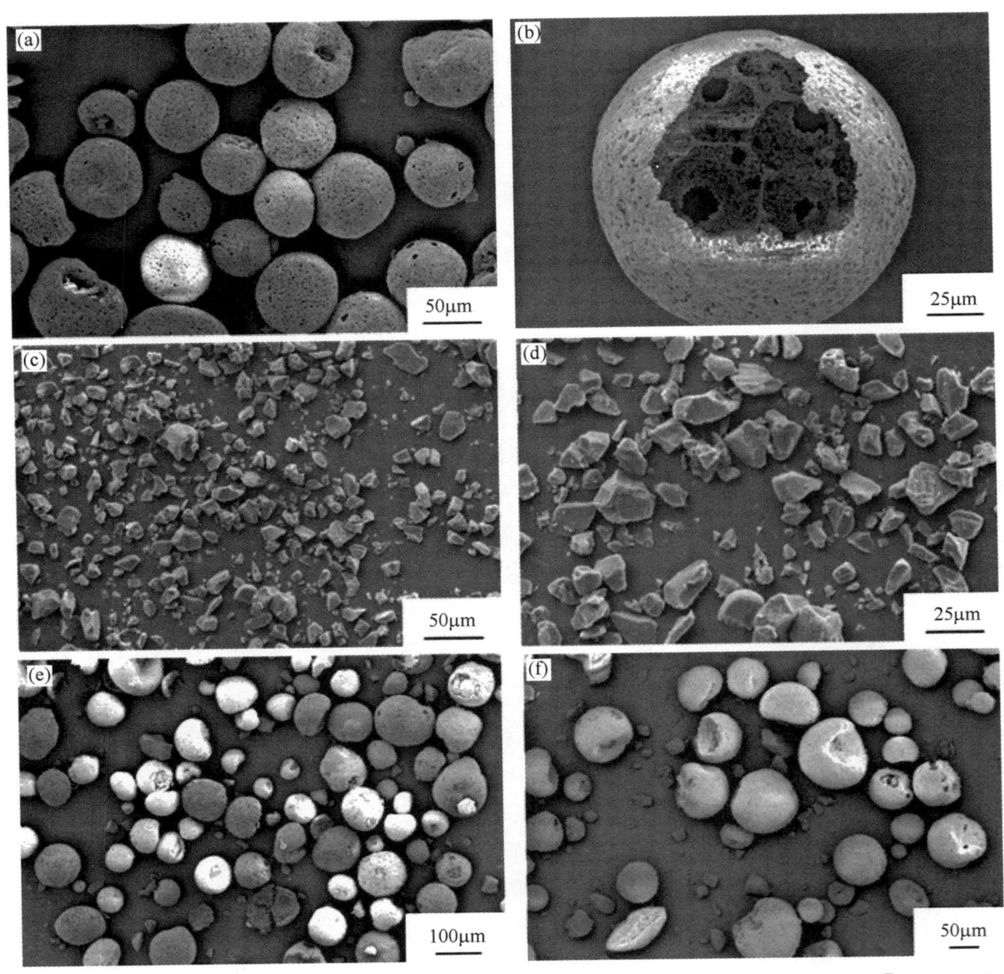

图 2-11 煅烧后 Al_2O_3 聚空心球的 SEM 图［(a)、(b)］；环氧树脂 E12 的 SEM 图［(c)、(d)］；Al_2O_3 聚空心球-E12 复合陶瓷粉体的 SEM 图［(e)、(f)］[16]

① 溶剂蒸发法　以高岭土-酚醛树脂复合陶瓷粉体的制备为例，介绍采用溶剂蒸发法制备复合陶瓷粉体的技术。采用溶剂蒸发法将酚醛树脂黏结剂包覆在高岭土粉体表面，具体步骤为：将高岭土粉体与酚醛树脂按质量比 82∶18 的比例放入烧杯中，加入足量的无水乙醇溶液，在 50℃加热的条件下搅拌至少量无水乙醇，然后放入 50℃烘箱中烘干 24h。最后，将上述粉体碾磨过 200 目筛，即可得到煤系高岭土-酚醛树脂复合陶瓷粉体。

图 2-12 为采用溶剂蒸发法制备的煤系高岭土-酚醛树脂复合陶瓷粉体 SEM 图和粒径分布图。由图可知，煤系高岭土-酚醛树脂复合陶瓷粉体颗粒形状近球形，同时，与煤系高岭土粉体粒径相比，煤系高岭土-酚醛树脂复合陶瓷粉体粒径分布较窄，平均粒径从 15μm 增加到 53μm。这是由于在采用溶剂蒸发法制备煤系高岭土-酚醛树脂复合陶瓷粉体时，酚醛树脂首先溶于乙醇溶液，然后随着乙醇溶液逐渐减少，酚醛树脂会在煤系高岭土表面析出，从而将煤系高岭土粉体颗粒和 MnO_2 烧结助剂包在一起，导致煤系高岭土-酚醛树脂复合陶瓷

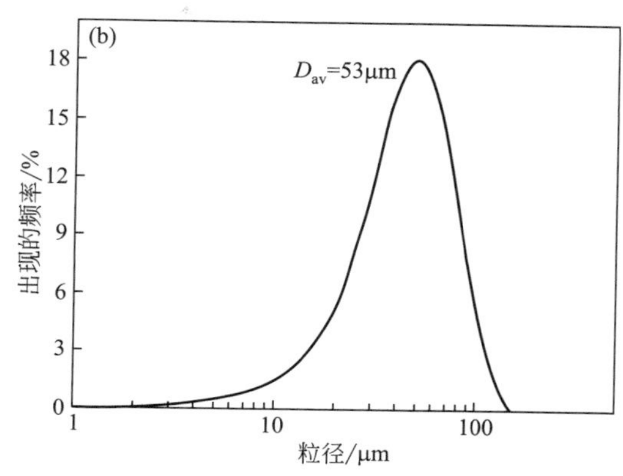

图 2-12 采用溶剂蒸发法制备的煤系高岭土-酚醛树脂复合陶瓷粉体[17]
(a) SEM 图；(b) 粒径分布图

粉体粒径增大。较大的平均粒径和较窄的粒径分布有助于提高复合陶瓷粉体的流动性，在 SLS 成形时可以获得较好的铺粉效果，从而提高陶瓷素坯的成形质量。

② 溶解沉淀法 以粉煤灰空心球-尼龙 PA12 复合陶瓷粉体的制备为例，介绍采用溶解沉淀法制备复合陶瓷粉体的技术。使用的粉煤灰空心球平均粒径为 75.5μm。粉煤灰空心球-尼龙 PA12 复合陶瓷粉体制备流程为：将一定量的粉煤灰空心球、无水乙醇、尼龙 12 按比例投入带夹套的不锈钢反应釜中，将反应釜密封、抽真空后，通入 N_2 保护。其中，尼龙 12 与粉煤灰空心球粉体按质量比 1∶9 配制。以 1～2℃/min 的速度逐渐升温到 140℃，使尼龙完全溶解于溶剂无水乙醇中，并保温保压 1～2h。在 400r/min 转速下搅拌，以 2～4℃/min 速度逐渐冷却至 107℃保温 1h，使尼龙逐渐以粉煤灰空心球粉体聚集体为核，结晶包覆在粉煤灰空心球粉体聚集体外表面，形成尼龙覆膜粉煤灰空心球粉体浆料。继续冷却至室温后将覆膜粉煤灰空心球粉体浆料从反应釜中取出，静置数分钟后，浆料中的覆膜粉煤灰空心球粉体会沉降下来，回收利用剩余的无水乙醇溶剂。将取出的稠状粉体聚集体在 80℃下进行真空干燥 24h，得到干燥的尼龙覆膜粉煤灰空心球复合陶瓷粉体，然后经 100 目过筛后得到尼龙 PA12 覆膜粉煤灰空心球复合陶瓷粉体。

图 2-13 是包覆了 15%尼龙 PA12 的覆膜粉煤灰空心球的 SEM 图及粒径分布图。从图中可以看出，包覆了 PA12 的粉煤灰空心球仍具有很好的球形度，保证了其流动性，有利于后续 SLS 的铺粉。从图 2-13(a)、(b) 可以看出，包覆了 PA12 的粉煤灰空心球表面由光滑变为粗糙，说明采用溶解沉淀法制备的复合陶瓷粉体完成了 PA12 在空心球表面的包覆，且基本上均匀地在粉煤灰空心球表面形成了几微米厚的一层 PA12。与原始粉体的平均粒径 75.5μm 相比，图 2-13(c) 中复合陶瓷粉体的平均粒径提高到了 88.0μm。这表明通过溶解沉淀法制备复合陶瓷粉体可以使黏结剂均匀地包覆在粉煤灰空心球表面，形成的均匀包覆的粉煤灰空心球粉体有利于改善后续 SLS 的成形效果。

相对机械混合法制备的粉体，覆膜法制备的粉体虽然更为均匀，但该方法一般工艺比较复杂，在制备过程中易引入杂质，需要较多的专业设备（如真空抽滤装置等），制备效率不高、周期长、成本较高。

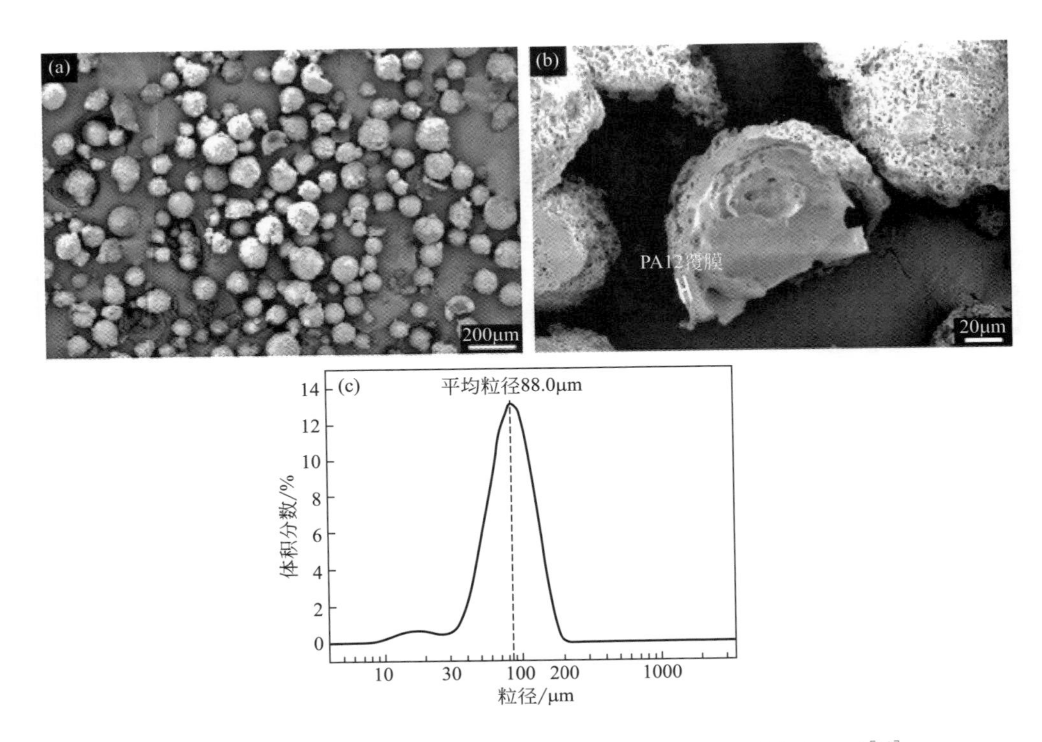

图 2-13 采用溶解沉淀法制备的15%尼龙 PA12 覆膜粉煤灰空心球[18]
(a)、(b) SEM 图；(c) 粒径分布图

2.2.2 激光选区烧结成形过程

1986 年，由 Texas 大学的 Declcard 最早提出了激光选区烧结（SLS）的思想[19]，美国 3D Systems 公司[20]、德国 EOS 公司[21] 先后推出了基于 SLS 技术的成形系统。SLS 技术起初主要用于高分子和金属零件的成形，1995 年，Subramanian 等[22] 采用 SLS 技术制备了陶瓷零件，利用高分子黏结剂和 Al_2O_3 陶瓷的复合陶瓷粉体作为 SLS 成形材料，在不同 SLS 工艺参数条件下对造粒粉体进行烧结，获得孔隙结构随机分布的陶瓷素坯。此后，SLS 在复杂结构陶瓷零件的制备中得到广泛研究。

SLS 工作原理如图 2-14 所示。首先根据待打印陶瓷零件的三维 CAD 模型进行分层切片处理，按照二维切片信息有选择性地对复合陶瓷粉体进行激光扫描，复合陶瓷粉体中的高分子黏结剂吸收激光能量熔化，陶瓷颗粒并不发生变化。激光扫描时，熔化的高分子黏结剂黏度下降，流动性增加，与周围的陶瓷颗粒接触，并在冷却后固化实现陶瓷颗粒黏结，完成单层图形的打印，最后按照顺序逐层累加得到陶瓷坯体。在 SLS 成形过程中，陶瓷坯体的成形质量不仅与粉体材料本身特性有关，还与成形技术参数如激光功率、扫描速度、扫描方式、层厚、扫描间距、光斑直径、预热温度等有着很大的关系。目前，国内外许多研究者对采用 SLS 成形陶瓷开展了较多的研究。

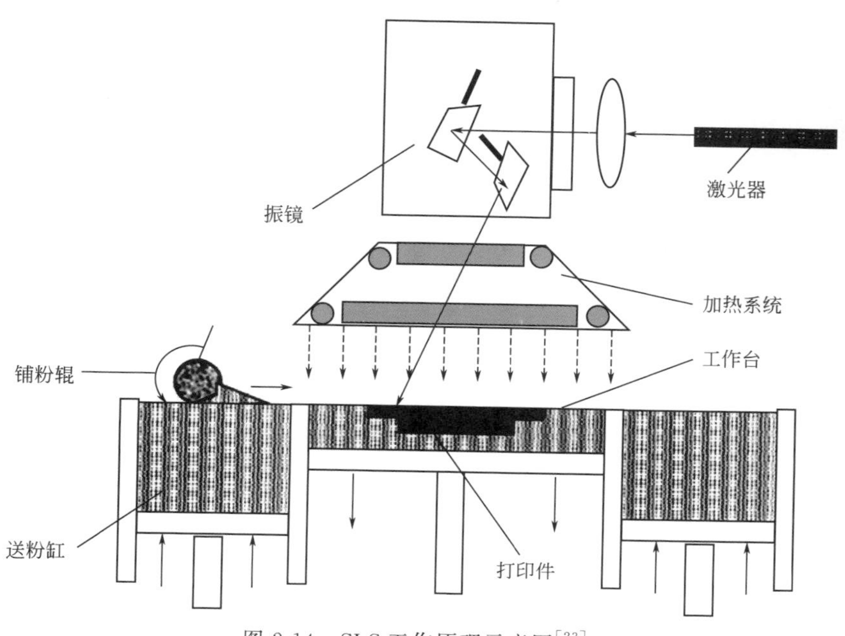

图 2-14 SLS 工作原理示意图[23]

2.2.3 激光选区烧结成形坯体特点与热处理

激光选区烧结（SLS）成形后得到的是由黏结剂黏结陶瓷粉体形成的坯体，由于在成形阶段粉体仅靠少量的黏结剂黏结且粉体堆积密度较低，得到坯体相对密度仅有 30%左右，具有多孔疏松的特征。若要获得高致密度的陶瓷零件，需要对 SLS 坯体进行后处理，常用的后处理方法包括浸渗、冷等静压（CIP）、热等静压（HIP）等[24,25]。Lee[26~29] 采用硅溶胶等对 Al_2O_3 素坯进行浸渗，最终获得了相对密度 80%的 Al_2O_3 陶瓷。Liu 等[30] 将 SLS 技术和冷等静压技术（CIP）结合来制造致密陶瓷。首先，采用 SLS 技术制造出 Al_2O_3 素坯，随后对其进行冷等静压处理，经排胶和高温烧结后，成功制造出 Al_2O_3 齿轮等复杂陶瓷零件，其相对密度大于 92%、抗弯强度大于 100MPa。Chen 等[31] 通过 SLS/CIP 制备出复杂形状的生物 ZrO_2 全瓷修复体，SLS/CIP 复合成形得到的 ZrO_2 陶瓷素坯形状完整，无破裂、弯曲等缺陷。在烧结温度为 1500℃时，相对密度达到 86.65%，抗弯强度为 279.50MPa。图 2-15 为牙齿模型和 SLS/CIP 复合工艺制作的全瓷修复体。Shahzad 等[32] 采用 SLS 技术制造出 Al_2O_3 素坯，发现经高温烧结后，样品相对密度很低。为了提高其相对密度，对 SLS 制造 Al_2O_3 素坯进行热等静压处理，大幅提高了 Al_2O_3 陶瓷的致密度（达到 88%）。

SLS 制造陶瓷的原理决定了采用该方法只能制造出多孔陶瓷，如需制造致密陶瓷则需要经过冷等静压等后处理工艺来实现。若采用 SLS 技术直接制造多孔陶瓷则会更有优势。魏青松等[33] 直接采用 SLS 技术制造出复杂结构多孔堇青石陶瓷。陈敬炎等[34] 采用机械混合法制备适于 SLS 成形的煤系高岭土/黏结剂复合陶瓷粉体，然后利用 SLS 技术制造煤系高岭土多孔陶瓷。通过优化 SLS 工艺参数和高温烧结工艺参数，制备出性能较为优良的煤系高岭土多孔陶瓷。然而，由于陶瓷粉体与黏结剂的密度、粒径大小等差别较大，采用机械

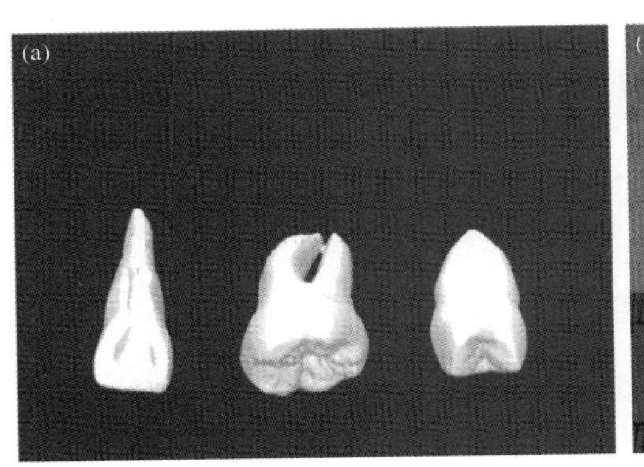

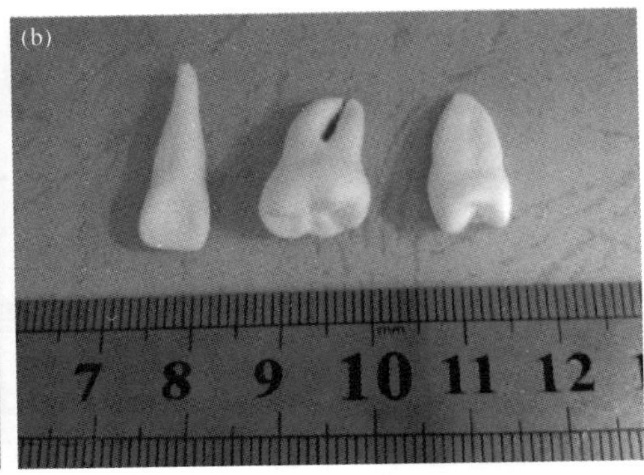

图 2-15 采用 SLS/CIP 复合技术制备 ZrO_2 全瓷修复体[31]

(a) 牙齿模型；(b) 陶瓷牙

混合法制备的复合陶瓷粉体中黏结剂很难均匀分布于陶瓷粉体中，从而影响 SLS 成形效果和最终制造多孔陶瓷的性能。

为了改善采用 SLS 技术制备多孔陶瓷的力学性能，Chen 等[35] 提出一种新型的双层包覆法。他们首先采用化学共沉淀法，在煤系高岭土粉体表面包覆 MnO_2 烧结助剂。通过 $KMnO_4$ 溶液和 $MnC_4H_6O_4 \cdot 4H_2O$ [$Mn(Ac)_2 \cdot 4H_2O$] 溶液发生化学反应得到 MnO_2 烧结助剂，经过抽滤、烘干、碾磨过筛等即可得到 MnO_2 包覆高岭土的复合陶瓷粉体。然后，再采用溶剂蒸发法在制得粉体表面包覆酚醛树脂黏结剂。将上述 MnO_2 包覆的煤系高岭土粉体与酚醛树脂放入烧杯中，加入足量的无水乙醇溶液，在加热的条件下搅拌至少量无水乙醇，然后经烘干、碾磨过筛，即可得到助烧剂和高分子黏结剂均匀包覆的复合陶瓷粉体（见图 2-16）。当没有 MnO_2 烧结助剂时，煤系高岭土多孔陶瓷中可见大量的孔隙和细小颗粒，陶瓷颗粒之间的烧结颈面积很小，结合强度较差。当 $Mn(Ac)_2 \cdot 4H_2O$ 溶液量上升到 18mL 时，煤系高岭土多孔陶瓷微观结构变化显著，微观孔隙和细小颗粒大量减少，陶瓷颗粒之间的烧结颈面积增大，结合强度增大。这是由于在高温烧结时，MnO_2 烧结助剂可以形成合适的液相从而促进颗粒的重排和传质过程。当 $Mn(Ac)_2 \cdot 4H_2O$ 溶液量从 0 增加到 18mL 时，煤系高岭土多孔陶瓷的抗压强度从 0.82MPa 增加到 17.38MPa，而显气孔率从 64.10%下降到 48.74%。Chen 等最后成功采用 SLS 技术制备出具有纵向贯通孔和横向交叉孔的煤系高岭土多孔陶瓷（见图 2-17）。

基于 SLS 技术的成形原理可知，采用 SLS 技术制备具有复杂孔道的多孔陶瓷具有明显优势。在 SLS 成形过程中，复合陶瓷粉体性能对 SLS 成形陶瓷零件性能有较大影响。为了实现 SLS 成形过程中良好的铺粉效果，一般要求用于 SLS 成形的陶瓷粉体具有良好的流动性和合适的粒径分布。传统 SLS 成形技术中采用的 Al_2O_3、ZrO_2 等陶瓷粉体，都需要首先通过造粒等方法使其具有良好的流动性和合适的粒径，工艺过程相对复杂。近年来，一种新型的多孔陶瓷材料——陶瓷空心球逐渐被用来制备新型的多孔陶瓷。陶瓷空心球尺寸可控、成分可调、球形度高，满足 SLS 成形的要求，是一种可以用于 SLS 成形的理想原材料。目前人们已经提出采用 SLS 技术制备陶瓷空心球的方法，并且引入烧结助剂来进一步提高多孔陶瓷的力学性能。该方法将 SLS 技术和陶瓷空心球结合起来，利用陶瓷空心球本身的气

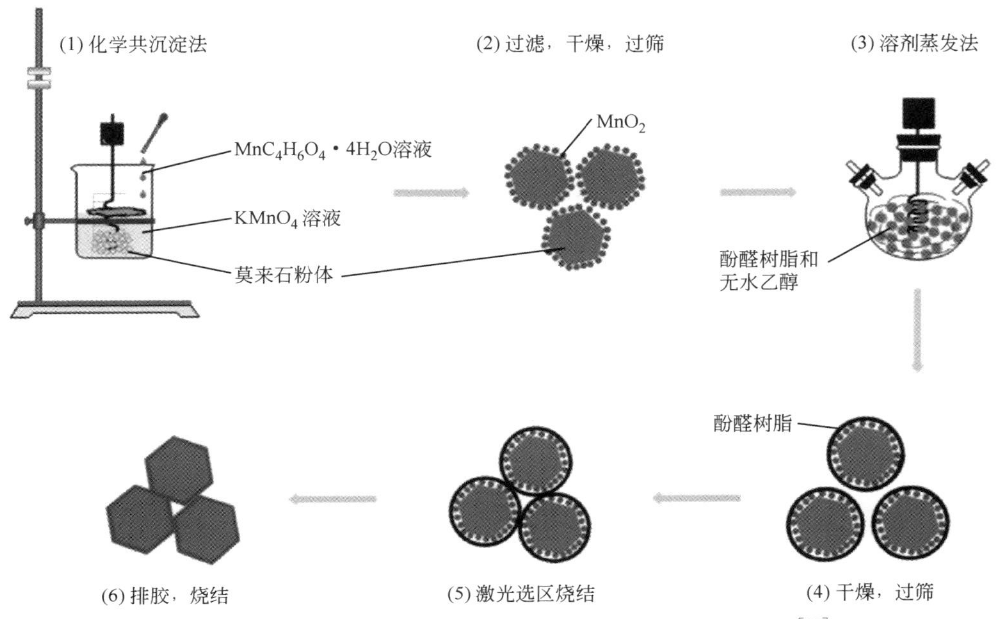

图 2-16　采用 SLS 技术制备煤系高岭土多孔陶瓷流程示意图[35]

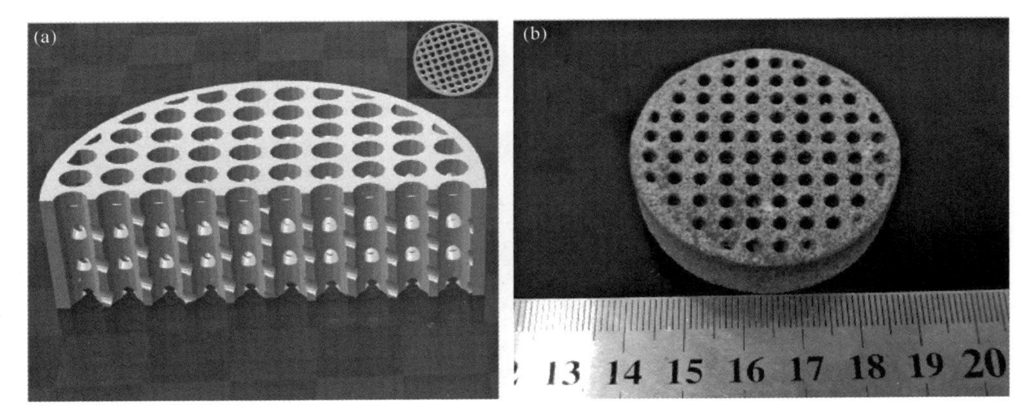

图 2-17　SLS 技术制备的煤系高岭土多孔陶瓷[35]

(a) 多孔陶瓷模型；(b) 多孔陶瓷

孔和 SLS 成形过程中形成的孔隙，可以制备出高孔隙率的复杂结构多孔陶瓷。陶瓷空心球满足 SLS 成形的要求，其成分和孔隙率可控，从而使最终成形的多孔陶瓷性能可控。同时，引入烧结助剂将会进一步提高多孔陶瓷的力学性能。

Chen 等[36] 采用机械混合法制备出粉煤灰空心球-PA12 复合陶瓷粉体，通过 SLS 技术制备出高孔隙率多孔莫来石陶瓷。随着烧结温度从 1250℃上升到 1400℃，多孔莫来石陶瓷的抗压强度从 0.2MPa 增加到 6.7MPa，而孔隙率由 88.7%降低到 79.9%。多孔莫来石陶瓷抗压强度的增加与烧结颈强度的增加有密切的关系，随着烧结温度的增加，多孔莫来石陶瓷的断裂机制由沿空心球断裂变为穿过空心球断裂（见图 2-18）。当然烧结颈强度越高，空心球聚集得也就越密，空心球间的空隙减小，且烧结温度越高，空心球内部空隙也收缩得更小，导致孔隙率降低。

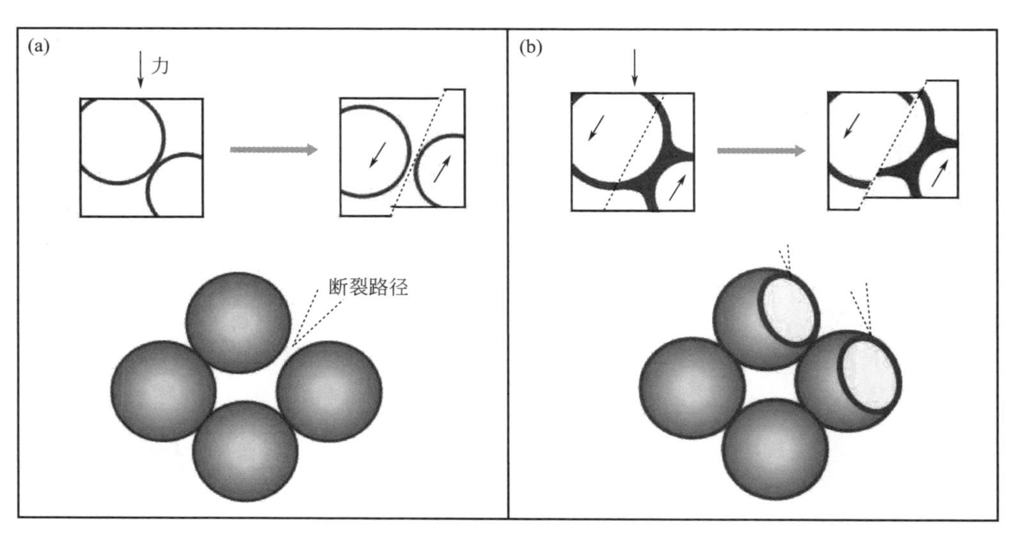

图 2-18　多孔莫来石陶瓷在不同烧结温度下的断裂方式示意图[36]

(a) 烧结温度低于 1350℃；(b) 烧结温度高于 1350℃

为了进一步改善基于粉煤灰空心球的多孔莫来石陶瓷的 SLS 成形效果，Chen 等[18] 采用溶解沉淀法制备出 PA12 覆膜的粉煤灰空心球粉体，并在不同温度烧结得到多孔莫来石陶瓷。由图 2-19 可知，多孔莫来石陶瓷的孔主要有两类：空心球内部的孔和空心球之间的孔。随着烧结温度从 1250℃上升到 1400℃，空心球之间的结合强度不断增加，其断裂形式由沿

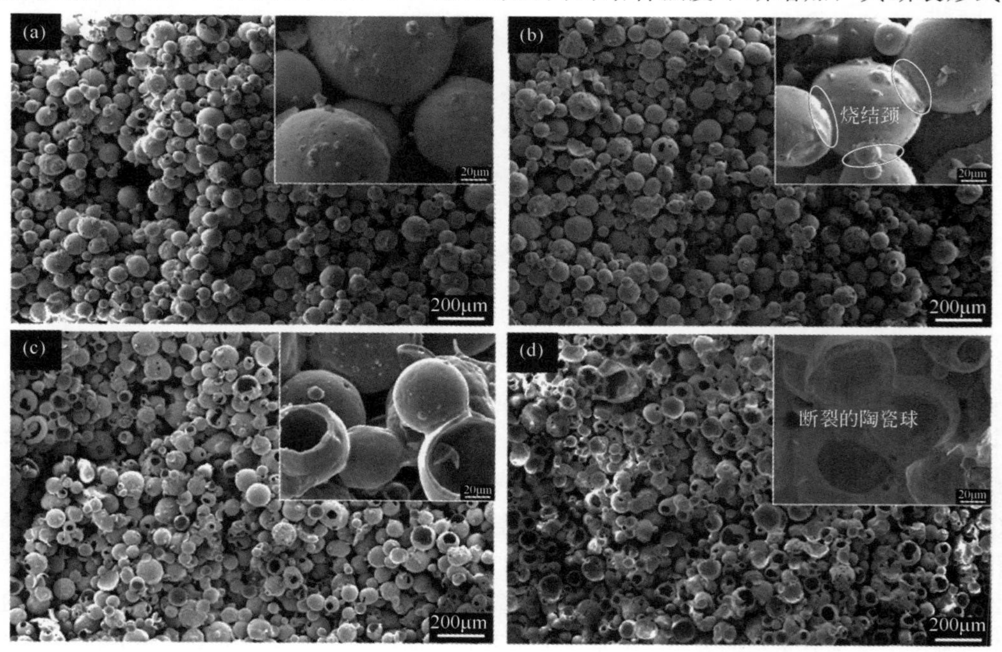

图 2-19　不同温度烧结的多孔莫来石陶瓷 SEM 图[18]

(a) 1250℃；(b) 1300℃；(c) 1350℃；(d) 1400℃

球断裂逐渐转变为穿球断裂。另外，Chen等[37]还研究了采用SLS制备基于粉煤灰空心球的多孔莫来石陶瓷力学性能的增强机制，认为空心球壁结构致密增厚和空心球之间增强的烧结颈是制备多孔莫来石陶瓷性能增强的主要原因。

粉煤灰空心球成本低，但由于其成分较为单一，不能用于制备其他成分的陶瓷。另一类人造的陶瓷聚空心球逐渐引起了人们的重视。陶瓷聚空心球的大小、成分等可以通过调整制备工艺来进行设计，从而可以有效控制多孔陶瓷的孔径大小、气孔率等性能，且可以用来制备多种多孔陶瓷。Liu等[38]采用机械法制备Al_2O_3聚空心球/环氧树脂E12复合陶瓷粉体，利用SLS制备出Al_2O_3聚空心球陶瓷。图2-20为不同温度烧结的Al_2O_3聚空心球陶瓷的SEM图。可以看出Al_2O_3聚空心球仍然保持良好的球状，不同Al_2O_3聚空心球之间存在较多孔隙。随着烧结温度的升高，Al_2O_3聚空心球陶瓷中的Al_2O_3晶粒逐渐长大。随着烧结温度从1500℃升高到1650℃，Al_2O_3聚空心球陶瓷的孔隙率由77.09%减小到72.41%，抗压强度由0.18MPa升高到0.72MPa。

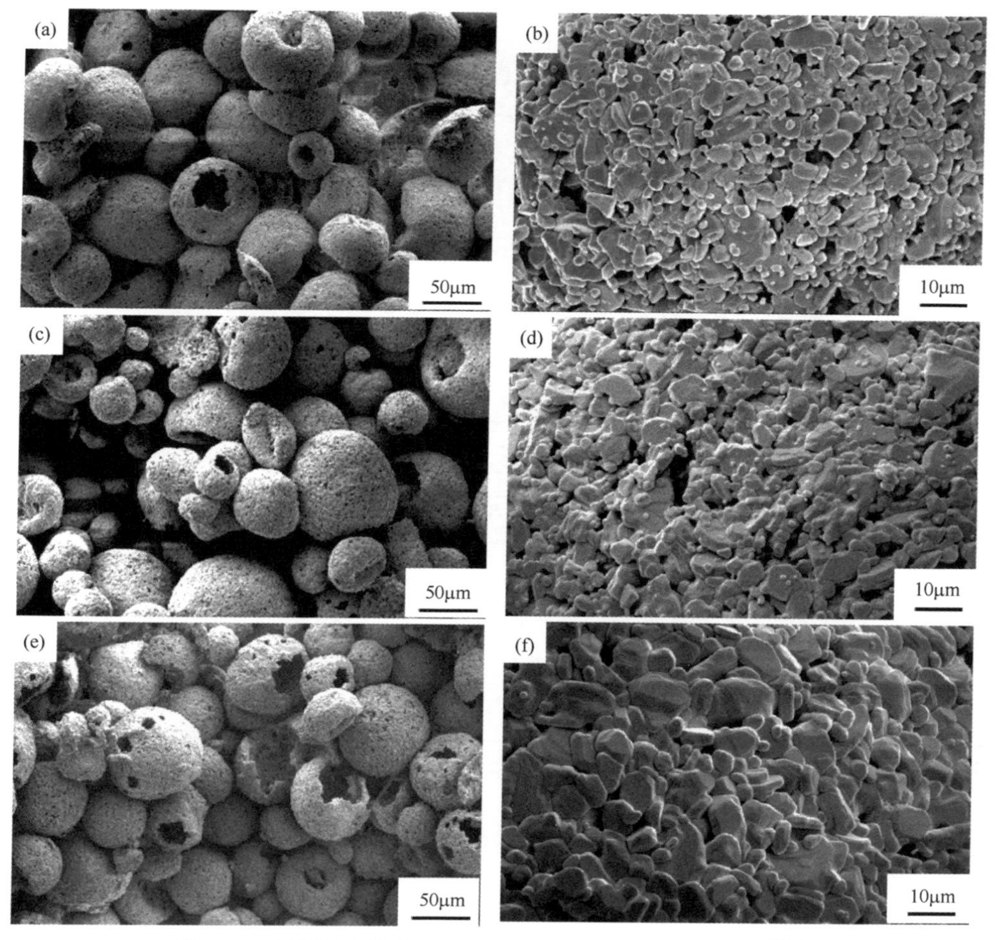

图2-20　不同温度烧结的Al_2O_3聚空心球陶瓷的SEM图[38]

(a)、(b) 1500℃；(c)、(d) 1550℃；(e)、(f) 1650℃

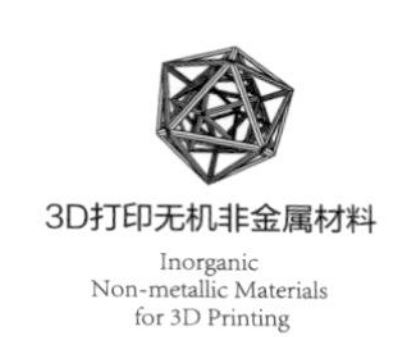

研究表明，SLS 制备出 Al_2O_3 聚空心球陶瓷的力学性能较低。为了提高 Al_2O_3 聚空心球陶瓷的力学性能，刘珊珊[16] 采用化学共沉淀法在 Al_2O_3 聚空心球粉体表面包覆 $CaSiO_3$ 助烧剂，促进烧结致密化过程。首先将 1200℃ 预煅烧后的 Al_2O_3 聚空心球加入到 1.5mol/L Na_2SiO_3 溶液中充分混合，随后将配制好的 1.5mol/L 的 $CaCl_2$ 溶液逐滴加入混合液中继续充分混合，最后将混合溶液进行抽滤、干燥、过筛后获得包覆 $CaSiO_3$ 的 Al_2O_3 聚空心球粉体。在此基础上，采用机械混合法制备出适用于 SLS 成形的 Al_2O_3 聚空心球-E12 复合陶瓷粉体（加入 12%的黏结剂 E12)，在最优的工艺参数下，采用 SLS 技术制备出 Al_2O_3 聚空心球陶瓷。图 2-21 为 Al_2O_3 聚空心球陶瓷的孔隙率和抗压强度与 $CaCl_2$ 溶液加入量的关系曲线图。随着助烧剂包覆含量的增加，Al_2O_3 聚空心球陶瓷的孔隙率逐渐降低而抗压强度大幅增大，其孔隙率由 77.03%减小到 68.16%，而抗压强度由未包覆 $CaSiO_3$ 助烧剂时的 0.29MPa 增加到 8.39MPa。Al_2O_3 聚空心球陶瓷的孔隙由 Al_2O_3 聚空心球内部自身的孔洞和 Al_2O_3 聚空心球之间的间隙组成。随着助烧剂含量的增加，Al_2O_3 聚空心球陶瓷烧结致密化，Al_2O_3 聚空心球之间的间隙逐渐减少，Al_2O_3 聚空心球自身也更加致密，不同 Al_2O_3 聚空心球之间的界面结合明显增强，最终使 Al_2O_3 聚空心球陶瓷的孔隙率降低，抗压强度得到大幅提高。因此，采用化学共沉淀法在 Al_2O_3 聚空心球表面包覆 $CaSiO_3$ 助烧剂可以有效改善 Al_2O_3 聚空心球陶瓷的性能。

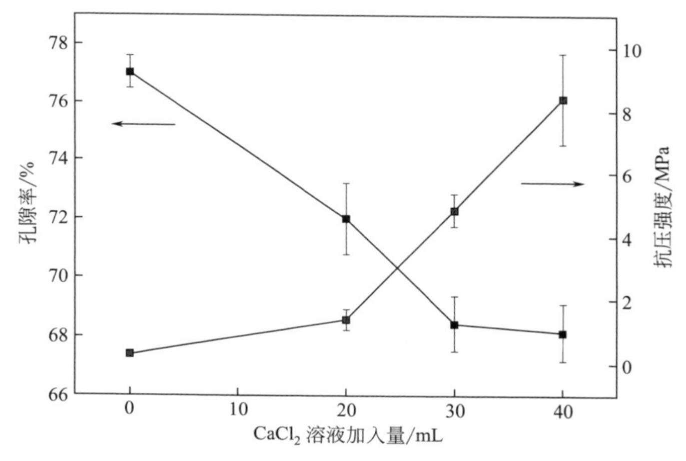

图 2-21　Al_2O_3 聚空心球陶瓷的孔隙率和抗压强度与 $CaCl_2$ 溶液加入量的关系曲线图[16]

2.3　光固化成形技术

光固化（stereolithography，SL）成形技术是用激光聚焦到光固化陶瓷浆料表面，使陶

瓷浆料顺序凝固，周而复始，这样层层叠加构成一个三维实体。

2.3.1 光固化成形技术用原材料与制备

光固化成形技术以光敏树脂和陶瓷粉体为原料，同时加入其他添加剂，经球磨等工序，制备成光固化陶瓷浆料。通过光与陶瓷浆料的相互作用，浆料固化后形成陶瓷坯体，再经过后续热处理技术最终制备成所要求的陶瓷零件。陶瓷浆料的性能直接决定着成形效率和成形零件的质量，同时还影响着零件在后期加工处理过程中所产生的问题[39～41]。因此，成形浆料是SL成形技术的关键因素之一。

2.3.1.1 光固化成形技术用浆料的要求

陶瓷光固化成形浆料需满足两个基本条件[42～44]：陶瓷浆料要保证合适的黏度、固化性能；成形后的陶瓷坯体具有一定强度和精度，以保证后续处理。具体条件如下：

① 陶瓷浆料的光敏树脂要具有一定的固化性能及固化强度，保证成形零件的黏结强度；

② 陶瓷浆料要具有较高的固相含量，以保证成形坯体经过后处理具备所需的致密度和力学强度；

③ 为保证陶瓷浆料在成形过程中，浆料快速铺平和坯体层间平整，陶瓷浆料的黏度不宜过高；

④ 为保证坯体在后处理过程中，产生较小的收缩应力，防止开裂，光敏树脂的热影响区应该较小；

⑤ 要保证零件成形，陶瓷浆料经过紫外光或自然光等照射后，能够获得一定的固化深度和宽度。

随着数字微镜片（digital micromirror device，DMD）的出现，数字光处理（digital light processing，DLP）技术进一步升级了SL成形技术的成形方式。DLP成形技术，采用倒置或正置的面成形，无需添加或者少添加复杂支撑。此外，对陶瓷浆料的黏度要求不高，所以可以采用高固相含量的陶瓷浆料作为打印材料。

2.3.1.2 陶瓷光固化成形技术用浆料的分类

浆料是光固化成形技术的关键，浆料体系繁多。根据基体溶剂的不同可分为陶瓷粉体-树脂基浆料、陶瓷粉体-水基浆料和新型陶瓷浆料。其中主要浆料体系见表2-5[45]。

表 2-5　主要的光固化成形陶瓷材料

公司或作者	材料	技术	相对密度
Lithoz	Al_2O_3	LCM	>99%
	ZrO_2		>99%
	SiAlON		约99%
	$Ca_3(PO_4)_2$(TCP)		75%～90%

续表

公司或作者	材料	技术	相对密度
3D Ceram	Al_2O_3	SL	95%～98%
	ZrO_2		95%～99%
	$Ca_{10}(PO_4)_6(OH)_2$(HA)		95%～98%
Chartier	Al_2O_3	SL	90%
Zhou 和 Wu	Al_2O_3	SL	>99%
	ZTA		>99%
Song 和 Chen	Al_2O_3	掩膜立体光固化成形(MIP-SL)	93%
	$BaTiO_3$		94%

(1) 陶瓷粉体-树脂基浆料

将一定粒径分布范围内的陶瓷粉体与光敏树脂、添加剂按照配比经球磨等技术制备成陶瓷浆料。目前该体系成熟的浆料已有羟基磷灰石（HA）、磷酸三钙（TCP）、Al_2O_3、ZrO_2

图 2-22　陶瓷-树脂基成形[46]

(a)、(b) 坯体；(c)、(d) 烧结后生物玻璃

氧化物陶瓷。同时，还有 Si_3N_4 等部分非氧化物陶瓷。陶瓷浆料中包括常见的光敏树脂阻聚剂、UV稳定剂、消泡剂和惰性稀释剂等以及分散剂，以保证陶瓷浆料中的固相含量和稳定性。Johanna Schmidt 等[46] 通过 DLP 技术打印具有 Kelven 细胞结构的生物玻璃，如图 2-22 所示。经过 1100℃烧结后，约有 25%的线收缩，孔隙率达 83%（体积分数），抗压强度大于 3MPa，可用于骨组织支架。

(2) 陶瓷粉体-水基浆料

将一定粒径分布范围内的陶瓷粉体和水溶性光敏树脂，以去离子水作为溶剂，按照一定配比经球磨制成水基陶瓷浆料。水基陶瓷浆料成形的陶瓷坯体强度低，干燥后容易变形，因此并未进行深入研究。广东工业大学 Wu 等[47,48] 以水基陶瓷浆料 SL 成形技术，研究高性能 ZTA 陶瓷的 3D 打印技术，获得与传统陶瓷制造技术性能相近的陶瓷零件，其密度、维氏硬度、抗弯强度和断裂韧性分别达到 $4.26g/cm^3$、17.76GPa、530.25MPa 和 $5.72MPa \cdot m^{1/2}$ [见图 2-23(a)]。西安交通大学周伟召等[49] 以硅溶胶代替去离子水制备 SiO_2 陶瓷浆料（固相含量 50%，体积分数），在降低浆料黏度的同时提高了陶瓷坯体的固化强度，系统研究了浆料的固化特性，最终制备出 SiO_2 陶瓷叶轮 [见图 2-23(c)]。

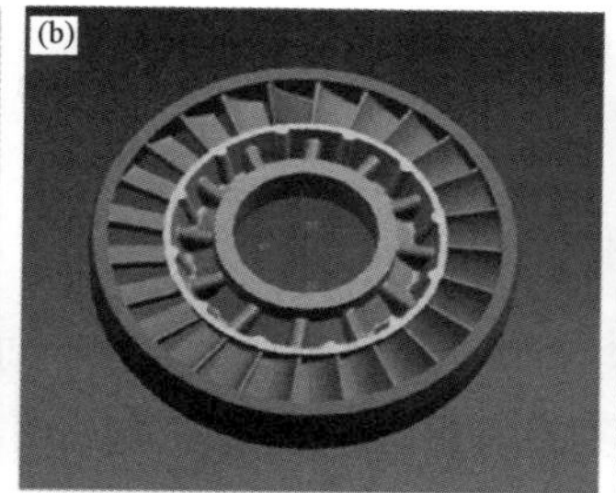

图 2-23 陶瓷-水基成形坯体

(a) ZrO_2 陶瓷齿轮[47]；(b) 叶轮 3D 模型[49]；(c) SiO_2 陶瓷叶轮[49]

(3) 光固化成形技术的新型材料

以陶瓷前驱体作为单体和低聚物的浆料或者陶瓷粉体与前驱体混合制备的浆料较为常见。但采用液相陶瓷前驱体制备光固化成形浆料的研究较少见。Eckel 等[50] 将（巯基）甲基硅氧烷与甲基乙烯基硅氧烷混合，采用光固化成形制备出微晶格和蜂窝状陶瓷前驱体聚合物，在 1000℃氩气中裂解后获得了显微结构致密，约 42%失重和 30%线收缩的 SiOC 陶瓷零件，如图 2-24 所示。该零件的强度相当于密度相近的商业泡沫陶瓷的 10 倍，并且在 1700℃空气气氛下只有表面被氧化，高温性能较为稳定。该方法也适合制备 SiC、Si_3N_4 等难以通过粉体烧结成形的陶瓷材料。

光固化成形技术在理论上可以打印出各种复杂形状的高精密陶瓷零部件。关键问题一是高固相含量和低黏度的陶瓷浆料配制，二是陶瓷浆料由于陶瓷粉体与光敏树脂本征物理性能的差异，尤其是折射率等引起的散射问题，导致在成形过程中，固化宽度增加，降低了成形零件的精度。针对上述问题，常用的技术方法是陶瓷粉体的改性。

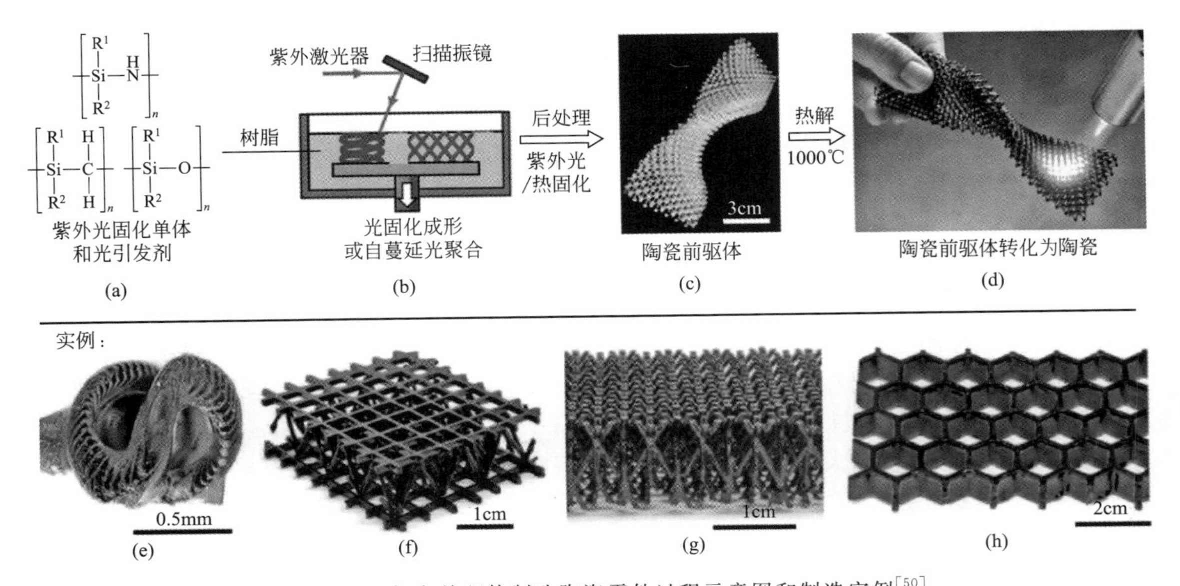

图 2-24 3D 打印前驱体制造陶瓷零件过程示意图和制造实例[50]

(a) 陶瓷前驱体聚合物；(b) 光固化成形；(c) 聚合物陶瓷零件；(d) 聚合物热解陶瓷零件；
(e) SL 制造的螺旋结构；(f)、(g) SPPW 制造的微晶格结构；(h) 蜂窝结构

2.3.1.3 陶瓷光固化成形技术用浆料的制备

在 SL 成形过程中，陶瓷浆料的制备及性能调整是成形的重要环节，也是整个技术中难度较高的工序。该技术过程除了要求陶瓷浆料具备均匀性、稳定性和流动性外，还要求其具有较优的固相含量，以保证坯体烧结后具有较高的致密度。陶瓷浆料的性能直接影响成形效果，也关系到最后零件的精度、致密度、力学性能以及功能的实现。常见的陶瓷光固化成形浆料的制备技术主要有传统的超声、搅拌、球磨、离心式快速混合等。此外还有新型陶瓷前驱体陶瓷浆料的制备。

(1) 球磨技术

球磨技术是目前最常用的混料技术，指将所需陶瓷原料和光敏树脂按配方称量好后，将陶瓷粉逐步加入到正在超声的光敏树脂中，完成后，将浆料倒入球磨机内，球磨一定时间后，成为备用陶瓷浆料。

该技术的优点是浆料具有较高的固相含量，浆料均匀性好、流动性好、稳定性好，对粉体的颗粒要求不是很高；缺点是能耗相对较大，人工劳动强度高。

(2) 新型光固化成形浆料的制备

目前，液相陶瓷前驱体制备光固化成形浆料技术是指一种由硅、碳、氧组成的陶瓷前驱体聚合物，向陶瓷前驱体聚合物中加入适量的光引发剂制成陶瓷前驱体浆料；利用 SL 成形技术即可将陶瓷前驱体材料成形为不同尺寸、结构和精度的聚合物陶瓷零件；聚合物陶瓷零件再经过 1000℃左右的高温热解即可转化为高强度的致密陶瓷零件。尽管陶瓷前驱体聚合物在热解为陶瓷零件的过程中存在收缩现象，但是收缩非常均匀（各向同性），其变形可以

预测。

此外，由于陶瓷粉体与树脂的物理性质差异，在制备陶瓷浆料时，通常对陶瓷粉体进行改性，以期获得固含量较高和更加适合光固化成形技术的陶瓷浆料。表面改性（又称表面修饰）指的是通过物理或化学的方法对陶瓷粉体表面进行处理，从而改变粉体表面的物理化学特性，获得所需的粉体特性。目前工业上粉体表面改性常用的方法主要有表面化学包覆改性法、沉淀反应改性法、机械力化学改性法和复合改性法等。

（1）表面化学包覆改性法

表面化学包覆改性法是目前最常用的粉体表面改性方法，是利用有机表面改性剂分子中的官能团在颗粒表面吸附或化学反应对颗粒表面进行改性。改性技术可分为干法和湿法两种。所用表面改性剂主要有偶联剂（硅烷、钛酸酯、铝酸酯、锆铝酸酯、有机配合物、磷酸酯等）、表面活性剂（高级脂肪酸及其盐、高级铵盐、非离子型表面活性剂、有机硅油或硅树脂等）、有机低聚物及不饱和有机酸等。

（2）沉淀反应改性法

沉淀反应改性法是利用化学沉淀反应将表面改性物沉淀包覆在被改性颗粒表面，是一种“无机/无机包覆”或“无机纳米/微米粉体包覆”的粉体表面改性方法。例如，云母粉表面包覆 TiO_2 制备珠光云母颜料，钛白粉表面包覆 SiO_2 和 Al_2O_3。

（3）机械力化学改性法

机械力化学改性法是利用超细粉碎过程及其他强烈机械力作用，有目的地激活颗粒表面，使其结构复杂或无定形化，增强它与有机物或其他无机物的反应活性。机械化学作用可以增强颗粒表面的活性点和活性基团，增强其与有机基质或有机表面改性剂的作用。以机械力化学原理为基础发展起来的机械融合技术，是一种对无机颗粒进行复合处理或表面改性的技术，如表面复合、包覆、分散的方法。

（4）化学插层改性法

化学插层改性法是指利用层状结构的粉体颗粒晶体层之间结合力较弱（分子键或范德华键）或存在可交换阳离子等特性，通过化学反应或离子交换反应改变粉体的性质的改性方法。因此，用于插层改性的粉体一般具有层状或似层状晶体结构，如蒙脱土、高岭土等层状结构的硅酸盐矿物或黏土矿物以及石墨等。用于插层改性的改性剂大多为有机物，也有无机物。

（5）复合改性法

复合改性法是指综合采用多种方法（物理、化学和机械等）改变颗粒的表面性质以满足应用需要的改性方法。目前应用的复合改性方法主要有物理涂覆/化学包覆、机械力化学/化学包覆、无机沉淀反应/化学包覆等。

针对用于 SL 技术的陶瓷浆料流变性能差、分散性差的问题，通常采用有机物对陶瓷粉体进行改性，改善陶瓷与光敏树脂的相容性，提高浆料的固相含量、浆料的稳定性。粉体表面改性是制备高固相含量、低黏度浆料的常用方法。粉体通过表面改性可解决粉体自团聚和与溶剂的相容性问题，提高粉体在溶剂介质中的分散性，从而提高浆料流动性。天津大学 Zhao 等[51] 研究了油酸、硬脂酸和丙烯酸铵对氧化铝陶瓷浆料流变性和稳定性的影响，同时对氧化铝浆料的固化性能（固化宽度和深度）进行了详细研究，研究结果显示油酸的分散效果最好。

Halloran[52] 从理论与实际出发，建立出固化深度和宽度模型，其中陶瓷粉体与光敏树脂的本征物理性能差异是造成陶瓷浆料和纯光敏树脂固化性能差异的主要原因。由折射率差带来光的散射和陶瓷粉体本身对光的吸收是影响浆料固化深度的主要因素，其中固化深度反比于陶瓷粉体与溶剂折射率之差。Griffith 等[53] 对比了水基浆料与树脂基浆料的固化深度，研究发现在同等条件下树脂基浆料的固化深度大于水基浆料固化深度，这是因为树脂基与陶瓷粉体折射率之差小于水基与陶瓷粉体折射率之差。可见，当通过缩小陶瓷粉体与溶剂介质折射率之差时，能够提高固化深度，改善固化精度。近期，广东工业大学针对此问题，对陶瓷粉体进行相应改性。Li 和 Wu 等[54] 对 ZrO_2 采用石蜡包覆改性，研究其固化性能，研究表明固化宽度降低 70%。Huang 和 Wu 等[55] 采用氧化包覆改性 Si_3N_4，其固化深度提高明显。

2.3.2 光固化成形过程

2.3.2.1 光固化成形技术的发展与原理

1981 年，日本名古屋市工业研究所的小玉秀男发明了利用紫外光硬化聚合物的方法制备三维塑料模型，其紫外线照射面积由掩模图形或光线发射机控制。1984 年，美国 UVP 公司 Hull 开发利用紫外激光固化高分子光聚合物树脂的光固化技术，1986 年获得专利。Hull 基于该技术创立世界第一家 3D 打印公司（3D Systems），并于 1988 年推出第一台商品化 3D 打印设备（SLA250）。同期，日本的 CMET 和 SONY/D-MEC 公司也分别在 1988 年和 1989 年推出了各自的商品化光固化（SL）设备。1990 年，德国光电公司（EOS 公司）出售了他们的第一套 SL 设备，1997 年将该 SL 业务售给 3D Systems 公司，但 EOS 仍然是欧洲最大的 SL 设备生产商。2001 年，日本德岛大学研发出了基于飞秒激光的 SL 技术，实现了微米级复杂三维结构的 3D 打印[56]。

进入 21 世纪后，SL 技术发展速度趋缓。此时 SL 在应用领域中主要分两类：一类是针对短周期、低成本产品验证，如消费电子、计算机相关产品、玩具手板等；另一类是制造复杂树脂构件，如航空航天、汽车复杂零部件、珠宝、医学零件等。但是，高昂的设备价格一直制约着 SL 技术的发展。2011 年 6 月，奥地利维也纳技术大学 Markus Hatzenbichler 和 Klaus Stadlmann 研制了世界上最小的 SL 打印机，仅有牛奶盒大小，重约 3.3lb（1lb=0.4536kg）。2012 年 9 月，美国麻省理工学院研究出一款新型 SL 打印机——FORM1，可制作层厚仅为 25μm 的物体，这是当时精度最高的 3D 打印方法之一。2016 年 4 月意大利 Solido 3D 公司开发了基于手机 LED 屏幕的 DLP 光固化打印机，成形尺寸为 7.6cm×12.7cm×5cm，成形精度可达 0.042mm。该产品使用手机 LED 屏幕取代传统 DLP 打印机需要的投影仪，将设备成本大幅降低。国内西安交通大学从 20 世纪 90 年代初开始研发 SL 技术，开展产业化生产和销售工作。上海联泰科技有限公司则专门从事生产和销售 SL 设备。近期则出现了一大批研发桌面级 SL 设备的企业，如浙江讯实科技有限公司。

光固化成形是3D打印技术中被广泛应用的一种方式，根据单层固化方式不同，光固化成形技术可以分为立体光固化（SL）技术和数字光处理（DLP）技术两种。SL和DLP 3D打印基本技术流程如图2-25所示：相对于其他3D打印技术，光固化成形技术采用激光束或者数字微镜控制打印区域，在制备复杂形状、高精度零部件方面有较大优势。目前，光固化成形技术在陶瓷精密制造领域已取得比较好的研究成果，并且探索其在航天、汽车、生物医疗等领域的应用。

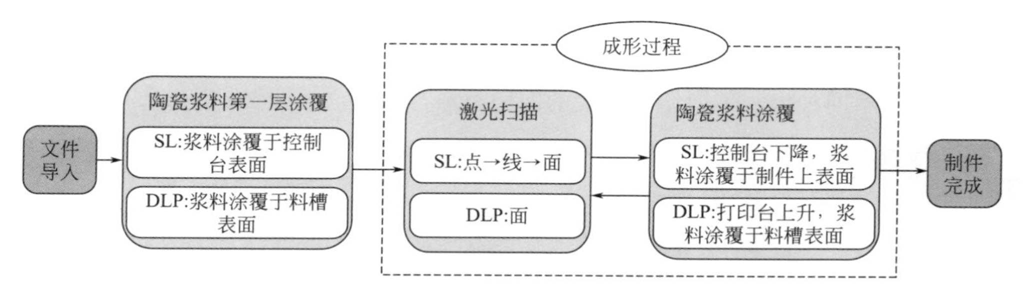

图2-25 SL和DLP 3D打印基本技术流程[56]

(1) 立体光固化成形技术

立体光固化成形技术是主流3D打印方法之一，其基本原理如图2-26 (a) 所示。首先，通过控制激光器向下发出激光束，选择性照射材料槽中最上层的光敏树脂，由点到线再到面，完成树脂单层固化；然后，控制工作台下降，将光敏树脂涂覆于零件上表面，继续进行下一次固化；重复上述的固化过程，直到获得最终的实体模型。该技术早期主要是针对光敏树脂材料的快速成形，直到20世纪90年代Griffith首先提出将光固化成形技术与陶瓷材料制备技术相结合，并提出了基于SL技术的陶瓷浆料要求。与其他3D打印技术相比，SL技术具有巨大的优势。第一，SL技术使用直径小的激光束（通常在几十微米左右），制备的陶瓷坯体精度非常高，一般能够实现高达10～50μm的成形精度；第二，SL技术的适应性强，几乎适用于任何陶瓷粉体，在采用紫外光实现光固化之前，本质上陶瓷-光敏树脂浆料与传

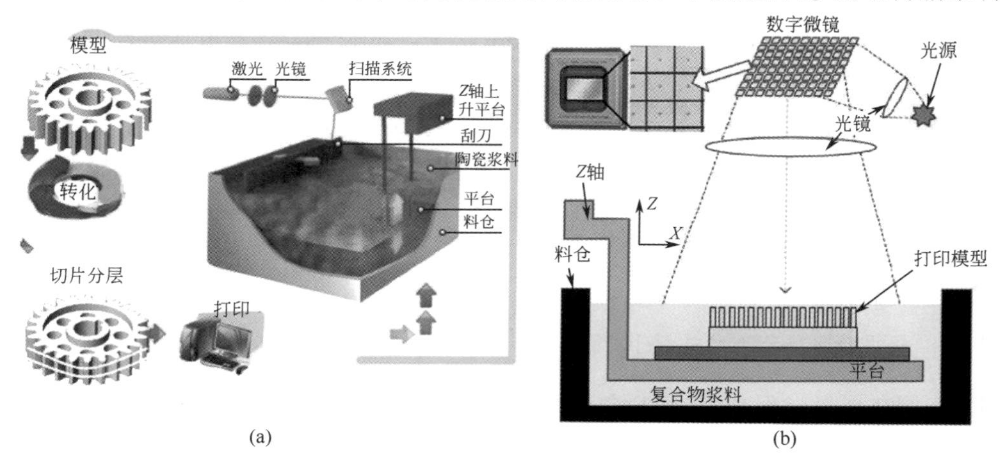

图2-26 光固化成形技术示意图（见彩图）

(a) SL技术[48]；(b) DLP技术[57]

统陶瓷胶态成形思路完全一致，原则上只需要能够制备出陶瓷-光敏树脂浆料，就能够进行下一步的光固化成形；第三，成形坯体内应力小、均匀度高，通过后处理可获得高性能陶瓷零件。

此外，由于SL技术直接光固化成形浆料、再经高温热处理得到陶瓷材料与构件，这为先驱体转化陶瓷提供了崭新的思路：采用陶瓷先驱体使用SL技术直接成形出相应的陶瓷先驱体预制体坯体，经过高温裂解后得到先驱体转化陶瓷及构件。由于具有如此明显的技术优势，SL在陶瓷材料3D打印领域得到了越来越多的关注，包括奥地利、法国、美国以及国内众多科研院所、企业都开始探索陶瓷材料的SL 3D打印技术与设备的开发，纷纷采用该方式成形制备了不同种类、不同结构形式的陶瓷材料与构件（见图2-27）。

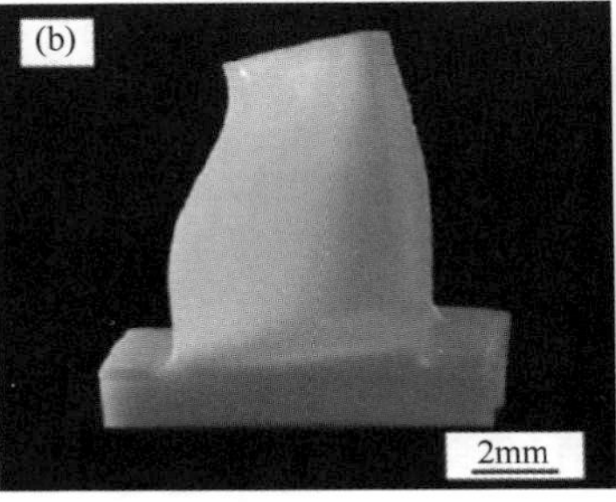

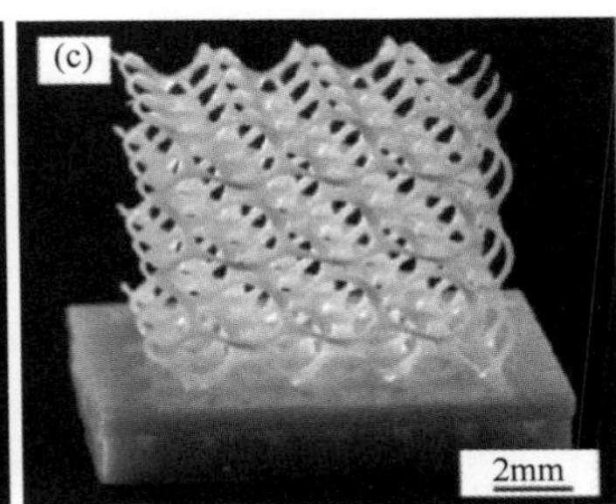

图2-27 立体光固化成形技术打印的各种陶瓷器件[58]

然而，SL技术也存在一些不足。由于大多数SL模式采用上方光源、成形台下降的打印模式，这就意味着料槽里需要大量的浆料才能够使得打印进行下去，造成了一定的浆料浪费与成本提升。因此，如果能实现下方光源、成形台上提的光固化方式，将会使得陶瓷材料基于光固化原理的3D打印技术得到更广阔的应用与推广。在此需求的驱动下，基于光固化原理的数字光处理技术得到越来越多的科研工作者与设备供应商的关注。

(2) 数字光处理技术

数字光处理（DLP）技术是以美国得州仪器公司的数字微镜片（digital micromirror device，DMD）为主要关键处理元件而开发的光固化成形技术。DLP技术的工作原理与SL技术的类似［如图2-26(b)所示］，但是采用了DMD装置，可使该层图像直接投影到整个区域中，实现面固化成形。SL成形方法是紫外光束由点到线再到面的成形方式，因此成形速度较慢。DLP成形则是利用紫外光将每个成形截面的形状精确投影到打印面上，成形速度更快。除此以外，DLP技术是向上提拉打印坯体，节省打印原料，且对陶瓷浆料的黏度要求不高。DLP技术的成形精度优于SL技术，其精度主要取决于DMD装置的分辨率。

2.3.2.2 光固化成形技术成形过程

陶瓷光固化成形过程是陶瓷3D打印的重要环节，其决定着陶瓷零件结构功能的实现。成形过程由三个步骤组成，分别是预处理、成形过程和后处理。

(1) 预处理

所谓的预处理与光敏树脂SL/DLP成形技术的前处理相同，包括建立成形件三维模型、近似处理三维模型、选择模型成形方向、三维模型的切片处理和生成支撑结构。其流程如图2-28所示。

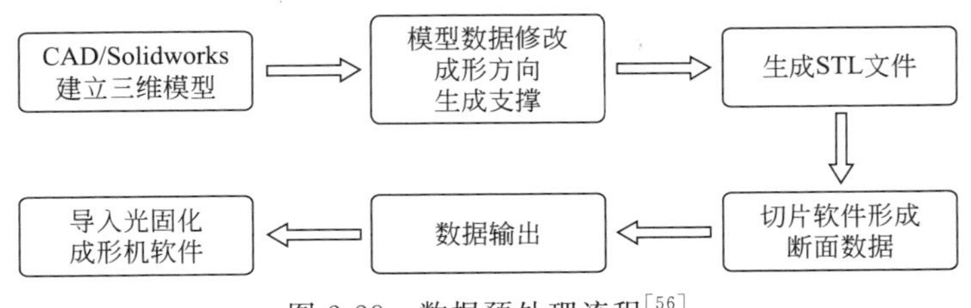

图2-28 数据预处理流程[56]

首先必须在计算机上，利用CAD、Solidworks等三维计算机辅助设计软件，根据产品的要求设计三维模型；或者使用三维扫描系统对已有的实体进行扫描，并通过反求技术得到三维模型。

对所得到的三维模型进行必要的调整和修改。模型确定后，根据形状和成形技术的要求选定成形方向，调整模型姿态。然后使用专用软件添加模型技术支撑，模型和技术支撑构成一个整体，并转换成STL格式的文件。

对STL格式文件进行切片处理。由于3D打印是通过一层层断面形状来进行叠加成形，因此，加工前需要使用切片软件将三维模型沿高度方向进行切片处理，提取截面轮廓的数据。切片越薄，精度越高。建议的取值范围一般为25～0.3μm，随着技术的发展，取值范围可根据光固化成形机精度进行调整。

(2) 成形过程

成形过程是SL成形技术的核心步骤，其过程由模型断面形状的制作和叠加合成。3D打印系统根据切片处理得到的断面形状，在计算机的控制下，通过控制激光器向下发出激光束，选择性照射材料槽中最上层的光固化陶瓷浆料，由点到线再到面，完成陶瓷浆料单层固化；然后，控制工作台下降，将光固化陶瓷浆料涂覆于零件上表面，继续进行下一次固化；重复上述的固化过程，直到获得最终的实体模型。

对于DLP成形技术，成形过程与SL技术类似，但DLP技术常采用倒置面成形方式，即激光光源经DMD形成模型的某一截面的形状，然后对该截面形状的陶瓷浆料照射固化，液槽上方的提拉机构，每次截面曝光完成后向上提拉一定高度（该高度与分层厚度一致），使得当前固化完成的固态树脂与液槽底面分离并黏结在提拉板或上一次成形的树脂层上。这样，通过逐层曝光并提升来生成三维实体。

(3) 后处理

后处理包括坯体的干燥、去支撑处理。由陶瓷浆料制成的实体模型，又称为坯体。打印完成的坯体首先需要去除支撑。树脂基陶瓷坯体无需经过干燥，经过去支撑处理后，可直接进行后续热处理。若是水基陶瓷坯体，烧结前还需经过干燥过程。最终得到等待热处理的陶瓷坯体。水基陶瓷浆料制备的陶瓷坯体，在常温空气下干燥，由于收缩不均匀，坯体会开裂。广东工业大学Wu等[59]首次采用液体干燥法，即首先将打印好的陶瓷坯体置于PEG400中，去除坯体中的水，得到待烧结的坯体。该方法干燥后的坯体未出现开裂和裂纹。西安交通大学Zhou等[60]采用SL成形技术成形二氧化硅坯体，然后通过冷冻干燥法得到待烧结的二氧化硅坯体。

2.3.3 光固化成形陶瓷坯体的特点与热处理

2.3.3.1 光固化成形陶瓷坯体特点

① 光固化（SL）成形的坯体尺寸为250mm×250mm×250mm～1500mm×750mm×550mm；数字光处理（DLP）技术成形的零件可以小到微米级的尺寸。

② SL技术使用直径小的激光束（通常在几十微米左右）制备的陶瓷坯体精度非常高，一般能够实现高达10～50μm的成形精度；DLP成形技术制备的陶瓷坯体，其精度主要取决于DMD装置的分辨率，最高可达3μm，优于SL成形技术制备的陶瓷坯体。

③ 与其他3D打印技术相比，SL/DLP成形技术制备的陶瓷坯体可以具有更复杂、精细的结构。

④ 与其他3D打印技术相比，SL/DLP成形技术制备的陶瓷坯体具有较好的表面质量。

⑤ 与其他3D打印技术相比，SL/DLP成形技术制备的陶瓷坯体经过后处理，如排胶、烧结、抛光等，具有更好的致密度与力学性能等。

2.3.3.2 热处理

由于陶瓷坯体中含有大量有机树脂，因此，陶瓷坯体需要进行热处理，包括排胶、烧结过程，以保证零件的整体具有足够的强度和刚度。

(1) 热排胶

SL/DLP成形技术是一种新兴成形技术，其优点在于可成形各种复杂形状的陶瓷部件，产品尺寸精度高，可以减少陶瓷制品后期处理中昂贵的加工成本。SL/DLP成形制品中含有相当数量的光敏树脂，后期排胶是保证零件质量的关键。而热排胶是发展最快、应用最广的排胶技术。热排胶过程中，升温速率过快，内部气压过高，会导致坯体变形或开裂；升温速率过慢，排胶时间长，会导致生产周期过长，成本上升。因此寻求合适的排胶技术对于SL/DLP成形技术至关重要。目前常用的热排胶技术有真空排胶技术、气氛排胶技术和空气排胶技术。

① 真空排胶技术　真空排胶是指陶瓷坯体在真空环境下，通过加热去除坯体中光敏树脂的一种方法。该方法可以有效控制光敏树脂的裂解速率，保证坯体在排胶过程中不会发生变形；其缺点是对设备要求高、成本高、坯体中残余碳含量较多。

② 气氛排胶技术　气氛排胶是指陶瓷坯体在流动氮气（N_2）/氩气（Ar）的保护气氛下，加热去除陶瓷坯体中光敏树脂的一种方法。该技术的优点是可以有效控制坯体中有机组分的裂解速率，保证坯体的形状，流动的保护气氛可以带走部分碳；其缺点是坯体中有部分剩余碳，需要进行二次热处理。

③ 空气排胶技术　空气排胶是指将陶瓷坯体置于空气炉中，加热去除陶瓷坯体中的光敏树脂组分。该方法的优点是坯体中的有机组分可以完全除去，无需进行二次处理；缺点是

有机组分裂解速率过快，坯体在排胶过程中容易发生变形。

因此，在实际应用中，通常采用组合排胶技术和排胶制度进行坯体的热处理，一方面控制有机组分的裂解速率，保证坯体的形状；另一方面保证有机组分的完全去除，同时保证坯体具有一定的强度。广东工业大学 Wu 等[61] 采用两步排胶法，即真空/空气二步排胶法，可以防止裂纹等缺陷的产生。

(2) 选区烧结前处理

选区烧结前处理目的是实现陶瓷零件显微结构和性能的精准调控。陶瓷坯体经过热排胶后，在保持一定强度的前提下，坯体中存在大量的孔洞。研究人员常利用该特点，采用浸渗的方法对陶瓷坯体实现着色、功能赋予，提高烧结致密度和力学性能等目的。

浸渗又称含浸、浸透、渗透、浸渍，是一种微孔（细缝）渗透密封技术，将密封介质（通常是低黏度液体）通过自然渗透（即微孔自吸）抽真空和加压等方法渗入微孔（细缝）中，将缝隙充满，然后通过自然（室温）冷却或加热的方法将缝隙里的密封介质固定，达到密封缝隙的作用。

陶瓷坯体浸渗通常采用液相前驱体浸渗法。液相前驱体浸渗是一种可以实现高均匀分散的复合材料及梯度材料制备的技术，它主要是基于多孔介质传质理论。该技术的基本过程如下：①制备出具有连通结构的坯体；②配制含有改性组元的前驱体溶液；③将坯体放入前驱体溶液中，通过改变气压、温度、时间等，达到调控浸渗目的。浸渗后通常还需适当热处理，去除前驱体中的水或树脂。由于外来组元是从坯体表面逐步进入内部的，所以浸渗技术还可以制备梯度材料，并且实现深度连续可控的表面改性。这些特点都有助于减缓表面改性层与基体之间界面的物理、化学性能的剧烈变化，从而提高材料的稳定性。浸渗使用的坯体多为具有均匀多孔结构的陶瓷坯体。因此在保证完全浸渗的前提下，前驱体中的改性组元在坯体中实现纳米级的均匀分布，从而实现高均匀度的掺杂。此外，通过调整浸渗用液相的成分还可以十分方便地调整材料的化学组成。相比于传统混合技术，该技术在批量试验、调控材料成分方面具有其他方法不可比拟的高效性和简便性。

光固化成形技术制备的陶瓷坯体经过排胶后，坯体相对密度一般在 40%～60%，利用浸渗技术可实现对其微观结构的调控，改善其性能。广东工业大学 Liu 等[62] 向排胶后的 Al_2O_3 坯体中分别浸渗锆离子（Zr^{4+}）和镁离子（Mg^{2+}），烧结后发现浸渗后的样品不仅致密度增大，并且均匀地分散在 Al_2O_3 晶粒的晶界处，抑制了晶粒异常长大，实现了光固化 Al_2O_3 陶瓷的微观结构和性能的调控。随后，他们对 Al_2O_3 样品进行了不同浓度 Zr^{4+} 的浸渗研究，发现随着 ZrO_2 含量增大，Al_2O_3 晶粒尺寸可以减小到亚微米，实现了无压烧结下 Al_2O_3 亚微米晶陶瓷的制备，且在相似性能的情况下将 Al_2O_3 陶瓷烧结温度降低了 100℃。由于黑色陶瓷浆料很难直接成形，因此广东工业大学首先通过 DLP 技术得到 ZrO_2 陶瓷饰品坯体，经过排胶热处理，采用前驱体浸渗法对陶瓷坯体进行着色，烧结后得到黑色 ZrO_2 饰品。

(3) 烧结

宏观定义：在高温下（不高于熔点），陶瓷坯体固体颗粒的相互键联，晶粒长大，空隙（气孔）和晶界渐趋减少，通过物质的传递，其总体积收缩，密度增加，最后成为具有某种显微结构的致密多晶烧结体，这种现象称为烧结。微观定义：固态中分子（或原子）间存在互相吸引，通过加热使质点获得足够的能量进行迁移，使粉体产生颗粒黏结，产生强度，并导致致密化和再结晶的过程称为烧结。烧结是 SL/DLP 制备零件的关键一步，烧结过程直接影响显微结构中的晶粒尺寸、气孔尺寸及晶界形状和分布。

常用的烧结技术有常压烧结、热压烧结、气氛烧结、放电等离子辅助烧结（SPS）、微波烧结和气压烧结等。

① 常压烧结和气氛烧结　常压烧结，即对材料不进行加压而使其在大气压力下烧结，是目前应用最普遍的一种烧结方法。它包括了在空气条件下的常压烧结和某种特殊气体气氛条件下的常压烧结。就普通陶瓷材料而言，陶瓷一般是在氧化气氛下烧结，和空气组成差别不大，也可以看作大气条件下的常压烧结，在陶瓷生产中经常采用。对于在空气中难于烧结的陶瓷制品（如透光体或非氧化物），常用气氛烧结法。这种方法是在炉内通入一定气体，形成所要求的气氛，使制品在特定的气氛下烧结。根据不同材料可选用氧、氢、氮、氩或真空等不同气氛。用这种方法可防止陶瓷材料在高温下的氧化，促进烧结，提高制品致密度，提高物理性能。目前高压钠蒸气灯用的透光体就是在真空或氢气中烧结的。

常压烧结的窑炉有隧道窑、钟罩窑和箱式窑炉等。特种陶瓷的常压窑炉通常烧结温度较高，达 1500～2000℃。在空气中加热常用 ZrO_2、MoSi 等材料，而在真空中或保护气氛中加热，则选用钨、钼和钽等金属电阻材料和石墨电阻。

② 热压烧结　热压烧结（hot pressed sintering，HPS）是将干燥粉料充填入模型内，再从单轴方向边加压边加热，使成形和烧结同时完成的一种烧结方法。热压烧结的特点：热压烧结由于加热加压同时进行，粉料处于热塑性状态，有助于颗粒的接触扩散、流动传质过程的进行，因而成形压力仅为冷压的 1/10；还能降低烧结温度，缩短烧结时间，从而抵制晶粒长大，得到晶粒细小、致密度高和力学、电学性能良好的产品；无需添加烧结助剂或成形助剂，可生产超高纯度的陶瓷产品。热压烧结的缺点是过程及设备复杂，生产控制要求严，模具材料要求高，能源消耗大，生产效率较低，生产成本高。将热压作为制造制品的手段而加以利用的实例有 Al_2O_3、B_4C、BN、磁性陶瓷等工程陶瓷的制备。

热压设备：常用的热压机主要由加热炉、加压装置、模具和测温测压装置组成。加热炉以电作热源，加热元件有石墨、SiC、MoSi 或镍铬丝、白金丝、钼丝等。加压装置要求速度平缓、保压恒定、压力灵活调节，有杠杆式和液压式。根据材料性质的要求，压力气氛可以是空气、还原气氛或惰性气氛。模具要求高强度、耐高温、抗氧化且不与热压材料黏结，模具热膨胀系数应与热压材料一致或近似。根据产品烧结特征可选用热合金钢、石墨、SiC、Al_2O_3、ZrO_2、金属陶瓷等。最广泛使用的是石墨模具。Si_3N_4 热压烧结中，在 Si_3N_4 粉体中加入 MgO 等烧结辅助剂，在 1700℃下，施以 $300kgf/cm^2$（1kgf＝9.8N）的压力，可达到致密化。在这种情况下，因为 Si_3N_4 与石墨模具发生反应，其表面生成 SiC，所以在石墨模具内涂上一层 BN 防止发生反应，并便于脱模。使用这种脱模剂时，在热压情况下须时时注意。另外，模具材料与试料的膨胀系数之差在冷却时会产生应力。Si_3N_4-Y_2O_3-Al_2O_3 系物质，在热压下可获得高强度烧结体。

③ 放电等离子辅助烧结　放电等离子辅助烧结（spark plasma sintering，SPS）是在粉体颗粒间直接通入脉冲电流进行加热烧结的一种方法。SPS 技术是一种快速、低温、节能、环保的材料制备新技术。

SPS技术是制备功能材料的一种全新技术，它具有升温速度快、烧结时间短、组织结构可控、节能环保等鲜明特点，可用来制备金属材料、陶瓷材料、复合材料，也可用来制备纳米块体材料、非晶块体材料、梯度材料等。

放电等离子烧结系统主要由以下几个部分组成：轴向压力装置、水冷冲头电极、真空腔体、气氛控制系统（真空/氩气）、直流脉冲电源及冷却水、位移测量、温度测量和安全等控制单元。放电等离子烧结速度快，烧结时间短，既可以用于低温、高压（500～1000MPa）又可以用于低压（20～30MPa）、高温（1000～2000℃）烧结，因此可广泛地用于金属、陶瓷和各种复合材料的烧结。

④ 微波烧结　微波烧结是利用微波电磁场中陶瓷材料的介质损耗使材料整体加热至烧结温度而实现烧结和致密化。该技术在制备纳米块体金属材料和纳米陶瓷方面具有很大的潜力，被誉为“21世纪新一代烧结技术”。

在微波电磁场作用下，陶瓷材料会产生一系列的介质极化，如电子极化、原子极化、偶极子转向极化和界面极化等。

与常规烧结相比，微波烧结具有如下特点：

a.烧结温度大幅度降低。与常规烧结相比，最大降温幅度可达500℃左右。

b.比常规烧结节能70%～90%，降低烧结能耗费用。由于微波烧结的时间大大缩短，尤其对一些陶瓷材料烧结过程从过去的几天甚至几周降低到用微波烧结的几个小时甚至几分钟，大大提高了能源的利用效率。

c.安全无污染。微波烧结的快速烧结特点使得在烧结过程中作为烧结气氛的气体使用量大大降低，这不仅降低了成本，也使烧结过程中废气、废热的排放量得到降低。

d.使用微波法快速升温和致密化可以抑制晶粒组织长大，制备纳米粉体、超细或纳米块体材料。以非晶硅和碳混合料为原料，采用微波烧结法可以制备粒度为20～30nm的β-SiC粉体，而用普通方法时，制备的粉体粒度为50～450nm。采用微波烧结制备的WC-Co硬质合金，其晶粒粒度可降低到100nm左右。

e.烧结时间缩短。相对于传统的辐射加热过程致密化速度加快，微波烧结是依靠材料本身吸收微波能转化为材料内部分子的动能和势能，材料内外同时均匀加热，这样材料内部热应力可以减少到最小。另外，在微波电磁能作用下，材料内部分子或离子的动能增加，使烧结活化能降低，扩散系数提高，可以进行低温快速烧结，使细粉来不及长大就被烧结。

f.能实现空间选区烧结。对于多相混合材料，不同材料的介电损耗不同，产生的耗散功率不同，热效应也不同，可以利用这点来对复合材料进行选区烧结，研究新的材料产品和获得更佳材料性能。

⑤ 气压烧结　气压烧结（gas pressure sintering，GPS）是指将陶瓷坯体在高温烧结过程中，施加一定的气体压力，通常为N_2气氛，压力范围在1～10MPa，以便抑制在高温下陶瓷材料的分解和失重，提高烧结温度，进一步促进材料的致密化，获得高密度的陶瓷制品。近三十年来，气压烧结技术在日本、中国及大部分欧美国家得到较为广泛的研究，烧结材料的种类也不断增加，在实际应用上也取得了很大进展，现已成为高性能陶瓷材料一种重要烧结技术。

气压烧结通过改变烧结炉内气体压力来对烧结体进行加压，与常压烧结的主要区别在于烧结过程中炉体气体压力的大小。常压烧结的气压大小约1个大气压（0.1MPa），气压烧结不仅为烧结材料提供气氛保护，还可以加大气压，提高烧结驱动力。通过气体传递压力的方法可使材料受力均匀，烧制出各向均匀的异形陶瓷部件。

二步气压烧结法最早由G. Reskovich提出，其基本思想是首先在较低的气氛压力下（0.1～2MPa），将坯体烧结至孤立封闭气孔；然后在较高的气压（6～10MPa）和温度下进行二次烧结，进一步排除闭气孔，促进材料的致密化。其烧结过程为先在低压保护气氛中将陶瓷坯体烧至气孔完全闭合（约92%～95%理论密度），然后增加气氛压力，进一步完成烧结致密化。

(4) 陶瓷零件的抛光处理

经过热处理的零件，某些结构精度和表面硬度、粗糙度还不满足使用需求，需要对烧结制品进行砂纸打磨、抛光等后处理。常用的抛光工具有各种粒度的砂纸、电动或气动打磨机及喷砂打磨机，还有较为先进的磁流变和磨粒流抛光技术。

2.4 三维喷印成形技术

三维喷印（three dimensional printing，3DP）成形技术是一种新型、快速、精密的成形方法，是在三维电子模型的基础上，将粉体逐层打印黏结，从而实现材料成形的过程。3DP成形技术由三维CAD模型直接驱动，能够实现设计制造一体化，制造方式不受零件形状和结构的约束，可以直接制造传统技术不能制备的复杂形状陶瓷零件。常用3DP成形技术分为两种：一种为间接（黏结）3DP成形技术，是采用精密喷头，按照零件截面形状将黏结剂喷射在预先铺好的粉体层上，使部分粉体黏结在一起，形成截面轮廓，一层粉体成形完成后，再铺上一层粉体，进行下一层粉体的黏结，如此循环直至完成，再经过后处理得到成形零件；另外一种则是直接（喷墨）3DP成形技术，即将陶瓷粉体和黏结剂混合起来直接打印成形，又称喷墨打印技术。自Sachs等[63]首先提出黏结三维喷印3D打印的思想以来，世界各大3D打印公司如美国3D Systems公司、Z Corp公司、以色列Object公司等纷纷投入研究开发不同的3DP技术。

2.4.1 三维喷印成形技术用原材料及黏结剂

3DP技术的核心是原材料。3DP成形系统的原材料包括合适的粉体材料和黏结溶液材料[64]。对粉体材料的要求为：颗粒小、最好呈球状，均匀、无明显团聚；流动性好，不易堵塞供粉系统，能铺成薄层；在溶液喷射冲击时不产生凹陷、溅散和孔洞；与黏结溶液作用后能很快固化。对所使用溶液材料的要求为：易于分散、稳定的液体，能长期储存；不腐蚀喷头；黏度足够低，表面张力足够高，能按预期的流量从喷头中喷射出；不易干涸，能延长喷头抗堵塞时间。

2.4.1.1 粉体材料

影响粉体材料成形特性的因素包括粒度、粒度分布、颗粒形状、成分及比例、孔隙率、流动性、润湿性等。需要综合各因素对3DP成形技术的影响，以确定粉体材料的成分、粒度及分布和孔隙率、流动性等参数[65]。在3DP成形过程中，应选择无明显团聚，即无絮凝颗粒和凝聚体颗粒的粉体原料，并尽可能地选择球状颗粒。同时，对粉体采用干燥、使用分散剂等措施可以显著改善粉体的流变特性以及与液滴的相互作用。

粉体的粒度直接影响3DP成形过程中逐层成形的精度。尺寸较大的粉体颗粒，比表面积小，在液滴的润湿过程中不易与其他颗粒渗透黏结；反之，粉体粒度越细则越容易黏结成形。但若粒度过细，则容易形成絮凝颗粒，即粉体团聚，致使粉体不易铺成薄层，且粉体容易黏结到辊子表面上，影响成形精度。打印过程中原料并不要求颗粒大小一致，可以是粒度大小不一，能够按一定规则进行尺寸匹配的粉体。对于球形粉体颗粒而言，大小粉体颗粒尺寸匹配时的几何模型如图2-29所示。

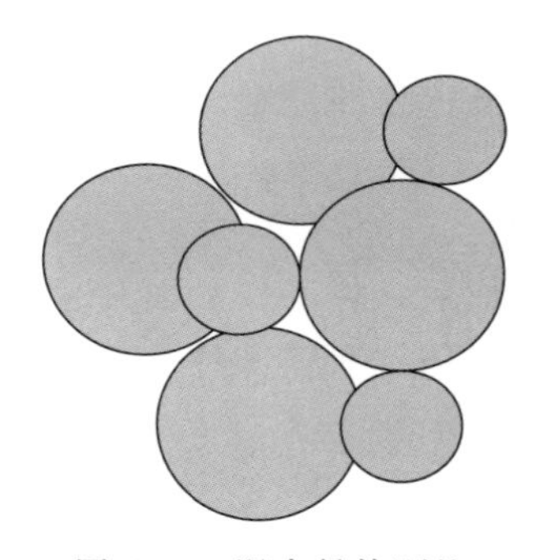
图2-29 混合粉体颗粒匹配示意图

粉体的密度直接影响零件的密度。若想增加零件密度，必须提高粉体层的密度或提高单位面积内液滴喷射的总量。提高粉体密度的措施有：改善粉体的粒度分布，如在大粒度粉体中加入较小粒度的粉体；改善铺粉过程，选择合适的铺粉参数等。

3DP成形过程中，液滴的加入量对粉体层的固化成形起到十分重要的作用。液滴加入粉体层的量可由饱和度来表示，即在粉体的间隙中溶液所占体积与孔隙体积之比。3DP成形技术中饱和度应在0.3～1之间，这样既能保证粉体被充分润湿，又能保证不产生泥浆状的黏结，以致液滴在粉体表面散开，影响叠层成形的精度。

2.4.1.2 黏结溶液材料

为满足3DP成形的喷射要求，对于黏结溶液材料的要求如下：表面张力一般在30～50mN/m之间；黏度一般为1～10cP（$1cP=10^{-3}Pa\cdot s$），最好控制在2～4cP之间；pH值一般需要控制在8～9之间；密度、固相含量、稳定性和抗沉淀性等方面也需满足要求。黏结溶液包含黏结剂、载体溶剂及添加剂（如黏度调节剂、防堵塞剂、助溶剂、分散剂、pH调节剂等），这些成分不一定全部加入，而是根据需要选择使用。

2.4.2 三维喷印成形过程

根据成形技术的不同，3DP 成形技术主要分为间接（黏结）3DP 成形技术和直接（喷墨）3DP 成形技术。

2.4.2.1 间接（黏结）3DP 成形技术

间接（黏结）3DP 成形技术是指喷头在计算机的控制下，根据分层截面的数据信息，选择性地将黏结剂喷射到粉床上需要黏结的地方，黏结粉体形成一层截面；一层截面打印完成后，工作台下降一个截面层的距离，在打印完成层上方继续铺粉，喷射黏结剂，进行下一层的黏结成形，如此循环铺粉黏结形成立体零件。间接 3DP 3D 打印系统主要由打印头控制系统、粉体材料系统、运动控制系统、成形环境控制系统、计算机硬件与软件等部分组成：粉体材料系统主要完成粉体材料的储存、铺粉、回收、刮粉和真空压实等功能；运动控制系统主要负责完成 3DP 成形过程中的各种运动控制；成形环境控制系统主要包括成形室内温度和湿度调节。

间接 3DP 成形过程中，3DP 软件将三维 CAD 模型转换为一系列的截面图形，调用打印机的打印程序完成黏结溶液的喷射，并保证溶液喷射与相应的运动匹配，完成对整个 3DP 成形过程的控制。铺粉装置在工作平面上平铺一层粉体，随着辊子的转动和平动将粉体压实、铺平，喷头按先 X 轴后 Y 轴方向扫描的顺序按所需的层截面轮廓喷射黏结溶液液滴，使当前粉体层固化。一层粉体成形完成后，工作平台下降一层，再循环进行上述动作。成形完成后，将工作平面升起，取出成形件，去除未被黏结的粉体，用压缩空气将表面的浮粉吹除，得到所需零件。其工作流程图如图 2-30 所示。

2.4.2.2 直接（喷墨）3DP 成形技术

1997 年，英国布鲁内尔大学 Xiang 等提出直接喷墨打印成形技术，将待成形的材料与黏结剂制备成墨水，由喷头直接喷出成形材料，然后经固化得到成形件[66]。相比于间接 3DP 成形技术，直接 3DP 成形技术具有很多优点：可以直接成形结构较为复杂的零件，如具有中空内腔结构的零件；直接成形三维喷印系统没有粉床和铺粉系统，系统的结构更简单，控制更容易；直接喷墨打印成形能够同时打印多种材料，应用更加广泛。在直接 3DP 成形技术中，最关键的是制备出固相含量高、黏度小、分散稳定性好的陶瓷墨水[67]。

陶瓷墨水主要由陶瓷粉体、溶剂、分散剂和其他助剂组成。陶瓷粉体是 3DP 成形陶瓷墨水的主体部分，通常要求陶瓷粉体的颗粒尺寸小于 1μm；另外要求陶瓷颗粒形貌接近球形，有利于陶瓷墨水顺利地通过喷头。陶瓷墨水喷墨打印过程中，最常见且最易发生的问题是陶瓷墨水中颗粒团聚沉淀阻塞喷头导致打印中断。为了解决分散稳定性的问题，常需加入分散剂，从而使颗粒尺寸细小的陶瓷粉体均匀分散在溶剂中，有效地阻碍陶瓷颗粒团聚沉淀[68,69]。

陶瓷墨水的稳定性同样至关重要。陶瓷浆料中颗粒各方向作用力处于不平衡状态，有巨

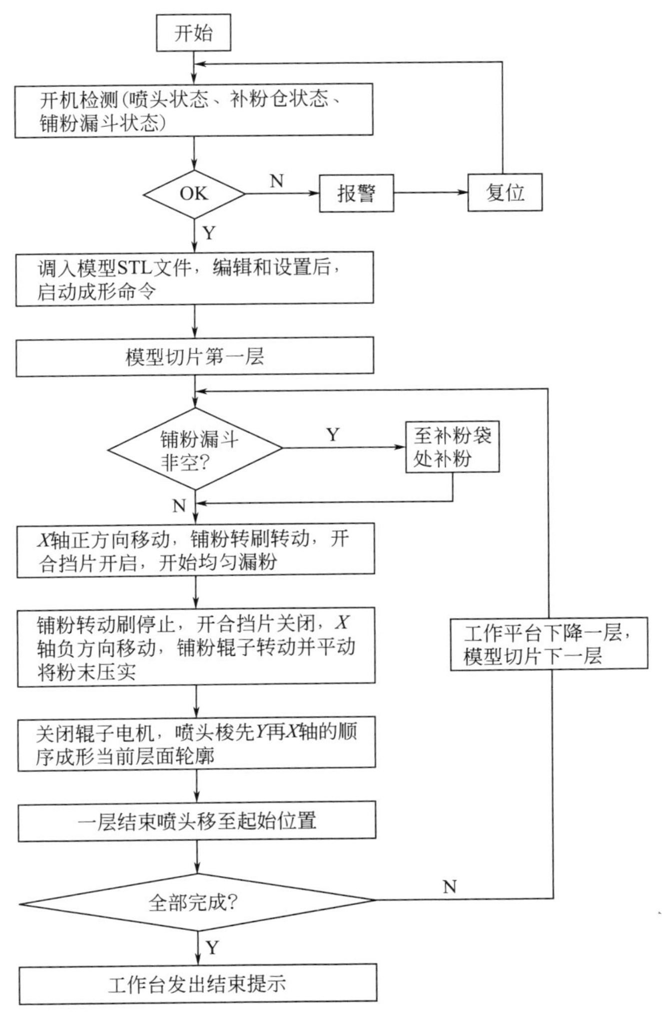

图 2-30　间接 3DP 系统工作流程示意图

大的界面能，因此陶瓷墨水在热力学上是不稳定的[70]。通过沉降实验，可以检测陶瓷墨水的稳定性。根据 Stocks 沉降定律，可以估算浆料中陶瓷颗粒的沉降速率，其估算公式如下：

$$v=\frac{2r^2(\rho-\rho_0)g}{9\eta} \tag{2-1}$$

式中，v 为颗粒的沉降速度；r 为颗粒的粒子半径；ρ、ρ_0 分别为陶瓷粉体和溶剂的密度；g 为重力加速度；η 为陶瓷墨水的黏度。

陶瓷墨水从喷头喷出，与打印基材碰撞后，需要完成从液态到固态转变过程，并逐层叠加。目前陶瓷墨水的成形主要有两种方法：墨水相变和溶剂挥发。Seerden 等[71] 将 Al_2O_3 粉分散在石蜡中，利用温度诱导石蜡相变的方法，成功打印出 Al_2O_3 陶瓷环。但是体系中石蜡含量过高造成排胶困难，坯体在烧结过程中容易出现裂纹和变形，导致制品成功率较低。Derby 以及 Dou 等[72,73] 利用溶剂挥发的方法，研究了 ZrO_2 喷墨打印过程中墨滴从液态转变为固态的干燥过程，并对干燥成形过程当中出现的缺陷问题“咖啡环效应”作了重点研究。Ebert 等[74] 在研究 ZrO_2 喷墨打印成形的干燥问题时，主要采用两种方法控制溶剂的挥发：一是向墨水中加入挥发性添加剂；二是在打印机上添加干燥单元如高能聚光灯、风扇等，并升高打印基板的温度，以加快溶剂的挥发。

2.4.3 三维喷印成形坯体特点与后处理

3DP 成形的原料十分广泛，包括传统陶瓷材料和生物陶瓷材料。优化技术参数和原料配方，添加改性剂改变坯体特点可以提升 3DP 技术所制备的陶瓷材料性能，缩小与传统技术制备陶瓷之间性能的差距。同时，可以结合后处理技术来进行新型陶瓷基复合材料和功能材料零件的制备开发。

2.4.3.1 3DP 成形坯体特点

一般地，通过优化陶瓷粉体的粒度级配来获得适宜的流动性。流动性随着细颗粒比例的增加而降低，但是细颗粒比例下降后又会影响陶瓷致密度，而无法获得所需的力学性能。因此，获得优化级配的陶瓷粉体是 3DP 成形技术的关键之一。西安交通大学 Sun 等[75] 将具有三种粒度的玻璃陶瓷粉体以一定比例混合并进行打印（图 2-31）。结果表明，60%、45～100μm 和 40%、0～25μm 颗粒混合的粉体所打印的构件性能优良，其密度为 1.60g/cm^3，抗弯强度达到 13.8MPa。

图 2-31　3DP 成形的圆柱坯体[75]

由于 3DP 成形技术的技术局限，打印构件表面精度不是很高，但这种粗糙表面具有较高的比表面积，这一点在生物材料中是至关重要的，劣势反而成了优势。所以，目前 3DP 成形技术的主要研究方向之一是生物陶瓷支架的制备，如羟基磷灰石基生物支架和磷酸三钙（TCP）生物支架。3DP 技术成形生物陶瓷支架技术中影响支架性能的主要因素是陶瓷粉体和黏结剂的性质。陶瓷粉体粒度对支架的机械强度和孔隙率有极大影响。研究表明，3DP 成形的生物陶瓷支架其烧结收缩率通常在 30%左右。通过优化陶瓷粉体颗粒级配，提高粉体填充密度，能够显著增强支架的机械强度。罗斯托克大学 Spath 等[76] 使用喷雾干燥制备羟基磷灰石混合粉体作为原材料，糊精（20%）和蔗糖（2.5%）的水溶液作为黏结剂，制备陶瓷支架，通过添加 25%的细颗粒（32～19μm）到粗颗粒（>125μm）中，支架强度提高 55%。

3DP 成形生物陶瓷支架时，陶瓷粉体并不都是单一组分的生物陶瓷粉体，常需加入各类添加剂来提高生物支架的强度、孔隙率和生物活性等性能。以添加不同比例氧化石墨烯（0、0.2%和 0.4%）的羟基磷灰石粉体作粉体材料，水基黏结溶液作为黏结剂，成形氧化石墨烯/羟基磷灰石纳米复合材料（GHN）时，石墨烯含量增加，样品抗压强度明显提高[77]。华盛顿州立大学 Solaiman 等[78] 在 TCP 粉体中添加 SrO 和 MgO，以 3DP 技术成形后，通过微波烧结，可以获得具有 500μm 互连孔径的 Sr-Mg 掺杂的 TCP 支架（图 2-32），最大抗压强度达到了（12.01±1.56）MPa。通过在大鼠远端股骨缺损中植入打印的支架来评估纯 TCP 和 Sr-Mg 掺杂 TCP 支架的体内生物学性能。SrO-MgO-TCP 支架的孔径为（245±7.5）μm，具有多尺度孔隙结构，即 3D 互连设计的大孔和内在微孔。与纯 TCP 支架相比，类骨质样新骨形成显著增加，大鼠血清中也观察到骨钙素和胶原水平的增加。

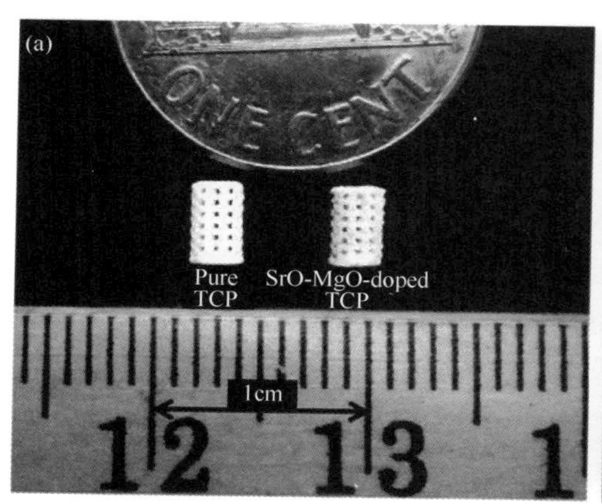

图 2-32 微波烧结 TCP 和 Sr-Mg 掺杂 TCP 支架照片（a）以及纯 TCP 支架的高倍 SEM 图像（b）[78]

影响 3DP 成形生物陶瓷支架的另一个因素是黏结剂。3DP 成形技术使用的黏结剂大致可分为三类：不具有黏结性质的液体、会与粉体反应的液体和自身具有部分黏结作用的液体三大类型。常用黏结剂有氯仿、乙醇、某些液态树脂、水基黏结剂等。Vlasea 等[79] 的研究显示黏结剂的灰度对 3DP 成形的生物陶瓷（图 2-33）性能有影响。实验中，他们将生物陶瓷聚磷酸钙粉体（CPP）与粒径小于 63μm 的聚乙烯醇（PVA）粉体混合（90%CPP 和 10% PVA），使用的黏结剂是灰度级分别为 70%、80%、90%、100%和 90%/70%的水溶液（Zb^{TM}58）。黏结剂灰度级为 70%获得样品抗压强度只有（4.8±1.3）MPa，而当黏结剂灰度级为 90%/70%时，样品抗压强度达到了（15.5±1.9）MPa。

国内也有开展 3DP 成形技术制备生物陶瓷支架的相关研究。西北工业大学[80] 以氰基丙烯酸正丁酯（NBCA）作为生物黏结剂，采用 3DP 成形技术制备了羟基磷灰石（HA）基体的人造生物陶瓷支架（图 2-34）。研究表明，当粉体尺寸稳定时，黏结剂喷涂量将直接影响骨架的强度。通过控制打印过程中 HA 粉体层表面上的 NBCA 黏结剂液体剂量，制备了

图 2-33　不同黏结剂灰度级的 3DP 成形样品[79]

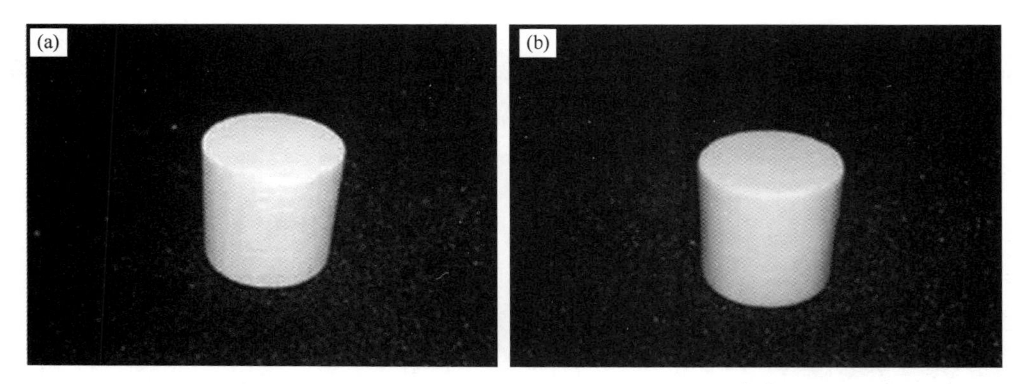

图 2-34　通过 3DP 添加剂制造的力学性能试样[80]

(a) 直径 10mm、高 15mm 的 HA 样品；(b) 直径 10mm、高 15mm 的 HA/NBCA 样品

具有不同强度的生物陶瓷骨架。

2.4.3.2　3DP 成形坯体后处理

3DP 成形采用的是粉体堆积，黏结剂黏结的成形方式，得到的零件会有较大的孔隙，因此打印完成后需要经过后处理工序来达到所需的致密度、强度和表面精度。目前，在致密度和强度方面常采用低温预固化、等静压处理、烧结、熔渗等方法来保证，精度方面常采用去粉、打磨、抛光等方式来改善。表面涂覆可采用环氧树脂、聚氨酯胶黏剂、氰基丙烯酸乙酯等低黏度物质对零件进行刷、浸、喷、淋等，使其渗透入多孔零件表面 1～2mm 左右。待干燥后再对其进行打磨。涂覆过程可重复进行。这种后处理方式既可以消除零件表面的粉粒感，提高光洁度，也可以大大提高零件的硬度和强度。冷等静压处理可以大幅度提高零件的密度，以达到提高其强度的目的。但这种方法会导致零件的收缩、变形甚至零件的坍塌破坏。

(1) 烧结

陶瓷、金属和复合材料构件一般都需要进行烧结处理。针对不同的材料可采用不同的烧

结方式，如气氛烧结、热等静压烧结、微波烧结等。通常来讲，氮化物陶瓷类宜采用氮气气氛烧结，硬质合金类宜采用微波烧结。烧结参数是整个烧结技术的重中之重，它会影响零件密度、内部组织结构、强度和收缩变形。

美国得克萨斯大学 Gaytan 等[81]发现，用 3DP 技术制造 $BaTiO_3$ 坯体，其压电性能随着烧结温度的提高而得到明显改善，1400℃时，压电系数可达 74.1。德国 Bergemann 等[82]使用喷雾干燥颗粒 TCP 作为原料，糊精（20%）和蔗糖（2.5%）的水溶液用作打印黏结剂。将 3DP 成形技术打印的陶瓷坯体在 1250℃烧结 2h，烧结后的 3D 打印支架的孔隙率和孔径分别达到近 50%和 500μm（图 2-35）。然后，用医学级聚（L-丙交酯共-D，L-丙交酯）(PLA，70/30）渗透来机械稳定 TCP 支架，支架抗压强度从（1.70±0.24）MPa 显著提高到（17.30±3.69）MPa。

图 2-35　3DP 成形技术制备的具有 500μm 四边形孔的生物陶瓷支架[82]

西北农林科技大学 Li 等[83]通过 3DP 成形技术和无压烧结技术制成孔隙率高于 70%的多孔 Si_3N_4 陶瓷。成形的 Si_3N_4 陶瓷坯体经过化学气相渗透沉积 Si_3N_4 后，提高了 β-Si_3N_4 颗粒之间的连接强度和负载能力，陶瓷力学性能得到了明显的改善。随着渗透时间的增加，Si_3N_4 的力学性能进一步提高。

(2) 等静压处理

为了提高零件整体的致密性，可在烧结前对坯体进行等静压处理。之前有学者将等静压技术与激光选区烧结技术结合获得了致密性良好的金属零件。模仿这个过程，研究人员也将等静压技术引入到了 3DP 中用来改善零件的各项性能。按照加压成形时的温度高低，等静压分为冷等静压、温等静压、热等静压三种方式，每种方式都可针对不同的材料来加以应用。最早的等静压处理 3DP 成形陶瓷坯体出现在 1993 年。Yoo 等[84]利用 3DP 技术制得的 Al_2O_3 陶瓷坯体的初始相对密度只有 33%～36%，经过热等静压处理后可达到 99.2%。这种成形技术操作简单，适用性强，几乎大部分陶瓷材料都可适用，国外开展相关研究的机构也较多，主要有加拿大的滑铁卢大学、德国的罗斯托克大学和埃朗根纽伦堡大学以及美国的华盛顿州立大学和得克萨斯大学。

(3) 熔渗

坯体烧结后可以进行熔渗处理，即将熔点较低的金属填充到坯体内部孔隙中，以提高零件的致密度。熔渗的金属还可能与陶瓷等基体材料发生反应形成新相，以提高材料的性能。

2011 年，埃朗根纽伦堡大学 Melcher 等[85]以 Al_2O_3 为原料、糊精为黏结剂，采用 3DP 成形技术制备多孔 Al_2O_3 坯体。陶瓷的孔隙率通过调整浆料固相含量来控制。当浆料固相含量为 33%～44%（体积分数）时，陶瓷坯体的抗弯强度为 4～55MPa，1600℃下烧结后的 Al_2O_3 陶瓷的各向同性收缩率为 17%。然后在 1300℃下用 Cu-O 合金无压渗透 1.5h，最终形成致密的 Al_2O_3/Cu-O 复合材料（图 2-36）。所制备 Al_2O_3/Cu-O 复合材料的抗弯强度为（236±32）MPa，断裂韧性为（5.5±0.3）$MPa \cdot m^{1/2}$。

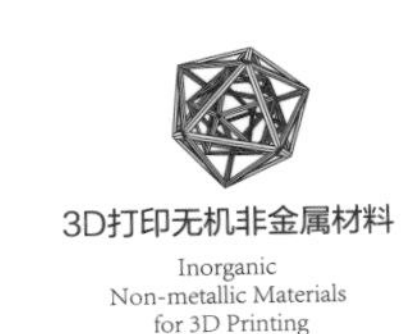

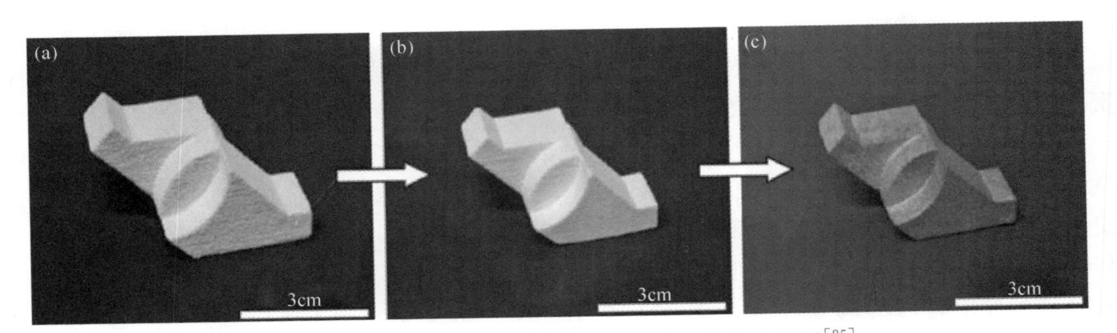

图 2-36　通过 3DP 成形制造的 Al_2O_3/Cu-O 复合材料[85]

(a) 作为印刷的 Al_2O_3/糊精坯体；(b) 预烧结 Al_2O_3（线收缩率为 17%）；(c) 熔体渗透后 Al_2O_3/Cu-O

西北工业大学 Nan 等[86] 用糊精作黏结剂，通过 3DP 成形技术制备出多孔 TiC 陶瓷坯体，其具有双峰孔结构（两种团聚孔孔径分别为 23μm 和 1μm)。氩气气氛下，在 1600～1700℃处理 1h 后，Si 熔体渗入孔中并与 TiC 反应生成 Ti_3SiC_2、Ti_3Si_2 和 SiC。Ti_3SiC_2 的含量取决于熔体温度和渗入到预制体中的 Si 含量。1700℃下处理后，初始 TiC 与 Si 摩尔比为 3∶1.2 的复合材料的抗弯强度为 293MPa，维氏硬度为 7.2GPa，电阻率为 27.8μΩ·cm。

2015 年，西北工业大学 Ma 等[87] 通过 3DP 成形技术和反应熔体渗透（RMI）技术制备致密 Ti_3SiC_2 基复相陶瓷（图 2-37)。通过 3DP 成形技术制备出 TiC 多孔陶瓷预制体，而后 Al-Si 合金渗入孔中并与 TiC 反应。在 Al-Si 合金渗透后，无体积收缩，且 Al 的参与能够促进 Ti_3SiC_2 的形成。渗透后得到密度为 4.1g/cm³ 的复合材料，抗弯强度达到 233MPa，断裂韧性为 4.56MPa·m^{1/2}，总屏蔽效能可达 28dB，具有较强的力学性能和电磁屏蔽性能。

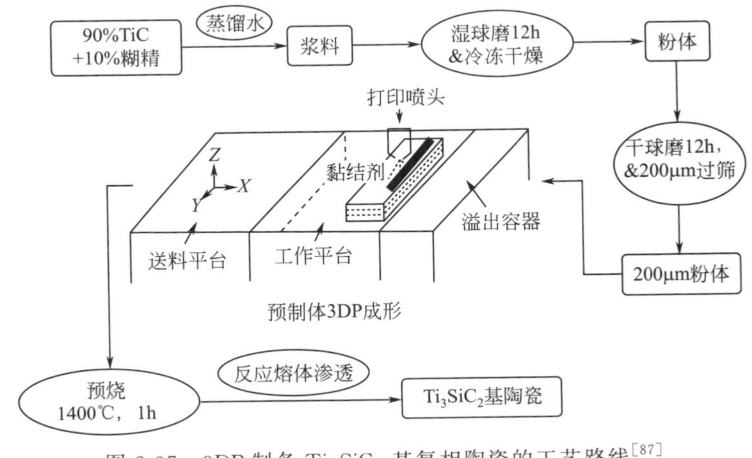

图 2-37　3DP 制备 Ti_3SiC_2 基复相陶瓷的工艺路线[87]

(4) 去粉

打印坯体如果强度较高，可以直接从粉堆中取出，用刷子将周围大部分粉体扫去，剩余的粉体或内部孔道内无黏结剂黏结的粉体（干粉）可通过压缩空气吹散、机械振动、超声波振动等方法去除，也有采用浸入到特制溶剂中除去的方法。如果坯体强度很低，则可以用压缩空气将干粉小心吹散，然后对坯体喷固化剂进行保形；对有些黏结剂得到的坯体可以随粉堆一起先采用低温加热，固化得到较高的强度后再采用前述方法进行去粉。

(5) 打磨抛光

为了缩短整个技术流程，打磨抛光这一项后处理过程是不希望用到的。但由于目前技术的限制，为了使零件获得良好的表面质量仍然需要应用。打磨抛光可采用磨床、抛光机或者手工打磨的方式，也可采用化学抛光、表面喷砂等方法。

(6) 其他后处理方法

为了改善零件的性能，除了优化原料配方、掺加改性剂以及结合一些传统后处理技术之外，在3DP成形技术基础上进一步开发出了新型后处理方法。

滑铁卢大学在3DP成形技术的基础上，结合了微型注射器沉积（μSD）技术[88]，开发出新型3DP成形方法（图2-38）。该方法以聚磷酸钙生物陶瓷作为粉体材料，使用聚乙烯醇溶液作为粉体黏结剂，并使用乙氧基化（10）双酚A二丙烯酸酯光敏聚合物溶液作为牺牲

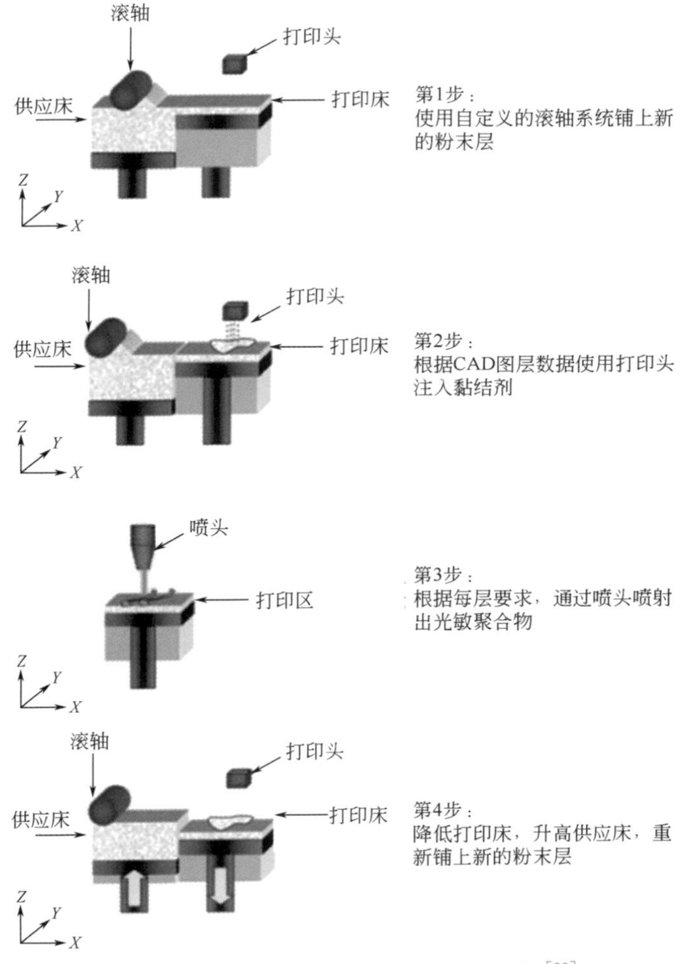

图2-38　新型AM-μSD制作技术的示意图[88]

体。通过注射系统将光敏聚合物喷射到陶瓷粉体层上，通过光固化反应在成形体内形成微尺度光敏聚合物网络。这种方法克服了传统的基于粉体3DP成形技术的局限性，可以制备具有微尺寸通道的用于骨和软骨组织再生的生物陶瓷材料。

2.5 激光选区熔化成形技术

激光选区熔化（selective laser melting，SLM）成形技术是在SLS技术基础上，1995年由德国Fraunhofer激光研究所提出，是激光快速加工的最新发展，技术原理如图2-39所示。激光选区熔化技术最先应用于金属材料的成形且目前已广泛用于钴铬合金、钛合金、镍基高温合金等金属的加工，主要应用于生物医疗、工业生产等领域。目前商业化的金属熔融成形设备已经推广。德国EOS公司推出多种型号的金属成形设备，成形尺寸和成形速率都在不断提高，其EOSINTM280系统可在保护性氮气环境下运行，可加工多种材料：从轻金属、不锈钢、工具钢到超级合金。德国Concept laser的M2粉体3D打印设备，采用200W激光器，可加工不锈钢、模具钢、镍基合金、钴铬合金、铝合金、钛合金等多种材料，成形件质地均匀致密且力学性能符合应用需求。

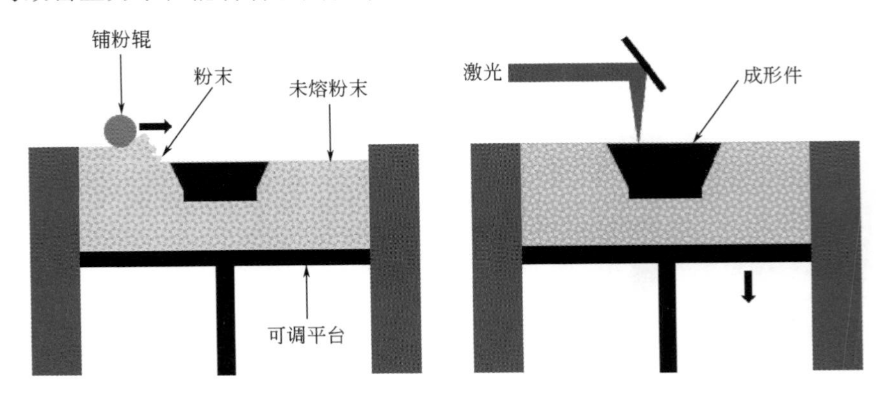

图2-39 SLM成形技术原理图

随着陶瓷材料在航空航天、工业及医疗等领域表现出的巨大应用潜能，采用激光选区熔化技术成形陶瓷不仅能够满足新的应用需求，还给陶瓷材料的制造提供了新的思路，弥补和克服了其他加工方式的不足，成为陶瓷最具前景的重要制造技术之一。

2.5.1 激光选区熔化成形技术用原材料

SLM 系统利用刮刀将粉体均匀地铺在基板或零件的前一层上。粉体流动性较好易于形成薄且均匀的粉体层。粉体床密度对最终构件质量产生直接影响，故必须精确控制粉体参数，如粒度、分布、颗粒形状和流动性。

粉体粒度和分布是 SLM 成形中粉体沉积的关键。较小的粒度有利于得到高粉床密度和构件密度，粉体粒径为粉床厚度 1/10 时最为合适[89]。但小粉体容易产生团聚，导致流动性差。由于存在静电电荷，小的粉体颗粒容易附聚并黏附在印刷平台的表面和刮刀上，难以形成均匀的粉体层。由于颗粒的聚集，陶瓷粉体层（如 SiO_2）在基板上铺设不均，故从粉体原料中除去较小的颗粒能提高流动性，但会对粉体床的密度产生不利影响，进而影响构件密度[90]。

粉体形状对粉体的扩散和粉体床的密度也有影响。球形粉体有利于改善 SLM 构件密度。当前粉体的制备方法有粉碎法、喷雾干燥法和高温等离子体法等。一般通过粉碎法制备的粉体有棱角且体积密度较高。通过喷雾干燥技术可获得尺寸在 1μm 到几十微米之间的球形陶瓷颗粒，与粉碎法获得的陶瓷粉体相比具有更好的流动性。但颗粒内部容易出现多孔结构，使得粉体密度下降。高温等离子体技术可用于制造球形且致密度高的微米级陶瓷颗粒，将原料颗粒进料到等离子火焰中，颗粒熔化，在凝固过程中形成具有高表面积与体积比的微球。

粉体对特定波长激光的吸收率也是 SLM 需要考虑的重要参数之一。常用激光器为 Nd：YAG 激光器或光纤激光器，波长为 1.06μm。氧化物陶瓷粉体对波长为 1.06μm 激光的吸收率小于 10%，激光加工过程能量损失大，生产效率低。

激光与粉体之间的光学相互作用也会影响激光在粉体床中的传输特性。由于粉体在铺粉床上能够自由地扩散而且不经过压缩和热处理，使得 SLM 粉体床具有很高的孔隙率。激光束在被吸收前，在粉体层中会经历多次散射或反射[91,92]。所以尽管粒径较小的粉体比表面积较大，但仍需要较大的激光能量熔化粉体，形成熔池。激光能量的吸收主要与粉体尺寸、粉体铺放密度、激光束强度和材料性能等有关。

目前，常用于激光选区熔化的陶瓷材料有 ZrO_2、Al_2O_3、SiO_2、Si_3N_4、TiC、SiC、莫来石等。SLM 成形陶瓷结构的早期研究是基于 SLM 成形技术在类硅酸盐陶瓷中的应用进行的，主要目的是节省熔模铸造用型壳及型芯的制造时间。德国弗朗霍夫学会、新加坡国立大学及台北科技大学的学者利用 $ZrSiO_4$、SiO_2 等材料成功制备了结构复杂的金属铸造用陶瓷模具，证明了陶瓷材料直接熔化成形制备的可行性及其在制造周期及复杂结构成形方面的突出优势。但上述研究制备出的结构致密度均不高且力学性能有限，难以作为功能零件直接应用[93~95]。随着激光技术及 3D 打印技术的不断发展，陶瓷结构直接 3D 打印的研究重点逐渐转移至 Al_2O_3、ZrO_2 等高性能氧化物结构陶瓷的直接制备。

2.5.2 激光选区熔化成形过程

SLM 成形技术采用先预置粉体的方式，通过专用软件对三维模型进行切片处理并将各截面的轮廓数据导入激光 3D 打印设备，设备将依照这些轮廓数据逐层堆积，用激光束有选择地分层熔化固体粉体，并使熔化层固化叠加生长成复杂零件。成形技术流程如图 2-39 所示。在 SLM 成形中使用高功率激光产生的热量能够完全熔化粉体，可以不间断地直接制备高密度构件。

在熔化过程中，随着激光能量的输入，会形成移动的熔池。激光与粉体的相互作用导致熔池内存在较高的温度梯度和明显的温差，所以熔池会经历较高的冷却速率。陶瓷熔体的高黏度对 SLM 制备零件的最终密度有很大的影响。在激光熔凝过程中，黏度的大小会影响到两个方面：一方面影响熔融颗粒以液滴团聚的形式流动和融合，另一方面影响气体在熔池中的逸出速度。当黏度很高时，即使完全熔化，熔体也可能无法流动，例如，许多熔化的玻璃表现出非牛顿流体行为。高表面张力有助于减少自由表面能，利于液滴的合并。在没有足够的流动和液滴合并的情况下，很难通过 SLM 实现高密度陶瓷的制备。

在 SLM 成形过程中，可以观察到三个不同的现象，即不规则和不稳定的熔体轨迹、连续稳定的熔体轨迹及球化效应。粉体特性和技术参数，如激光功率、扫描速度和层厚等都会影响这些现象。球化现象的产生主要是因为熔池和底部凝固层的润湿性差，使熔池破裂形成小的陶瓷球[96]。

相比于传统加工方法，陶瓷材料 SLM 成形具有显著优点。首先成形速度快，减少了成形所需材料的消耗和浪费，尤其对硬脆陶瓷采用激光成形，代替切削加工，减少刀具材料的磨损消耗，同时降低加工成本。再者，对于复杂结构件及薄壁结构件，采用激光熔融更高效，可以实现普通加工技术难以实现的结构。然而，由于陶瓷材料普遍熔点较高，采用 SLM 成形技术所需的熔融温度高，对设备成形精度提出了较高要求。此外，陶瓷 SLM 成形技术刚刚起步，成形表面精度较低，易出现裂纹及变形等缺陷，力学性能尚达不到使用要求等都是陶瓷 SLM 成形中亟待解决的重要问题。

2.5.3 激光选区熔化成形坯体特点及缺陷调控

由于陶瓷材料熔点高、脆性大，塑性和韧性差，在热应力下容易产生变形，对温度变化敏感且在冲击下易产生裂纹，同时 SLM 成形具有急冷急热的特点。这使得陶瓷的 SLM 成形困难，目前 SLM 成形还处于初级研究阶段。国内外科研机构主要从陶瓷粉体、成形技术、成形件质量和性能、有限元分析等方面对陶瓷 SLM 成形技术进行了大量研究。

ZrO_2 密度大、熔点高，在 2700℃下才能完全熔融，具有较好的耐热性和耐腐蚀性，被认为是最具前景的可用于发动机的陶瓷材料。同时，医用 ZrO_2 透光性好、生物相容性优于传统牙科金属，是口腔领域新兴修复材料。ZrO_2 中稳定剂 Y_2O_3 含量是影响 ZrO_2 相变临界尺寸的主要因素，通过控制 Y_2O_3 含量可以影响其相变增韧效应从而影响成形件的断裂韧性。P. Bertrand 等学者成形了如图 2-40 所示的高精度且具有复杂结构的 Y_2O_3 稳定 ZrO_2（YSZ）陶瓷。但所制备的结构含有较多的气孔及裂纹，只有 56%的致密度，为避免体积收缩与分层开裂，技术参数范围较窄，且后续传统烧结并不能进一步提高零件的致密度[97]。

贝尔福特-蒙贝利德理工大学的 Liu 等[98,99] 通过波长为 $1\mu m$ 光纤激光器制备了 YSZ 陶瓷，研究了激光功率、扫描速度对于微观组织、相对密度、微观硬度和变形的影响，并且对

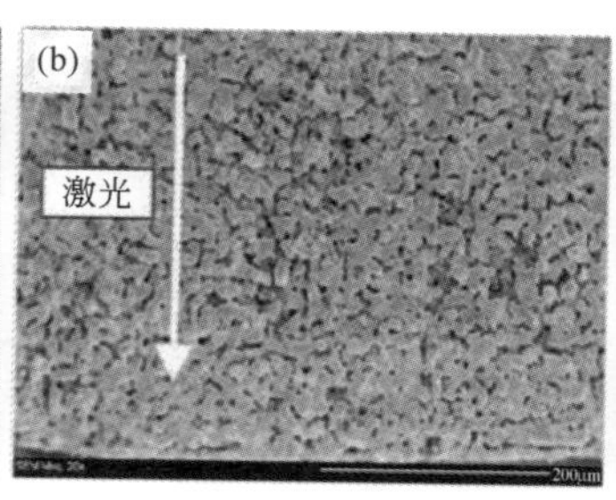

图 2-40　SLM 制备的 YSZ 结构[97]
(a) YSZ 结构；(b) 低致密度 YSZ 微观组织；(c) YSZ 样件中的裂纹

制造过程中晶体结构转变进行了分析。制备的样件相对密度达到了 88%，而微观硬度达到 (1209±262)HV_{500}。其分析认为微裂纹是密度的主要影响因素，裂纹的产生主要由于高斯能量分布不均，导致在熔化及冷却过程中体积收缩不同。同时发现，在相同的能量密度下，激光功率对体积变形的影响比扫描速度更敏感。在对样件进行 1400℃处理 30min 后，不能明显改善样件的密度，只能恢复陶瓷的颜色。随后又开展了预热对于裂纹抑制效果的研究。通过辅助激光束进行预热更有利于四方晶体的形成，在熔化和冷却过程中观察到单斜立方结构向四方结构的转变，有效地抑制了垂直长裂纹的产生，将有序裂纹转化为细小无序裂纹，在预热温度达到 2000℃时，样件的相对密度提高至 91%。

另一种常见的适用于 SLM 成形的陶瓷材料为 Al_2O_3 陶瓷，其常温力学性能较好，具有高强度、高硬度、高耐磨性、抗腐蚀、高温稳定性好、热膨胀系数高，可用于高温耐火材料、耐火砖、人造宝石等，在工业领域应用广泛。此外，Al_2O_3 在骨科领域还是替代金属作为人体骨骼和关节的重要材料。比利时鲁汶大学 Deckers 等[100] 采用电泳沉积、粉床预热和激光扫描相结合的方法直接制备 Al_2O_3 零件。在此装置中，只需要很小的激光能量输入，所以其温度梯度和熔池较小，能够避免由大熔池造成的大晶粒，最终得到了相对密度达到 85%、晶粒尺寸小于 5μm 陶瓷样件。

Al_2O_3 和 ZrO_2 作为常用的工业及医用陶瓷材料，其混合粉体具有单一粉体所不具备的特性。Al_2O_3 和 ZrO_2 在高温下能共熔，一方面，Al_2O_3 和 ZrO_2 颗粒相互抑制其生长，晶粒细小且均匀；另一方面，具有高弹性模量的 Al_2O_3 颗粒有助于 ZrO_2 四方相的保留，使 ZrO_2 相变增韧陶瓷的相变应力明显提高，断裂韧性提高，对裂纹产生一定的抑制作用。

弗朗霍夫学会的 Hagedorn 等于 2010～2013 年利用 SLM 进行了 Al_2O_3/ZrO_2 陶瓷的直接制备[101～103]，在无预热条件下 SLM 成形 Al_2O_3 和 ZrO_2 陶瓷，未能获得无裂纹试件。所制试件力学性能差，抗弯强度只有 9.7MPa，而传统加工试件可以达到 1000MPa。Wilkes[104] 开展了预热温度对裂纹影响的实验研究。在 900℃预热条件下，试件出现严重的裂纹；在采用 CO_2 激光器预热粉床至 1600℃条件下，成功抑制了成形过程中的开裂，成形的样件具有 100%致密度、细密的纳米尺度微观组织，并利用直径 14mm 的小圆盘试样测得了最高 500MPa 的抗弯强度。这也是目前能够查阅的 SLM 成形生物陶瓷性能最好的试件。但利用激光束营造预热环境所能形成的有效面积非常有限，且高温预热条件下熔池极易失稳，所制备的陶瓷结构表面质量较差。图 2-41 所示为 Hagedorn 等分别在无预热及 1600℃

图 2-41　SLM 制备的 Al_2O_3/ZrO_2 结构[101,103]

(a) 无预热（有裂纹）；(b) 1600℃预热

预热条件下制备的 Al_2O_3/ZrO_2 陶瓷结构。

俄罗斯 Shishkovsky 及法国 Bertrand 等学者则在空气环境中进行了 Al_2O_3/ZrO_2 陶瓷的合成，成形了小尺寸的多孔 Al_2O_3/ZrO_2 陶瓷结构并对成形样件进行了烧结后处理，但后续烧结并不能进一步提高零件的致密度[97,105]。南洋理工大学的 Zhao 等[106] 对 SLM 制备 ZrO_2/Al_2O_3 材料进行了初始研究，其分析认为，样件的颜色由粉体的白色变为黑色，主要与氧的缺失有关。巴黎文理研究大学的 Chen 等[107,108] 对 SLM 成形 Al_2O_3/ZrO_2 共晶陶瓷过程中液滴的形成进行有限元建模分析。作者基于 Lambert-Beer 定律，推导出了考虑材料吸收率的体积热源模型。采用多相均匀化的液位集法对液滴的形状进行了跟踪，将能量求解器与热力学数据库耦合起来，计算了熔化-凝固过程。采用可压缩牛顿本构定律对粉状、液态、致密介质固结过程中的收缩进行了数值模拟。采用半隐式表面张力公式，使气液界面具有稳定的分辨率，从而观察到液滴的形成。讨论了不同技术参数对温度分布、熔池形状和液滴形状的影响。最后研究了液体黏度和表面张力对熔池动力学的影响，并对几个通道进行了三维仿真，用于研究扫描路径的影响。

德国埃尔兰根-纽伦堡大学的 Friedel 等[109] 采用激光熔融的方法进行 PMS 和 SiC 陶瓷成形，重点分析激光功率、扫描速度及激光能量密度对陶瓷成形的影响。研究发现，相同激光能量密度下不同的激光功率和扫描速度变化会得到不同的成形质量，较高扫描速度下得到的成形件微观组织较为致密均匀，孔洞较小，相对密度也较高。在低的扫描速度下组织致密区域较大，同时孔洞尺寸也较大，使得相对密度较低。采用 SiC 陶瓷成形的涡轮（图 2-42），抗弯强度为 (2.0±0.1)MPa，经高温之后尺寸收缩 3.3%，抗弯强度为 (17±1.4)MPa，经浸渗硅后，抗弯强度上升为 (220±14)MPa，且没有孔洞。

针对 SLM 直接制备陶瓷结构中常出现的激光吸收率低、光致材料蒸发和消融、粉床密度低等问题，比利时陶瓷研究中心的 Juste、德国拜耳伊特大学的 Willert-Porada 等分别提出了原料石墨掺杂、激光辅助微波等离子体成形等优化方法，制备了 Al_2O_3 及 ZrO_2 等陶瓷结构（图 2-43）[110,111]。这些方法在一定程度上提高了 SLM 制备陶瓷结构的致密度，但对成形样件中裂纹的抑制作用有限。此外，辅助方法的应用增加了成形技术的复杂性，降低了成形效率，并大大限制了设备的极限工作范围。

上述研究表明 SLM 成形可以实现陶瓷结构的直接制备，并获得较好的精度及结构复杂

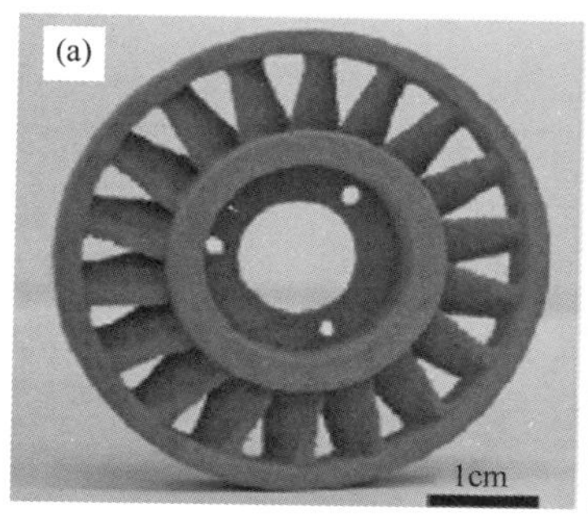

图 2-42 尺寸缩小后的涡轮[109]

(a) 激光能量密度为 11.2J/m；(b) 高温热分解；(c) 浸渗硅

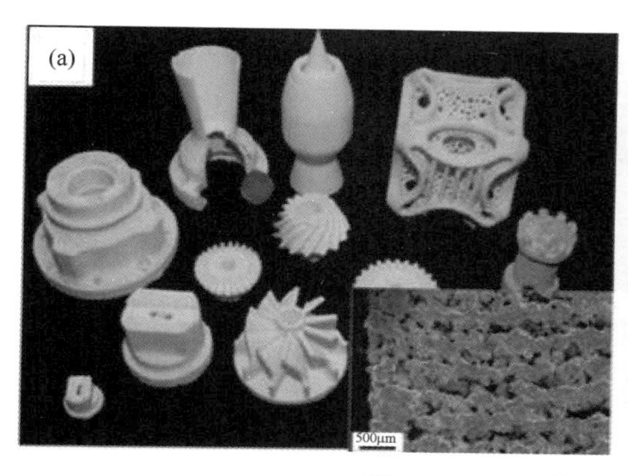

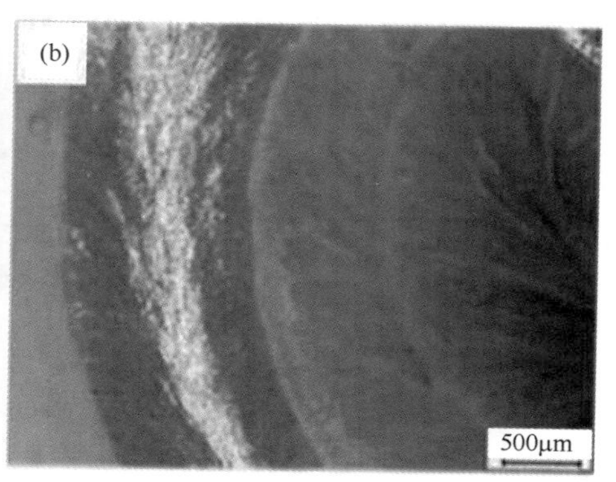

图 2-43 SLM 辅助成形的陶瓷[110,111]

(a) 石墨掺杂成形 Al_2O_3 结构；(b) 激光辅助微波等离子体成形 ZrO_2 结构

度，但所制备结构致密度普遍不高，鲜有宏观性能数据的报道，且技术过程中诸多引起开裂的问题难以克服，如 SLM 成形的激光光斑较小，能量密度极高，容易对成形陶瓷产生较大的热冲击而引起开裂。常温粉体在高温沉积层的铺设也容易引起低温冲击导致成形件开裂，而对粉体预热则易导致粉体团聚且熔池形状不可控，进而粘粉过多，导致成形件表面质量下降且气孔变多。尽管后续热处理、高温预热及浆料沉积粉床铺设等方法被用于裂纹抑制及致密度的提高，但是效果仍然有限。此外，SLM 成形要求陶瓷粉体的形状最好是光滑的球形，否则影响粉床的密度及平整性，进而影响最终零件的精度及致密性，并且导致纤维状强化相难以在该技术中使用。

陶瓷结构激光直接 3D 打印技术的突出优势及所制备零件的优异性能，同样引起我国高校研究机构及航空制造研究部门的广泛兴趣与积极探索。除我国台北科技大学 Tang 及 Yen 等学者关于 SiO_2 铸造模型的 SLM 成形研究外，中国航空工业集团公司北京航空制造工程研究所、北京航空航天大学、南京航空航天大学及南京理工大学等研究机构也分别以 SLM 技术进行了高性能氧化物陶瓷结构的直接 3D 打印研究，均取得了一系列重要的研究成果。

南京航空航天大学的田宗军、黄因慧等学者在 21 世纪初重点研究了以 Al_2O_3、SiC 及

ZrO_2 等纳米陶瓷粉体为原料的陶瓷结构 SLM 成形[112～114]。该工作分析了纳米陶瓷粉体在 SLM 成形过程中的炸粉原因，并参考分层实体制造技术提出了一种预涂层压实技术，成功制备了厚度 2.5mm 的 Al_2O_3 片体，如图 2-44(a) 所示。由于研究中采用 1000～4000mm/min 的激光扫描速度及较小的激光功率，得到了一次间距为 3～5μm 的柱状细密结晶组织［如图 2-44(b) 所示］。但是该研究并未实现纳米陶瓷粉体的完全熔化，得到的是一种包含熔化结晶柱状组织结构与未熔纳米团聚颗粒的复相结构。对具有类似微观组织的 ZrO_2 块体的显微硬度测量结果显示，随着纳米团聚相比例的增大，显微硬度值呈逐渐降低的趋势。

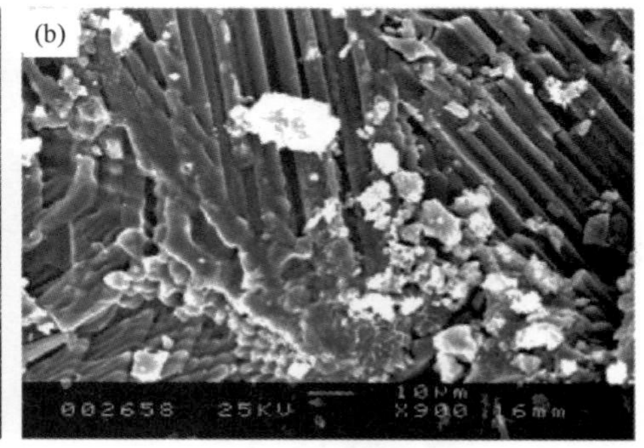

图 2-44　SLM 制备的 Al_2O_3 陶瓷片体[114]

(a) 厚度 2.5mm 的 Al_2O_3 片体；(b) 柱状组织

南京理工大学的廖文和、张凯等学者[115～117] 同样对 Al_2O_3、ZrO_2 材料的 SLM 成形进行了研究。他们将 Al_2O_3 粉体与水混合制成浆料，利用 Al_2O_3 浆料预热后残留水膜的黏结作用抑制了成形过程中的炸粉现象。张凯基于 ANSYS 对 SLM 制备 Al_2O_3 陶瓷过程中的温度场进行了建模分析，研究了激光功率和扫描速率对熔池热行为的影响。激光功率增加和扫描速率减小，能够提高熔池最高温度和升温速率，而熔池最高温度越高，熔池尺寸和降温速率越大。结合实验验证，发现改变扫描速度不能有效地改善表面质量，而当激光功率为 200～205W，能量密度为 889～911J/mm^3 时，表面质量得到改善。在 SLM 过程中观察到了热毛细对流现象。分析了横向裂纹和纵向裂纹的产生原因，最后结合基底感应加热成功制备了 20 层 10mm×10mm 的块体结构，如图 2-45 所示。在光斑 60μm、扫描速度 5400mm/min、激光功率 200W 的技术条件下实现了 Al_2O_3 粉体的完全熔化，实现了结晶态的显微组织及 14.7GPa 的维氏硬度。

熔池行为是 SLM 成形过程中的直接影响因素，监测和分析陶瓷的熔池行为有助于优化陶瓷的成形过程，提高成形质量。Zhang 设计了一种熔池数据采集方法，称为光电二极管多探测器分区检测[117]，克服了熔池与光电二极管的相对距离和入射角对光电二极管数据精度的影响，提高了 SLM 成形过程中的数据采集精度。在此基础上，研究了激光功率对 Al_2O_3 单道熔池行为的影响，比较不同激光功率（100W、180W、260W）下光电二极管信号值，发现激光功率越高，光电二极管信号值波动范围越大，熔池稳定性越差。通过对熔池光电二极管数据的比较，可以检测到扫描器的延迟、边缘效应和不稳定的温度场。刘威对 SLM 成

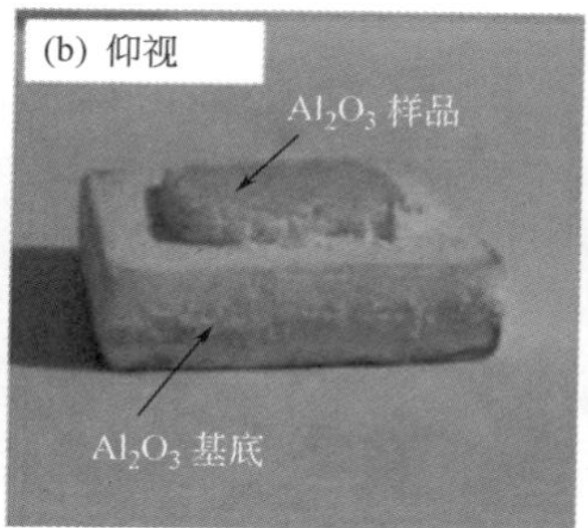

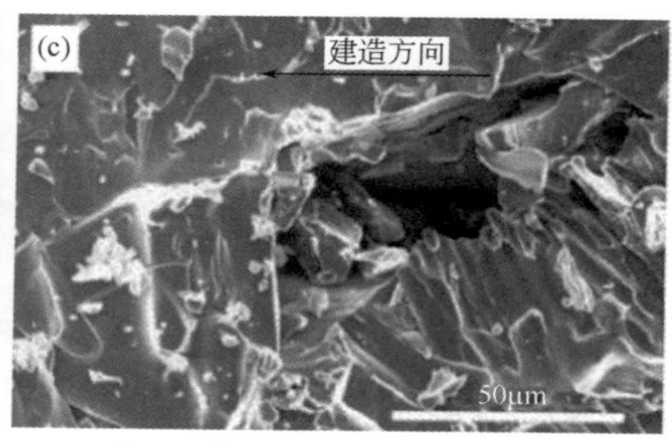

图 2-45　SLM 制备的 Al_2O_3 陶瓷块体[116,118]

(a)、(b) Al_2O_3 块体；(c) Al_2O_3 微观组织

形制备 Al_2O_3/ZrO_2 陶瓷进行了研究[118]。通过研究发现，陶瓷在高温煅烧下的粉体特性变化很小；对铺粉平面进行高温预热，不会影响 SLM 成形。开展无预热及高温预热下 ZrO_2、Al_2O_3 及其混合粉体的 SLM 成形实验，在无预热条件下，成形的陶瓷样件裂纹、翘曲问题严重，且高功率下更容易发生开裂，因此只能进行低功率实验。而采用高温预热的方案有效改善了变形及裂纹问题，预热可以缓解高激光能量产生的热冲击，有效降低温度梯度，减少裂纹的产生。从有限元仿真的角度对陶瓷 SLM 成形过程中温度场进行模拟，发现蛇形扫描优于单向扫描，减小了出现翘曲或开裂的可能性，与实验结果一致。

北京航空制造工程研究所与北京航空航天大学的刘琦、郑航等学者利用光纤激光 SLM 系统在氩气及空气两种气氛中进行了 YSZ 陶瓷的成形研究，初步探讨了成形技术及成形结构微观缺陷[119]。研究表明，在富氧环境中，可以利用相对较低的功率实现 YSZ 的熔化成形，且制备的样件白度较氩气环境中更好。裂纹和气孔是 SLM 成形 YSZ 结构的主要缺陷，在扫描方向及沉积高度方向均存在着较多有序裂纹，如图 2-46 所示。

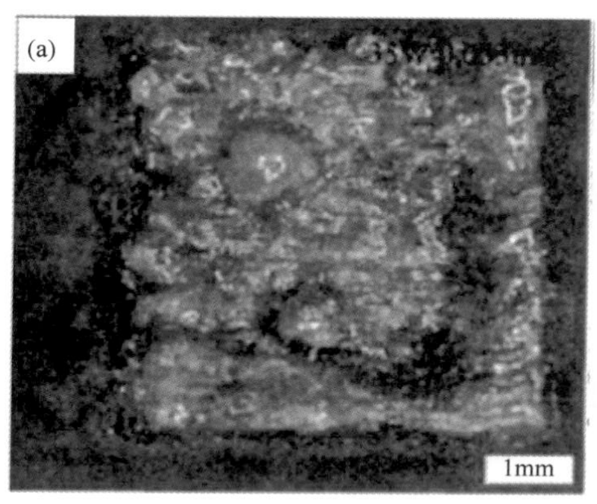

图 2-46　SLM 制备的 YSZ 块体[119]

(a) 空气环境下制备的 YSZ 块体；(b) 氩气环境下制备的 YSZ 块体内部裂纹

台北科技大学的 Tang[120] 用激光熔融技术分别进行了 Al_2O_3 和 SiO_2 陶瓷成形实验，如图 2-47 所示。分析了松散的陶瓷粉体直接成形、与黏结剂混合的陶瓷粉料干燥后再进行激光熔融这两种不同粉体对成形效果的影响。实验发现，采用混有黏结剂的陶瓷材料经干燥

后再激光熔融可以避免球化效应的产生。此外，由于热应力的影响，在陶瓷成形过程中有微裂纹产生。

图 2-47 二氧化硅激光熔融陶瓷成形件[120]

军事口腔医学国家重点实验室的王伟娜[121] 利用“生死单元”技术建立了 SLM 成形制备 Al_2O_3/ZrO_2 复合陶瓷过程中的温度场有限元模型。模拟结果显示温度场分布呈“不对称性”，并随扫描时间的增加，其最高温度增加，温度梯度下降。选择温度梯度较小的技术参数进行实验验证，在预热温度 2000℃、激光功率 150W、扫描速度 10mm/min 的技术条件下，成形了表面光滑连续的单道三层陶瓷样件，验证了模型的可靠性。刘治[122] 研究了混合粉体的物理性质、比例关系以及激光扫描速率对于 SLM 成形材料内部晶相结构及材料力学性能的影响。发现粉体原料粒度过小时，会因为在粉床内形成的团聚现象而影响成形材料组织的致密性，材料内部形成很多的缺陷和气孔，从而降低材料的性能。而粉体的形貌对于成形材料的组织结构和力学性能影响不大。激光扫描速率的提高会使 SLM 成形陶瓷材料的晶相组织越来越趋于细化，这种细化的晶相结构会提高材料的力学性能。混合粉体的组成比例对于 SLM 成形陶瓷材料的晶相结构影响很大，在 SLM 成形过程中会有熔点较低的 Al_2O_3 逸出，因此需要在共晶比的基础上增加 Al_2O_3 的含量。扫描速率的提高有助于细化微观组织。采用激光器预先高速扫描以获得预热效果的方法预热 1min 后，在激光功率为 200W，扫描速率为 100mm/min，成形了无明显裂纹、全密度、组织结构均匀细致、力学性能优良的 Al_2O_3/ZrO_2 陶瓷块体材料。

综上所述，陶瓷材料的 SLM 成形技术仅限于成形形状简单、尺寸较小的几何零件，国内对于陶瓷材料的 SLM 成形研究较少，成形机理还处于探索阶段，目前尚未成形出完整尺寸的零件。各科研院所学者对陶瓷材料的激光选区熔化技术进行了大量研究，但观其水平目前仍存在一些问题，如成形件表面质量差精度低，内部存在孔洞导致致密度低，成形过程中容易出现翘曲变形及裂纹，成形件强度达不到使用要求等。这些不足使得该技术的应用受到限制。针对陶瓷的熔融成形机理研究，探索裂纹产生原因，并寻找有效的裂纹抑制方法、优化陶瓷成形技术、改善成形质量等都是目前陶瓷激光选区熔化成形亟待突破的技术难题。

2.6 其他成形技术

陶瓷3D打印成形技术较多，除上述介绍的一些成形技术外，还包括其他一些成形技术，从使用普遍性考虑，本章主要介绍挤出成形、墨水直写成形、熔融沉积成形以及分层实体制造成形四个技术。

2.6.1 挤出成形技术

挤出成形（extrusion free forming，EFF）最早是由美国桑迪亚（Cesarano）国家实验室开发，开始被称为自动注浆成形（robocasting）[123]，实际上还是属于3D打印的范畴，也称为挤出成形打印。挤出成形的基本思想和3D打印完全一致，首先通过计算机软件对打印图形进行预先设计，由软件控制打印设备将浆料输送到Z轴的喷头中，打印装置可以在X-Y方向移动，完成一层图案打印。当第一层成形后，Z轴上升到设定的高度，在第一层的基础上成形第二层图案。重复以上叠加打印过程，最终得到精细的三维立体结构。

挤出成形方面文献报道较多。Grida等[124]将ZrO_2与蜡混合制备了固相含量高达55%（体积分数）的挤出原料，通过加热使蜡熔化，可挤出直径在76～510μm范围的丝状材料。Park等[125]将HA与聚ε-己内酯（PCL）混合制成固相含量为40%的挤出原料，在100℃下加热挤出制备出多孔HA生物陶瓷素坯。Kalita等[126]采用挤出技术制备了聚丙烯酸/TCP复合陶瓷坯体。

热塑性树脂陶瓷浆料或膏料的挤出成形还可以采用多喷头挤出成形模式。美国罗格斯大学开发出了四喷头陶瓷挤出成形设备，每个喷头可挤出不同原料，并在同一层中进行成形。Jafari等[127]采用该设备制备出了多层压电陶瓷传感器，每层中包含柔性和硬性的两种PZT陶瓷材料。然而，挤出成形一般需要采用较高固相含量的陶瓷浆料，甚至陶瓷膏料。高固相含量的陶瓷浆料或膏料的制备较为困难，陶瓷粉体的分散是一个较大的技术难题。另外，较高的固相含量容易在固化过程中造成较大的成形应力与成形缺陷，从而影响最终陶瓷坯体与陶瓷材料构件的品性。

2.6.2 墨水直写成形技术

墨水直写成形（direct ink writing，DIW）与挤出成形类似，都是通过将陶瓷粉体与溶剂、黏结剂等混合制成浆料或者膏料，通过一定的喷头技术挤出或注射出来，成形出想要的陶瓷坯体形状[129]。墨水直写成形设备示意图见图2-48。DIW技术与EFF技术略有区别，DIW一般采用固相含量较低的陶瓷浆料，也称为陶瓷墨水（ceramic ink），通过打印头打

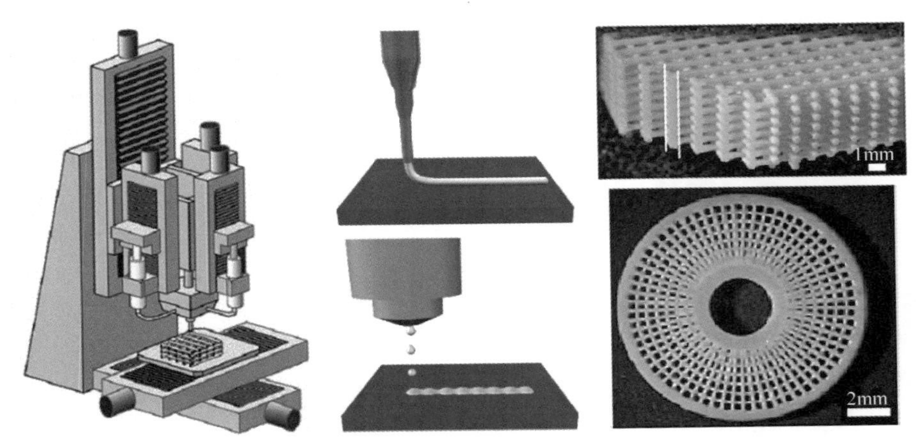

图 2-48 墨水直写成形设备示意图[128]

印、固化成所需形状的陶瓷坯体，经高温排胶、烧结处理后得到所需的陶瓷材料构件。直写成形不需要任何激光束或者紫外光照射，也无需加热，在室温下通过简单的陶瓷原料就能成形出三维复杂形状产品，与传统的固体无模成形技术，特别是喷墨打印（IJP）技术原理完全不同，属于一种独立的 3D 打印技术。

以陶瓷粉体为原材料，利用直写成形方法制备三维陶瓷部件需要经历 4 个技术环节，分别为：浆料的配制、坯体的直写成形、干燥烧结和最终的性能表征。其中，制备高固相含量、稳定的浆料是成形过程的基础。目前，研究者们针对不同体系浆料的配制、直写成形设备的发展以及多功能应用等领域展开了一系列研究。

Lewis 等[130,131] 研究了用水基浆料来制备三维功能陶瓷，并对浆料的性质进行了研究，提出了两个重要的指标：一是浆料应黏弹性可调，在保证其在针头中可以顺利挤出的基础上，浆料沉积到基板后在无任何支撑的时候还要能够保持线条的形状；二是浆料必须有较高的固相含量以减少干燥收缩和变形。Smay 等[132] 采用 PEI 包覆 SiO_2 微球为原料，分散在去离子水中制备固相含量为 46%的 SiO_2 浆料，通过调节 pH 值使浆料向凝胶转变，使得浆料的剪切屈服应力和弹性模量提高了几个数量级，这是因为 pH 值的转变增大了颗粒间的团聚程度。采用该浆料成功地制备了杆间距为 250μm 的三维周期性结构。Stuecker 等[133] 采用 DIW 技术制备了孔径分布于 100～1000μm 范围内的莫来石多孔筛，烧结前的生坯相对密度为 55%，烧结后相对密度达 96%。Smay 等[134] 采用钛酸铅墨水通过直写技术结合浸渍环氧树脂的方式制备了锆钛酸铅压电陶瓷（PZT）阵列，单元直径 200～400μm，重复方式呈线型或辐射状排列，工作频率在 2～30MHz。通过调整阵列中杆的间距（300～1200μm）来控制压电陶瓷的性能。此外，他们还使用墨水直写方法成形了 $BaTiO_3/BaZrO_3/SrTiO_3$ 三元复合陶瓷、Ni-$BaTiO_3$ 金属陶瓷材料等[135]。

在多孔生物陶瓷材料成形方面也有不少报道。Franco 等[136] 使用可逆热凝胶混合 HA、TCP 为原料成形出多孔生物陶瓷。Miranda 等[137] 采用 DIW 方法制备了多孔 HA 陶瓷，总气孔率达 39%。在 DIW 技术过程中，也可以在原料中加入造孔剂来获得多孔的陶瓷结构，Dellinger 等[138] 在 HA 浆料中加入聚甲基丙烯酸甲酯（PMMA）微球，设计并制备出了具

有在三种不同直径分布的陶瓷支架。哈佛大学的 Muth 等[139] 将 α-Al_2O_3 粉体和水性黏结剂混合组成的浆料，采用 DIW 方法制备六边形蜂窝状样品（图 2-49），六角形结构的样品弹性模量大约为 1GPa，而三角形结构的样品弹性模量达到了 27GPa。与其他 3D 打印方法制备的具有类似相对密度的微米和纳米级晶格相比，这些蜂窝陶瓷具有更大的比刚度，超过 107N・m/kg。

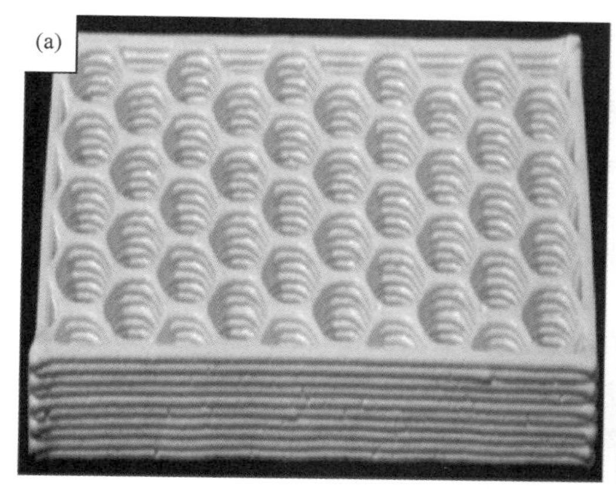

图 2-49　六角形蜂窝陶瓷（a）和三角形蜂窝陶瓷（b）[139]

2016 年，Pierin 等[140] 通过 DIW 技术制备了一种微尺寸的 SiOC 陶瓷部件，通过向油墨中添加少量（0.025%～0.1%）氧化石墨烯进一步提高了热解过程中的结构稳定性，从而减少了陶瓷前驱体的收缩，得到的多孔支架总气孔率为 64%（体积分数），压缩强度为 2.5MPa。这种制备水基浆料的方法可以扩展到其他体系，通过控制颗粒间的结合力获得理想的固相含量和流变学性能。除了改变 pH 值之外，还可以通过添加盐类或者聚合物电解质等方法来进行调控。目前，利用这种浆料设计方法已经成功制备出多种胶体浆料，如氧化硅、氧化铝、莫来石、氮化硅、锆钛酸铅、钛酸钡以及羟基磷灰石等。

除了水基浆料以外，有机物基陶瓷浆料也可用于直写成形。孙竞博等[141] 采用甲基丙烯酸甲酯、季戊四醇三丙烯酸酯、苯乙酮为溶剂制备 $BaTiO_3$ 光敏浆料，直写成形出线条直径为 300μm 的木架结构，紫外光辐射后坯体固化，200℃排除有机物，1200℃烧结成致密陶瓷。有机物陶瓷浆料相对于水基浆料，稳定性更高，不易干，保存周期长，缺点是需要低温排胶，延长了制备周期。因此，混合了多种分散剂的水基浆料是目前陶瓷直写成形领域的首选。

墨水直写技术简单、易操作、设备成本低，但是由于采用的是具有较低黏度、较低固相含量的陶瓷浆料，这就使得难以成形出特别复杂形状的陶瓷材料坯体，且成形精度低。另外，由于浆料固相含量较低，后期烧结过程收缩较大，复杂形状难以保持。

2.6.3 熔融沉积成形技术

熔融沉积成形（fused deposition modeling，FDM）技术又称为熔丝沉积成形技术。这样的技术应用于陶瓷，被称为陶瓷材料的熔融沉积成形技术（fused deposition of ceramics，

FDC)。然而，FDM技术需要熔融丝状材料进行打印，陶瓷材料的高熔点限制了其应用，所以陶瓷材料更多的是作为填充料来改善FDM用高分子材料的性能。FDM的原材料通常为热塑性树脂和陶瓷粉体颗粒的混合物，经过挤压压制技术等过程形成毫米级细丝，在计算机控制下，丝材由供丝机构送至喷头，并在喷头中加热、熔化。三维喷头根据截面轮廓的信息，选择性地将熔融后的丝材涂覆在工作台上，快速冷却后形成一层截面并做 X-Y-Z 运动。一层完成后，工作台下降一层厚度，再进行下一层的涂覆，如此循环，层层排列反复堆积，最终成形出三维瓷生坯。通过排胶处理去除有机黏结剂，陶瓷生坯经过烧结，得到较高密度的陶瓷件。在FDM技术中，高分子聚合物或热塑性石蜡等材料是陶瓷颗粒之间的结合剂，它能够有效地聚集陶瓷粉体，而且在较高的温度下可以被清除，继续升高温度就可以将陶瓷颗粒聚集成的坯体烧结成致密的陶瓷。由高分子材料、石蜡以及黏结剂组成的热塑性树脂结合剂是目前最常用的FDM原料，能够成形出实际厚度毫米级的产品，但精度较低，并且由于受到材料的熔点限制，选择范围有限。

熔融沉积成形技术基本由供料辊、导向套和喷头3个结构组件相互搭配来实现材料在喷头内加热熔化，并按照所需打印的原件造型进行3D打印[142,143]。该打印技术成本较低，后期维护等也比较方便，但是这种技术需要设置支撑结构，尤其是打印较为复杂的原件，需要在外部设置支撑结构，保证陶瓷零件在打印过程不会坍塌。目前，支撑材料分为两种：一种是剥离性支撑材料，后期处理时需要手动剥离，较为烦琐；另一种是水溶性的支撑材料，在后期处理时通过物理或化学方法就能方便快捷地去除。因此，目前市场上普遍采用后者作为支撑材料，在一定程度上降低了后期处理过程的复杂性。

美国Rutgers大学和Argonne实验室率先将FDM方法用于陶瓷材料的加工制备，利用熔融沉积成形技术制备了 Al_2O_3 喷嘴座，其烧结密度为98%，强度为（824±110）MPa[144]。Bandyopadhyay等[145] 配制了固相含量在50%～55%之间的锆钛酸铅（PZT）混合物，用FDM技术制备了PZT陶瓷坯体，高温去除黏结剂之后，得到了高强度的陶瓷骨架。在环氧树脂中固化后，经过切割、抛光处理成功制造了高精度的压电陶瓷-聚合物复合材料。Lous等[146] 用FDM技术沉积出弯曲的压电陶瓷骨架，其弯曲程度可以通过CAD来控制。将此陶瓷骨架用于制备2-2型压电复合材料，最终陶瓷相含量为30%，最小厚度为1.5mm，最大厚度为2.26mm，该压电陶瓷-聚合物复合材料可用于超声波成像。

1996年，美国陶瓷研究中心的Agrarwala等[147] 首次采用FDM技术制造 Si_3N_4 零件。所用的陶瓷粉为GS-44氮化硅，所成形的 Si_3N_4 坯体的相对密度为53%，制成的陶瓷坯体中含有较多的高分子黏结剂，经两次排胶处理后，烧结的 Si_3N_4 部件的密度达到98%，抗弯强度为（824±110）MPa。与等静压成形技术相比，熔融沉积成形技术所制得的 Si_3N_4 坯体收缩存在各向异性，线收缩率在 X、Y 方向上为16.6%±1.3%，在 Z 方向上为19.3%±1.6%，但烧结密度和强度相差不大。Bandyopadhyay等[148] 采用熔融二氧化硅与聚丙烯基热塑性黏结剂混合，利用FDM技术成形熔融石英陶瓷预制体，陶瓷坯件经过排胶和烧结后，再采用无压浸渗的方法在1150℃将熔融Al熔液浸渗到陶瓷预制体中，制造出 Al_2O_3-SiO_2-Al陶瓷/金属复合材料，抗压强度达到（689±95）MPa（图2-50）。上海电力学院刘骥远等[149] 研究了技术参数对3D打印 Al_2O_3 陶瓷零件质量的影响。他们在 α-Al_2O_3 陶瓷粉体中加入溶剂、分散剂和黏结剂，制备出具有较好流动性的陶瓷浆料；然后利用自主

设计的 3D 打印机进行实验，分析在不同的挤出压力、分层厚度、扫描速度等技术参数下该陶瓷浆料的 3D 打印效果；最终制备得到了表面平滑、精度较高的陶瓷零件。

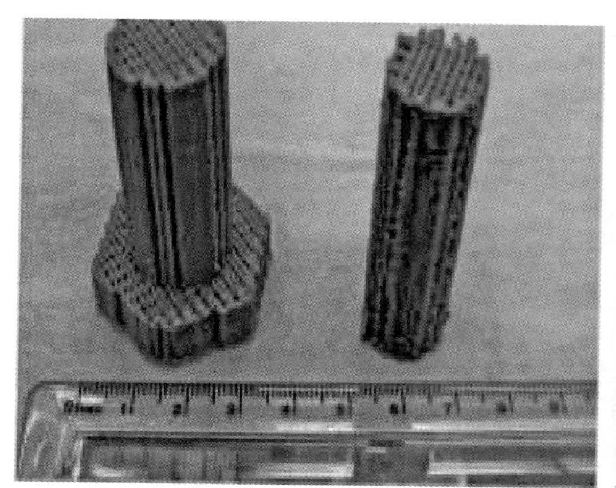
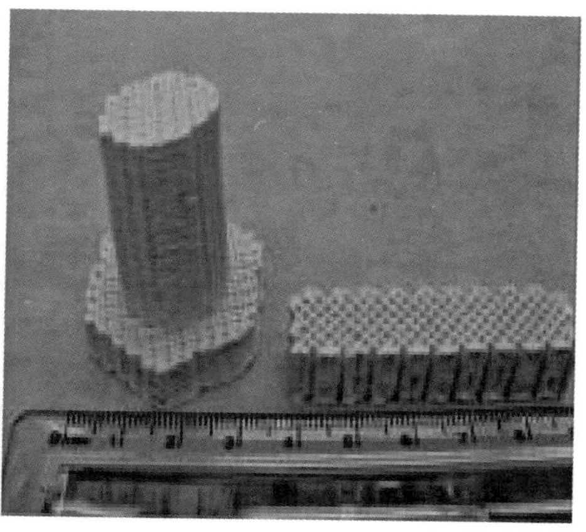

图 2-50　FDM 成形制备的铝-氧化铝复合材料[148]

马来西亚理科大学的 Abdullah 等[150] 在 PA12 中加入了 15% 的 ZrO_2 陶瓷粉体和 15%～25%的 β-TCP 陶瓷粉体制备出长丝原料，然后通过 FDM 技术制备了复合材料试样，当填充的陶瓷粉体超过 30%后，复合材料的力学和物理性能不受填充料含量的影响。

在原有 FDM 技术的基础上发展了多喷头的打印技术，如双丝熔融沉积建模技术，可以实现多种材料的打印，通常用来成形含微量陶瓷材料的聚合物基复合材料，应用于要求性能具有各向异性样品的制备[151]。例如，将高介电常数丝和低介电常数丝材料进行布置，利用双丝熔融沉积建模技术打印的样品具有介电常数的各向异性，具有高双折射，$\Delta\varepsilon=1.15$。

相比于其他 3D 打印技术，熔融沉积成形技术的实现原理简单，成形出的陶瓷材料具有极高的表面粗糙度，这对生物医疗领域是十分理想的，在生物支架、骨组织修复等方面具有广阔的应用前景。但在 3D 打印过程中喷头温度高，对原料的要求较高。为满足成形要求，除了要形成丝状材料外，原料还要有一定的抗弯强度、抗压强度、抗拉强度和硬度等。此外，丝状陶瓷材料经过喷头加热熔化后还要具有一定流动性和黏稠度，收缩率不能过大，否则成形零件会发生变形。因此，用于熔融沉积成形技术的丝状陶瓷材料的种类受到极大限制，研制尚不成熟，需要进一步研究。

2.6.4　分层实体制造成形技术

国外很早就提出过“材料叠加”这样的制造构想，例如，在 1892 年，J. E. Blanther 在其美国授权的专利中，提出了利用分层制造的方法来构成地形图的构想。1984 年，Michael Feygin 提出了分层实体制造（laminated object manufacturing，LOM）方法（图 2-51），在 1985 年组建了 Helisys 公司，并于 1990 年前后开发出来第一台商用 LOM 设备 LOM-1015。分层实体制造技术是一种薄片材料叠加技术，所以又称为薄形材料选择性切割技术。其基本原理是：首先利用 CAD 软件离散出数个结构单元，在计算机控制下用激光束切割涂覆热熔胶的卷材如纸、有机薄膜、陶瓷流延膜等，对于不属于截面轮廓的部分则切割成废料网格，

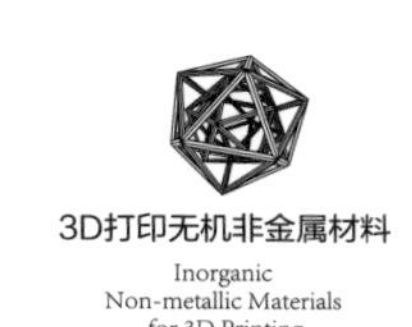

这些网格一方面起着支撑和固化的作用，另一方面有利于后续的废料剥离。然后在热压辊轴的碾压下，将涂覆高温熔胶的薄片与上一层薄片紧压连接。当本层完成后，移动升降工作台，再铺上一层新的卷材，在热压辊的碾压作用下，新铺的卷材与前一层卷材黏结在一起，再切割该层的轮廓，如此循环往复最终得到三维立体结构，最后将废料网格剥离以得到完整的零件。所以这是一种直接由层到立体零件的成形过程[152]。

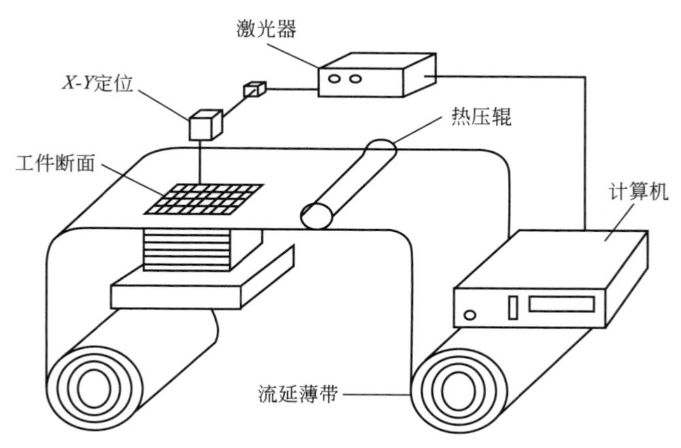

图 2-51　LOM 技术示意图[154]

分层实体制造技术因为存在这种特殊性，同时结合激光切割轮廓叠加成形的技术原理，所以成形速度快，可靠性高，而且模型支撑性好、成本低、效率高，适合用于制造层状复杂结构零件[153]。该技术不需要设置支撑结构，后期处理过程比较简单。在陶瓷 3D 打印中，用于分层实体制造技术的陶瓷薄片材料可以利用流延法制备得到，而国内采用流延法制备陶瓷薄片材料的技术也已经比较成熟，原料的获取方便快捷。分层实体制造技术成形速率高，不需要用激光扫描整个薄片，只需要根据分层信息切割出一定的轮廓外形，同时不需要单独的支撑设计，无需太多的前期预备处理，在制造多层复合材料以及曲面较多或者外形复杂的构件上具有显著的优势。

LOM 技术由于技术本身的特点，也存在一定的缺陷：由于采用的薄膜材料需要进行切割叠加，不可避免地产生大量材料浪费的现象，材料利用率有待提高；打印过程采用的激光切割在一定程度上增加了打印成本，如成形后的坯体在各方向的力学性能有较大的不同，加工完成之后需要人工清除多余的碎屑，增加了制造成本；由于原材料必须是薄片，其应用范围具有较大的局限性。这种陶瓷 3D 打印技术也不适合打印复杂、中空的零件，层与层之间存在较为明显的台阶效应，最终成品的边界需要进行抛光打磨处理。LOM 设备的主要装置包括工作台、升降装置、热压装置、激光扫描装置和送料装置等几个部分。

在 LOM 的技术过程中，原材料的性能对成形后的坯体强度和烧结体的力学性能影响很大。良好的柔韧性便于连续加工，而适宜的强度则可以保证切割和叠层的顺利进行，同时能保证陶瓷膜经受热压辊的碾压作用而不致开裂。而好的叠加性能和烧结性能便于生产出高致密度和力学性能好的烧结体。实现较低温度下流延片叠层制造的前提是原材料同时具备热熔胶特性、黏结剂特性和流延片表面形貌等条件。

Lone Peak 公司的 Griffin 等[155,156] 最早使用 LOM 技术制得氧化铝陶瓷，其抗弯强度达到 311MPa，比传统干压成形得到的陶瓷只低 14MPa，说明该技术有一定的潜力。美国 Lone Peak 公司、Western Reserve 和 Dayton 大学等已经用 LOM 方法制备原料为 Al_2O_3、Si_3N_4、AlN、SiC、ZrO_2 等的陶瓷制品。

Klosterman 等[157] 采用碳化硅粉体、炭黑和石墨粉体与高分子黏合剂体系混合制成陶瓷薄片。将 SiC 流延膜和 SiC 纤维/树脂预浸薄片交替叠加，直至形成具有一定厚度和形状的陶瓷素坯。树脂在这里起到了提供强度和碳源的双重作用。利用 LOM 技术制备的 SiC 陶瓷部件见图 2-52，抗弯强度达到（169±43）MPa。LOM 法制备的陶瓷件一般是用平面陶瓷膜相叠加而成的。Klosterman 等还研究了曲面层状陶瓷器件成形新技术，在其实验中采用的是 SiC/SiC 纤维复合材料。

图 2-52 LOM 技术成形的 SiC 陶瓷[157]

Gomes[158,159] 通过 LOM 技术制备出三维的 Li_2O-ZrO_2-SiO_2-Al_2O_3（LZSA）玻璃陶瓷齿轮，烧结后的齿轮有 20%左右的体积收缩，保持了原有的形状而没有出现开裂和变形。Zhang 等[160] 用聚乙酸乙烯酯作为热熔胶，利用 LOM 技术并结合常压烧结制备出 Al_2O_3 陶瓷，三点抗弯强度达到 228MPa。Das 等[161] 研究了 LOM 方法中素坯的脱粘技术，建立了 LOM 叠块脱粘时的扩散模型，用来指导并优化实际脱粘过程中的温度制度。Bitterlich 等[162] 利用氮化硅陶瓷粉体和前驱体研发了一种胶黏剂，并以丝网印刷技术将胶黏剂涂覆于氮化硅流延膜表面，在常压、室温下直接堆叠制备三维复杂氮化硅素坯。Liu 和 Ye 等[163] 报道采用 LOM 技术制备的 Si_3N_4 陶瓷材料强度可达（475±34）MPa。上海硅酸盐研究所[164] 采用流延成形制备性能优化的 SiC 流延膜，结合 LOM 技术，制备了碳化硅陶瓷齿轮，发现流延成形浆料固相含量为 23%（体积分数）时，制备的流延膜经 LOM 技术和常压烧结后性能最佳。其烧结体相对密度为 98.16%，抗弯强度为（402±23）MPa，硬度为（19.86±0.71）GPa，断裂韧性为（3.32±0.29）$MPa \cdot m^{1/2}$，弹性模量为（393±41）GPa，和干压-等静压制备的碳化硅陶瓷性能相当（图 2-53）。

从材料的发展来看，适于 LOM 叠层的卷材范围很广，包括纸、蜡、有机薄膜、陶瓷膜和金属片材。在陶瓷制备领域，用于 LOM 叠层的陶瓷卷材一般通过流延法和挤出法制备。对于 LOM 技术，存在必须解决的两个关键技术：其一是陶瓷膜片的激光切割和叠层；其二是素坯的脱粘和烧结制度的确立。由于坯体是经流延膜叠加而成，流延膜制备过程中含有大

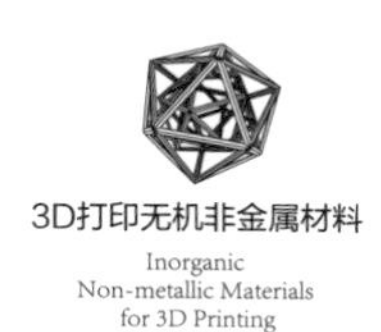

图 2-53　经 LOM 成形和热处理之后的三维形状齿轮[164]

量有机物，因此脱粘过程对后续的烧结体性能影响很大。如果升温和保温制度不当，很容易造成坯体的鼓泡或分层。

近年来，随着电子技术的不断进步，多层陶瓷技术对电子器件的小型化有着非常重要的作用，尤其是在电容器、压电马达、陶瓷基板、高温燃料电池以及结构陶瓷等领域已经得到广泛应用。

2.7　陶瓷 3D 打印技术的应用

先进陶瓷由于其特定的精细结构和其高强、高硬、耐磨、耐腐蚀、耐高温、导电、绝缘、磁性、透光、半导体以及压电、铁电、声光、超导、生物相容等一系列优良性能，自诞生起 100 多年来不断发展，形成了多种类的高性能细分材料并被广泛地应用于国防、化工、冶金、电子、机械、航空、航天、生物医学等国民经济的各个领域，已逐步成为新材料的重要组成部分，成为许多高技术发展不可或缺的关键材料。陶瓷材料是人类使用的最古老的材料之一，但在 3D 打印领域属于比较“年轻”的材料。3D 打印技术突破了传统技术的极限，不需要模具，比传统的成形方式 3D 打印有更高的结构灵活性，可直接制造出复杂形状的制品，在文化创意、医疗、电子、汽车等领域都有着广泛的应用。

2.7.1　文化创意领域

传统陶瓷可以定义为组成硅酸盐工业的那些陶瓷制品，主要包括黏土、水泥及硅酸盐玻璃等。传统陶瓷的原料多为天然的矿物原料，分布广泛且价格低廉，适合于日用陶瓷、卫生陶瓷、耐火材料、磨料、建筑材料等的制造。

3D 打印应用于传统陶瓷的制造中，可以实现陶瓷制品的定制化，提高附加值，并有可能赋予其独特的艺术价值。黏土矿物是应用最为广泛的陶瓷原料，将黏土加入适量的水制成可塑性良好的陶泥后，便可以进行挤出 3D 打印。采用挤出 3D 打印技术制造的陶瓷器件能够保留 3D 打印技术特有的层纹，具有独特的美感。成形后的陶瓷坯体经过烘干、烧结、上釉之后就能得到陶瓷器件。这种技术和耗材成本不高，适合于教育及文化创意行业。

2012 年 10 月，Unfold 设计室在《Deseen》杂志公布了他们的最新研究成果[165]。利用挤出成形 3D 打印设备成功打印了造型各异的日用陶瓷制品，产品经表面上釉并烧制后，效果惊人，质量优异，如图 2-54 所示。

图 2-54　Unfold 3D 打印设备及产品[165]

荷兰埃因霍温艺术家 Olivier van Herpt 成功研发了一台拥有成人身高、并可打印较大体积陶瓷的 3D 打印机[166]，打印成品规格可达到高 80cm，半径 21cm。Olivier van Herpt 还尝试用不同类型的黏土进行试验，并研发出适合作为打印线材的陶瓷原材料，如图 2-55 所示。

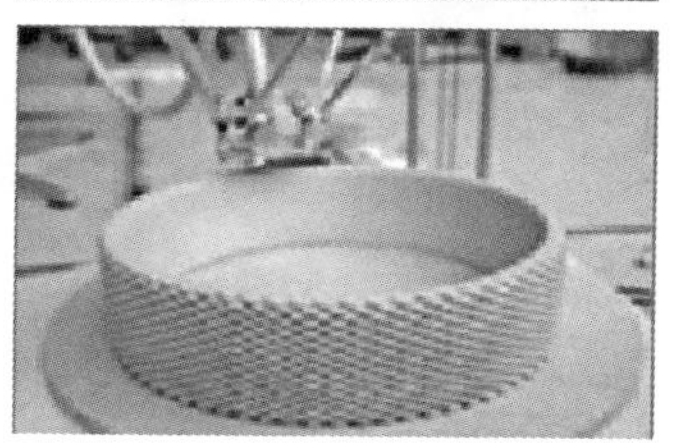

图 2-55　Olivier 3D 打印机及 3D 打印作品[166]

英国布里斯托的西英格兰大学（UWE）开发出了一种改进的3D打印陶瓷技术，被称为自己上釉3D打印陶瓷（self-glazing 3D printed ceramic）。该技术可用于定制陶瓷餐具，比如漂亮的茶杯和复杂的装饰物（如图2-56），在白色陶瓷餐具行业具有广阔的应用前景。

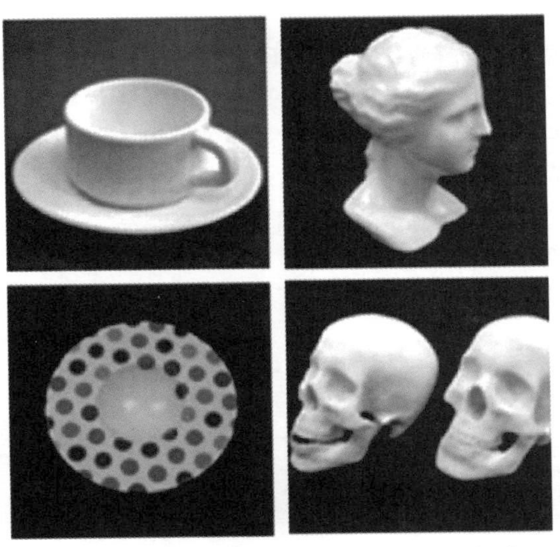

图2-56 UWE研制的陶瓷3D打印作品[167]

总部设在以色列的Studio Under工作室成功推出了有史以来最大的陶瓷3D打印机[168]。该3D打印机可以打印陶瓷及几乎所有类型的糊状材料。除此之外，他们还推出了彩色陶瓷的3D打印，如图2-57所示。

图2-57 Studio Under研发的陶艺作品[168]

3D打印技术在珠宝首饰行业中又被称为“3D首饰数字技术”（见图2-58），它分为两个方面，3D首饰数据模型设计和3D首饰打印技术。3D打印技术则有效地解决了传统首饰起

图 2-58　3D 打印珠宝首饰[169]

版加工技术复杂、制造周期长等问题，只需要珠宝设计师或首饰数字技术建模师，用电脑绘制 3D 首饰设计图稿，再将 3D 首饰图稿数据模型文件输入 3D 喷蜡打印机或者其他材料打印机，即可进行自动化生产，从而得到原始的起版模型，省去人工起版的环节。

2.7.2　建筑领域

将上述挤出 3D 打印设备再放大，便可采用混凝土作为耗材进行房屋建筑的 3D 打印。这些混凝土是一种经过特殊玻璃纤维强化处理的混凝土材料，主要原料包括建筑垃圾、工业垃圾、矿山尾矿、水泥和钢筋，还有特殊的助剂，其强度和使用年限大大高于钢筋混凝土。为保证 3D 打印建筑的顺利实施，3D 打印中所使用的混凝土材料比传统混凝土要求更高[170]，如传输和挤出过程中要有足够的流动性，挤出之后要有足够的稳定性，硬化后要有足够的强度、刚度和耐久性等。3D 打印混凝土可以应用于非线性、自由曲面等复杂形状建筑的建造。

位于迪拜的全球首座 3D 打印办公楼，如图 2-59，由盈创建筑科技（上海）有限公司承建，在英国和中国进行了可靠度测试。这座建筑物只有一层，楼面面积达 250m^2，是使用一台 20ft（6m）×120ft×40ft 的打印机打印出来的，只用了 17 天就完成，成本仅 14 万美元。建筑时间缩短 50%～70%，并节省 50%～80%的劳动成本。

欧洲航天局（ESA）的研究者们仿制了一种月球土壤（专业名词叫“风化层”），并且使用光固化 3D 打印技术将这种土壤打印成小型螺钉和齿轮，模拟使用其他星球土壤就地生产所需产品。在未来空间探索中有望就地采用资源进行基地的建造[171]（图 2-60）。

3D 喷墨技术可以被称作是陶瓷印花技术第三次工业革命，能打造出立体印刷的效果，像各种图腾壁画、纹饰图案都能被逼真还原，最高实现 40mm 凹凸面，适合大面积的墙地装饰，2009 年我国从意大利引进了第一台喷墨打印机，开启了我国陶瓷产业的 3D 喷墨时代。发展至今，喷墨印刷技术被广泛应用到瓷片、全抛釉、仿古砖、微晶石、薄板等产品，

图 2-59　3D 打印办公楼[171]

图 2-60　NASSAACME 计划：太空 3D 打印建筑物假想图[172]

原料、机械设备在发展中得到了不断的突破。目前依诺瓷砖通过引进先进喷墨设备，采用国际先进的喷墨印花技术，从产品中体现出天然石材的色彩层次。市场上拥有此规格同类或类似技术和产品的品牌除了依诺瓷砖 3D 全彩高清喷墨砖（图 2-61）外，还有意大利的宝路莎、西班牙的 CK 以及国内的诺贝尔的数码印象系列和金牌亚洲的 iD-stone 喷墨抛釉砖。对陶瓷 3D 打印而言，最大的问题可能来源于黏土类型、3D 打印陶瓷的颜色、釉面效果、CAD 数据建模、陶瓷烧成时的稳定性等。首先是黏土的类型和质量。从目前研究进展来看，并不是所有黏土都适用于 3D 打印成形，国外虽有成功经验，但都还处于保密状态。黏土本身是一种片状结构的颗粒，加水和黏结剂即可能产生触变性，这对于堆积后的强度会产生非常大的影响，大件产品易产生坍塌。而对于陶瓷的颜色，目前陶瓷墨水的颜色种类还比较有限，要想获得更为丰富逼真的色彩，可能在陶瓷墨水领域需要进一步研究。

3D 打印技术的不断发展使得传统日用陶瓷行业面临更大的挑战。当前，陶瓷 3D 打印技术不仅可以快速制作各种异形陶瓷造型，还可以通过远程文件输出，异地打印制作产品。陶瓷 3D 打印技术高速便捷的成形方式，使得陶瓷企业和消费者对先进技术更加认可，也促使陶瓷行业技术不断完善。为此，消费者对日用陶瓷也有了更高的追求，在此背景下 3D 打印技术被众多日用陶瓷企业大肆追捧，成为未来陶瓷行业发展的重要转折点。因此，从商业

图 2-61　依诺瓷砖 3D 全彩高清喷墨砖[173]

化角度来看，3D 打印技术更应该定位于日用陶瓷个性化定制、高端艺术品复制等小批量生产的产业模式。陶瓷 3D 打印虽然具有其他技术无可比拟的优势，能制造出创造性的陶瓷产品，让每件产品都如艺术品般值得欣赏与回味，但是同样面临着巨大的挑战。

2.7.3　航空航天领域

目前航空航天部件越来越复杂，而通过传统的注射成形方式无法实现。2018 年，总部位于俄亥俄州的航空航天和国防企业系统集成商 Renaissance Services 公司获得了 290 万美元的空军合同，用于支持使用 3D 打印陶瓷模具来生产已停产飞机的发动机齿轮箱和外壳生产。为了满足 Wright-Patterson 空军基地空军生命周期管理中心授予的这份合同的要求，Renaissance Services 公司将使用 3D 打印技术制造陶瓷型芯（图 2-62），生产复杂航空航天铸件，大大缩短了时间和节约了成本。

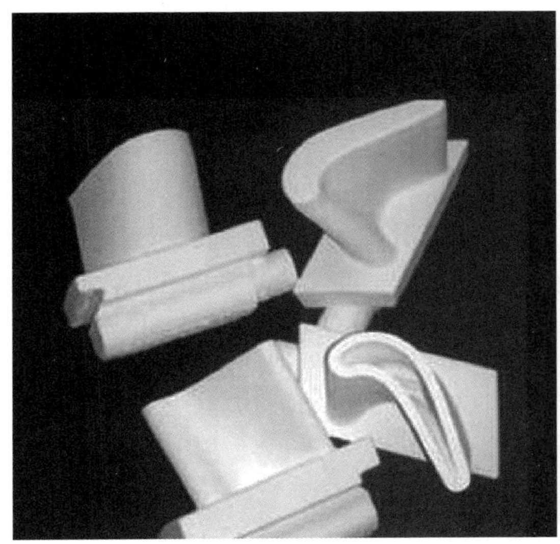
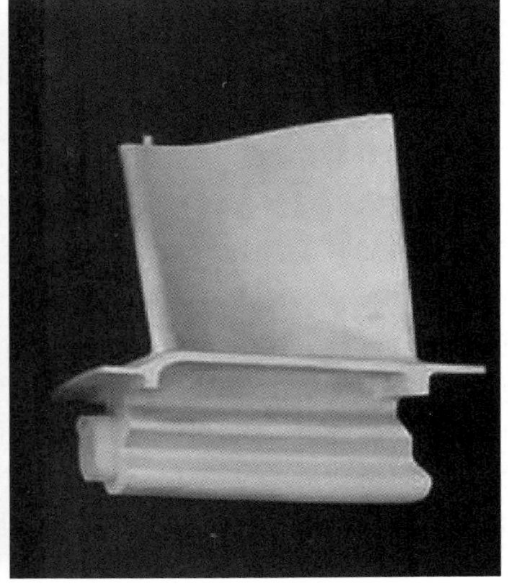

图 2-62　Renaissance Services 公司 3D 打印陶瓷型芯[174]

随着航空燃气涡轮发动机涡轮前燃气温度的不断提高，通过复杂气冷内腔结构改善涡轮叶片散热能力已成为先进发动机制造的关键，因而对成形叶片内腔结构的陶瓷型芯提出了更高的要求。陶瓷型芯是制造高性能涡轮叶片的关键部件，其性能和质量直接影响涡轮叶片的性能。3D 打印技术特点很好地契合了陶瓷型芯的制作需求。奥地利 Lithoz 公司的 LCM 技术可以实现传统技术无法实现的高复杂结构陶瓷产品的生产，给航空航天和电力工业中的高复杂结构的陶瓷叶片型芯制造提供完美的解决方案，满足他们日益增长的设计需求。Litha Core 450 是一款由 Lithoz 公司自主研发的用于 3D 打印生产陶瓷叶片型芯的硅基材料（图 2-63），用来生产单晶镍基合金的涡轮叶片的铸造型芯、定向凝固铸造型芯、等轴铸造型芯。

图 2-63　LCM 技术制备的硅基陶瓷叶片型芯[175]

针对不同的浇铸方法、合金种类以及脱芯方法，针对性开发了相适应的陶瓷型芯打印材料，包括化学稳定性较好的铝基材料，脱芯方便的硅基材料，氧化铝/氧化硅复合打印材料以及氧化锆/氧化硅复合打印材料，并且可根据客户目前所使用陶瓷粉进行定制化研发，最大限度地满足浇铸技术要求。法国 3D CERAM 公司的 CERAMAKER900 型陶瓷 3D 打印机成形尺寸为 X300mm×Y300mm，单次可打印 60 件陶瓷型芯（图 2-64），且由于独特的非接触式支撑技术，确保打印表面质量的良好。

以覆膜砂粉体为原料，采用激光选区烧结（SLS）技术主要是用于制造精度要求不高的原型零件的砂型（芯），目前已经商品化的覆膜砂材料主要有：美国 DTM 研发的 Sand Form Si（石英砂）、Sand Form Zr Ⅱ（锆石），以及德国 EOS 研发的 EOSINT-S700（高分子覆膜砂），如图 2-65 所示，主要应用于制造汽车、航空等领域砂型铸造砂型（芯）[177]。

山东工业陶瓷研究设计院通过调整光固化树脂、分散剂、防沉剂、石英粉体间的比例，得到固相含量高达 70%（体积分数）的树脂基石英陶瓷浆料和 57%（体积分数）的水基石英料浆[178,179]，采用光固化成形方式打印出石英陶瓷坯体，1200℃烧结后石英陶瓷部件的密度为 1.65g/cm^3，抗压强度达到 20MPa，成果应用于陶瓷天线罩产品。

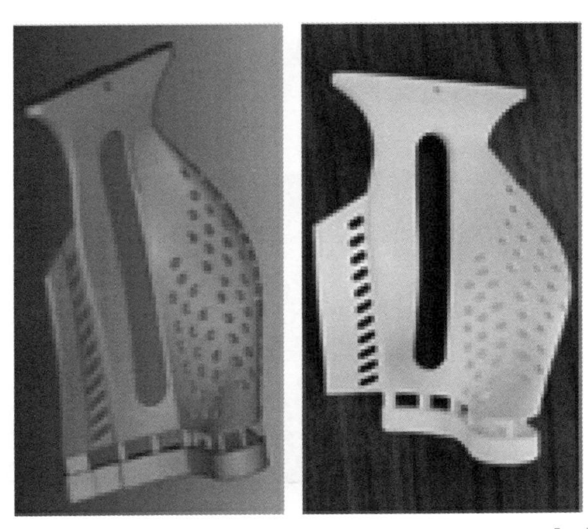

图 2-64　法国 3D CERAM 公司制备的铝基陶瓷型芯[176]

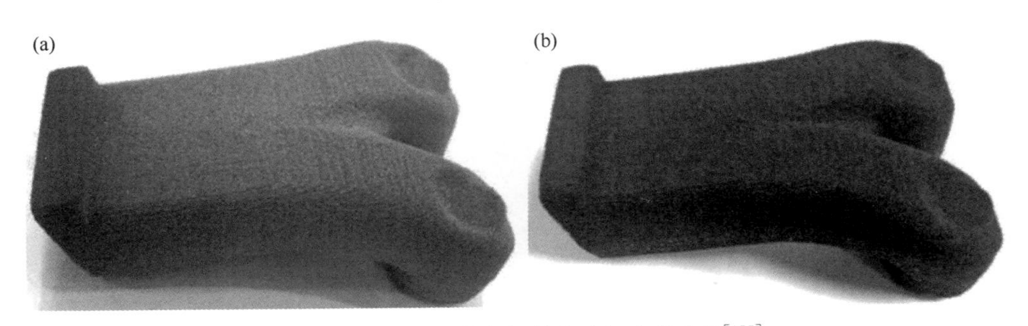

图 2-65　SLS 技术制备的某发动机水道砂芯[177]
(a) 烧结前；(b) 烧结后

2.7.4　医疗领域

陶瓷材料具有轻质、耐氧化、耐腐蚀性、耐高温等特点并具有良好的生物相容性，已被广泛应用于制造牙科、骨科等医疗器械。但是陶瓷材料因其硬而脆的特性造成加工成形困难，传统技术较难加工出形状复杂的陶瓷部件，而 3D 打印这种新型陶瓷加工技术可在一定程度上解决这个问题。陶瓷 3D 打印技术可直接打印具有复杂结构的陶瓷零件，因此陶瓷 3D 打印技术在医疗领域具有无可替代的优势及应用价值。

在医疗中应用陶瓷根据材料属性的不同，可以分为两类：

一类是高性能陶瓷 [图 2-66(a)]，如氧化锆、氧化铝、氮化硅，这类陶瓷材料不会降解，由于其出色的力学性能、耐磨性、低导热性和导电性以及优良的生物相容性等优点，被广泛用于生产永久性植入物及义齿等医疗器械。

另一类是可降解的陶瓷材料 [图 2-66(b)]，如羟基磷灰石、磷酸三钙等。这类陶瓷材料与骨骼的无机成分相似，可用于制造可降解的植入物，典型的应用是制造骨修复支架。通过在愈合过程中材料的降解，可以向细胞提供必要的离子，并为细胞向内生长创造空间。

3D打印产品最突出的特点是精准、复杂成形、个性化，这正好迎合了医疗领域用品不仅要精准、复杂，甚至一次性、量身定做的要求。因此，3D打印技术在医疗领域有着独有的优势，成为满足个性化需求的重要途径。

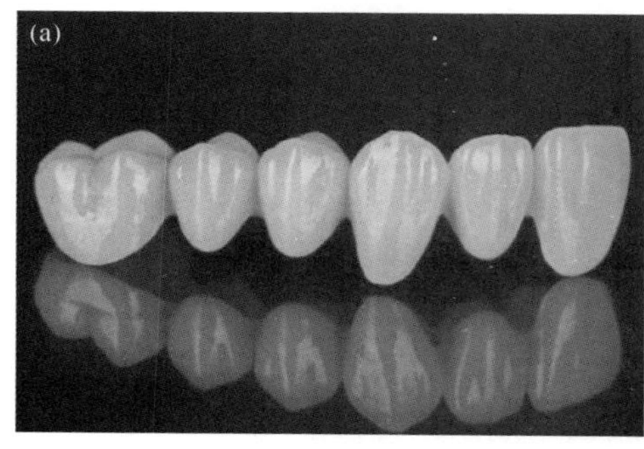

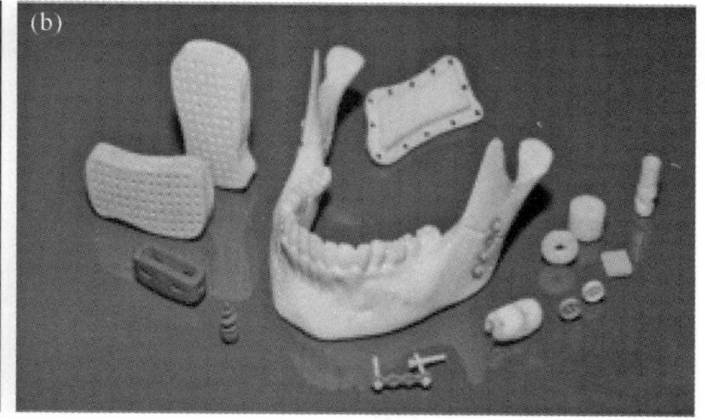

图2-66 陶瓷3D打印制备的生物陶瓷[180,181]

(a) 高性能陶瓷；(b) 可降解材料

奥地利维也纳科技大学医学中心采用3D打印方式为心肌梗死患者制备了非电力驱动氧化铝心脏起搏泵，如图2-67，通过腿动脉进入主动脉，术后短期支持心脏起搏，使心脏功能翻倍，实现冠状血管良好供血。

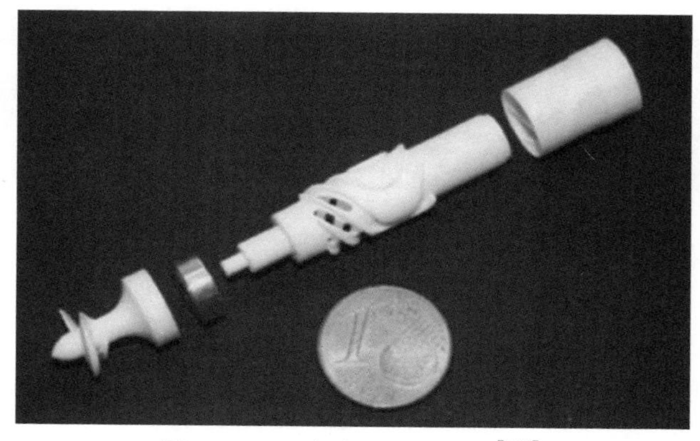

图2-67 3D打印心脏起搏泵[181]

美国氮化硅医疗器械生产商Amedica公司采用Roboasting 3D打印技术制备出孔隙率可控的氮化硅材料（如图2-68），用于骨科植入物领域[182]。根据不同临床需求，通过3D打印精确控制孔隙率水平，制备出复杂陶瓷植入物。山东工业陶瓷研究设计院利用陶瓷光固化技术制备了氧化锆陶瓷牙齿、羟基磷灰石支架以及氮化硅的陶瓷植入体[183]，如图2-69。

目前骨肿瘤较常用的临床治疗方法有手术治疗、放射治疗和化学治疗。传统的放疗与化疗都具有较大的副作用，手术治疗是骨骼肌系统疾患的根本治疗措施，但是这会有骨肿瘤细胞残余且造成大块的骨缺损，治疗过程中往往需依赖各种植入物，如图2-70。因此，制备出高精度用于骨骼植入的材料是至关重要的。通过3D打印个体化植入物进行组织缺损的修复，可以大大提高外科手术的精确性与安全性。

图 2-68 Amedica 公司 3D 打印制备 Si_3N_4 陶瓷样件[182]

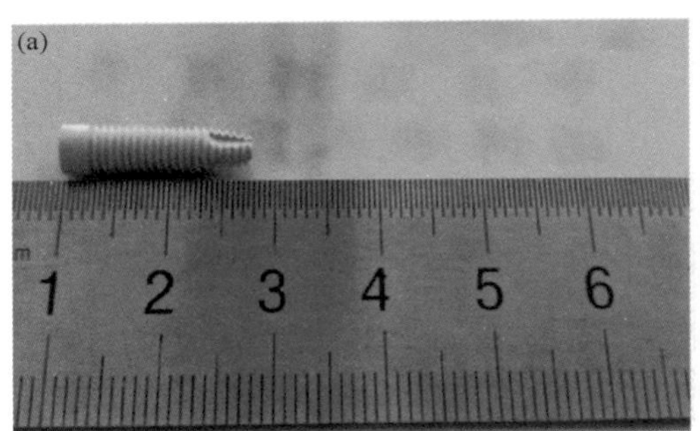

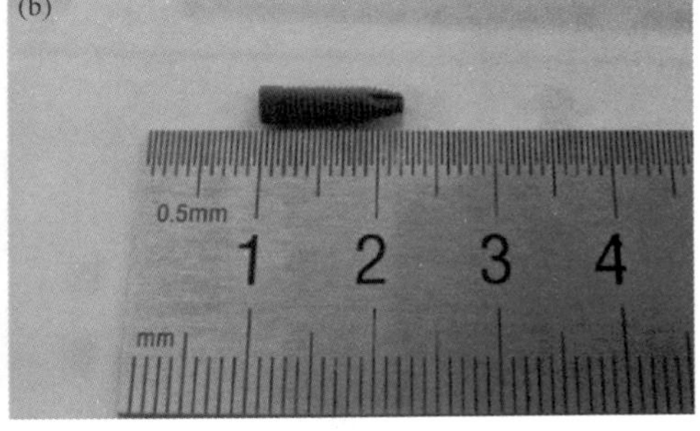

图 2-69 采用光固化 3D 打印技术制备的 Si_3N_4 部件[183]

(a) 素坯；(b) 烧结后

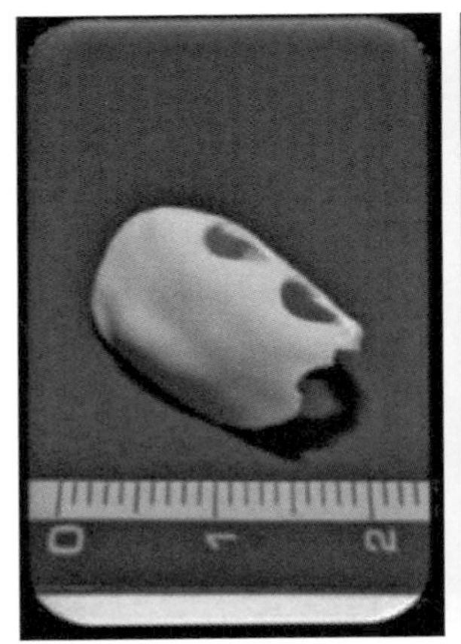

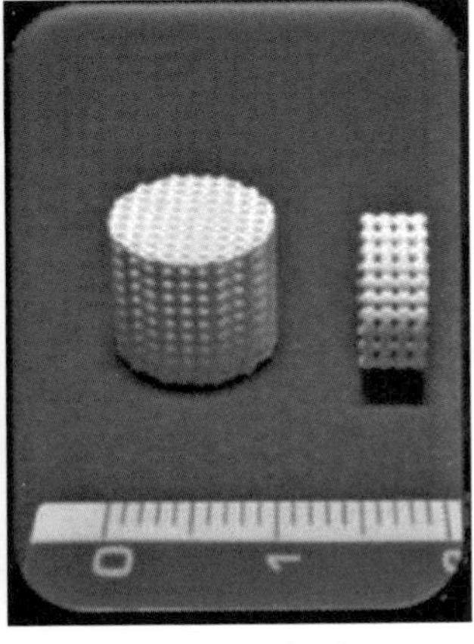

图 2-70 3D 打印制备的高仿真骨结构[184]

2.7.5 电子领域

3D打印技术在电子行业中的应用尚处于早期阶段，目前主要是用于电子产品的制造。市场上推出的电子专用3D打印机主要应用是PCB的制造，这些打印机厂商提供配套的导电打印材料，也有少数的应用已经超越原型制造，走向了电子产品批量生产，如共形天线，传感器。从长期来看，3D打印在电子零件制造和封装领域的市场规模将达到数十亿美元。

在国际市场上，Voxel 8和Multifab均已推出了多材料复合3D打印电子设备，其应用范围包括PCB快速原型、天线、结构性电子产品、超声波传感器等。这类技术能够实现在打印过程中暂停，并嵌入其他部件。谢菲尔德大学与波音合作的先进制造研究中心研发的全自动化复合3D打印技术已取得阶段性成果，通过该技术能够实现在3D打印过程中嵌入电子元器件，直接制造出嵌入式的电子产品，例如带嵌入式电子元器件的无人机。

陶瓷3D打印在电子领域的一个典型应用是高温陶瓷传感器。在这方面，GE公司已率先申请了专利，专利中公开了用于制造涡轮机部件上的应变传感器的方法。应变传感器的陶瓷粉体通过自动化的3D打印技术沉积到叶片表面上，陶瓷材料可以包括热障涂层如氧化钇及稳定的氧化锆。而完成应变传感器的制造则需要不同设备之间的配合，包括气溶胶喷射3D打印设备（Optomec气溶胶和透镜系统）、微喷机（如Ohcraft或nScrypt公司的微笔或3Dn）及Meso Scribe Technologies技术公司的等离子喷涂设备Meso Plasma。

马德里自治大学和陶瓷3D打印公司Lithoz联合开发了复杂的3D打印陶瓷微系统（如图2-71），可以推进芯片实验室和人体芯片器官的开发与应用。开发团队表示，其3D打印陶瓷器件标志着生物医学领域的突破。

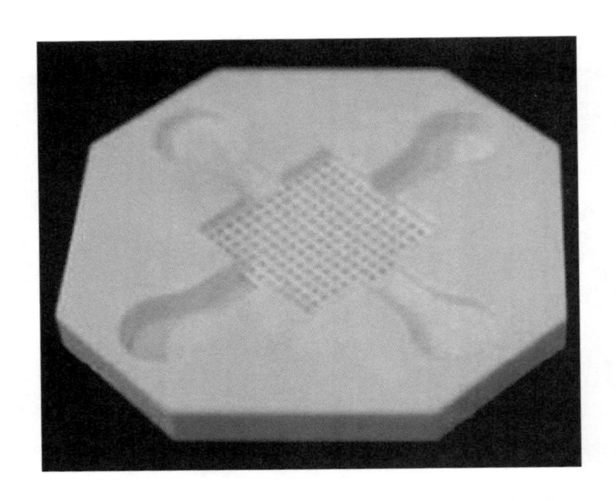

图2-71 陶瓷3D打印制备的微控流芯片[185]

在传统的光学系统中，各种光学元件所用的材料都是均质的，每个元件内部各处的折射率为常数。在光学系统的设计中主要通过透镜的形状、厚度来成像，并利用各种透镜的组合来优化光学性能。梯度折射率材料则是一种非均质材料，它的组分和结构在材料内部按一定规律连续变化，从而使折射率也相应地呈连续变化。其中一种球梯度的透镜，其折射率按离定点的距离变化，等折射率面为中心点对称的球面系，也称卢内堡透镜，可以宽角度扫描而用于微波天线方面。

图 2-72 显示了由 Brakora&Sarabandi 设计并由 Walter Zimbeck 通过陶瓷 3D 打印制备的 30GHz 卢内堡透镜[186]。在这个设计中，随着 Al_2O_3 柱体厚度由内向外变化，折射率逐渐变化。这个物体通过传统技术是无法制造的，Al_2O_3 体积分数（支柱尺寸）从中心到外部都会发生精确的变化。

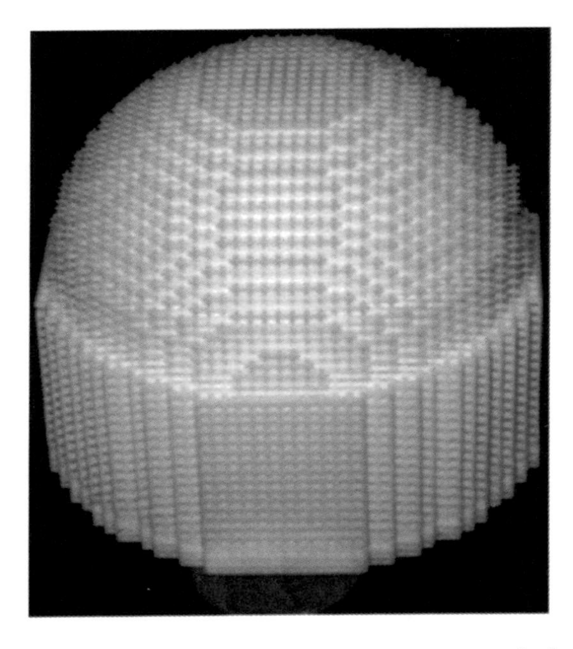

图 2-72　陶瓷 3D 打印制成的毫米波卢内堡透镜[186]

Al_2O_3 制成的毫米波卢内堡透镜的镜头由卡尔·布拉科拉设计，TA&T 采用激光扫描立体摄影技术制作。镜片直径约 6cm，Al_2O_3 支柱宽度从中心 650μm 到表面 340μm 不等，在 30GHz 处改变折射。

美国南加州大学生物医学工程学院和 Daniel J. Epstein 工业系统工程学院合作开发了钛酸钡（$BaTiO_3$）压电陶瓷超声换能器元件。压电陶瓷是一种可以将应力转换成电荷的材料，可以用于制造超声成像设备中的关键部件超声换能器。美国南加州大学和 Daniel J. Epstein[187] 工业系统工程学院的研究人员，利用光固化成形原理制造出钛酸钡陶瓷换能器。利用面曝光光固化原型（MIP-SL）设备，以图 2-73 所示的加工过程，逐层加工出钛酸钡陶瓷换能器元件坯体。

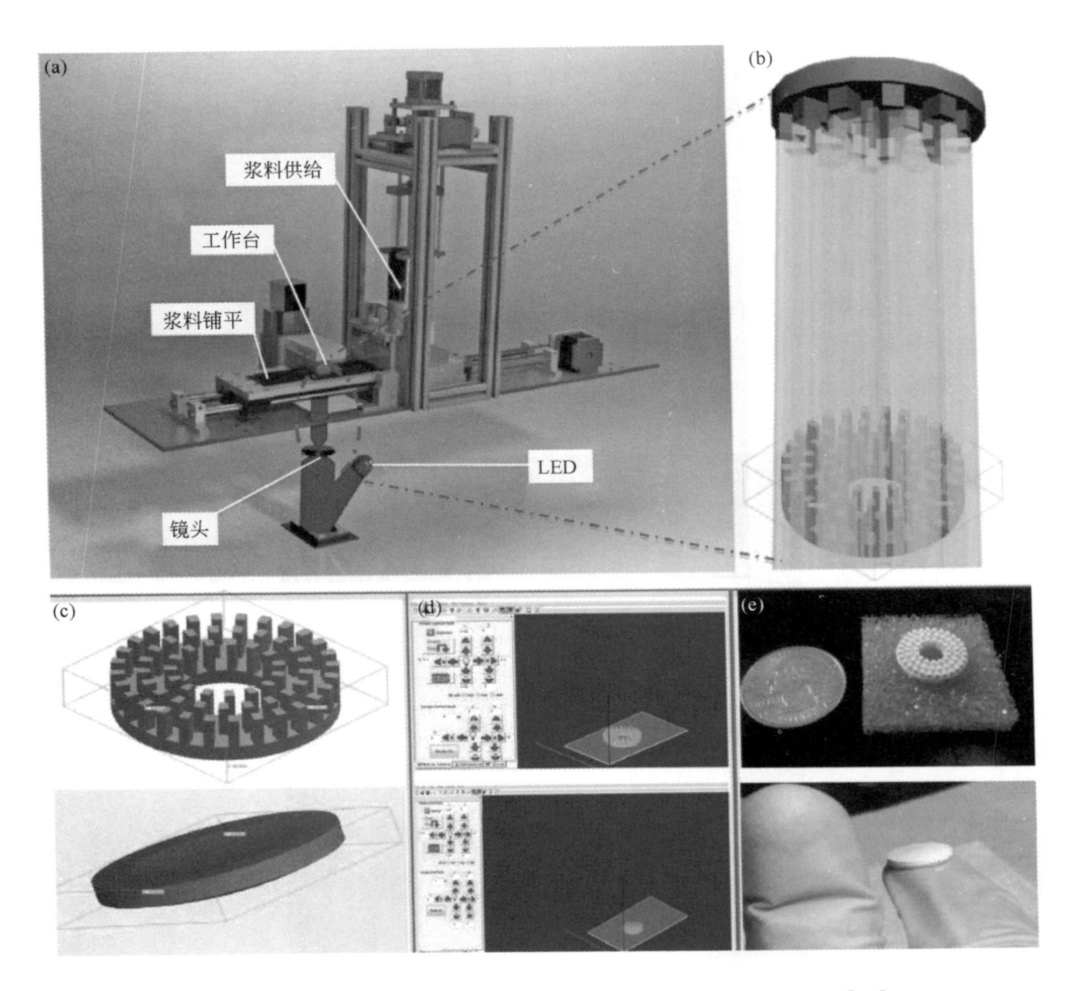

图 2-73 钛酸钡陶瓷超声换能器元件坯体的面曝光光固化原型加工过程[187]（见彩图）
(a) MIP-SL 系统结构示意图；(b) 投影机投出的掩膜图形；(c) 换能器三维模型；
(d) 控制软件界面；(e) 制造出的换能器元件

对制造完成后的坯体再进行排胶和烧结处理后，获得最终的零件。获得的陶瓷超声换能器元件，致密度为 93.7%，密度为 5.64g/cm^3。研究人员利用该打印超声换能器，以 6.28MHz 超声扫描，获得猪眼的超声结构图像，如图 2-74 所示。

光子晶体是一类在光学尺度上具有周期性介电结构的人工设计和制造的晶体，具有波长选择的功能，可以有选择地使某个波段的光通过而阻止其他波长的光通过。日本大阪大学连接和焊接研究所的 Soshu Kirihara[188] 利用陶瓷面曝光成形打印技术制造出具有金刚石结构的光子晶体，并探索其制造太赫兹波谐振器的可行性。

研究人员首先设计金刚石结构模型（晶格常数 500μm，电介质晶格的纵横比为 1.5），总尺寸为 5mm×5mm×5mm，由 10×10×10 个晶胞组成。然后将平均粒径 170nm 的氧化铝陶瓷颗粒均匀混合在光固化树脂中，以面曝光成形方式打印，如图 2-75。

图 2-74 通过打印的换能器对猪眼进行 6.28MHz 超声扫描[187]

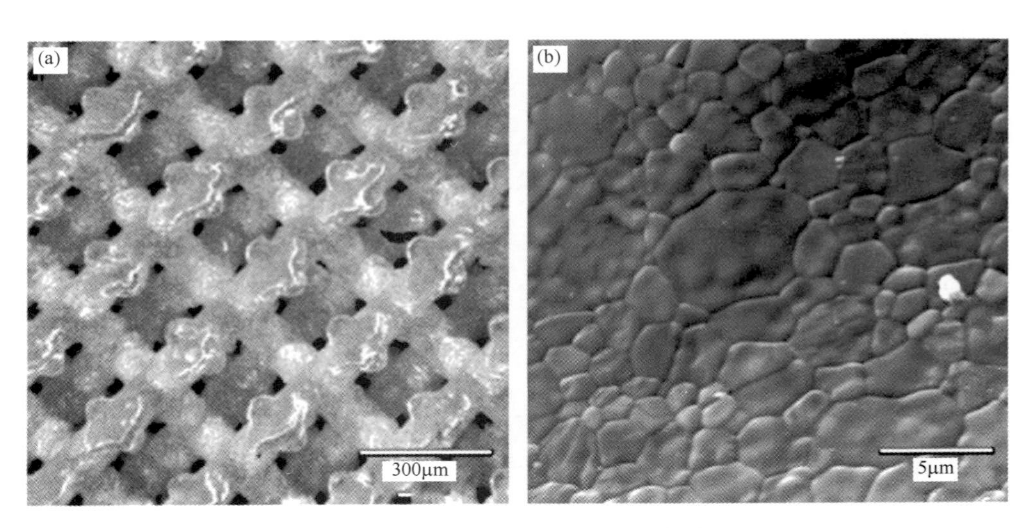

图 2-75 面曝光成形的光子晶体[188]

(a) 光子晶体坯体及均匀分散的陶瓷颗粒；(b) 烧结后光子晶体及表面微结构

研究人员利用所制造的太赫兹波谐振器（图 2-76）进行了透射光谱测试。测试结果（图 2-77）显示其光子带隙范围和理论计算结果相互吻合，表明所打印的带有微晶格的光子晶体谐振器可被用作太赫兹波长滤波器。

2.7.6 汽车领域

克莱姆森大学材料科学与工程系正在研究采用一种新的 3D 打印技术制造“质子陶瓷电

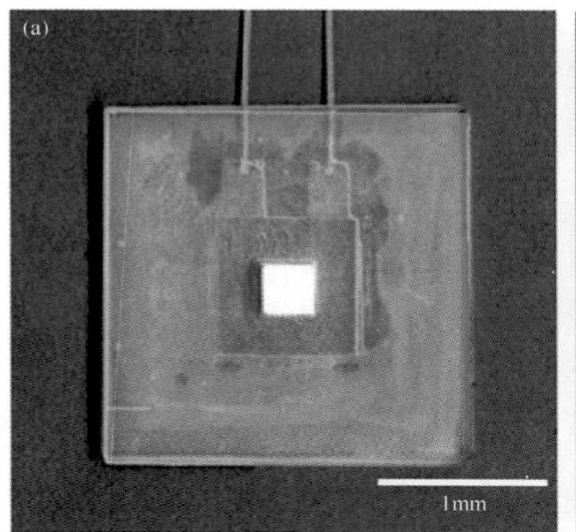

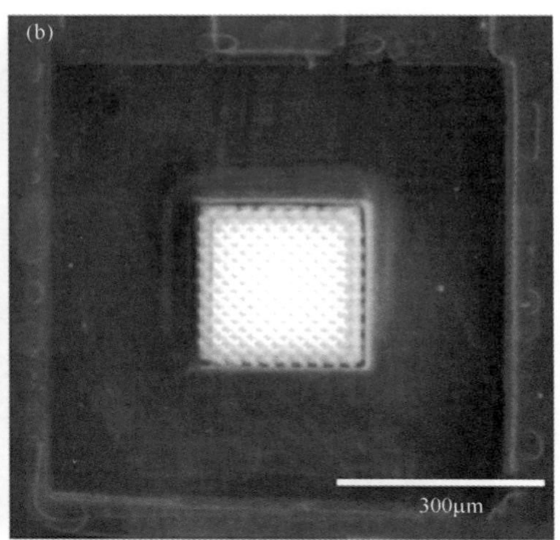

图 2-76 太赫兹波谐振器[188]

(a) 实物照片；(b) 透射光谱测试照片

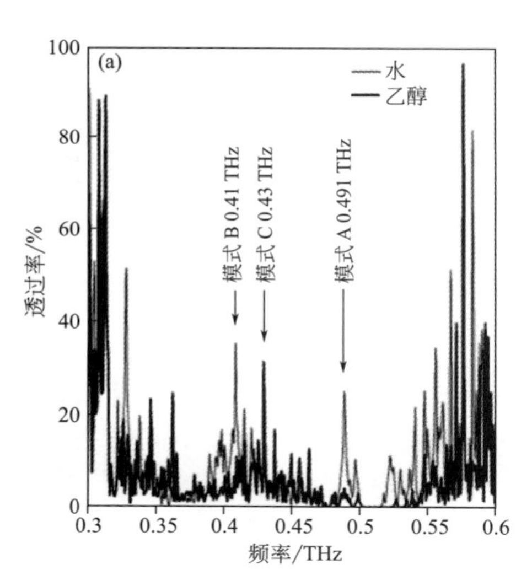

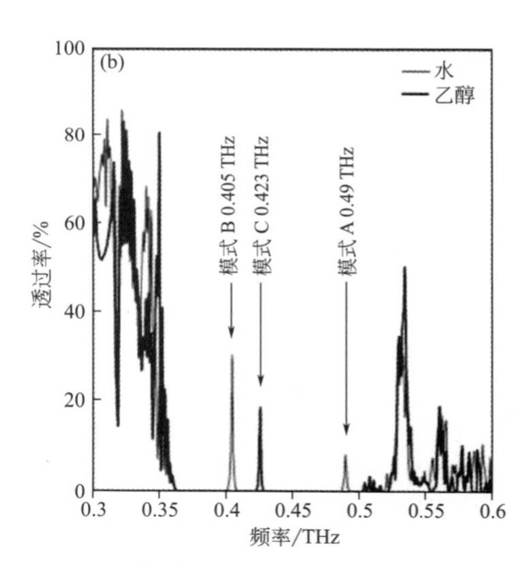

图 2-77 谐振器透射光谱测试[188]

(a) 透射光谱测试结果；(b) 太赫兹波时域光谱和微磁传输线理论的计算结果

解槽堆叠”，将电能转化为氢能。该项研究获得美国能源部能源效率和可再生能源办公室160万美元的资助。

电解槽用途广泛，可用作汽车中的燃料源，也可用于存储太阳能和风能产生的能量。新的激光3D打印技术将减少高度压实电解槽的制造成本和时间。这项新技术不仅可以将制氢成本降低一半，而且还可以将器件尺寸减小一个数量级。该技术可应用于其他类型陶瓷制品的3D打印，包括电池和太阳能电池，或允许智能手机一次充电保持几天的高密度电池。

该项研究最大的挑战之一是如何实现经济高效的陶瓷3D打印。电解槽需要四种不同类

型的陶瓷。如果采用传统方法，陶瓷必须在高温炉中烧结数小时，且不同类型的陶瓷需要在不同温度下烧结。研究人员开发出一种 3D 打印机，在陶瓷铺层的同时进行激光烧结，无需使用熔炉便可打印出由四种不同类型的陶瓷制成的电解槽，这类似于制作具有许多层的蛋糕并且每层具有不同的风味。

克莱姆森大学材料科学与工程系负责人 Rajendra Bordia 表示，该研究涉及能量转换、激光加工、3D 打印、陶瓷材料加工等多个领域，将有助于推动可再生能源转换技术创新取得更大进步。

过去 30 年内，在汽车尾气排放系统中引入催化剂的技术有效地降低了汽车尾气对空气环境的污染。现在最常见的催化剂载体为宏观蜂窝结构，相应的排气流近乎为层流状，催化效率较低。相关研究表明，多孔材料制成的具有周期性复杂曲折流道结构的催化剂载体可以提高单位体积内催化剂的催化效率。陶瓷材料可以实现多孔的要求，但传统的制造技术难以实现复杂结构催化剂载体的制造。而 3D 打印技术可以实现复杂结构件的制造。

瑞士南方应用科技大学的 Oscar Santoliquido 等[189] 对陶瓷浆料光固化 3D 打印技术在汽车尾气催化剂载体制造中的应用进行了系统的研究（光固化 3D 打印工作原理如图 2-78 所示），探究了陶瓷浆料配方、CAD 设计、打印方向及坯体的后处理方式对结构件力学性能的影响。

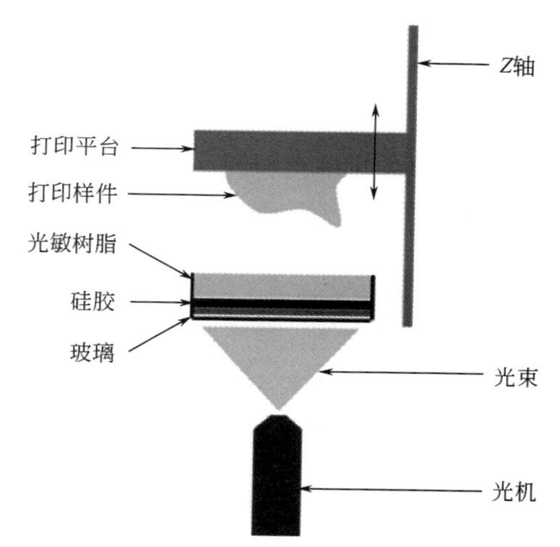

图 2-78　光固化 3D 打印工作原理示意图[189]

该研究对陶瓷浆料的黏度、沉降行为、粉体尺寸等参数进行了优化，并选择了可以使陶瓷颗粒更均匀分布的分散剂，研究发现树脂在整个厚度上固化的均匀程度可以影响打印坯体的烧结性能。光固化打印出的树脂陶瓷坯体 SEM 微观形貌如图 2-79 所示。

该项技术通过选用合适的陶瓷浆料黏结剂种类、粒度大小及颗粒表面积，使打印后的坯体获得了良好的烧结性能，再配合优化后的热处理方式，使最终结构件拥有了良好的多孔结构及力学性能。另外，打印出的阶梯效应可以增加涂层的附着效果。打印出样件如图 2-80 所示。这是汽车领域首次采用该种结构，使用光固化 3D 打印技术可使该结构零件的设计及生产更加高效，且打印出的构件在某个取向具有较佳的抗压强度。该研究在降低汽车尾气排放对空气的污染方面具有重要意义。

3D 打印以其无可比拟的优势在多个领域获得了广泛的应用，尤其是传统技术无法实现的复杂异形构件。3D 打印在成形过程中无需任何模具，使得制造周期大大缩短，同时由于光固化 3D 打印等方法精度高，可用于制备电子、生命科学等微型构件。然而，陶瓷的 3D 打印还面临一些问题和挑战，主要是相比于传统技术，其成本较高，由于 3D 打印是逐层成形技术，材料层间的性能与传统技术比还偏低。因此，陶瓷 3D 打印的大规模工业应用仍有许多工作要做。

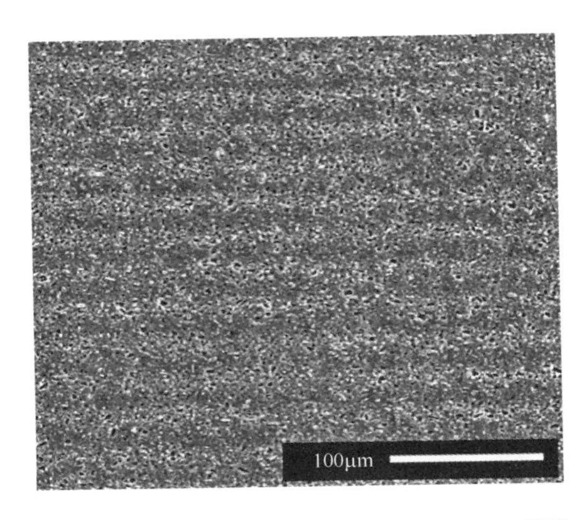

图 2-79 光固化 3D 打印陶瓷坯体 SEM 形貌[189]

图 2-80 光固化 3D 打印出的催化剂载体样件[189]

参考文献

[1] 仝建峰，陈大明.影响氧化铝水基料浆流变学特性的关键因素.硅酸盐学报，2007，10：50-53.
[2] 许海仙，丘泰，杨建，等.DMAA凝胶体系凝胶注模成形超细 ZrO_2 陶瓷.无机材料学报，2011，26：1105-1110.
[3] 肖春霞，杜雪娟，陈涵，等.PAA-PEO梳型共聚物对水基碳化硅浆料流变性能的影响.人工晶体学报，2009，s1：172-176.
[4] 张胜，徐艳松，孙珊珊，等.3D打印材料的研究及发展现状.中国塑料，2016，30（1）：7-14.
[5] Kaveh M，Badrossamay M，Foroozmehr E，et al. Optimization of the Printing Parameters Affecting Dimensional Accuracy and Internal Cavity for HIPS Material Used in Fused Deposition Modeling Process. Journal of Materials Processing Technology，2015，226：280-286.
[6] 曹世晴，孙莉，薛为岚，等.一种用于FDM型3D打印的改性PBH.功能高分子学报.2016，29（3）：75-79.
[7] 林鸿裕，夏新曙，杨松伟，等.ADR4370F对聚乳酸流变行为和力学性能的影响.中国塑料，2017，31（6）：54-58.
[8] 周运宏，夏新曙，杨松伟，等.PBS/PLA/滑石粉3D打印线材制备及熔融沉积成型工艺研究.中国塑料，2018，32（3）：85-91.
[9] 黄勇，向军辉，谢志鹏，杨金龙.陶瓷材料流延成型研究现状.硅酸盐通报.2001，5.
[10] 梁广川，刘文西，陈玉如.流延法制备YSZ电解质薄膜研究.陶瓷学报.2000，21（1）：31-36.
[11] 曹峻，张擎雪，庄汉锐.流延法制备AlN陶瓷基板的研究.无机材料学报，2001，16（2）：269-276.
[12] 史玉升，闫春泽，周燕，等.3D打印材料.武汉：华中科技大学出版社，2019.
[13] 吴甲民，陈安南，刘梦月，等.激光选区烧结用陶瓷材料的制备及其成型技术.中国材料进展，2017，36：575-582.
[14] 吴甲民，陈敬炎，陈安南，等.陶瓷零件增材制造技术及其在航空航天领域的潜在应用.航空制造技术，2017，529：40-49.
[15] Chen A N，Wu J M，Liu K，et al. High-performance ceramic parts with complex shape prepared by selective laser sintering：a review. Advances in Applied Ceramics，2018，117：100-117.
[16] 刘珊珊. Al_2O_3 空心球陶瓷的激光选区烧结制备及其性能研究.武汉：华中科技大学，2019.
[17] 陈敬炎.煤系高岭土多孔陶瓷的激光选区烧结制备及其性能研究.武汉：华中科技大学，2018.
[18] Chen A N，Gao F，Li M，et al. Mullite ceramic foams with controlled pore structures and low thermal conductivity prepared by SLS using core-shell structured polyamide12/FAHSs composites. Ceramics International，2019，45：15538-15546.
[19] http：//en. wikipedia. org/wiki/Selective _ laser _ sintering
[20] http：//www. 3dsystems. com/
[21] http：//www. eos. info/en
[22] Subramanian P K，Vail N K，Barlow J W，et al. Selective laser sintering of alumina with polymer binders. Rapid Prototyping Journal，1995，1：24-35.
[23] 史玉升，刘顺洪，曾大文，等.激光制造技术.北京：机械工业出版社，2011.
[24] 邓琦林，唐亚新.陶瓷粉体选择性激光烧结的后处理工艺分析.现代制造工程，1997，2：16-18.
[25] 王伟，王璞璇，郭艳玲.选择性激光烧结后处理工艺技术研究现状.森林工程，2014，30：101-104.
[26] Lee I. Densification of porous Al_2O_3-$Al_4B_2O_9$ ceramic composites fabricated by SLS process. Journal of Materials Science Letters，1999，18：1557-1561.

[27] Lee I. Development of monoclinic HBO_2 as an inorganic binder for SLS of alumina powder. Journal of Materials Science Letters，1998，17：1321-1324.

[28] Lee I. Influence of heat treatment upon SLS processed composites fabricated with alumina and monoclinic HBO_2. Journal of Materials Science Letters，2002，21：209-212.

[29] Lee I. Infiltration of alumina sol into SLS processed porous Al_2O_3-$Al_4B_2O_9$ ceramic composites. Journal of Materials Science Letters，2001，20：223-226.

[30] Liu K，Shi Y，Li C，et al. Indirect selective laser sintering of epoxy resin-Al_2O_3 ceramic powders combined with cold isostatic pressing. Ceramics International，2014，40：7099-7106.

[31] Chen F，Wu J M，Wu H Q，et al. Microstructure and mechanical properties of 3Y-TZP dental ceramics fabricated by selective laser sintering combined with cold isostatic pressing. International Journal of Lightweight Materials and Manufacture，2018，1：239-245.

[32] Shahzad K，Deckers J，Kruth J P，et al. Additive manufacturing of alumina parts by indirect selective laser sintering and post processing. Journal of Materials Processing Technology，2013，213：1484-1494.

[33] 魏青松，唐萍，吴甲民，等.激光选区烧结多孔堇青石陶瓷微观结构及性能.华中科技大学学报（自然科学版），2016，44：46-51.

[34] 陈敬炎，吴甲民，陈安南，等.基于激光选区烧结的煤系高岭土多孔陶瓷的制备及其性能.材料工程，2018，46：36-43.

[35] Chen A N，Chen J Y，Wu J M，et al. Porous mullite ceramics with enhanced mechanical properties prepared by SLS using MnO_2 and phenolic resin coated double-shell powders. Ceramics International，2019，45：21136-21143.

[36] Chen A N，Li M，Xu J，et al. High-porosity mullite ceramic foams prepared by selective laser sintering using fly ash hollow spheres as raw materials. Journal of the European Ceramic Society，2018，38：4553-4559.

[37] Chen A N，Li M，Wu J M，et al. Enhancement mechanism of mechanical performance of highly porous mullite ceramics with bimodal pore structures prepared by selective laser sintering. Journal of Alloys and Compounds，2019，776C：486-494.

[38] Liu S S，Li M，Wu J M，et al. Preparation of high-porosity Al_2O_3 ceramic foams via selective laser sintering of Al_2O_3 poly-hollow microspheres. Ceramics International，2020，46：4240-4247.

[39] 张艾丽，杨尚权，宋慧民，等.陶瓷材料3D打印技术探讨.佛山陶瓷，2017，7：19-22.

[40] 杨孟孟，罗旭东，谢志鹏，陶瓷3D打印技术综述.人工晶体学报，2017，46：183-186.

[41] 司云强，李宗安，茱莉娅，等.生物陶瓷3D打印技术研究进展.南京师范大学学报：工程技术版，2017，17：1-11.

[42] 陈双，吴甲民，史玉升.3D打印材料及其应用综述.物理，2018，47：715-724.

[43] 李伶，高勇，王重海，等.陶瓷部件3D打印技术的研究进展.硅酸盐通报，2016，35：2892-2897.

[44] 魏青松，史玉升.增材制造技术原理及应用.北京：科学出版社，2017.

[45] 黄淼俊，伍海东，伍尚华，等.陶瓷增材制造（3D打印）技术研究进展.现代技术陶瓷，2017，38：248-266.

[46] Schmidt J，Elsayed H，Bernardo E，et al. Digital light processing of wollastonite-diopside glass-ceramic complex structures. Journal of the European Ceramic Society，2018，38：4580-4584.

[47] Wu H D，Liu W，Wu S H，et al. Fabrication of dense zirconia-toughened alumina ceramics through a stereolithography-based additive manufacturing. Ceramics International，2017，43：968-972.

[48] Liu W，Wu H D，Wu S H，et al. Fabrication of fine-grained alumina ceramics by a novel process in-

tegrating stereolithography and liquid precursor infiltration processing. Ceramics International，2016，42：17736-17741.

［49］ Zhou W Z，Li D C，Wang H，et al. A novel aqueous ceramic suspension for ceramic stereolithography. Rapid Prototyping Journal，2010，16：29-35.

［50］ Eckel Zak C.，Zhou C.，Martin John H.，et al. Additive manufacturing of polymer-derived ceramics. Science，2016，351：58-62.

［51］ Zhang S，Sha N，Zhao Z，et al. Surface modification of α-Al_2O_3 with dicarboxylic acids for the preparation of UV-curable ceramic suspensions. Journal of the European Ceramic Society，2018，37：1607-1616.

［52］ Halloran J W. Ceramic Stereolithography：Additive Manufacturing for Ceramics by Photopolymerization. Annual Review of Materials Research，2016，46：19-40.

［53］ Griffith M L，Halloran J W. Freeform fabrication of ceramics via stereolithography. Journal of the American Ceramic Society，1996，79：2601-2608.

［54］ Li Y H，Chen Y，Wang M L，et al. The cure performance of modified ZrO_2 coated by paraffin via projection based stereolithography. Ceramics International，2019，45：4084-4088.

［55］ Huang R J，Jiang Q G，Wu S H，et al. Fabrication of complex shaped ceramic parts with surface-oxidized Si_3N_4 powder via digital light processing based stereolithography method. Ceramics International，2019，45：5158-5162.

［56］ 杨占尧，赵敬云. 增材制造与3D打印技术及应用. 北京：清华大学出版社，2017.

［57］ Chabok H，Zhou C，Chen Y，et al. Ultrasound transducer array fabrication based on additive manufacturing of piezocomposites［R］//ISFA 2012. 7119. USA，St. Louis：ASME/ISCIE 2012 International Symposium on Flexible Automation，2012.

［58］ Schwentenwein M，Homa J. Additive manufacturing of dense alumina ceramics. International Journal of Applied Ceramic Technology，2015，12（1）：1-7.

［59］ Zhou M P，Liu W，Wu S H，et al. Preparation of a defect-free alumina cutting tool via additive manufacturing based on stereolithography – Optimization of the drying and debinding processes. Ceramics International，2016，42：11598-11602.

［60］ Chen Z W，Li D C and Zhou W Z. Process parameters appraisal of fabricating ceramic parts based on stereolithography using the Taguchi method. Proceedings of the Institution of Mechanical Engineers，Part B：Journal of Engineering Manufacture，2012，226：1249-1258.

［61］ Wu H D，Liu W，Wu S H，et al. Fabrication of complex-shaped zirconia ceramic parts via a DLP- stereolithography-based 3D printing method. Ceramics International，2018，3：3412-3416.

［62］ Liu W，Wu H D，Wu S H，et al. 3D printing of dense structural ceramic micro-components with low cost：Tailoring the sintering kinetics and the microstructure evolution. Journal of the American Ceramic Society，2019，102：2257-2262.

［63］ Sachs E M，Cima M J，Cornie J. Three Dimensional Printing：Rapid Tooling and Prototypes Directly from a CAD Model. Journal of Engineering for Industry，1992，39：201-204.

［64］ 李晓燕，张曙. 三维打印成形粉体材料的试验研究//2005年中国机械工程学会年会论文集. 重庆：2005.

［65］ 张剑峰. Ni基金属粉体激光直接烧结成形及关键技术研究. 南京：南京航空航天大学，2002.

［66］ Xiang Q F，Evans J R G，Edirisinghe M J，et al. Solid free forming of ceramics using a drop-on-demand jet printer. Proceedings of the Institution of Mechanical Engineers，Part B：Journal of Engineering Manufacture，1997，211：211-214.

[67] 徐坦. 3D打印氧化锆陶瓷墨水的制备与性能研究. 武汉：华中科技大学，2016.

[68] 董满江，毛小建，张兆泉，等. 氧化锆水悬浮液的分散. 硅酸盐通报，2008，27：151-153.

[69] 徐静，王昕，谭训彦，等. 纳米 ZrO_2 粉体的分散机理研究. 山东大学学报（工学版），2003，33：46-49.

[70] 任俊，沈健，卢寿慈. 颗粒分散科学与技术. 北京：化学工业出版社，2005.

[71] Seerden K A M, Reis N, Evans J R G, et al. Ink-Jet printing of Wax-Based alumina suspensions. Journal of the American Ceramic Society, 2001, 84: 2514-2520.

[72] Derby B. Inkjet printing ceramics: From drops to solid. Journal of the European Ceramic Society, 2011, 31: 2543-2550.

[73] Dou R, Wang T M, Guo Y S, et al. Ink-Jet printing of zirconia: Coffee staining and line stability. Journal of the American Ceramic Society, 2011, 94: 3787-3792.

[74] Özkol E, Zhang W, Ebert J, et al. Potentials of the "Direct inkjet printing" method for manufacturing 3Y-TZP based dental restorations. Journal of the European Ceramic Society, 2012, 32: 2193-2201.

[75] Sun C N, Tian X Y, Wang L, et al. Effect of particle size gradation on the performance of glass-ceramic 3D printing process. Ceramics International, 2017, 43: 578-584.

[76] Spath S, Drescher P, Seitz H. Impact of particle size of ceramic granule blends on mechanical strength and porosity of 3D printed scaffolds. Materials, 2015, 8: 4720-4732.

[77] Azhari A, Toyserkani E, Villain C. Additive Manufacturing of Graphene-Hydroxyapatite Nanocomposite Structures. International Journal of Applied Ceramic Technology, 2015, 12: 8-17.

[78] Tarafder S, Davies N M, Bandyopadhyay A, et al. 3D printed tricalcium phosphate bone tissue engineering scaffolds: effect of SrO and MgO doping on in vivo osteogenesis in a rat distal femoral defect model. Biomaterials Science, 2013, 1: 1250-1259.

[79] Vlasea M, Toyserkani E, Pilliar R. Effect of Gray Scale Binder Levels on Additive Manufacturing of Porous Scaffolds with Heterogeneous Properties. International Journal of Applied Ceramic Technology, 2015, 12: 62-32.

[80] Wang Y E, Li X P, Wei Q H, et al. Study on the Mechanical Properties of Three-Dimensional Directly Binding Hydroxyapatite Powder. Cell Biochemistry and Biophysics, 2015, 72: 289-295.

[81] Gaytan S M, Cadena M A, Karim H, et al. Fabrication of barium titanate by binder jetting additive manufacturing technology. Ceramics International, 2015, 41: 6610-6619.

[82] Bergemann C, Cornelsen M, Quade A, et al. Continuous cellularization of calcium phosphate hybrid scaffolds induced by plasma polymer activation. Materials Science & Engineering C-Materials for Biological Applications, 2016, 59: 514-523.

[83] Li X M, Zhang L T, Yin X W. Effect of chemical vapor infiltration of Si_3N_4 on the mechanical and dielectric properties of porous Si_3N_4 ceramic fabricated by a technique combining 3-D printing and pressureless sintering. Scripta Materialia, 2012, 67: 380-383.

[84] Yoo J, Cima M J, Khanuja S, et al. Structure ceramic components by 3Dprinting. Solid Freedom Fabrication Proceedings, 1993, 94: 40-50.

[85] Melcher R, Travitzky N, Zollfrank C, et al. 3D printing of Al_2O_3/Cu-O interpenetrating phase composite. Journal of Materials Science, 2011, 46: 1203-1210.

[86] Nan B Y, Yin X W, Zhang L T, et al. Three-Dimensional Printing of Ti_3SiC_2-Based Ceramics. Journal of the American Ceramic Society, 2011, 94: 969-972.

[87] Ma Y Z, Yin X W, Fan X M, et al. Near-Net-Shape Fabrication of Ti_3SiC_2-based Ceramics by Three-

Dimensional Printing. International Journal of Applied Ceramic Technology，2015，12：71-80.
[88] Vlasea M，Shanjani Y，Bothe A，et al. A combined additive manufacturing and micro-syringe deposition technique for realization of bio-ceramic structures with micro-scale channels. International Journal of Advanced Manufacturing Technology，2013，68：2261-2269.
[89] Shishkovsky I，Yadroitsev I，Bertrand P，et al. Alumina-zirconium ceramics synthesis by selective laser sintering/melting. Applied Surface Science，2007，254：966-970.
[90] Spierings A B，Herres N，Levy G. Influence of the particle size distribution on surface quality and mechanical properties in AM steel parts. Rapid Prototyping Journal，2011，17：195-202.
[91] Gusarov A V，Smurov I. Modeling the interaction of laser radiation with powder bed at selective laser melting. Physics Procedia，2010，5：381-394.
[92] Kovaleva I，Kovalev O，Smurov I. Model of Heat and Mass Transfer in Random Packing Layer of Powder Particles in Selective Laser Melting. Physics Procedia，2014，56：400-410.
[93] Kloche F，Ader C. Direct laser sintering of ceramics. Solid Freeform Fabrication Symposium，Austin：2003，Aug：8-11.
[94] Wang X H，Fuh J Y H，Wong Y S，et al. Laser sintering of silica sand-mechanism and application to sand casting mould. The International Journal of Advanced Manufacturing Technology，2003，21：1015-1020.
[95] Tang H H，Yen H C. Ceramic parts fabricated by ceramic laser fusion. Materials Transactions，2004，45：2744-2751.
[96] Gu D，Shen Y. Balling phenomena in direct laser sintering of stainless steel powder：Metallurgical mechanisms and control methods. Materials & Design，2009，30：2903-2910.
[97] Bertrand P，Bayle F，Combe C，et al. Ceramic components manufacturing by selective laser sintering. Applied Surface Science，2007，254：989-992.
[98] Song B，Liu Q，Liao H. Microstructure study on selective laser melting yttria stabilized zirconia ceramic with near IR fiber laser. Rapid Prototyping Journal，2014，20：346-354.
[99] Liu Q，Danlos Y，Song B，et al. Effect of high-temperature preheating on the selective laser melting of yttria-stabilized zirconia ceramic. Journal of Materials Processing Technology，2015，222：61-74.
[100] Deckers J，Meyers S，Kruth J P，et al. Direct Selective Laser Sintering/Melting of High Density Alumina Powder Layers at Elevated Temperatures. Physics Procedia，2014，56：117-124.
[101] Hagedorn Y C，Jan W，Wilhelm M，et al. Net shaped high performance oxide ceramic parts by selective laser melting. Physics Procedia，2010，5：587-594.
[102] Wilkes J，Hagedorn Y C，Meiners W，et al. Additive manufacturing of ZrO_2-Al_2O_3 ceramic components by selective laser melting. Rapid Prototyping Journal，2013，19：51-57.
[103] Hagedorn Y C. Additive manufacturing of high performance oxide ceramics via selective laser melting. Fraunhofer-Institut für Lasertechnik-ILT，2013.
[104] Wilkes J I. Selektives Laserschmelzen zur generativen Herstellung von Bauteilen aus hochfester Oxidkeramik. Rwth Aachen，2009.
[105] Shishkovsky I，Yadroitsev I，Bertrand P，et al. Alumina-zirconium ceramics synthesis by selective laser sintering/melting. Applied Surface Science，2007，254：966-970.
[106] Zhao Z，Mapar M，Yeong W Y，et al. Initial Study of Selective Laser Melting of ZrO_2/Al_2O_3 Ceramic. Proceedings of the 1st International Conference on Progress in Additive Manufacturing，2014：251-255.
[107] Chen Q，Guillemot G，Gandin C A，et al. Finite element modeling of deposition of ceramic material during

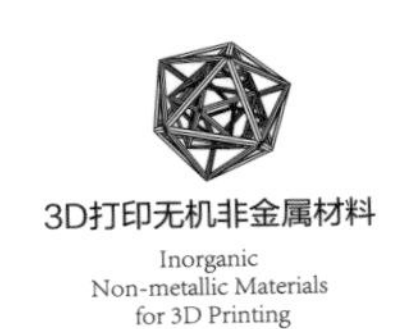

SLM additive manufacturing//MATEC Web of Conferences. EDP Sciences，2016，80：08001.

[108] Chen Q，Guillemot G，Gandin C A，et al. Three-dimensional finite element thermomechanical modeling of additive manufacturing by selective laser melting for ceramic materials. Additive Manufacturing，2017，16：124-137.

[109] Friedel T，Travitzky N，Niebling F，et al. Fabrication of polymer derived ceramic parts by selective laser curing. Journal of the European Ceramic Society，2005，25：193-197.

[110] Juste E，Petit F，Lardot V，et al. Shaping of ceramic parts by selective laser melting of powder bed. Journal of Materials Research，2014，29：2086-2094.

[111] Willert-Porada M A，Rosin A，Pontiller P，et al. Additive manufacturing of ceramic composites by laser assisted microwave plasma processing. LAMPP：Microwave Symposium（IMS），IEEE MTT-S International. Phoenix：2015，May 17-22.

[112] 华国然，黄因慧，赵剑锋，等. 纳米陶瓷粉末激光选择性烧结初探. 中国机械工程，2003，14：1766-1769.

[113] 沈理达，田宗军，黄因慧，等. 激光烧结 PSZ 纳米陶瓷团聚体粉末的试验研究. 应用激光，2007，27：365-370.

[114] Shen L D，Huang Y H，Tian Z J，et al. Direct fabrication of bulk nanostructured ceramic from nano-Al_2O_3 powders by selective laser sintering. Key Engineering Materials，2007，329：613-618.

[115] 张凯，刘婷婷，廖文和，等. 氧化铝陶瓷激光选区熔化成形实验. 中国激光，2016，43：120-126.

[116] Zhang K，Liu T，Liao W，et al. Influence of laser parameters on the surface morphology of slurry-based Al_2O_3 parts produced through selective laser melting. Rapid Prototyping Journal，2018，24：333-341.

[117] Zhang K，Liu T，Liao W，et al. Photodiode data collection and processing of molten pool of alumina parts produced through selective laser melting. Optik-International Journal for Light and Electron Optics，2018，156：487-497.

[118] 刘威. 氧化锆/氧化铝生物陶瓷激光选区熔化成形研究. 南京：南京理工大学，2015.

[119] 刘琦，郑航，唐康，等. 激光选区熔化 YSZ 陶瓷技术及内部缺陷研究. 电加工与模具，2016：35-40.

[120] Tang H H. Direct laser fusing to form ceramic parts. Rapid Prototyping Journal，2002，8：284-289.

[121] 王伟娜. 选择性激光熔覆氧化铝/氧化锆复合陶瓷的温度场数值模拟和实验研究. 第四军医大学，2015.

[122] 刘治. 选择性激光熔覆氧化铝/氧化锆共晶陶瓷材料的实验研究. 西安：第四军医大学，2015.

[123] Cesarano J. A review of robocasting technology. MRS Proceedings，1998，542：133-139.

[124] Grida I，Evans J R G. Extrusion freeforming of ceramics through fine nozzles. Journal of the European Ceramic Society，2003，23：629-635.

[125] Park S A，Lee S H，Kim W D. Fabrication of porous polycaprolactone/hydroxyapatite（PCL/HA）blend scaffolds using a 3D plotting system for bone tissue engineering. Bioprocess and Biosystems Engineering，2011，34：505-513.

[126] Kalita S J，Bose S，Hosick H L，et al. Development of controlled porosity polymer-ceramic composite scaffolds via fused deposition modeling. Materials Science & Engineering C，2003，23：611-620.

[127] Jafari M A，Han W，Mohammadi F，et al. A novel system for fused deposition of advanced multiple ceramics. Rapid Prototyping Journal，2000，6：161-175.

[128] Lewis J A，Gratson G M. Direct writing in three dimensions. Materialstoday，2004，7：32-39.

[129] Lewis J A，Smay J E，Stuecker J，et al. Direct ink writing of three-dimensional ceramic structures. Journal of the American Ceramic Society，2006，89：3599-3609.

[130] Lewis J A. Direct-write assembly of ceramics from colloidal inks. Current Opinion in Solid State and Materials Science，2002，6：245-250.

[131] Guo J J，Lewis J A. Aggregation effects on the compressive flow properties and drying behavior of colloidal silica suspensions. Journal of the American Ceramic Society，1999，82：2345-2358.

[132] Smay J E，Gratson G M，Shepherd R F，et al. Directed Colloidal Assembly of 3D Periodic Structures. Advanced Materials，2002，14：1279-1283.

[133] Stuecker J N，Cesarano J，Hirschfeld D A. Control of the viscous behavior of highly concentrated mullite suspensions for robocasting. Journal of Materials Processing Technology，2003，142：318-325.

[134] Smay J E，Cesarano J，Lewis J A. Colloidal inks for directed assembly of 3-D periodic structures. Langmuir，2002，18：5429-5437.

[135] Smay J E，Nadkarni S S，Xu J. Direct Writing of dielectric ceramics and base metal electrodes. International Journal of Applied Ceramic Technology，2007，4：47-52.

[136] Franco J，Hunger P，Launey M E，et al. Direct write assembly of calcium phosphate scaffolds using a water-based hydrogel. Acta Biomaterialia，2009，6：218-228.

[137] Miranda P，Pajares A，Saiz E，et al. Fracture modes under uniaxial compression in hydroxyapatite scaffolds fabricated by robocasting. Journal of Biomedical Materials Research Part A，2007，83A：646-655.

[138] Dellinger J G，Cesarano J，Jamison R D. Robotic deposition of model hydroxyapatite scaffolds with multiple architectures and multiscale porosity for bone tissue engineering. Journal of Biomedical Materials Research Part A，2007，82A：383-394.

[139] Muth J T，Dixon P G，Woish L，et al. Architected cellular ceramics with tailored stiffness via direct foam writing. Proceedings of the National Academy of Sciences of the United States of America，2017，114：1832-1237.

[140] Pierin G，Grotta C，Colombo P，et al. Direct Ink Writing of micrometric SiOC ceramic structures using a preceramic polymer. Journal of the European Ceramic Society，2016，36：1589-1594.

[141] 孙竞博，李勃，黄学光，等. 基于光敏浆料的直写精细无模三维成形. 无机材料学报，2009，24：1147-1150.

[142] Stansbury J W，Idacavage M J. 3D printing with polymers：Challenges among expanding options and opportunities. Dental Materials，2016，32：54-64.

[143] 王柏通. 3D打印喷头的温度分析及控制策略研究. 长沙：湖南师范大学，2014.

[144] McNulty T F，Shanefield D J，Danforth S C，et al. Dipersion of lead zirconnate titanate for fused deposition of ceramics. Journal of the American Ceramic Society，1999，82：1757-1760.

[145] Bandyopadhyay A，Panda R K，Janas V F，et al. Processing of piezocomposites by fused deposition technique. Journal of the American Ceramic Society，1996，80：1366-1372.

[146] Lous G M，Cornejo I A，McNulty T F，et al. Fabrication of ceramic/polymer composite transducer using fused deposition of ceramics. Journal of the American Ceramic Society，2000，83：124-128.

[147] Agrarwala M K，Bandyopadhyay A，van Weeren R，et al. FDC，Rapid Fabrication of Structural Components. American Ceramic Society Bulletin，1996，75：60-65.

[148] Bandyopadhyay A，Das K，Marusich J，et al. Application of fused deposition in controlled microstructure metal-ceramic composites. Rapid Prototyping Journal，2006，12：121-128.

[149] 刘骥远，吴懋亮，蔡杰，等. 技术参数对3D打印陶瓷零件质量的影响. 上海电力学院学报，2015，31：376-380.

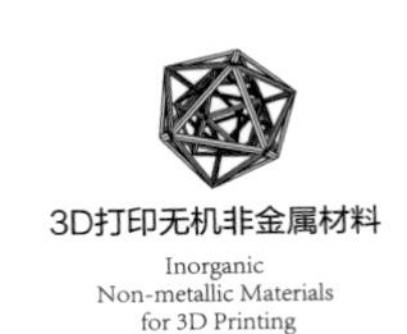

[150] Abdullah A M, Rahim T N A T, Mohamad D, et al. Mechanical and physical properties of highly ZrO_2/β-TCP filled polyamide 12 prepared via fused deposition modelling (FDM) 3D printer for potential craniofacial reconstruction application. Materials Letters, 2017, 189: 307-309.

[151] Isakov D V, Lei Q, Castles F, et al. 3D printed anisotropic dielectric composite with meta-material features. Materials & Design, 2016, 93: 423-430.

[152] 杨万莉，王秀峰，江红涛，等. 基于快速成形技术的陶瓷零件无模制造. 材料导报，2006，20: 92-95.

[153] 于冬梅. LOM（分层实体制造）快速成形设备研究与设计. 石家庄：河北科技大学，2011.

[154] 崔学民，欧阳世翕，余志勇，等. LOM 制造工艺在陶瓷领域的应用研究. 陶瓷，2002: 25-27.

[155] Griffin C, Daufenbach J, McMillin S. Desktop manufacturing: LOM vs. pressing. American Ceramic Society Bulletin, 1994, 73: 109-113.

[156] Griffin E A, Mumm D, Marshall D B. Rapid prototyping of functional ceramic composites. American Ceramic Society Bulletin, 1996, 75: 65-68.

[157] Klosterman D, Chartoff R, Graves G, et al. Interfacial characteristic of composites fabricated by laminated object manufacturing. Composites Part A: Applied Science and Manufacturing, 1998, 29: 1165-1174.

[158] Gomes C, Travitzky N, Greil P, et al. Laminated object manufacturing of LZSA glass-ceramics. Rapid Prototyping Journal, 2011, 17: 424-428.

[159] Gomes C M, Rambo C R, Novaes D O A P, et al. Colloidal processing of glass-ceramics for laminated object manufacturing. Journal of the American Ceramic Society, 2009, 92: 1186-1191.

[160] Zhang Y, He X, Han J, et al. Al_2O_3 ceramics preparation by LOM. The International Journal of Advanced Manufacturing Technology, 2001, 17: 531-534.

[161] Das A, Madras G, Dasgupta N, et al. Binder removal studies in ceramic thick shapes made by laminated object manufacturing. Journal of the European Ceramic Society, 2003, 23: 1013-1017.

[162] Bitterlich B, Heinrich J G. Processing, microstructure, and properties of laminated Silicon Nitride stacks. Journal of the American Ceramic Society, 2005, 88: 2713-2721.

[163] Liu S, Ye F, Liu L, et al. Feasibility of preparing of silicon nitride ceramics components by aqueous tape casting in combination with laminated object manufacturing. Materials & Design, 2015, 66: 331-335.

[164] Zhong H, Yao X, Zhu Y, et al. Preparation of SiC ceramics by laminated object manufacturing and pressureless sintering. Journal of Ceramic Science and Technology, 2015, 6: 133-140.

[165] Kristof Vrancken. Stratigraphic Manufactury by Unfold. http://www.dezeen.com/2012/10/17/stratigraphic-manufactury-3d-printing-by-unfold/.

[166] Olivier van Herpt. 3D-prints functional ceramic objects. http://www.dezeen.com/2014/08/22/olivier-van-herpt-3d-printed-functional-ceramic-objects/.

[167] Studio Under develops a large & fast ceramic 3D printer. http://www.3ders.org/articles/20140403-studio-under-develops-a-large-fast-ceramic-3d-printer.html.

[168] 3D and Rapid Prototyping Research. http://www.uwe.ac.uk/sca/research/cfpr/research/3D/index.html.

[169] 媲美青花瓷的 3D 打印珠宝——代尔夫特蓝. https://m.sohu.com/n/475486726/.

[170] 丁烈云，徐捷，覃亚伟. 建筑 3D 打印数字建造技术研究应用综述. 土木工程与管理学报，2015，32: s1-10.

[171] 全球首座 3D 打印办公楼开业 中国公司承建. http://finance.sina.com.cn/stock/usstock/c/2016-

05-24/doc-ifxsktkp9303075. shtml.

[172] 王功，刘亦飞，程天锦，等.空间增材制造技术的应用.空间科学学报，2016，36：571-576.

[173] 陶瓷喷墨印花技术全解析. http：//blog. sina. com. cn/s/blog _ 73fca62401014zi1. html.

[174] 美国空军花 290 万美金 3D 打印陶瓷模具生产已停产飞机发动机部件. http：//www. cnpowder. com. cn/news/44612. html.

[175] Lithoz 高精度陶瓷 3D 打印在航空和工业级燃气轮机叶片铸造型芯方面的应用. http：//www. sohu. com/a/278546248 _ 274912.

[176] 陶瓷 3D 打印的关键应用——陶瓷型芯. http：//www. 3dceram-cn. com/index. php/View/37. html.

[177] 韩霞.快速成形技术与应用.北京：机械工业出版社，2016.

[178] 李伶，高勇，王重海，等.陶瓷部件 3D 打印技术的研究进展.硅酸盐通报，2016，35：2892-2897.

[179] Yingying Wang，Ling Li，etal. Additive manufacturing of silica ceramics from aqueous acrylamide based suspension. Ceramics International，2019：21328-21332.

[180] 高精度陶瓷 3D 打印在医疗行业的多种应用. http：//www. 51shape. com/？ p=12679.

[181] 一张图和四类案例了解陶瓷 3D 打印技术的医疗应用. https：//www. medtecchina. com/en-us/newtechnologydetail/newsid/1385.

[182] Zhao S，Xiao W，Rahaman M N，et al. Robocasting of silicon nitride with controllable shape and architecture for biomedical applications. International Journal of Applied Ceramic Technology，2017，14：117-127.

[183] 王再义，李伶，邓斌，等.氮化硅人体植入材料研究进展.现代技术陶瓷，2019，40：135-149.

[184] 3D 打印陶瓷支架用于骨肿瘤治疗. http：//www. sohu. com/a/69047082 _ 255407.

[185] 3D 打印陶瓷微系统推进微流控芯片或人体器官芯片. http：//www. sohu. com/a/161749554 _ 274912.

[186] Halloran J W. Ceramic Stereolithography：Additive Manufacturing for Ceramics by Photopolymerization. Annual Review of Materials Research，2016，46：19-40.

[187] Chen Z，Song X，Lei L，et al. 3D printing of piezoelectric element for energy focusing and ultrasonic sensing. Nano Energy，2016，27：78-86.

[188] Kirihara S. Stereolithography of ceramic components：fabrication of photonic crystals with diamond structures for terahertz wave modulation. Journal of the Ceramic Society of Japan，2015，123：816-822.

[189] Santoliquido O，Bianchi G，Ortona A. Additive manufacturing of periodic ceramic substrates for automotive catalyst supports. International Journal of Applied Ceramic Technology，2017，14：1164-1173.

第3章
3D打印无机胶凝材料

胶凝材料是在物理、化学作用下，从具有可塑性的浆体变成坚固石状体，并能将其他物料胶结为整体并具有一定机械强度的物质。无机胶凝材料既包括硅酸盐水泥、铝酸盐水泥等各种水硬性胶凝材料，也包括石灰、石膏、镁质材料等气硬性胶凝材料。目前能用于 3D 打印的无机胶凝材料主要有水泥基材料、石膏材料等。以这两种无机胶凝材料为基础原材料开发的 3D 打印技术主要包括 3D 打印混凝土、3D 打印生物水泥和 3D 打印石膏等。

3.1 3D 打印混凝土

水泥基材料是目前用量最大的人造材料。以水泥基材料作为胶凝材料配制的混凝土在建筑工程、道路工程等工程领域广泛使用[1]。混凝土在很大程度上改善了人类的生存质量，优化了人们的生存环境。正是由于混凝土这种广泛使用的特性，混凝土的 3D 打印技术一经触动，就受到国内外专家学者及社会大众的广泛关注。

本章主要介绍了传统的水泥基材料及其硬化机制，适用于挤出式 3D 打印建筑技术的“油墨”的性能要求及传统混凝土材料的改性措施或改性方向，介绍了应用于 3D 打印建筑的三大 3D 打印方法——轮廓工艺、D 型工艺、3D 打印混凝土工艺及其相关原理，介绍了一系列 3D 打印机械和相应的优缺点，分析了 3D 打印技术在建筑行业中的优缺点并列出了一些应用实例。

3.1.1 水泥基材料及硬化机制

水泥基材料是配制混凝土的关键原材料。一般建筑工程当中使用的是通用硅酸盐水泥，指的是一类以硅酸盐水泥熟料和适量的石膏及规定的混合材料制成的水硬性胶凝材料。可按照混合材料的品种和掺入量不同将其分成不同的类型。

水泥材料（水泥基复合材料）是指以水泥水化、硬化后形成的硬化水泥浆体作为基体加入纤维、乳液等聚合物或者砂石、钢筋等物质混合而成的具有新性能的材料。按照加入材料的种类可将水泥基复合材料分为：混凝土、纤维增强水泥基复合材料及聚合物水泥基复合材料等。

混凝土是以水泥为基体，加入水、粗细骨料、钢筋、掺合料和外加剂等按适当比例拌和均匀，振捣成形，在一定条件下养护得到的复合材料。

混凝土材料具有众多的优点，使得其在各个领域都有广泛的应用[2]。

① 混凝土具有很好的抗水性。与木材和普通钢材不同，混凝土能经受水的作用而不会产生严重的劣化，是一种建造控水、蓄水和输水建筑结构的理想材料。

② 混凝土容易成形制得各种形状、大小的混凝土构件。这主要是因为新拌混凝土具有很好的可塑性和流动性，能使材料填充到预制好的模具当中。若干小时后，混凝土凝结硬化，就可以拆除并重新使用模具。

③ 混凝土中的主要组分砂石来源广泛，取材容易，价格低。

④ 混凝土与钢筋配合，可以获得良好的力学性能。这主要是因为混凝土的线膨胀系数和钢筋基本相同，且混凝土与钢筋之间的黏结力很好，所以可以保证两者的协同工作。

⑤ 混凝土抗压强度高，具有很好的稳定性、耐久性和抗火性。硬化后的混凝土抗压强度一般在20～40MPa，高强混凝土可达100MPa以上，因此非常适合用于建筑结构材料。混凝土一般只需要在浇筑初期进行适当养护，就可以实现日后几十年甚至上百年的使用。

⑥ 配制灵活，适应性好。通过改变混凝土组成材料的比例和品种，可以制得不同物理力学性能的混凝土，以满足不同工程的需要。

⑦ 混凝土中掺加工业废料作骨料或掺合料，不仅可以优化混凝土性能，还有利于环境保护。

混凝土虽然具有众多优点，但并非是毫无缺点。普通混凝土的密度一般在2400kg/m^{3}左右，自重大；混凝土在不加钢筋情况下，脆性很大，抗拉强度低。混凝土的这种缺点是其在3D打印技术中应用的限制之一；混凝土热导率大，保温隔热性能差。在普通水泥混凝土基材中添加不连续的短纤维，并使其均匀分散，就可以得到纤维增强水泥基复合材料。相比于普通混凝土，纤维增强水泥基复合材料中加入了韧性好、抗拉伸的短纤维，可以有效地改善普通水泥基复合材料的脆性和拉伸性能。目前纤维增强水泥基复合材料已成功应用于3D打印领域。

在普通混凝土中加入5%～25%水泥质量的聚合物，可以得到聚合物改性水泥基复合材料，它是一种有机、无机复合的材料。相较于普通混凝土，聚合物在混凝土中填补了水泥水化物和骨料之间的孔隙和微裂纹，使得混凝土的密实度提高，性能改善。

普通硅酸盐水泥是最常见的水泥品种，其组成熟料的矿物主要有：硅酸三钙（$3CaO \cdot SiO_2$，C_3S）、硅酸二钙（β-$2CaO \cdot SiO_2$，C_2S）、铝酸三钙（$3CaO \cdot Al_2O_3$，C_3A）和铁铝酸四钙（$4CaO \cdot Al_2O_3 \cdot Fe_2O_3$，$C_4AF$）[3]。这四种主要矿物在水化时有不同表现[4]。

硅酸三钙约占水泥熟料总量的36%～60%，一般称为阿利特（Alite）或A矿，是硅酸盐水泥熟料中最主要的矿物成分，其水化速度较快，影响水泥凝结，放热较多，强度最高，对水泥3～7天内的早期强度以及后期强度都起主要作用，其水化产物是硅酸钙水化物（C-S-H）和氢氧化钙（CH）。硅酸二钙约占水泥熟料总量的15%～37%，一般称为贝利特(Belite)，简称B矿。其水化较慢，水化热低，不影响水泥的凝结，早期强度低，但对水泥的后期强度起主要作用，其水化产物和硅酸三钙相同。铝酸三钙约占水泥熟料总量的7%～15%，遇水后反应极快，对水泥的凝结起主要作用，但水化产物强度低，主要对水泥的早期强度有所贡献，其水化产物是钙矾石（水化硫铝酸钙）。铁铝酸四钙约占水泥熟料的8%～13%，是从C_2F到C_6A_2F的连续固溶体，所以水化过程较为复杂，但由于石膏的存在，使得其水化进程与铝酸三钙较为相似，但其水化热更低。

硅酸盐水泥加水拌和后，其各熟料矿物会与水发生化学反应，生成各种水化产物，并引起水泥浆发生以下两方面的变化：一是水泥浆中起润滑作用的自由水逐渐减少；二是反应生成的水化产物在溶液中很快达到过饱和状态而不断析出，水泥颗粒表面的水化产物厚度逐渐增大，使得水泥浆中固体颗粒间的间距越来越小，进一步连接形成骨架结构。此时，水泥浆开始慢慢失去可塑性，达到初凝状态。

水泥中的铝酸三钙水化极快，会使水泥在很短时间内凝结，为了满足工程需要，人们在磨细熟料时掺入了适量的石膏（3%～5%）。水泥加入石膏后，石膏就会与水化的铝酸三钙反应生成针状的钙矾石。钙矾石难溶于水，可以沉淀到水泥颗粒表面，形成一层保护膜，阻碍铝酸三钙进一步水化，进而阻断水泥颗粒表面水化产物向外扩散连接，从而降低了水泥的水化速度，延长了水泥的初凝时间，保证了工程应用上的施工时间。

铝酸三钙在钙矾石保护膜中继续水化，体积不断膨胀，但由于石膏的补充所以无法以很快的速度进行。当掺入水泥的石膏被完全消耗时，若水泥颗粒表面的钙矾石保护层被胀破，铝酸三钙等矿物就可以再次快速水化，水泥颗粒逐渐相互靠拢，直至形成相互连接的骨架。随着水泥可塑性丢失，水泥浆体开始达到终凝状态。

硅酸盐水泥水化产物主要有水化硅酸钙、氢氧化钙、水化铝酸钙、水化铁酸钙和水化硫铝酸钙等。

水泥的“凝结”，指的是水泥浆随着水泥水化的进行，水泥浆结构中的孔隙不断被生成的水化产物填充和加固，逐渐失去可塑性的过程。水泥的“硬化”，指的是水泥凝结后，随着水泥水化的继续进行，水泥浆体机械强度逐渐提高，逐渐变成坚硬水泥石的过程。

水泥的水化过程十分缓慢，粒径较大的水泥颗粒很难完全水化。因此，硬化后的水泥石是由水化产物的晶体、胶体、未完全水化的水泥颗粒、游离水以及孔隙等组成的非均质体。

由于施工工艺发生改变，传统混凝土材料已不能满足3D打印要求。由于3D打印对材料性能的要求发生变化，就需要对传统混凝土的配比、原料及制备方法加以改进。

因为3D打印混凝土所用的水泥早期强度要高，凝结时间要短，所以需要对普通硅酸盐水泥进行改性，使其符合这些需求。如可通过调整水泥的矿物组成、熟料细度等加以改进，采用硫铝酸盐水泥或利用铝酸盐改性的硅酸盐水泥等快硬水泥，在混凝土中添加调凝剂或早强剂等外加剂。

3D打印建筑是通过喷嘴挤出混凝土实现的。因此混凝土骨料尺寸不能太大，骨料粒径过大会造成喷嘴堵塞。但粒径过小时，又不得不增加浆体含量，以包裹所有的骨料，这会导致水泥用量增加，水化热增高，混凝土收缩增加、成本提高。

3D打印所需混凝土的性能与传统建筑作业所要求的混凝土性能有很大区别，不能由传统的水胶比、砂率等来决定，所以需要新的配合比计算方法。3D打印混凝土要求骨料的粒径较小，形貌接近球形，以便打印过程中的输送和挤出，这就使得骨料级配需要重新调整。当下的有关混凝土理论、标准不能直接套搬到3D打印混凝土上。为了更好地评价3D打印混凝土的各项性能，使3D打印建筑真正做到实用化、产业化，成为工程上一种可选择的建造方法，就必须不断去完善3D打印建筑的相关理论。

外加剂是现代混凝土材料中不可或缺的成分之一，通过外加剂可以很方便地对混凝土进行改性[5,6]。3D打印混凝土要求材料拥有更好的流动性以方便输送和挤出，凝结时间短和早期强度高以保证打印过程中能够承受自身的重力及动载荷，不至于破坏打印混凝土的结构。使用外加剂可以使混凝土满足3D打印建筑对材料的特殊要求。例如聚缩型减水剂在较小的水灰比下可以保证材料的流动性，同时提高混凝土的强度；早强剂可以催化水泥的水化，提高混凝土早期抗压强度，满足3D打印支撑强度的要求；缓凝剂通过阻碍水泥的水化进程，可以保证混凝土在3D打印过程中保有一定的流动性。限于3D打印混凝土层与层之间天然的工艺问题，层间黏结性能需要综合材料配合比、外加剂、工艺改进等手段加以改善。混凝土是一种脆性材料，纤维增强水泥基复合材料可以有效地改善其力学性能，使其更加适合于3D打印[7]。根据Manuel Hambach的研究，使用61.5% Ⅰ型52.5 R硅酸盐水泥、21%硅灰、15%的水和2.5%的减水剂配制水泥浆，再分别加入玻璃纤维、碳纤维或玄武岩纤维进行3D打印，与不加纤维的对照组相比可以有效地增大样品的抗弯强度，且不同的纤维类型对结果有较大影响，其中碳纤维增强试样的抗弯强度达到30MPa[8]。

关于混凝土材料“能否打印”的评价指标目前还没有相关标准明确给出，国内外学者在相关领域已开展了大量研究[9~12]。研究表明通过混凝土材料的可打印时间、输送性和堆积性可以表征混凝土材料的可打印性能。在相同打印设备以及打印参数情况下，材料的输送性通过材料的输送效果来表征。若材料可以顺利通过管道进行输送并可经过喷头进行不间断挤出，可评价为输送性良好。在相同打印设备以及打印参数的情况下，材料的堆积性通过材料可堆积的层数进行评价，可堆积的层数越多，堆积性越好。可打印时间是材料保持良好输送性和一定堆积性的时间，通过材料从拌和完成到输送性或堆积性劣化的时间段，即保持能被顺利打印的时间段来表征。

3.1.2 混凝土3D打印工艺

混凝土3D打印技术的总体工艺流程是：首先利用CAD等三维设计软件设计混凝土建筑构件三维模型图，再利用分层切片软件对构件的三维模型图进行切片，最后把构件每层的二维切片信息传给打印机进行实体打印。

混凝土的3D打印主要有两种工艺：轮廓工艺和3D打印混凝土工艺，两种工艺都是基于混凝土分层喷挤叠加的3D打印方法[13,14]。除此之外，还有一种基于砂石粉末分层黏结叠加的建筑3D打印技术，称为D型工艺[15]。三种3D打印方法中，轮廓工艺应用最为广泛[16,17]。

(1) 轮廓工艺

轮廓工艺（contour crafting，CC）是一项通过电脑控制喷嘴按层挤出材料的建筑技术，是2001年美国南加州大学教授比洛克·霍什内维斯（Behrokh Khoshnevis）提出的。该技术通过三维挤出装置和带有抹刀的喷嘴实现混凝土分层堆积打印，主要包括外部轮廓和内部腔体两部分，通过挤压成形形成外部轮廓，再通过挤压浇筑或注入来填充内腔。图3-1给出了轮廓工艺的机械装置和其打印工艺流程。2004年，利用该技术已经可以打印出约长1.52m、高0.91m、厚0.15m的建筑构件。轮廓工艺打印出来的墙是空心的，其间布置桁架状构造（图3-2为轮廓工艺打印出的构件），这样不但大大减轻建筑本身的重量，而且可在空隙中填充保温材料，使其成为保温墙体。同时也预留了“梁”与“柱”浇筑的空间，便于各种基础设施，如管道和电气的布置。目前，该工艺可以做到 24h 内打印出大约 232m^2 的两层楼房。轮廓工艺是一种自动化的施工方法，利用轮廓工艺，可以实现节约资源、成本的快速生产。人类要在月球上长时间停留，就需要良好的辐射防护措施，这取决于在月球上建造庇护设施的可行性，并且最好能够利用月球自身的资源赶在人类登月之前完成。因此比洛克·霍什内维斯教授提出一种月球轮廓工艺系统的概念设计，可以利用基于月壤的高强混凝土在月球表面实现月球设施整体结构的自动化建造。

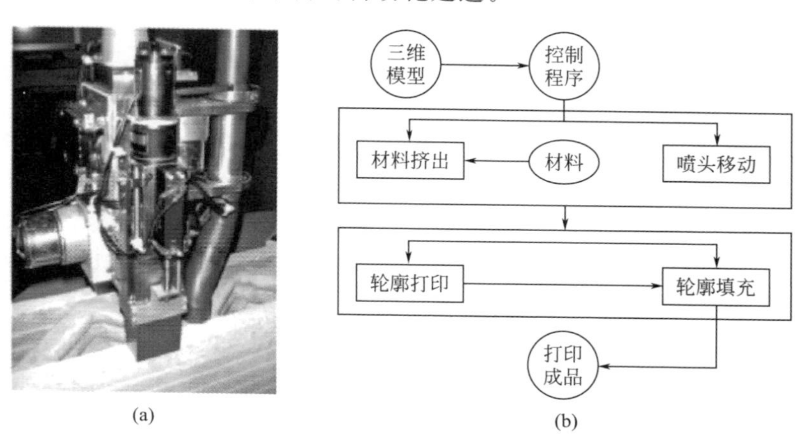

图 3-1　轮廓工艺

（a）轮廓工艺机械装置；（b）轮廓工艺 3D 打印流程图

图 3-2　轮廓工艺打印出的构件

轮廓工艺的两种打印方法。一种方法是利用一个大型龙门打印机进行每一层的打印工作建造整个房子（图 3-3 为轮廓工艺的两种施工方案），但这种方法需要提前准备好大面积的空地和研发一个超大型打印机。另一种方法是联合多个可移动打印机协同工作。采用小型移动打印机便于运输和组装，能够同步施工以及增减设备数量。墙体结构可以设计成不同的样式，以优化打印机的工作路径，打印出强度高、节能高效的空腔新墙体结构。

与传统的建造方式相比，轮廓工艺可以节约建造时间和成本。造价的高低与打印机消耗的时间成本和能源成本密切相关。总工程量可以通过已知的打印路径来计算。先把建筑分割成若干层，然后再把每一层转换为一个由边线和顶点组成的模块，这些模块组合在一起就构成了打印路径。打印路径可以根据程序进行优化，通过路径优化和打印机速度的提升进而可

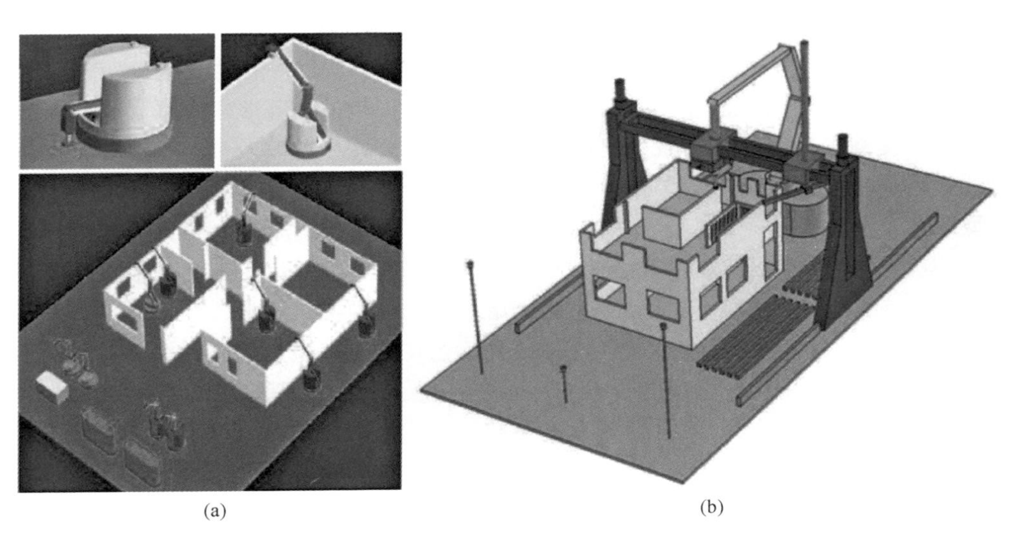

图 3-3　轮廓工艺施工方案
（a）移动打印机施工方案；（b）大型龙门打印机施工方案

以降低打印时间。针对不同环境和不同力学性能要求的墙体，采取有针对性的、不同的墙体形式可以节省更多时间，将打印机挤压喷头设置多元化可以提高效率，优化建造模式。

轮廓工艺的泥刀可以很好地规整、抹平打印轮廓表面，这就解决了打印过程中由于自重堆积造成的轮廓表面的粗糙现象。但轮廓工艺比较耗时，打印构件整体性欠佳，且打印构件大小受制于机械设备。

(2) 混凝土打印

2008 年，英国拉夫堡大学创新和建筑研究中心 Lim 等提出了如今被称为“混凝土打印”（concrete printing）的 3D 打印混凝土技术，该技术也是基于混凝土喷挤堆积成形原理，其工艺流程和机械装置如图 3-4 所示。混凝土打印技术具有较高的三维自由度，与同是挤出工艺的轮廓工艺相比，混凝土打印工艺拥有较小的堆积分辨率，便于更好地控制打印构件内、

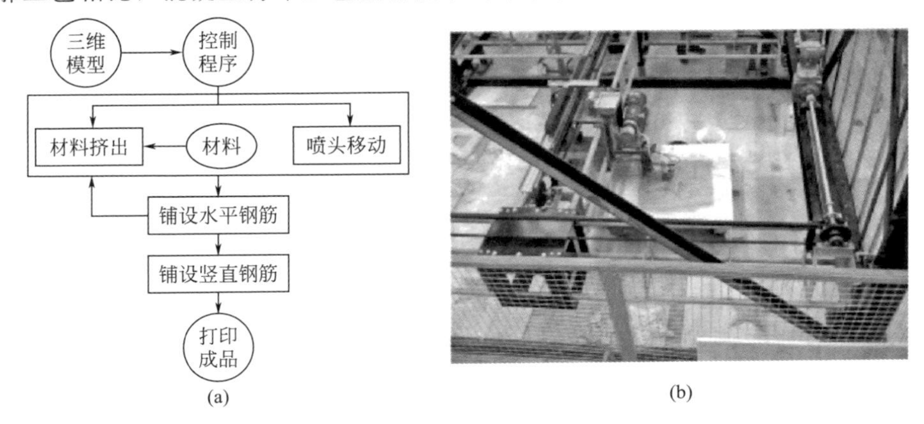

图 3-4　混凝土打印工艺
（a）工艺流程；（b）机械装置

外部形状。混凝土打印工艺打印出来构件的强度可以达到100～110MPa。并且研究人员研发出适合3D打印的聚丙烯纤维混凝土，在2009年成功打印出一个混凝土靠背椅，并对其进行了相关力学性能测试。混凝土打印技术通过植入横向钢筋网和竖向钢筋，保证了打印构件的整体性，提高了稳定性，并且其打印工艺较为简单，打印效率较高，但其打印的构件表面粗糙，且打印尺寸受到设备的限制。

(3) D型工艺

2004年，正在研究Z-Corp 3D打印机的恩里克·迪尼（Enrico Dini）教授根据计算机提供的图形文件，通过打印机喷墨打印头喷涂黏结剂选择性地黏结粉末。当一个小物体从粉末床上揭开时，恩里克·迪尼突然意识到这种制造工艺在建筑上应用的巨大潜力。经过改进和研究，在2010年，恩里克·迪尼教授发明出了世界上第一台以细骨料和胶凝材料为打印材料的建筑用数字打印机，并命名为D型工艺（D-shape）。图3-5为D型工艺的工艺流程图和机械装置。

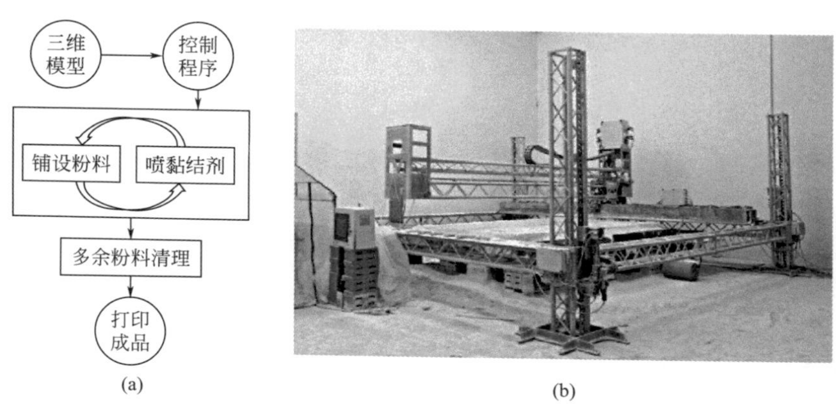

图3-5　D型工艺
(a) 工艺流程；(b) 机械装置

D型工艺打印机沿着龙门架式的轨道在x、y轴上往返移动，每打完一层沿z轴提升一个层的高度，直到整个构件建造完成。打印机喷头每层仅打印5～10mm的厚度，总体打印高度与机械有关，目前至少可以达到6m高。已有国外公司提供可以打印3m×3m～24m×24m尺寸的D型工艺打印机。打印机由计算机软件操控，打印机喷头有数百个喷嘴，喷射镁质黏结剂选择性地黏结沙子、砾石或再生骨料等颗粒状建筑材料，建造完成后得到的构件质地类似于大理石。虽然没有内置钢筋固化，却可以获得比混凝土强度更高的实体。

目前，这种打印机已经成功地打印出内曲线、分割体、导管和中空柱等建筑结构。不过，D型工艺打印机所用原料并不是传统意义上的水泥混凝土。为了满足该种3D打印技术的需要，传统混凝土的组分和搅拌方式均需改变。据恩里克·迪尼称，他已经在和诺曼·福斯特、阿尔塔空间公司等合作，希望能设计出一种可以使用月球土壤打印月球基地的打印机。

D型工艺是一种高精度的一体化成形方式，可以获得强度高、整体性好的构件，同时该工艺使用非水泥材料，有助于减低碳排放，因而更加绿色环保，并且与混凝土挤出式工艺相比材料无堵塞管道的问题。但是，D型工艺打印过程缓慢，构件尺寸依然摆脱不了机械的限制，且成本较高。

3.1.3 混凝土3D打印技术在建筑上的应用

3D打印技术在建筑上的应用具有很多显著的优势，例如，在异形结构建筑的建造方面、在设计与施工的协同方面、在建筑效率方面、在资源节约与生态环保等方面，与传统施工工艺相比，都具有明显的优势或更大的潜力[18]。但是3D打印建筑整个行业尚处于起步阶段，在材料、机械、标准等方面都还有很长的路要走。

前述的三种建筑上3D打印方法，相比于传统的作业方式，有一些共同的优势。与传统的制造方法相比，3D打印建造工艺有以下优势[19,20]：

① 更加绿色环保，有利于减少资源和能源消耗，有利于建筑垃圾的处理和废物再利用，有利于施工环境的改善。如果通过加工处理使建筑垃圾成为3D打印建筑的原材料，就可以实现建筑垃圾的资源化，将建筑垃圾重新用于建筑建造，实现对生态环境的保护和自然资源的节约。3D打印建筑可以充分利用计算机的自动化控制，设计打印的整体性，使建筑一次成形，从而减少建造过程中的资源损耗和能源消耗。传统的施工方式，会产生大量的粉尘、固体废弃物及噪声污染，会极大地影响当地的生态环境以及周围人员的生存环境。特别是对于现场的施工人员来说，工作环境十分恶劣。但使用3D打印技术，可以避免施工现场大规模的施工活动，因此可以降低施工过程中的噪声污染，以及减少粉尘和建筑垃圾的产生，有利于施工当地的环境保护。

② 有利于缩短工期，提升建筑质量，提高生产效率，缩短投资回收期，降低劳动强度与施工作业的危险性。3D打印建筑以信息化和机械化为技术手段，很大程度上降低了对劳动力的依赖，有利于降低劳动强度，改善工作环境，提高工作效率。例如，利用3D打印建造一堵墙与普通建造方法相比可以节约35%的时间。3D打印建筑具有降低碳排放、绿色无污染的特点。建筑施工是一项系统性的工程，建筑质量与系统中的每一个环节息息相关，其中任意一个环节的纰漏都可能导致最终建筑质量的劣化。然而在传统施工过程中，不可避免地会因工人技术不过关或建筑材料不合格等问题导致施工质量不过关，施工过程存在安全隐患。而使用3D打印技术，通过对建筑材料的分解和重组，可以获得物理属性更好的建筑材料，并且3D打印技术的机械化、自动化作业方式，也可以降低人为因素的影响。传统建筑作业，特别是高层建筑的施工，具有很大的危险性。3D打印技术提供了一种机械代替人力的施工方法，减少人力的投入，可以保障施工人员的人身安全。

③ 3D打印技术对于单一定制、异形艺术类建筑的建造具有得天独厚的优势。在社会经济高速发展的大背景下，人们对于个性化的追求越来越强烈。在建筑方面，人们显然也不再满足于传统实用性的要求，越来越倾向于追求在满足实用性基础之上的艺术性和个性化。同时，伴随着流线型艺术风格的兴起，传统建造方式显得余力不足。而运用3D打印技术可以轻松实现诸如流线型建筑结构的打印成形，降低了施工的难度，提升了施工的水平。正是由于3D打印技术能够简单地实现各种房型及装饰构件的打印。因此与传统建筑方法相比，3D

打印技术具有对各种特殊设计结构、空间结构、研发性产品、单一样品施工的明显技术优势。

虽然3D打印建筑技术拥有众多的优势，但是目前仍处于起步阶段，因而，尚存在许多问题待解决[21]。

(1) 三维模型设计软件开发尚不成熟

三维模型设计软件是3D打印建筑技术准备阶段的重点部分。在打印之前，需要先行设计建筑物的三维模型，然后再通过切片软件将三维模型分割成二维切片，最后再通过自动化程序使用3D打印机按照二维切片信息打印出建筑实物。开发适应于建筑打印并且与打印硬件相兼容的设计及切片软件是3D打印建筑技术的重点问题之一[22]。

(2) 打印机械的设计研发

3D打印机是限制3D打印在建筑行业发展的关键技术之一。3D打印建筑的尺寸很大程度上受制于3D打印机。如何设计以及改良3D打印机，以解决打印高层建筑物过程中的打印机爬升问题，是打印大型、高层建筑的关键。此外，如何根据不同的打印材料，配置材料输送系统、打印喷头的形式和数量，保证打印的精度、效率，这些都是3D打印技术在建筑行业中应用的问题。

(3) 3D打印建筑的材料问题

与传统建造中广泛使用的普通硅酸盐混凝土相比，3D打印建筑对材料性能的要求有所不同。它需要打印材料具有良好的强度刚度、保温隔热性能、黏结性、不间断性，较短的凝结硬化时间，较高的早期强度，较好的塑性以及与打印输送系统相适应的工作性能等。目前用于挤出式建筑3D打印机的材料多为掺加增强纤维的水泥基复合材料，但尚没有成熟的配合比计算公式，也没有测量3D打印材料工作性的相关仪器，如可以测量打印材料的可挤出性以及在输送管道中的流动性的仪器。

(4) 打印结构的配筋问题

使用3D打印建筑技术打印低层建筑时，可通过提高打印材料的自身强度以及采用合理的结构设计方式，确保结构无配筋条件下的结构安全。但若是打印高层建筑物，在结构中无配筋的情况下很难保证建筑物的安全性和稳定性。

(5) 标准规范缺乏问题

3D打印建筑技术所采用的建造方式与传统的土木工程建造方式有较大差异，现有的设计、施工及验收标准已不适用。目前，国内外尚无3D打印建筑的相关标准规范，不利于3D打印建筑技术的发展及推广应用。

建筑3D打印技术发展至今，已经出现很多案例与应用，所打印的建筑也表现出与众不同的特点。

[实例1] 高寒地带利用轮廓工艺打印可居住保温建筑[23]

一家俄罗斯公司Apis Cor成功地在24h内利用轮廓工艺3D打印了一座可居住的38m^{2}大小的建筑，并在建筑外墙中填充了用于保温的材料，使其能够抵抗-35℃的低温。图3-6为这家公司研发的3D打印机。

Apis Cor研发的适用于大型建筑的3D打印机，可打印高度不超过3.3m的建筑，平均

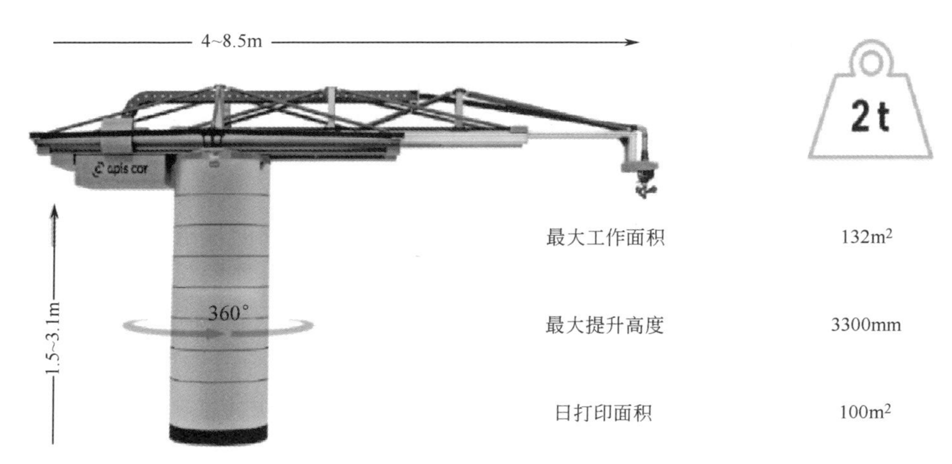

图 3-6 Apis Cor 公司研发的 3D 打印机

每日可打印 $100m^2$ 的建筑面积。该设备可以在－35℃低温下工作，但混凝土需要一定温度才能被挤出。研究小组通过搭建帐篷来提高建造时的温度，成功地解决了这个难题。

由于地处高寒地区，建筑的抗寒保温性能显得非常重要。研究人员在墙壁空腔中填充松散的绝缘材料及聚氨酯填料作为保温层，如图 3-7 所示工人正在添加保温材料。为了改善房子的力学性能，研究人员在墙壁中放置了增强玻璃纤维，并且对屋顶进行了特殊的设计以承受大雪的重量。

图 3-7 工人正在添加保温材料

该建筑造价为 10134 美元，包括建筑本身及门窗、家具、地暖等装修成本。房子占地面积为 $38m^2$，每平方米造价约 267 美元，如图 3-8 为打印好的房子外部和内部。

［实例 2］ 轮廓工艺打印全球最高的 3D 打印住房以及全球首栋 3D 打印别墅[24]

在 2015 年，盈创公司打印的当时全球最高 3D 打印建筑，是一栋 5 层高的住宅楼，地上五层地下一层，打破了 3D 打印技术不能打印高层的说法。该建筑主体采用框架式结构，严格按照配筋砌体的标准整体打印。为了便于施工和安装，先将建筑整体切分成不同构件，最后再进行组装，是完全装配式的建筑。该公司使用的 3D 打印材料，是利用回收的玻璃纤

图 3-8　建造好的房子的外部和内部

维、建筑固废加水泥混合而成的。图 3-9 为该公司研发的 3D 打印机，图 3-10 为该公司打印的全球最高 3D 打印住宅楼。

图 3-9　盈创公司研发的 3D 打印机

全球首个 3D 打印别墅，占地面积达到 1100m^2，其造价约为一百万元人民币。建造用的 3D 打印机，是高 6.6m、宽 10m、长 150m 的巨型机械，是世界上第一个能够连续工作的建筑用 3D 打印机，同时是当下最大的 3D 打印机。该公司 3D 打印机的庞大规模提高了其生产效率，甚至可以在生产过程中降低 30%～70%的能耗。图 3-11 为该公司打印的全球首栋别墅。

［实例 3］　大型石质构件 3D 打印[25,26]

由 Enrico Dini 和 Riccardo Dini 兄弟发明的 D 型工艺 3D 打印机 Desmanera，是一台巨大的 3D 打印机，其尺寸达到 6m×6m×6m。该打印机能够使用绿色无污染的黏结剂选择性

图 3-10　盈创公司打印的全球最高 3D 打印住宅楼

图 3-11　盈创公司打印的全球首栋别墅

地黏结石质颗粒“雕刻”出形状各异的石雕，制造大型的建筑构件、艺术品、各种零部件等。3D 打印容易打印曲面等形状复杂的构件，Desmanera“雕刻”石雕的速度要比单纯雕刻快四倍。Desmanera 系统不但能够打印出庞大的石质构件，而且它拥有的后处理程序可以对 3D 打印成品进行美化。通过 Marmo Liquido™ 技术，制作者可以为 3D 打印的石质成品加上各种表观效果，比如光滑的大理石表面，防水、防霉或带有发光材料的装饰面处理。如图 3-12 为 Desmanera 3D 打印机，图 3-13 为 D 型工艺打印出的一些成品。

［实例 4］　轮廓 3D 打印工艺一天建造房子[27]

2018 年 3 月，美国一家名为 Icon 的公司在 SXSW 音乐节上展示了一幢 3D 打印房子。该房子为单层，占地面积为 650ft^2（约 60m^2），只需不到一天的时间，就能用“油墨”打印出来。如图 3-14 为该公司打印好的住宅墙体及建造好的住宅。该住宅包括客厅、浴室、卧室和弧形门廊，由于屋顶支撑问题，屋顶没有使用 3D 打印。

该房屋的造价仅为 7200 英镑，并可在短时间内建成。如果能够量产，造价可降低至约 2900 英镑。该公司希望利用 3D 打印技术建房以最大限度地减少劳动力成本和建筑废料。

图 3-12　Desmanera 3D 打印机

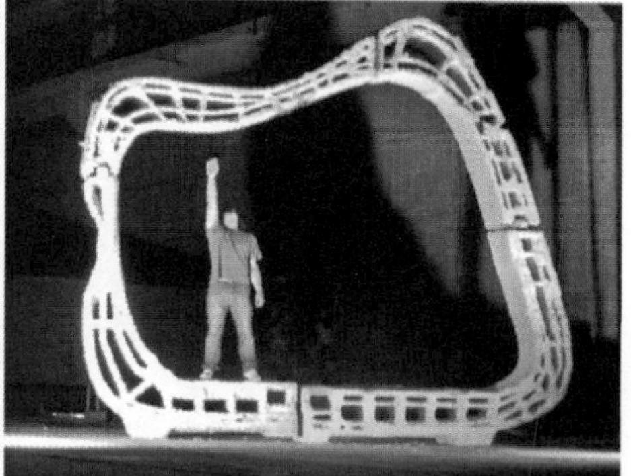

图 3-13　D 型工艺打印出的成品

(a)

(b)

图 3-14　Icon 公司打印的建筑

（a）打印好的住宅墙体；（b）3D 打印建造的住宅

目前这一房屋的量产还处于概念性阶段，但是它将来可用于解决人类住房危机。该公司已与投资国际住房的非营利组织 New Story 牵手，并计划在 18 个月内在萨尔瓦多建造约 100 套 3D 打印住房。Icon 公司用来打印住房的 Vulcan 打印机，可以打印出面积达到 $800ft^2$（$75m^2$）的建筑，与纽约或伦敦的一居室大小差不多。该公司表示，运用 3D 打印技术建造房屋甚至可以在不久的将来为在火星等行星上建造离岛殖民地提供选择。根据世界资源研究所罗斯可持续城市中心的研究，全球大约 12 亿人没有合适的居所。尽管现在这一房型的量产还处于概念阶段，但一旦 3D 打印建筑进入实用阶段，就将为解决全球住房问题做出重大贡献。

毫无疑问，以水泥基材料为胶凝材料的混凝土 3D 打印，由于与人们的生活密切相关并完全颠覆了传统房屋建筑的建造方式而广受关注。混凝土 3D 打印优势非常明显，特别在建造效率方面是传统建造方式所无法达到的。但是，混凝土 3D 打印也有局限性，除了建造成本外，其打印建筑的耐久性及服役寿命一直是关注的焦点。如何通过材料设计以及建筑结构设计等方式在充分利用 3D 技术优势的同时，保证建筑的安全性及长效使用是 3D 打印混凝土亟待开展的工作。

3.2 3D 打印生物水泥

随着老龄化社会的到来，生物材料的需求越来越大，应用也越来越广泛。生物材料（biomaterials）又称为生物医用材料，是一种用来与活体组织和器官结合，用以诊断、治疗或替换机体中的组织、器官或增强其功能的天然或人造的材料[28]，其作用是药物所不可替代的。大量的人工合成生物材料已被广泛研究并应用于临床，其中包括聚合物、金属（不锈钢、金属钛及其合金、金属镁及其合金）、生物陶瓷（类骨磷灰石等生物材料）、生物玻璃以及生物水泥材料等。生物活性水泥由于其良好的自凝固性和流动性，可直接注射填充到复杂的组织缺陷部位且具有生物活性而引起广泛关注。

3.2.1 生物医学领域的生物水泥

目前生物活性陶瓷作为骨充填材料已经在临床上大量应用。但由于这些材料都是高温烧结后的块状或颗粒状，不具有可塑性，医生在手术过程中无法按照病人骨缺损部位任意塑形，而且不能完全充填异形骨空穴；另一方面，人工关节的固定、不稳定性骨折的内固定等同样也需要生物水泥这种新的生物医用材料。生物水泥在发展过程中形成了两大体系：生物相容性较差的聚甲基丙烯酸甲酯和生物相容性良好的磷酸钙、硅酸钙等生物水泥。

(1) 聚甲基丙烯酸甲酯骨水泥

聚甲基丙烯酸甲酯（polymethylmetha-crylate，PMMA）骨水泥是最早用于骨修复的人工骨水泥材料。英国人 Charnley[29] 首先将 PMMA 骨水泥应用在固定矫形移植手术中。从此，PMMA 被广泛应用于骨修复手术中。1971 年经美国食品与药物管理局（FDA）批准至今，已成为骨修复手术中重要的材料。PMMA 具有易塑形、无细胞毒性、力学强度高等优点，但是也具有明显的缺点，如固化时强烈放热，局部温度可达到 80～110℃，易灼伤周围组织，导致周围活体组织细胞的死亡，且有毒单体的释放会影响细胞的生长，残留的 MMA 单体甚至对病人的生命构成威胁，且与人体骨结合不牢、易松动、寿命短，使其在临床应用上受到一些质疑。

(2) 磷酸钙生物骨水泥

20 世纪 80 年代，美国学者 Brown 和 Chow 发明了新型钙磷基自固化骨水泥修复材料[30]（calcium phosphate bone cements，CPC），考虑到人体的需要，可在磷酸钙粉末加入钠、镁、钾、碳酸盐、氟化物等添加剂。根据骨缺损部位任意塑形并在人体生理环境下自行固化，且固化后形成与人体骨组织的无机成分相似的羟基磷灰石（HA）或缺钙型羟基磷灰石（CDHA），已被广泛用于治疗骨质疏松、骨折、颌面缺损、畸形以及近期的椎体成形等临床案例。多年的临床研究发现，CPC 具有良好的生物相容性、生物活性和骨传导能力。

(3) 硫酸钙生物骨水泥

硫酸钙（calcium sulfate）在骨置换材料领域占有独特的地位，其作为骨置换替代材料使用于临床已有百余年历史，且硫酸钙具有良好的生物相容性，是一种耐受性良好的生物材料。目前骨科临床上使用较多的是一种高纯度的晶体结构为 $\alpha\text{-}CaSO_4 \cdot 1/2H_2O$ 的无机化合物。因此近 20 年来的临床研究基本都是基于 α-半水硫酸钙的基础上进行的[31]。如同磷酸钙、硅酸钙材料，硫酸钙生物活性材料也可以充当药物缓释剂。

(4) 硅酸钙生物骨水泥

硅酸钙（calcium silicate）作为波特兰水泥中重要组成而为人所熟知，但应用于生物材料领域仅有 20 年历史。研究表明，含 Si 元素的生物材料显示出优异的生物活性，并且可以与活骨和软组织结合，这是因为植入材料表面易形成羟基磷灰石层[32]。硅酸钙水泥因其良好的生物相容性、生物活性、边缘适应性以及密封性[33]，在骨骼和牙齿的修复及药物传输领域得到极大关注。

3.2.2 生物水泥的制备

3.2.2.1 磷酸钙粉体制备

磷酸钙主要是采用液相法来制备，常用方法有溶胶-凝胶法、沉淀法、水热合成法、固相合成法等[34]。

(1) 溶胶-凝胶法

溶胶-凝胶法（sol-gel）基本原理是将金属醇盐经水解后生成活性单体，使溶质聚合胶化，形成凝胶后干燥、煅烧以获得磷酸钙。如用四水硝酸钙［$Ca(NO_3)_2 \cdot 4H_2O$］和磷酸三甲酯［$(CH_3)_3PO_4$］为前驱体，按Ca与P摩尔比为一定比例配制溶液，使用柠檬酸为螯合剂，即可制备出相应的磷酸钙粉体。

(2) 沉淀法

沉淀法是在溶液中是按照一定的比例在碱性环境中将钙盐和磷酸盐混合制备羟基磷灰石胶状沉淀，再将沉淀进行洗涤干燥后煅烧，从而制得相应粉体。沉淀法制备磷酸钙可分为直接沉淀法、共沉淀法、快速均匀沉淀法、化学沉淀法、水解沉淀法等。

(3) 水热合成法

水热合成法将Ca与P摩尔比为一定比例的溶液置于特制的密闭反应容器中，在高温高压水热条件下溶解、重结晶、干燥，从而制得相应粉体。

(4) 固相合成法

固相合成法是将碳酸钙与磷酸或磷酸盐混合均匀，在高温下发生固相反应，生成磷酸钙。

此外，还有自燃烧法、超声合成法、微乳液法等。

3.2.2.2 硅酸钙粉体制备方法

硅酸钙骨水泥研究至今，常用制备方法主要是固态反应法、共沉淀法、sol-gel法、Pechini技术等四种。采取不同方法制备的硅酸钙骨水泥物化性能有所差别，具体如下：

(1) 固态反应法

该方法原料为CaO或$CaCO_3$和SiO_2，按一定摩尔配比，在高温下煅烧形成硅酸钙粉体。固相反应难以进行且需要较高煅烧温度，并且需要反复煅烧和长时间保温，且得到的产物不纯，因此具有一定的局限性。另外，为了使得到的硅酸钙能够稳定，需在反应过程中加入稳定剂。但是此法的煅烧温度比较高，而且得到纯硅酸钙还需要复杂的过程。因此有学者引入其他微量元素来促进反应加速进行，以改善硅酸钙骨水泥的力学性能和固化性能。

(2) 共沉淀法

该方法使用Na_2SiO_4、$CaCO_3$和$Ca(NO_3)_2 \cdot 4H_2O$，按一定的摩尔配比，高温煅烧制备出硅酸钙粉体，再与固化液调和成硅酸钙骨水泥。制备的硅酸三钙骨水泥的凝结时间明显比硅酸二钙骨水泥的短，且力学强度高。Zhao等[35]尝试在原料相同的情况下采用两步沉淀法，在1450℃煅烧能够得到纯相硅酸三钙（C_3S）粉体，其固化速度快，强度高。虽然共沉淀法有着独特的优点，但其合成的共沉淀物的粒径一般大于1000nm，热处理后的晶粒尺寸一般在微米级范围内。

(3) sol-gel法

原料为正硅酸乙酯（TEOS）和$Ca(NO_3)_2 \cdot 4H_2O$，按不同的化学计量配比，催化剂、溶剂和硝酸钙按顺序加入到搅拌的TEOS溶液中，经磁力搅拌器搅拌得到溶胶，再陈化干燥，得到的干凝胶经 800℃煅烧 2h 得到硅酸钙粉体[36]。sol-gel 法比固化反应法更容易进行，温度较低，体系中组分在纳米级范围内扩散。与共沉淀法相比，溶胶半径介于 1～1000nm 之间，且能够达到分子水平的均匀混合与掺杂。纳米级的硅酸钙粉体可以用 sol-gel 法在相对较低温度下制备出来，这对后期凝结时间和力学强度等方面有很大的影响。

(4) Pechini 技术

Pechini 技术为一种溶液聚合的方法，利用有机酸（如 $C_6H_7O_8$）来螯合金属离子形成多元酸螯合物，在多羟基乙醇溶剂作用下与柠檬酸溶液在加热过程中发生聚酯化反应，之后低温下煅烧获得纯度较高的氧化物粉体[37]。Pechini 技术的原理是溶液中的柠檬酸螯合大部分金属离子形成稳定的前驱体，之后在煅烧过程中发生分解反应。与固相反应法相比，此法可以合成纯度较高的氧化物，因为 Pechini 合成中的有机物有助于形成均匀的分散体系。Pechini 技术和 sol-gel 法均能合成粒径小、比表面积大的粉体，这有助于提高后期材料物化性能。

(5) 其他技术

水热合成法在低温条件下可制备硅酸钙粉体[38]，这种方法得到的硅酸钙活性高而且抗压强度高。简单的溶液燃烧法以柠檬酸作燃料，将得到的粉末再进行煅烧，获得硅酸钙粉体[39]。火焰喷射法可以一步反应制备出纳米级的超细硅酸钙粉体[40]。

3.2.3 生物水泥 3D 打印工艺

在生物医疗中，一种理想的骨组织再生支架是为了模拟健康骨组织的结构和生物功能，从化学成分、结构层次和性能等方面进行研究与制造。无机生物支架（如磷酸钙陶瓷、硅酸钙［CS］陶瓷、生物活性玻璃［BGs］等）与天然骨的无机成分相似，具有生物相容性、亲水性、生物活性、骨传导性、骨诱导性等特点，在骨组织再生中的应用受到越来越多的关注。此外，无机生物支架被设计成由宏观、微观和纳米结构组成的结构层次，如支架被分别设计成不同的宏观结构（如孔隙大小、孔隙率和互相连通），从而有利于细胞的扩散和营养物质、氧气和生长因子的输送以及废物的排出，有利于骨组织从周围持续生长到支架的内部。微纳米结构增加了支架的表面积和粗糙度，从而促进了成骨细胞与支架表面的黏附[41]。在骨组织工程中，支架在为细胞黏附和增殖提供三维环境中起着至关重要的作用。传统的制造方法，如气体发泡、冷冻干燥、纤维结合、微粒/盐浸出、乳化、相分离/转化等，这些很难控制气孔形状、结构、孔隙率或互相连通，因而不能明显和充分地促进细胞生长和组织再生。

为了克服传统制造方法的不足，使用计算机辅助设计（CAD）和计算机辅助制造（CAM）的 3D 打印技术已被用于设计和制造具有可控化学组成、形状设计和互连孔隙的支架等生物材料[42]。该技术是近年来在工程学、材料科学、计算机科学和细胞生物学等领域取得重要进步的革新成形技术[43]。基于该技术，也可以实现基于支架的组织、器官、微型组织和芯片上的器官模型等的制备[44]，并可为将来制造心脏、肝脏、肾脏等人体功能替代器官提供技术支持[45]。打印过程中，以空间控制的方式分配由细胞、支架和生物分子组成的“生物墨水”，而不是传统的组织工程组装方法。通过控制纳米、微观和宏观结构进行三维成形，从而更可靠地复制复杂的组织结构。

由于生物水泥的胶凝特性，其三维打印工艺主要有三种类型：材料挤出成形工艺（EFF）、喷墨打印成形工艺（IJP）[46] 和黏结剂喷射成形工艺（3DP）。

① 材料挤出成形工艺　与其他材料的3D打印一样，材料挤出成形工艺所用的材料为具有一定流动性和可塑性的膏体材料。该材料主要由生物水泥和外加剂等调和而成。该工艺主要使用挤出式3D打印机或者生物打印所用的微挤压打印机。打印机主要由一个物料处理打印头、一个分配系统和一个能够进行三维运动的工作台组成[47]。分配系统可以是气动的或机械的，气动挤压是使用压缩气体，而机械分配系统使用金属螺丝或活塞，通过喷嘴将物料推出工作台，机械分配系统对物料流动提供更精确的控制，挤出的材料是连续层状支柱。

② 喷墨打印成形工艺　该工艺也称为按需打印，通过不同机制将控制的浆料输送到基体的预定位置[48]。喷墨打印机利用热打印、压电打印，通过小孔制造和喷射生物材料的液滴，从而形成组织替代物。

该工艺所用材料为具有较低黏度的浆体材料或者“生物墨水”。生物墨水的开发是3D生物打印过程中最具挑战性的问题之一[49]。通常，墨水必须满足打印过程的生物、物理和机械要求。首先，从生物学角度来看，墨水应该是生物相容的，允许细胞黏附和增殖；在物理上墨水必须有足够低的黏度以满足打印头分配的要求；同时，要求提供足够的强度和刚度，以保持打印后墨水结构的完整性。生物墨水由悬浮在培养基或预凝胶溶液中的活细胞组成，通过光或热过程激活；不含活细胞的生物墨水通常用于形成支架，为后期的细胞培养和生长提供支持。除了形成支架外，这些材料还有助于培养细胞并使之功能化。生物水泥主要用于硬质生物材料的生物墨水的配制。除了磷酸钙、磷酸三钙（TCP）等生物水泥外，还包括细胞、聚乳酸（PLA）、聚乙醇酸（PGA）、聚己内酯（PCL）等。其中，磷酸钙与骨具有相似的化学性质、生物相容性和机械强度，为骨的构建和修复提供了巨大的潜力。骨组成的70%以上是磷酸钙矿物相，它的不同成分为骨移植及其周围环境的形成提供了有利条件。磷酸三钙是骨矿物质的主要成分之一，α/β-TCP结晶的多晶物提供了改善抗压强度和良好的骨传导性。羟基磷灰石是另一种形式的磷酸钙，可有效净化和分离蛋白质、酶、核酸、生长因子和骨骼周围的其他大分子[50]。在高于1300℃的温度下形成的磷酸四钙（TTCP）可用于自固化CaP骨水泥。双相磷酸钙（BCP）是羟基磷灰石和β-TCP的混合物，该材料用于整形外科和牙科领域，形成具有较高抗压强度和较好的骨导电性的微孔结构。PLA、PGA和PCL是最常见的用于骨固定和软骨修复的合成的可生物降解聚合物，因为它们具有优异的生物相容性、生物降解性和机械强度。这些合成聚合物加速了骨修复过程，没有任何炎症或异物反应的迹象。硬质生物材料的生物墨水主要用于构建强结缔组织（即骨）。然而，在形成生物墨水之前，需要优化粉体的填充密度、墨水的流动能力和润湿性以及液滴体积等相关参数[51]，此外，打印的生物材料应该具备对嵌入细胞的支持。

③ 黏结剂喷射成形工艺　该工艺所用材料为粉体材料，主要以生物水泥粉体为主，有时也包括一些粉末状功能性外加剂或辅助材料。该工艺能够成形精度相对较高的生物材料构件，但是要实现三维成形，需要大量的粉体材料，这对于生物材料制备来说难度很大。

3.2.4 生物水泥 3D 打印的应用

3.2.4.1 组织装配的生物打印

生物打印领域包含促进内源性自我修复到创建用于重建手术的仿生组织，组织组装的传统方法是用细胞浆料植入多孔的固体支架。3D 打印技术提供了生物制造生物结构的潜力，它具有规定的宏观（特定病人的整体形状）、微观（孔的大小和形状将影响细胞外基质的组成和排列）和纳米结构（优化细胞相互作用和生物分子附着），以便更近似地复制各向异性的自然组织，提供最佳细胞和细胞基质相互作用的三维微环境对细胞黏附、增殖和分化以及组织再生至关重要。与其他类型的组织装配相比，生物打印的潜在好处包括可重复性、定制（个性化治疗）、血管化、高分辨率制造、自动化和扩大生产的能力，这些特点为临床复制的成功提供了关键技术[52]。3D 打印生物水泥能为组织装配提供结构经过设计的并具有生物活性的固体支架。

3.2.4.2 骨组织工程

骨组织工程主要是研制骨替代物即组织工程骨来修复骨缺损，其基本原理是在体外构建支架材料-种子细胞-细胞因子的复合物，然后移植到骨缺损区，通过支架的降解和新骨的形成，以新生骨组织替代支架材料，从而修复缺损骨的形态和功能（图 3-15）[53,54]。3D 打印能够制备个性化的骨修复材料以及直接打印人工骨，在骨组织工程中的应用越来越广泛。

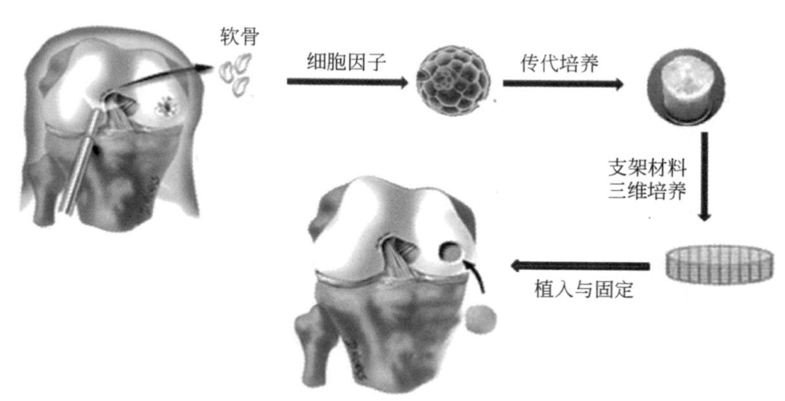

图 3-15 软骨细胞、细胞因子和支架材料三维培养修复软骨缺损[54]

理想的骨组织修复材料或再生支架应该模拟健康骨组织的结构和生物功能，从化学成分和层次结构及特性等方面进行设计。生物水泥材料（如磷酸钙、硅酸钙等）的化学组成与天然骨的无机成分相似，具有良好的生物相容性、生物活性、骨传导性与骨诱导性等特点，在骨组织再生中的应用受到越来越多的关注。可打印成形、良好的力学性能和优异的生物学特性决定了 3D 打印的生物水泥在骨组织再生中具有广阔的应用前景[55]。

3D打印生物水泥支架多种多样，其组成（包括粉体、黏结剂）以及打印参数如表3-1所示[56]。

表3-1　打印墨水的组成及打印参数

可打印墨水组成及打印参数		
粉体	黏结剂	打印参数
HA+PLGA	1,4-二噁烷	压力110kPa,速度18mm/s
聚己酸内酯+羟基磷灰石+碳纳米管	CH_2Cl_2	针径0.45mm
磷酸三钙+1%SrO+1%MgO	聚酰胺	相互连通的孔隙大小:500μm、750μm和1000μm
HA(羟基磷灰石)和β-TCP	磷酸黏结剂	层厚度0.10mm,喷胶量0.30L/m^2
硅酸三钙(Ca_3SiO_5,C_3S)	羟丙基甲基纤维素	压力200～400kPa,速度10mm/s
磷灰石-硅灰石玻璃陶瓷+羟基磷灰石	糊精	粉层厚度0.1mm
$Sr_5(PO_4)_2SiO_4$	F127	压力300～500kPa,速度6mm/s
锰掺杂磷酸三钙(TCP)+海藻酸钠	F127	速度6mm/s,压力1.5～2.5bar
$Ca_7Si_2P_2O_{16}$+海藻酸钠	F127	壳/芯喷嘴:G16/21、16/22、16/23、18/25、20/27
$Ca_2MgSi_2O_7$+海藻酸钠	F127	支柱直径1.5mm,孔道直径400～600μm

(1) 羟基磷灰石生物支架

羟基磷灰石［$Ca_{10}(PO_4)_6(OH)_2$，HA］是一种广泛用于临床骨缺损修复的磷酸钙生物水泥材料，其化学成分与骨的主要无机组分相似，从而对成骨细胞的黏附和增殖产生积极影响，但传统方法难以制作个性化定制的形状复杂的人工骨植入体。作为个性化设计与3D打印成形的组织替代物具有促进和增强缺损组织再生的能力。Leukers等根据医学成像数据制备3D打印的HA支架，多孔支架内部拥有能促进细胞增殖的45°倾斜面的复杂结构，500lm的孔径可容易诱导小鼠MC3T3-E1细胞沿HA颗粒之间的孔隙增殖，研究表明HA支架具有促进骨再生的潜力（图3-16）[57,58]。

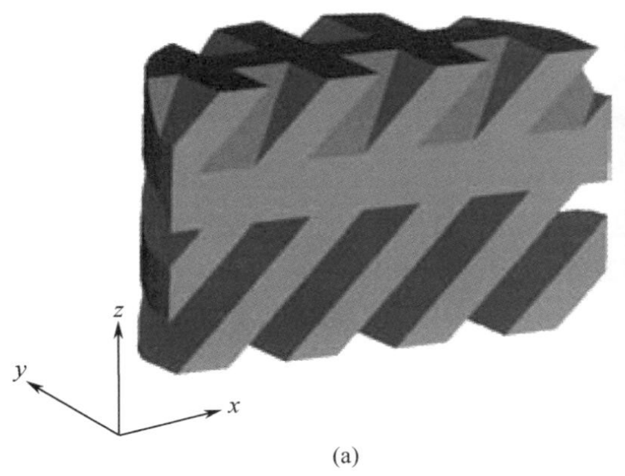

(a)

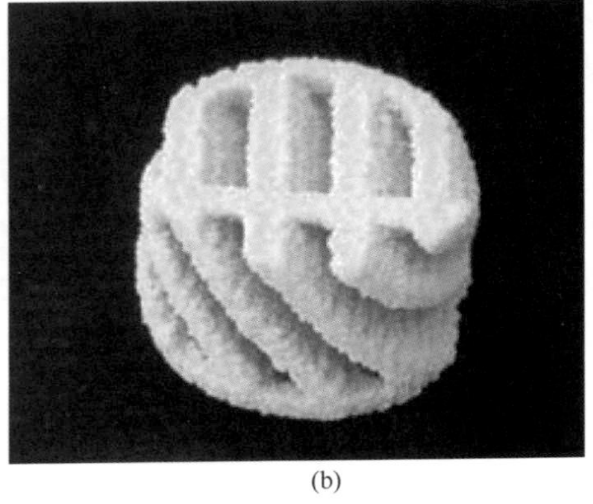
(b)

图3-16　设计用于组织学评估的测试结构，图像显示了CAD模型的垂直截面（a）和烧结后的三维打印支架（b）[57]

3D 打印可以设计具有特定表面结构和电荷的生物材料，以改善生物环境中材料的行为。为了实现诱导骨再生的电导率，通过 3D 打印制备了三相（将纳米 HA、碳纳米管混合在聚己内酯的聚合物基质中）复合支架，并证实碳纳米管的含量越高，细胞黏附和细胞扩散越好。Goncalves 等证实碳纳米管的存在改变了表面电荷，直接改善了蛋白质吸附，从而促进细胞附着[59]。虽然许多研究试图克服 HA 复合材料的弱点，但迄今为止 HA 复合材料的降解速率和力学性能仍未达到骨再生的要求[56]。

(2) 磷酸三钙生物支架

磷酸钙（tricalcium phosphate，TCP）也是 3D 打印骨支架最常用的材料之一，利用三维打印技术，可以将 TCP 支架打印成具有可控的微、纳米孔结构和个性化定制的大孔结构，这些多孔结构可以通过诱导成骨细胞与生长因子的相互作用以及 MSCs 向成骨细胞的分化而触发成骨过程[60]。

Castilho 等使用 3D 粉末打印技术将 TCP 支架打印成复杂形状，且尺寸精度＞96.5%、最小大孔尺寸为 300μm，通过调整 TCP 含量的比例，支架材料的抗压强度显著提高到 1.81MPa。此外，体外研究表明这些支架具有理想的细胞相容性，提高了细胞增殖能力和细胞活力[61]。另外，TCP 支架的药物输送潜力受到了广泛关注，TCP 支架作为药物载体表现出优异的药物释放性能和促进成骨细胞增殖作用。Yuan 等[62] 利用 3D 打印技术构建了一种抗结核药物载药的 TCP 支架，发现支架具有合理的抗压强度和高多孔性结构，这种新型载药支架允许持续释放抗结核药物以及大鼠骨髓间充质干细胞的迁移和存活，从而使骨再生和修复获得成功。

(3) 双相磷酸钙生物支架

尽管 TCP 有良好的生物降解性能，但单相的 TCP 支架的力学性能较差且其降解不可控制，从而限制了它在骨缺损修复方面的临床应用。具有良好生物相容性、生物活性和骨传导性的双相磷酸钙（BCP）在骨组织再生中具有重要作用，与单相的 HA 或 β-TCP 材料相比，BCP 材料具有可控的降解速率、更好的生物相容性和理想的骨再生能力。Zhao 等[63] 通过 3D 打印制备了不同孔隙率的 BCP 无机支架，结果表明 HA 含量为 40%、孔隙率在 50%的 BCP 复合无机支架表现出最佳的细胞增殖，而 HA 含量为 60%、孔隙率在 30%的 BCP 复合支架表现出最佳成骨分化。

(4) 硅酸钙生物支架

硅酸钙骨水泥（calcium silicate cements，CSCs）具有促进成骨细胞、成纤维细胞、牙髓细胞和许多干细胞分化的能力，当它浸泡在生理液体中可以诱导磷酸钙/磷灰石的形成，硅酸钙的这些特性已实现了一系列创新性的临床应用，如根端充填、牙髓盖和支架、牙髓再生、根管封闭等。为了获得具有可控多孔结构和优良力学性能的高度均一的硅酸钙支架，Wu 等[64] 利用 3D 打印技术制造了硅酸钙支架，研究结果表明硅酸钙支架具有相对简单的制造工艺、抗压强度高（约为传统聚氨酯模板硅酸钙支架强度的 120 倍），在人体模拟体液（simulated body fluid，SBF）中拥有良好的磷灰石矿化能力和较高的骨缺损愈合能力，3D 打印的硅酸钙支架具有令人关注的骨组织再生潜力。硅酸三钙（Ca_3SiO_5，C_3S）是生物活性硅酸盐陶瓷之一，它具有水硬性特点且在水化环境中自发固化凝结。Yang 等[65] 利用 3D

打印技术制备了一种具有可控的三维结构的 C_3S 支架，成功地将两种药物负载于支架并显示出可控的释药曲线，与纯 C_3S 骨水泥支架相比，3D 打印 C_3S 支架因具有纳米结构的表面，从而进一步促进了骨组织的再生。

生物水泥 3D 打印技术仍处于初级阶段，目前大多数研究仅限于体外概念验证，市场上还没有广泛使用的 3D 打印的无机生物医用材料，在技术和生物学方面，仍有许多挑战有待解决。只有通过结合工程、生物材料科学、细胞生物学和重建显微外科领域的技术，才能实现 3D 生物打印技术的临床化。但是，由于生物水泥的胶凝性、生物相容性以及可降解性，使得 3D 打印技术在可定制化的生物医疗制品的制备方面具有难以替代的作用，必将是未来无机材料 3D 打印技术重点发展和应用的领域。

3.3 3D 打印石膏

石膏（$CaSO_4 \cdot nH_2O$）是一种气硬性硫酸盐矿物，具有胶凝性，和水泥、石灰是传统的三大胶凝材料。石膏在自然界中大量存在，仅我国天然石膏储量就达 600 亿吨以上[66]。另外，每年还有上亿吨的工业副产石膏（磷石膏、脱硫石膏等）产生，并在很多领域逐渐替代天然石膏。由于石膏材料能够快速硬化，其制品具有透气、轻质、保温、隔声、环保及色泽洁白等特点，公元前 9000 年就开始在建筑和艺术等领域得到应用，并且在医疗方面也有着久远的使用历史。

石膏材料也是较早在 3D 打印领域得到应用的无机材料。早在 2005 年 Z Corp 公司推出世界第一台基于石膏材料的彩色 3D 打印机 Spectrum Z510 之前，石膏已经是黏结剂喷射 3D 打印工艺（3DP）中一种重要的打印材料，并在很长一段时间是唯一能够实现全彩 3D 打印的材料。虽然近几年，出现了聚合物喷射成形 3D 打印工艺（polyjet），能够实现聚合物材料彩色打印，但是石膏作为目前唯一能实现全彩打印的无机材料，在综合性能和打印成本等方面的优势，使其在文创、设计、医疗等领域依然具有极大的应用潜力。

3.3.1 石膏材料及硬化机制

石膏材料的主要化学成分是硫酸钙（$CaSO_4$），包括二水石膏（$CaSO_4 \cdot 2H_2O$）、α 型和 β 型半水石膏（$\alpha\text{-}CaSO_4 \cdot 0.5H_2O$、$\beta\text{-}CaSO_4 \cdot 0.5H_2O$）和 α 型和 β 型硬石膏Ⅲ（$\alpha\text{-}CaSO_4$Ⅲ、$\beta\text{-}CaSO_4$Ⅲ）、硬石膏Ⅱ（$CaSO_4$Ⅱ）、硬石膏Ⅰ（$CaSO_4$Ⅰ）等五个晶相、七个

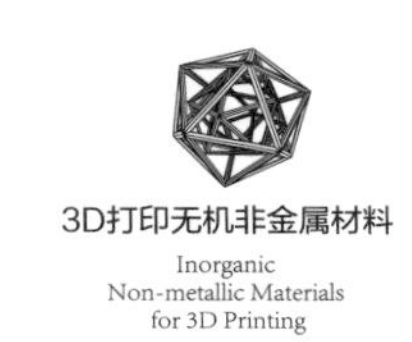

变体。其中，半水石膏和硬石膏具有水化和气硬特性。特定条件下，石膏各相之间会发生转化（如图 3-17）。

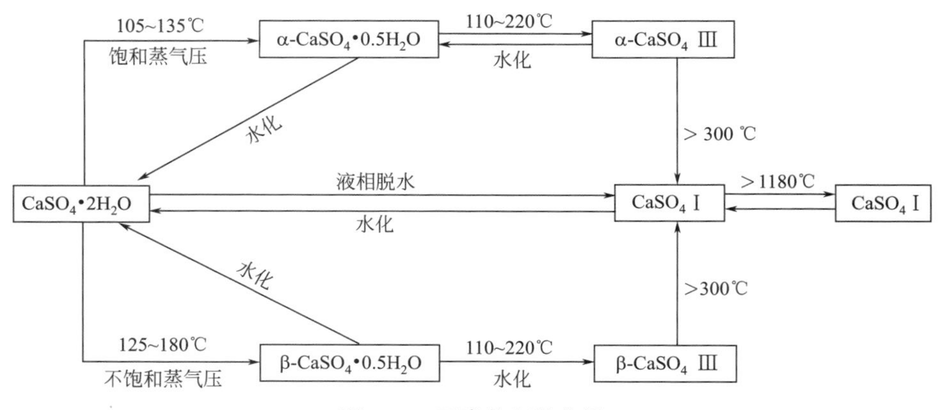

图 3-17　石膏物相转化图

一般地，由于硬石膏的水化速率非常缓慢，实际应用过程中，更多地为二水石膏和半水石膏之间相互转化。这二者之间的转化关系即二水石膏脱水制备半水石膏，半水石膏水化反应生成二水石膏，是包括石膏 3D 打印在内的石膏工业的理论基础。理论上，石膏的所有相都可以用于 3DP 工艺。但是，基于打印制品强度等因素，水化速率快并且可控的半水石膏更加适合 3D 打印的工艺应用。

3.3.1.1　半水石膏制备

半水石膏是制备石膏制品的基础原材料，其特性决定着石膏制品的品质。半水石膏的制备是石膏工业的重要工艺过程。

如图 3-18，半水石膏有 α-半水石膏和 β-半水石膏两个晶相，它们的制备机制和工艺有明显区别。其中，β-半水石膏是二水石膏在开放环境下通过高温煅烧脱水获得，颗粒形貌为不定形态，标准稠度用水量（一定质量半水石膏获得标准流动性所需要的加水量）一般超过 50%，甚至达到 70%以上。制备的石膏制品孔隙率很大（一般超过 30%），导致力学性能很低（一般 2h 干抗压强度为 10.0MPa 以下）。β-半水石膏是建筑及建材行业最常见的石膏粉体材料，多用于石膏板、石膏砌块和石膏砂浆的制备，俗称建筑石膏。

与 β-半水石膏制备方式不同，α-半水石膏是在饱和蒸气压的环境下通过结晶生成的，石膏可以生长成规则形貌，比表面积小，流动性很好。因此，它的标准稠度用水量只有 30%左右，制品强度很高，一般 40.0MPa 左右（2h 干抗压强度），最高可以达到 100.0MPa 以上（目前，最常用水泥的 28 天抗压强度为 32.5MPa，标准规定最高标号水泥抗压强度为 62.5MPa），所以又被称为高强石膏。高强 α-半水石膏的用途很广。2h 干抗压强度在 25.0～40.0MPa 的高强石膏粉主要用于陶瓷模具和高档建材产品生产，干抗压强度在 60.0MPa 以上的高强石膏主要用于齿科、精密铸造等行业制造特殊模具[67]。

目前，α-半水石膏主要有蒸压法和水溶液法（包括水热法和盐溶液法）两种基本制备工艺，其主要原理是在饱和水蒸气或者溶液的环境中，通过溶解-结晶机制，二水石膏转变成α-半水石膏。转变过程是一个脱水反应，见式（3-1）。

$$CaSO_4 \cdot 2H_2O \xrightarrow{\text{脱水}} (\alpha、\beta)CaSO_4 \cdot 0.5H_2O + 1.5H_2O \tag{3-1}$$

如图 3-18，不同温度下，二水石膏、半水石膏和无水石膏的溶解度不同，并且随着温度升高有快速降低的趋势。在某一温度下，溶解度越低的相，其热力学越稳定，溶解度高的相为不稳定相或者介稳相。由于水溶液中无水石膏的转化非常慢，因此，一般条件下，主要为半水石膏和二水石膏之间进行转化。

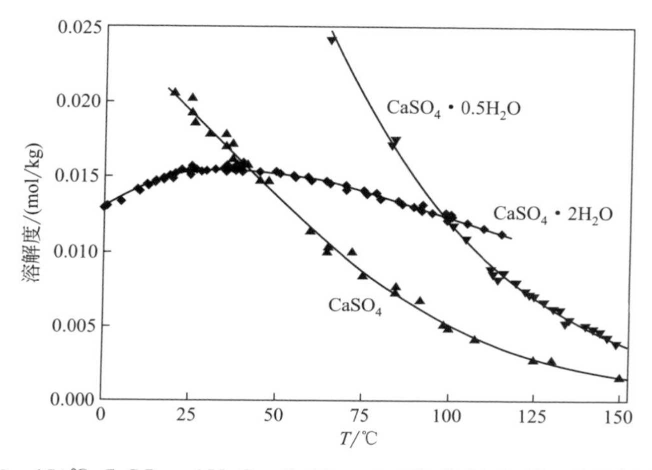

图 3-18　0～150℃ $CaSO_4 \cdot 2H_2O$、$CaSO_4 \cdot 0.5H_2O$ 和 $CaSO_4$ 的溶解度曲线[68]

半水石膏和二水石膏的溶解度曲线相交点在（100±4）℃之间。当温度高于该相交点，二水石膏为热力学非稳态，半水石膏为介稳态，二水石膏有向半水石膏转化的趋势。当温度低于相交点，则半水石膏为非稳定相，有生成二水石膏的趋势。整个石膏工业生产基本都是围绕二水石膏与半水石膏之间的这种转化开展的。

当温度高于溶解度曲线交点并继续升高时，半水石膏溶解度降低速率较二水石膏溶解度降低速率大得多，二水石膏与半水石膏会形成溶解度差，半水石膏为介稳相，溶液中 Ca^{2+} 和 SO_4^{2-} 浓度高于半水石膏溶解度，形成过饱和。当过饱和度达到半水石膏成核所需临界过饱和度时，溶液中开始形成半水石膏晶核并不断生长。半水石膏晶核生成及生长能够消耗溶液中大量的 Ca^{2+} 和 SO_4^{2-}，使得离子浓度小于二水石膏的溶解度，溶液中的二水石膏继续溶解以保持较高过饱和度，获得半水石膏晶体成核和生长的持续动力，直到二水石膏全部转化为半水石膏。半水石膏和二水石膏的溶解度曲线相交点为它们之间的转变点。

对于石膏材料的 3DP 打印工艺，极佳的流动性是石膏粉体实现良好铺展的重要保证，因此，具有规则颗粒形貌和良好流动性的 α-半水石膏成为目前商业化 3D 打印石膏材料的主体材料[69]，也是保证 3D 打印石膏制品质量的关键。规则的、短柱状石膏颗粒是 α-半水石膏制备过程中需要优先考虑的因素。在 α-半水石膏制备工艺中，水溶液法较蒸压法更能自由控制半水石膏颗粒形貌和大小，是 3D 打印石膏材料用 α-半水石膏的主要制备方法。在该制备方法中，对 α-$CaSO_4 \cdot 0.5H_2O$ 晶体进行形貌控制是工艺关键，其主要手段就是掺入一

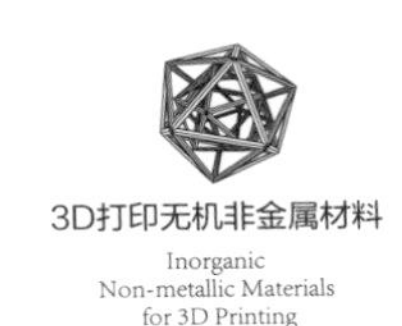

定的晶习改变剂或者媒晶剂。晶体是由一系列的晶面围成的。晶体的形貌即其生长习性是由各个方位晶面的生长速率所决定的。生长快的晶面其面积会不断减小甚至最终消失，因此其对晶体形貌的影响就小，而生长速率慢的晶面，其面积不断增大，对晶体形貌的影响就很大。理想环境中，晶体的生长习性是由其晶体结构所决定，但外加磁场、超声波、静电场以及杂质等都能对晶体生长习性产生影响，并改变最终生成晶体的形貌。在 α-半水石膏生长过程中，通过掺加晶习改变剂能够调控不同晶面的生长速率，从而控制晶体的形貌。另外，在溶液法制备过程中，通过调控结晶动力学过程，也能有效调控 α-半水石膏的颗粒大小及粒度分布。3D 打印用大流动性的 α-半水石膏（长径比 1∶1～1∶2）就是在溶液结晶过程中通过晶习改变剂调控晶形来获得的（如图 3-19）[67]。

(a) (b) (c) (d)

图 3-19 水溶液法制备过程晶习改变剂调控 α-半水石膏形貌

(a) 自由生长 α-半水石膏；(b)、(c)、(d) 晶习改变剂调控 α-半水石膏形貌

3.3.1.2 石膏凝结硬化机制

半水石膏具有胶凝特性，其遇水后可发生水化反应，转变为二水石膏。虽然半水石膏水化与硬化机理有多种理论，包括溶解结晶理论、胶体理论等，但该过程的本质都是二水石膏晶体的结晶，只是晶体的形成过程存在区别。目前，普遍接受的半水石膏水化机理是溶解-结晶理论，最早由 Le Châtelier 在 1887 年提出。

常温下，半水石膏溶解度远大于二水石膏，二水石膏为稳定相。半水石膏与水接触后，迅速溶解并达到饱和状态。溶液中的离子浓度远大于二水石膏的溶解度，相对二水石膏产生很大的过饱和度，并超过二水石膏晶体成核的临界过饱和度，溶液中开始自发形成二水石膏晶核并不断长大。由于二水石膏的结晶使得溶液中硫酸钙浓度下降，低于半水石膏的溶解度，便破坏了原有半水石膏的溶解平衡状态，半水石膏就会不断溶解以期达到溶解平衡，从而使得二水石膏继续成核与生长。最终，半水石膏完全溶解并全部转化成二水石膏，水化过程结束。水化反应见式（3-2）。

$$(\alpha、\beta)CaSO_4 \cdot 0.5H_2O + 1.5H_2O \xrightarrow{水化} CaSO_4 \cdot 2H_2O \tag{3-2}$$

该过程与α-半水石膏的制备过程恰好相反。因为整个水化过程反应迅速，生成的二水石膏晶体主要呈针状。这些水化生成的针状二水石膏晶体能够相互接触、交错和连生，产生内应力，从而使得石膏浆体凝结和硬化，具有一定的力学强度[70]。半水石膏发生水化也是3D打印石膏制品力学性能的重要来源。

石膏硬化浆体的力学性能主要由生成的二水石膏晶体特性及相互之间的作用状态决定。二水石膏晶体的尺寸增大，晶体中存在的微裂纹等缺陷的概率越大，硬化浆体强度会随之降低。晶体之间的接触面积越大，相互连生概率越大，产生的摩擦力等内应力越大，硬化浆体强度相应亦越高[71]。

二水石膏晶体特性和晶体之间的作用状态与水化温度、半水石膏细度（比表面积）以及溶液中的杂质密切相关。水化温度越低，二水石膏和半水石膏之间的溶解度差越大，结晶动力越强。不过，温度降低会导致半水石膏的溶解速率、溶液中离子的迁移速率以及在晶体表面的堆积速率等降低，半水石膏硬化速度缓慢，导致二水石膏晶体增大，制品强度降低。半水石膏细度越大，比表面积越大，其溶解速率越快，就能够在溶液中保持一个较高的硫酸钙离子浓度也就是较高的二水石膏过饱和度。溶液中杂质的存在（半水石膏自带的杂质或者掺加的外加剂），可以影响各相的溶解度、半水石膏的溶解速率、二水石膏成核和生长速率等，从而对二水石膏的结晶和制品性能产生重要影响。在石膏3D打印过程中，半水石膏是在混合了黏结剂、颜料的溶液中进行水化反应的，水化环境复杂，打印制品与传统方法制备的石膏制品在微观结构和性能方面都有不同。

3.3.2 石膏3D打印工艺、材料与装备

3.3.2.1 打印工艺

石膏材料的3D打印工艺是黏结剂喷射打印工艺（3DP）。平铺的石膏粉末被系统控制的喷头所喷射的黏结剂黏结起来，实现制品的横截面在石膏粉末层表面的不断“印刷”，最终形成三维构造实体。

图3-20为石膏3D打印装置示意图。具体工艺过程如下：供粉缸的石膏粉体被铺粉辊推到成形缸，铺平并被压实，铺粉辊铺粉时多余的粉末被集粉装置收集；喷头在计算机控制下，按当前层建造截面的成形数据有选择地喷射黏结剂建造层面，石膏粉体被黏结剂包裹并

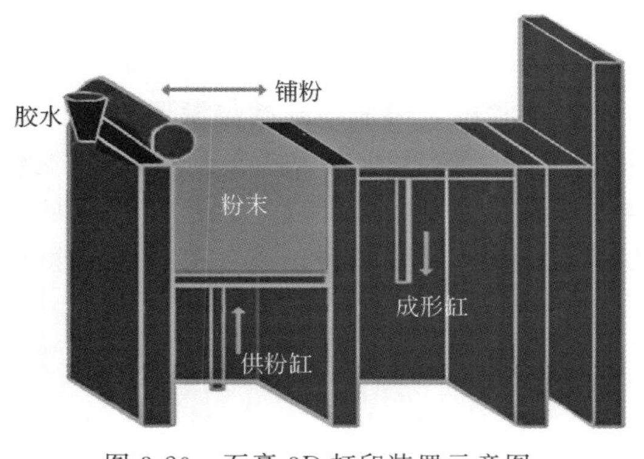

图 3-20 石膏 3D 打印装置示意图

黏结固化；上一层黏结完毕后，成形缸下降一个距离（等于层厚 0.013～0.1mm），供粉缸上升一定高度，推出粉末，并被铺粉辊铺平；如此周而复始地送粉、铺粉和喷射黏结剂，最终完成一个三维粉体的黏结。未被喷射黏结剂的地方为干粉，在成形过程中起支撑作用，且成形结束后，比较容易去除，因此该工艺不需要打印支撑。但该方式有一定缺陷，如打印过程中无法添加石膏粉末。为了解决这个问题，有一些设备的粉缸位于机器的上方，在打印过程中，粉末从铺层上方撒下，可以在打印过程中保证材料的随时添加。通过黏结剂黏结以及半水石膏部分水化胶结的石膏制品强度较低，还须进行固化剂涂覆等后处理。

3.3.2.2 3D 打印石膏材料组成

3DP 打印工艺特点要求 3D 打印石膏粉体材料具有极佳的流动性、精准的粒度级配和适宜的水化速率等特性。为了达到以上性能要求，3D 打印石膏材料［如图 3-21(a) ］主要组分包括石膏材料、功能性外加剂和填料等。其中，石膏材料为主体组分，一般为形貌规整、粒径小于 100μm 并且级配良好［如图 3-21(b)］的 α-半水石膏，其质量占整个材料质量的 90%左右。为了提高石膏材料的流动性及与黏结剂的作用，还可以对石膏粉体材料进行表面改性。功能性外加剂包括聚乙烯醇、纤维素醚等，主要为了改善 3D 打印石膏材料流动性、黏结性等打印和工作性能；为了提高石膏材料的密实性，3D 打印石膏材料中可以加入一定的白炭黑、硅微粉等白色超细无机粉体，改善 3D 打印石膏材料的粒度级配；为了提高打印制品的强度等力学性能，可以加入短切纤维等进行增韧增强[72]

(a)

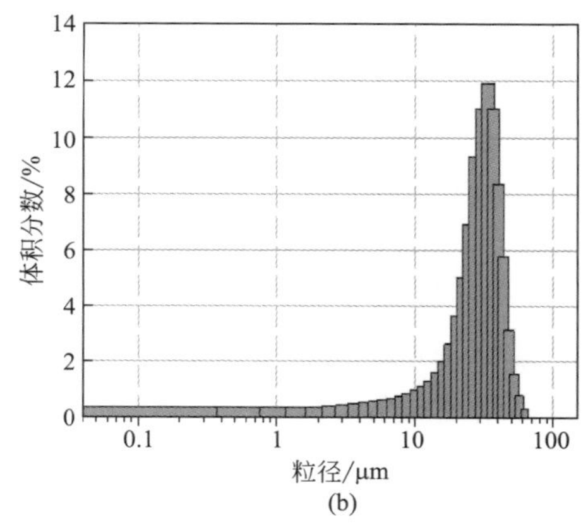

(b)

图 3-21 3D 打印石膏粉末 SEM 图（a）和粒度分布图（b）

3.3.2.3 石膏3D打印设备

石膏材料3DP打印工艺虽然出现很早，但是因应用等方面的限制，设备开发厂商较少。表3-2为石膏3D打印机发展与主要性能参数。图3-22为几种商业化石膏3D打印机。Z Corp公司最早开展商业化石膏3D打印设备的开发，并有系列产品先后投入市场。其中，Z Printer310 Plus是单色入门级打印设备，Spectrum Z510最早实现石膏高分辨率全彩打印，Z Printer850则配有5个打印头（无色、青色、品红、黄色和黑色），能打印出39万种颜色。2012年，3D Systems公司收购了Z Corp公司，并依托Z Printer系列打印机推出了Pro Jet系列石膏3D打印机。其中，Pro Jet 660Pro是目前应用最广、性能优越的石膏全彩打印机。国内科研院所和企业也相继开展了石膏3D打印装备的开发，但是一直进展不大，主要原因是关键部件如喷头无法自主研发，配套打印用材料无法满足打印要求。2017年，江苏薄荷科技推出了国内首台全彩石膏打印机Mint-Ⅰ。依托其低廉的整机、配件和耗材价格，以及便捷的材料更换方式，很快占领国内市场。但是，该设备的核心部件——喷头仍然无法自主生产，主要来自惠普等国外厂家。

表3-2 石膏3D打印机发展与主要性能参数

型号	Z Printer310 Plus	Spectrum Z510	Z Printer850	Pro Jet 660Pro	Mint-Ⅰ
厂商	Z Corp	Z Corp	Z Corp	3D Systems	江苏薄荷
打印头数量	1(单色)	4	5(39万色)	5(600万色)	5(600万色)
喷头数	—	—	1520	1520	1520
成形尺寸	203mm×254mm×203mm	254mm×356mm×203mm	508mm×381mm×229mm	254mm×381mm×203mm	254mm×381mm×203mm
层厚	0.089～0.203mm	0.089～0.203mm	0.089～0.102mm	0.1mm	0.1mm
成形速度	2～4层/min	2～4层/min	5～15mm/h	28mm/h	28mm/h
分辨率	300×450dpi	600×540dpi	600×540dpi	600×540dpi	600×540dpi

3.3.3 石膏3D打印影响因素与改进措施

3D打印石膏制品的质量主要包括打印精度、色彩还原度、制品的力学性能等。这些质量指标与打印工艺过程、打印材料等都密切相关，并且相互影响。

对于石膏制品传统的成形方式（如注浆成形等），石膏粉体与水混合成浆体注入模具固化成形，形成的硬化浆体微观形貌见图3-23(a)、(b)。二水石膏晶体细长且相互交错，硬化浆体孔隙率20%左右（孔隙率与半水石膏的标准稠度需水量密切相关，半水石膏理论水化需水量只有18.6%，为了使得石膏浆体达到一定的流动度，加水量一般超过30%，β-半水石膏标准稠度需水量甚至超过50%，多掺加的水在石膏浆体硬化后就会在其中产生孔隙），孔隙大小主要在1μm左右，大孔较少（图3-24），孔隙率20%左右，2h

(a) Z Printer310 Plus (b) Spectrum Z510 (c) Z Printer 450

(d) Pro Jet 660Pro (e) Mint-I

图 3-22 商业化的石膏 3D 打印机

干抗压强度可以达到 50MPa 甚至更高。在石膏 3D 打印过程中，半水石膏粉体是由喷头喷射的黏结剂包裹，黏结剂与石膏粉体接触的时间存在先后。这使得石膏制品在微观尺度由许多细小晶体包裹的石膏颗粒（该颗粒大小一般由喷射的黏结剂液滴大小决定）黏结而成［见图 3-23(c)、(d)］。同时半水石膏水化不完全，只有 50%左右。这一方面由于黏结剂中的含水量只有 20%左右，无法满足半水石膏全部水化需求；另一方面，打印完成后立即在干燥箱中进行干燥，水化反应同样受到制约。这样导致石膏制品整体性不强，力学强度更多来源于黏结剂的黏结作用，制品薄弱部位在各颗粒之间的搭接处，孔径主要为 20μm 左右（图 3-24），孔隙率超过 40%，制品强度很低，不到 5MPa。

3.3.3.1 打印工艺影响因素

影响石膏 3D 打印的工艺过程主要为打印过程参数和后处理方法。其中，打印工艺参数一般包括铺层厚度、铺粉速度、黏结剂液滴大小和喷射速度等。虽然很多参数为所用打印设备所决定，但从提高制品打印质量角度分析，相关参数有最优值，并与所用石膏打印材料特性有相关性。

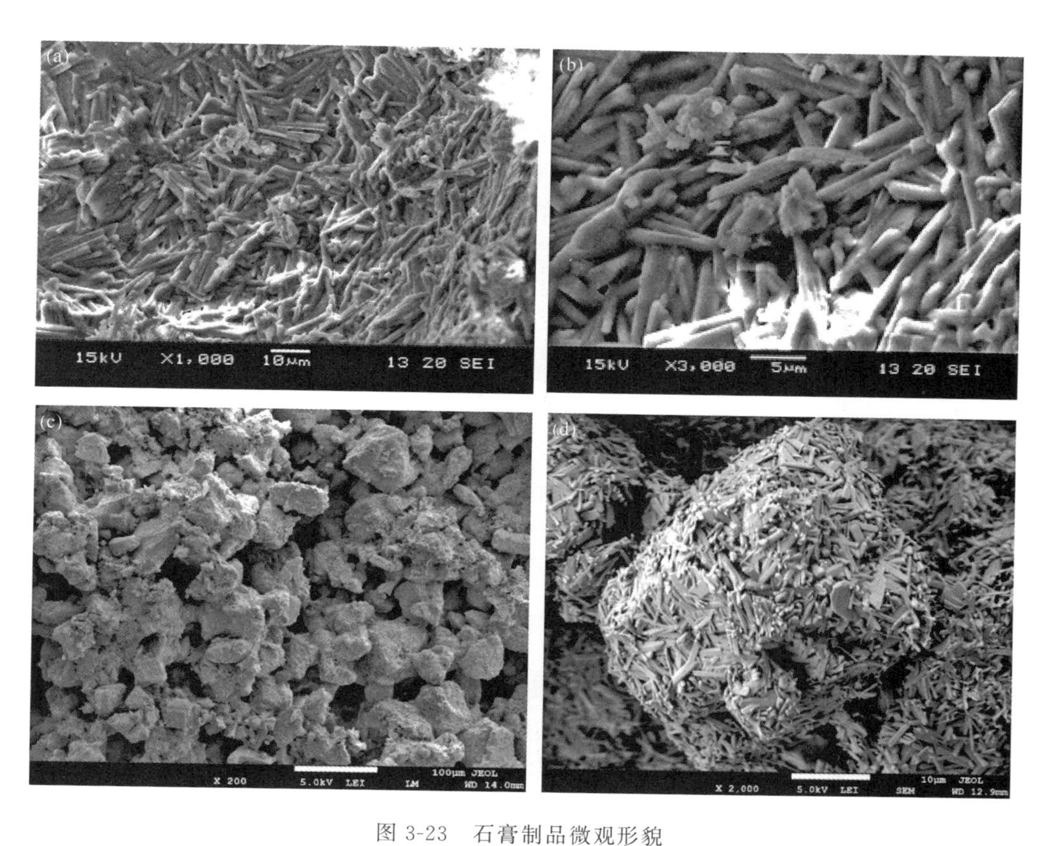

图 3-23 石膏制品微观形貌

(a)、(b) 注浆成形石膏制品微观形貌；(c)、(d) 3D 打印石膏制品微观形貌

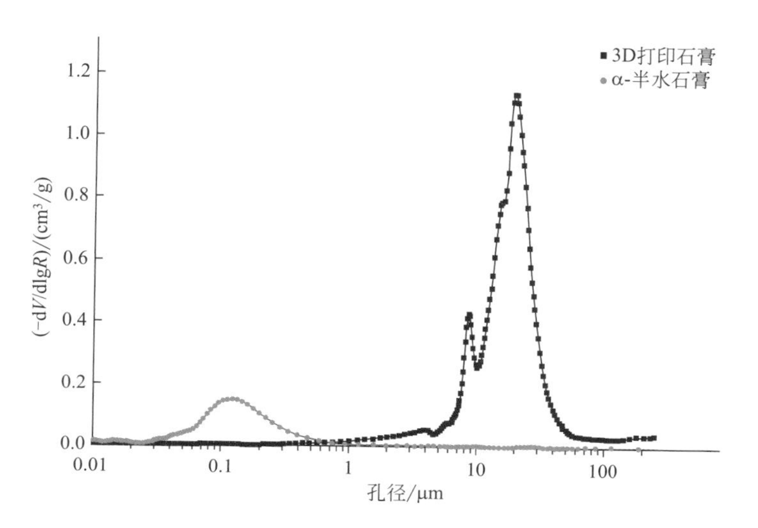

图 3-24 不同石膏制品孔径分布

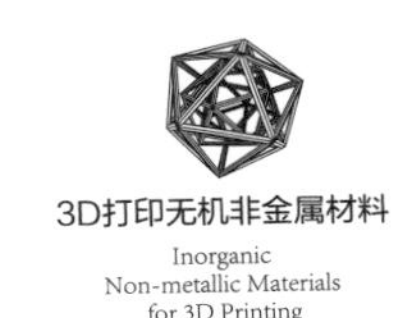

(1) 铺层厚度

铺层厚度是指打印过程中，每层石膏粉末的厚度，决定于打印机成形缸下降的高度，影响着打印速率和精度。如果铺层过厚，虽然会加快打印的速度，但会使层与层之间的黏结效果较差，半水石膏水化程度降低，甚至会出现部分粉末没有被黏结剂浸润的情况，这样就会使得打印出来的制品整体性差。铺层过薄，则会降低产品的打印速率，增加打印成本。一般地，根据石膏材料的粉体颗粒大小等因素，打印层厚控制在几百微米，以保证较快的打印速度和良好的黏结效果。

(2) 铺粉速度

铺粉速度主要由铺粉辊轴的移动速度和转动速度决定。对于特定设备，铺粉辊移动速度一般为定值，决定每层粉末铺完所用的时间，影响制品打印的效率。辊轴的转动速度则主要影响粉末的致密度。石膏 3D 打印过程中，铺粉过程非常关键，不仅影响打印的速率，铺粉质量的好坏还直接决定着打印制品的质量以及打印成功与否。铺粉质量主要包括铺粉平整度、粉层完整度与密实性等。打印制品的密实度随着铺粉辊转速的增大而增大。

(3) 黏结剂液滴大小和喷射速度

液滴大小类似传统打印的像素，决定着 3D 打印的精度。同时，液滴质量与所包裹石膏粉体的质量和特性之间的关系，也决定着液滴对石膏粉体的包裹和黏结情况。液滴喷射速度影响打印速率，但是过高的喷射速度容易使得石膏粉层中细小颗粒溅起，影响打印质量。这两个参数主要由喷头特性决定。石膏 3DP 打印设备一般采用热气泡按需下落喷射模式：利用加热器迅速加热，使喷头内的液体气化产生气泡，气泡膨胀使液体产生波动，并从充满液体的型腔传播至喷嘴处；喷嘴处产生新月形的变形，液体从型腔中被挤出；被挤出的液柱不稳定，液滴随即形成[73]。虽然不同厂家设备所用喷头不同，但是，一般喷射出的液滴体积约为 1.2×10^{-5}mL（液滴直径约为 15μm），喷射速度约为 5～10m/s。这样，液滴冲击粉末平面时不易产生溅射现象，液滴能在粉末平面铺展。

(4) 后处理工艺

依靠黏结剂黏结和半水石膏部分水化产生的胶结作用，3D 打印获得的石膏制品强度一般较低，容易脱粉和破坏。为了提高 3D 打印石膏制品的力学性能，目前采用的途径是对打印制品以固化剂浸渍固化，使得高分子固化剂填充于制品表层的孔隙，将石膏颗粒进行充分黏结（图 3-25），从而使得强度成倍提高。在石膏制品的表面喷涂适量的光敏树脂有利于石膏制品的保存，但该方式仅适合艺术品或装饰。

但是，涂覆固化剂的方法会大幅度增加打印成本。因此，有研究通过对打印的石膏制品进行其他后续处理，如通过饱和蒸汽养护或者蘸水等方式使得未水化半水石膏二次水化[74]。二次水化过程中，未水化的半水石膏在制品孔隙中的饱和蒸汽或者水溶液里发生溶解-结晶的水化反应，半水石膏或生成新的二水石膏晶体或使得临近初次水化产生的二水石膏晶体继续长大，从而改变石膏制品的微观结构，使得打印之后形成的颗粒之间微弱的结合得到增强，一定程度上改变制品的孔结构（图 3-26）。通过该方式处理的 3D 打印石膏制品的抗压强度能够超过 10MPa，与通过固化剂固化获得的强度相当，打印成本相应降低，但是，整个打印周期也相应变长。另外，这样的处理方式使得制品的微观结构得到一定改善，但制品

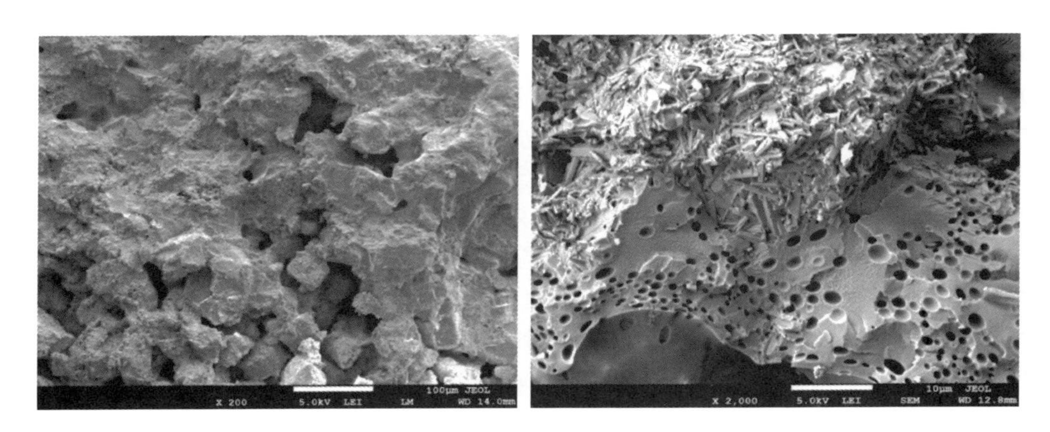

图 3-25　固化处理后的石膏制品微观形貌

强度与传统成形方式依然相差很大。一方面，这是由于 3DP 的打印方式决定了水灰比要大于传统的成形方式。另一方面，因为制品中已经有大量的二水石膏晶体存在，并且未水化的半水石膏被这些二水石膏晶体所包裹。二次水化过程中，二水石膏的溶解以及离子进入孔隙溶液中的速率要小得多，导致溶液中的二水石膏过饱和度较小，很难大量形成新的晶核，只能使得已存在的晶体不断长大，从而使得最终的二水石膏晶体相对粗大，晶体数量少，搭接点少，从而内应力少，强度相关依然不高（图 3-26）。但是，这样的强度对于模型打印等应用来说已经足够。

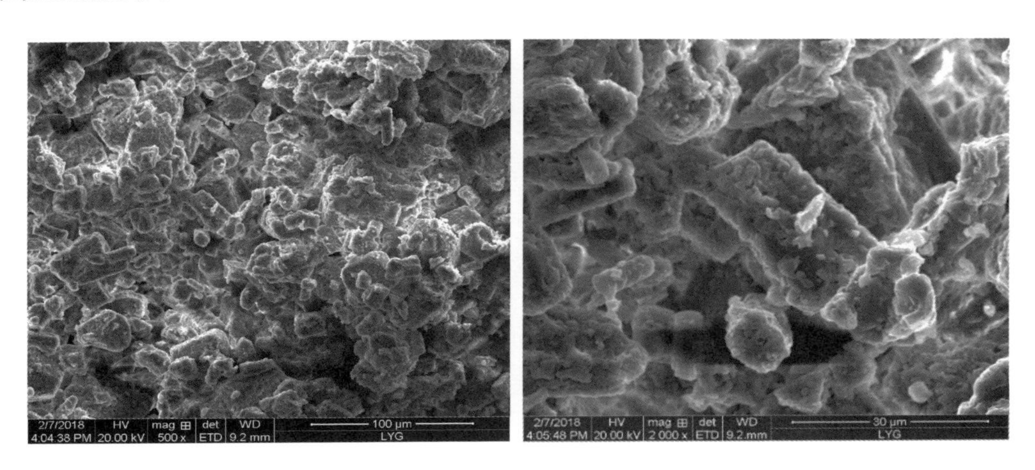

图 3-26　石膏制品二次水化后的微观形貌

3.3.3.2　打印材料影响因素

常温条件下，半水石膏和二水石膏之间存在很大的溶解度差，半水石膏具有很强的水化活性，一般在 5min 左右即开始水化结晶，2h 内基本能够水化完全。如此快速的硬化速率非常符合3D打印的工艺要求。对于水泥等其他胶凝材料的打印，为了获得较大的早期力学性能，需要添加快速硬化外加剂或者采用快速水化的特种水泥。石膏在水化硬化速率方面的特点使其在3D打印中得到较早应用，并且石膏的白度很高，可以达到95%以上，硬化浆体为多孔体，使得打印彩色制品成为可能[75]。另外，由于3D打印石膏粉末是在喷头喷射的黏结剂溶液中进行水化，溶液中的黏结剂组分、颜料等影响着石膏的水化速率，同样对于生成的二水石膏特性以及打印制品结构与性能有重要影响。

(1) 材料流动性

材料的流动性是3DP打印工艺重要的特性，决定着打印过程中铺粉的质量和最终产品的质量。材料流动性差容易导致粉层出现掉粉［图3-27(a)］或凹陷［图3-27(b)］等缺陷，使得打印制品表面质量差［图3-28(b)］或者出现错位［图3-28(c)］等问题，甚至会导致打印失败。材料的流动性与半水石膏的颗粒形貌相关。长径比大约为1∶1的颗粒状流动性最好，长径比可以通过控制半水石膏制备过程中结晶过程来调整。除了颗粒形貌，颗粒之间的表面作用，如静电力也会使颗粒产生团聚，影响流动性。表面改性、静电技术[76]在改善3D打印石膏粉体流动性方面具有潜在的应用。

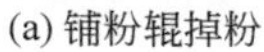
(a) 铺粉辊掉粉

(b) 粉层凹陷

图3-27　石膏3D打印铺粉存在的缺陷问题

(2) 颗粒大小与级配

打印材料颗粒大小和级配对于打印质量影响同样很大。半水石膏颗粒大，比表面积就小，与黏结剂接触面积小。以溶解-结晶的水化机理分析，溶解速率慢，其达到过饱和时间长，过饱和度相对小，二水石膏成核速率和生长速率都小，导致水化速率相应减缓，生成的二水石膏颗粒粗大，颗粒之间搭接少，力学性能低。颗粒太细则相反，水化速率非常快，导致相邻液滴包裹的石膏粉体之间以及层与层之间的结合差。颗粒级配差，会导致粉体密实度差，粉体之间孔隙率大，喷射到粉层上的黏结剂会过多地填充到空隙中，导致对颗粒的包裹性差，制品力学性能不高，特别是表面质量差，容易掉粉。另外，最上层颗粒的包裹差，白

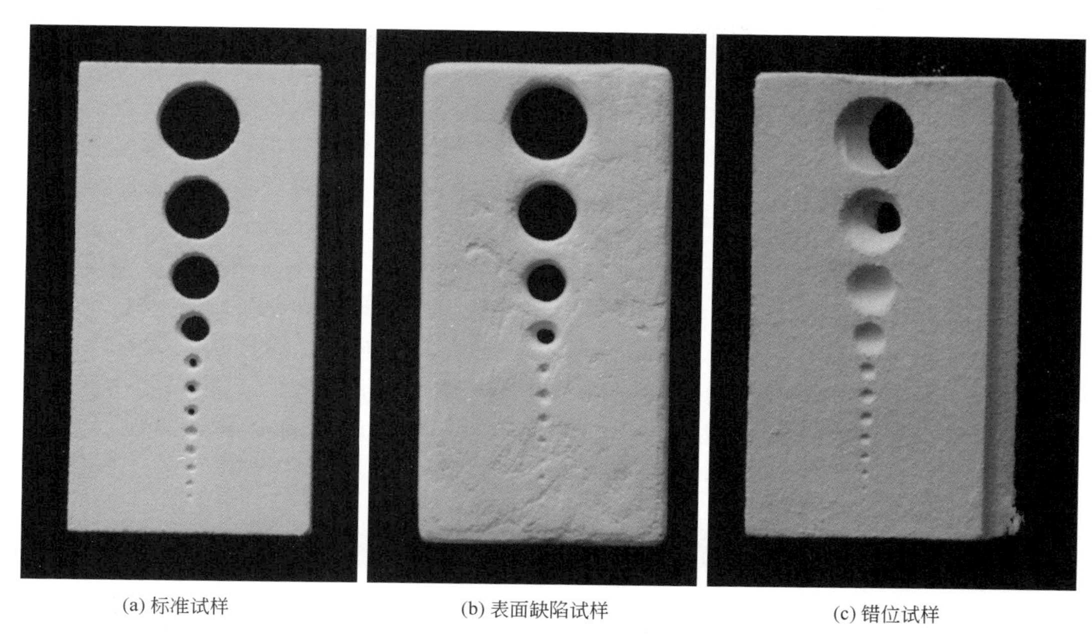
(a) 标准试样　(b) 表面缺陷试样　(c) 错位试样

图 3-28　石膏 3D 打印制品存在的缺陷问题

色颗粒浮在表层，会使得打印制品的染料被遮盖住，影响色彩还原性，或者打印制品看起来泛白，颜色不鲜艳［图 3-29(b)］。

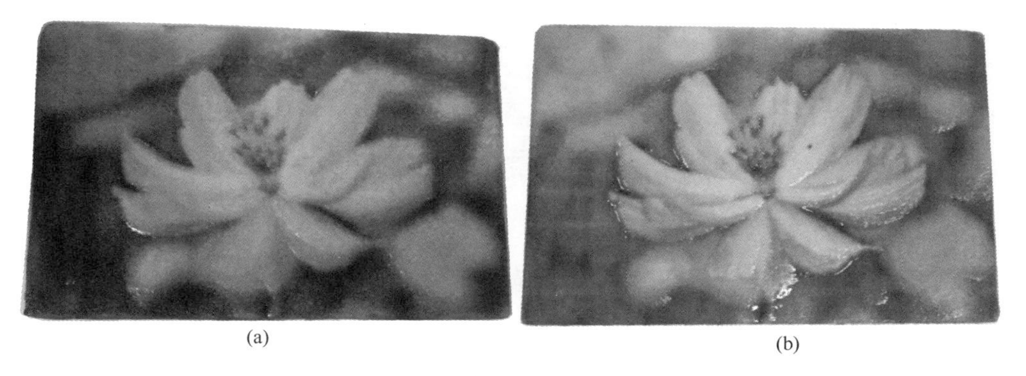
(a)　(b)

图 3-29　石膏 3D 打印存在的色彩问题（见彩图）

3.3.4　3D 打印石膏的应用

3D 打印石膏不仅具有石膏材料的多孔、轻质、绿色环保等特性，还能实现全彩打印。该特性使得 3D 打印石膏在文创、设计、教育以及医疗等方面都有着潜在的广泛应用。

3.3.4.1　文创设计

文化创意是一个多元化的、极具活力的领域。3D 打印一次成形、个性定制的特性与文化创意产品十分匹配[77]。石膏3D打印由于其全彩特性，在文创、设计领域具有更加突出的地位。全彩人像打印一直是3D打印技术的热点和民众关注的焦点。由于石膏在色彩的表现以及价格等方面都具有很大优势，是目前3D打印全彩人像的首选［图3-30(a)］。在动漫行业，3D打印技术发展空间巨大，不管是从3D打印在定格动画创作中的角色、场景制作，还是3D打印技术在动漫衍生品中的开发创作，3D打印技术较之传统技术都有着极大的优势。

在设计方面，3D打印可以快速、低成本地将一些设计思想展示出来，为艺术创作、建筑设计等提供了很好的手段。如建筑设计过程中，3D打印可将建筑项目整个过程完整展现出来，通过对初始方案建模打印彩色实体，可及时按照实体模型做出调整，便于各方的讨论及沟通。特别是在道路交通、桥梁设计、城市设计及规划层面，需考虑交通、景观、道路，同时涉及几个单体建筑，3D打印能够将建成后的全景真实地展现出来［图3-30(b)］[78]。

(a) (b)

图3-30 石膏文创产品的3D打印（见彩图）

3.3.4.2 医疗

因石膏对人体无毒无害的特点，医疗领域一直是石膏3D打印的重要应用方向[79]。石膏3D打印在医疗领域有以下几方面应用：

(1) 术前规划和手术模拟

由于石膏的全彩打印特性，其对于人体器官的展示更加清晰、直观，非常适合医生对于重要手术前的方案制定以及手术过程模拟，提高手术成功率，减少手术时间，降低手术风险。直观的模型还能让患者和家属对病情有一个清楚的认识和了解，更能避免医患矛盾。另外，在齿科中，3D打印模型（图3-31）精度要优于传统方法制作的石膏模型，其相对误差更小[80]。

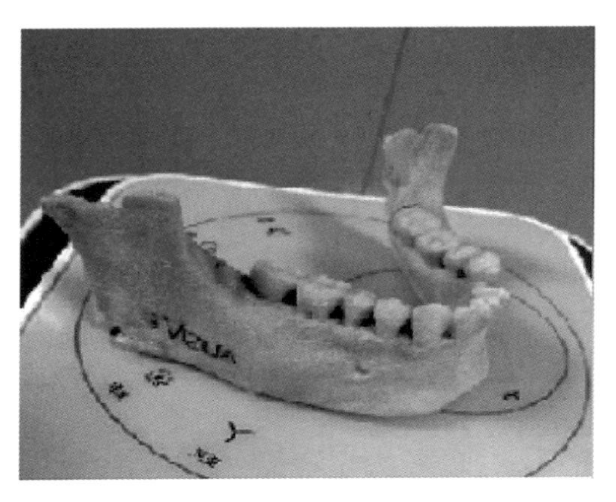

图 3-31　石膏 3D 打印医学模型（见彩图）

(2) 医学教育

以石膏打印的人体模型、病患组织模型等，用于医学教学过程，能够使得学生直观、直接地了解病患组织特点，提升专业技能。

(3) 医疗辅具

对于一些骨折患者来说，由于不同的人的骨骼发育状况不同、受伤部位及其严重程度不同，3D 打印石膏还可以实现个性化制作辅具（图 3-32），从而更有利于患者的身体恢复。

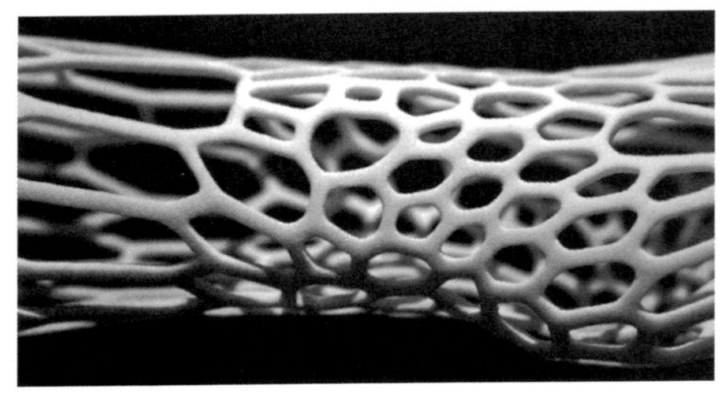

图 3-32　3D 打印制作的石膏修复支架

(4) 自由成形的生物陶瓷

磷酸钙陶瓷具有生物相容性，其在骨修复或替换等方面有重要应用。为了给患者提供个性化定制的磷酸钙陶瓷修复体，根据病患部位用 3DP 工艺打印石膏修复体，然后将其浸泡在磷酸铵溶液中，在 200℃的条件下反应 30min，可以使石膏转化为羟基磷灰石。转化后的羟基磷灰石经过 1150℃煅烧制备磷酸钙陶瓷（图 3-33），其强度可以提高四倍，达到 2MPa[81,82]。

3.3.4.3　地理学与考古领域

以石膏 3D 打印为代表的 3D 打印技术能够准确地区分土地、水体、建筑物和其他地形

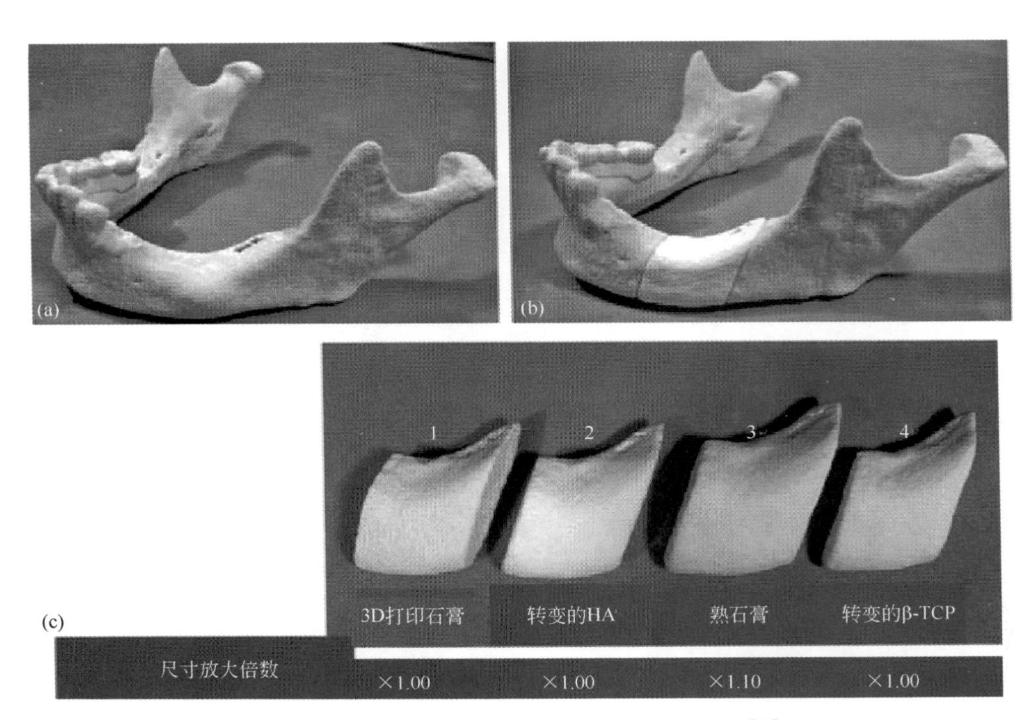

图 3-33　石膏 3D 打印制备磷酸钙陶瓷下颌骨[81]

（a）左面有肿瘤的下颌骨模型；（b）磷酸钙陶瓷置换骨病患部位；

（c）通过改进的 3DP 打印工艺制备的磷酸钙生物陶瓷下颌骨

特征，特别是复制一个复杂的等比例自然地形结构或城市构造，使 3D 打印技术在地学信息技术领域的应用深度逐渐增加，并逐渐在地质模型、地形地貌模型、地理信息系统模型、考古遗址模型、文物模型和房地产沙盘模型等的制作方面获得越来越多的应用。图 3-34 为石膏 3D 打印在地理、地质等方面的应用。

3.3.4.4　其他应用

由于石膏的多孔特性，3D 打印技术除了以上应用外还可以快速、精确、灵活地制作出岩石类材料力学性质测定试件[84]，这为岩石材料力学性质测定试件制作提供了一种新的方法，为室内岩石力学实验提供了更多的可能性。

石膏作为较早实现 3D 打印应用的无机胶凝材料，其打印的多彩制品一直是让民众对 3D 打印能够有直观认识的重要特性。虽然石膏 3D 打印越来越受到树脂彩色打印的挤压，但是其低廉成本仍然使其具有较强竞争力。特别是，业界在一些新应用方面如石膏模具打印的探索研究，将使其能够真正服务于工业生产。除了拓展石膏 3D 打印应用领域研究外，对 3D 打印石膏材料以及打印工艺进行系统研究，是未来石膏 3D 打印能够持续发展的关键。

图 3-34 石膏 3D 打印在地理、地质等方面的应用（见彩图）
(a) 比特菲尔德煤矿区的三维地质模型[83]；(b) 地貌模型；(c) 萨瑟兰沉船遗址模型；(d) 建筑沙盘

参考文献

［1］ 石从黎，林宗浩，陈敬，向川. 3D 打印混凝土技术的初探. 重庆建筑，2017，16（03）：24-27.
［2］ 小林一辐，奥村忠彦，崇英雄，等. 混凝土实用手册. 王晓云，邓利译. 北京：中国电力出版社，2010.
［3］ P·库马尔·梅塔，保罗·J·M·蒙蒂罗. 混凝土微观结构、性能和材料. 欧阳东译. 北京：中国建筑工业出版社，2016.
［4］ 李玉寿，阎晓波，徐凤广，等. 混凝土原理与技术. 上海：华东理工大学出版社，2011.
［5］ 蒋正清. 混凝土外加剂应用基础. 北京：化学工业出版社，2010.
［6］ 雷斌，马勇，熊悦辰，等. 3D 打印混凝土材料制备方法研究. 混凝土，2018（2）：145-149，153.
［7］ Le T T，Austin S A，Lim S，et al. Harded properties of high-performance printing concrete. Cement and Concrete Research，2012，42（03）：558-566.
［8］ Hambach M，Volkmer D. Properties of 3D-printed fiber-reinforced Portland cement paste. Cement and Concrete Composites，2017，79：62-70.

[9] Kazemian A，Yuan X，Cochran E. Cementitious materials for construction-scale 3D printing：Laboratory testing of fresh printing mixture. Construction and Building Materials，2017，145：639-647.

[10] 雷斌，马勇，熊悦辰，等. 3D打印混凝土可塑造性能的评价方法研究. 硅酸盐通报，2017，36（10）：3278-3284.

[11] 林家超，吴雄，杨文，等. 3D打印建筑材料性能影响因素与分析研究. 新型建筑材料，2017，44（10）：62-65.

[12] 张大旺，王栋民. 3D打印混凝土材料及混凝土建筑技术进展. 硅酸盐通报，2015，34（6）：1583-1588.

[13] Duballet R，Baverel O，Dirrenberger J. Classification of building systems for concrete 3D printing. Automation in Construction，2017，83：247-258.

[14] Wu P，Wang J，Wang X Y. A critical review of the use of 3D printing in the construction industry. Automation in Construction，2016，68：21-31.

[15] 宋靖华，胡欣. 3D建筑打印研究综述. 华中建筑，2015，33（2）：7-10.

[16] 丁烈云，徐捷，覃亚伟. 建筑3D打印数字建造技术研究应用综述. 土木工程与管理学报，2015，32（03）：1-10.

[17] 余小寅，杨健，胡志. 浅谈3D打印建筑技术的应用. 上海建材，2017，3：33-35.

[18] Hager I，Golonka A，Putanowicz R. 3D Printing of Buildings and Building Components as the Future of Sustainable Construction?. Procedia Engineering，2016，151：292-299.

[19] 田伟，肖绪文，苗冬梅. 建筑3D打印发展现状及展望. 施工技术，2015，44（17）：79-83.

[20] 崔小芳. 分析3D打印技术在建筑施工中的应用趋势. 建筑技术开发，2017，44（21）：5-6.

[21] 李福平，邓春林，万晶. 3D打印建筑技术与商品混凝土行业展望. 混凝土世界，2013，3：28-29.

[22] Sakin M，Kiroglu Y C. 3D Printing of Buildings：Construction of the Sustainable Houses of the Future by BIM . Energy Procedia，2017，134：702-711.

[23] 俄罗斯用聚氨酯等材料在高寒地带3D打印了一座保温建筑. 环球聚氨酯，2017，3：13.

[24] 郁放炼. 3D打印住宅亮相苏州工业园. 住宅科技，2015，2：60-61.

[25] Dini兄弟推出大型石材3D打印机Desmanera. 3D打印世界，2015.

[26] 王子明，刘玮. 3D打印技术及其在建筑领域的应用. 混凝土世界，2015，1：50-57.

[27] 新创公司ICON使用新技术为人们添福利. 中关村在线，2018.

[28] Williams D F. The williams dictionary of biomaterials. Liverpool：Liverpool University Press，1999.

[29] Jinlong N，Zhenxi Z，Dazong J. Investigation of phase evolution druing the thermochemical synthesis of tricalcium phosphate. Journal of Materials synthesis Processing，2001，9（5）：235-240.

[30] Brown W E，Chow L C. A New Calcium-PhosPhate Setting Cement. Journal of Dental Research，1983，62：672-672.

[31] Gitelis S，Piasecki P，Turner T，et al. Use of a calcium sulfate-based bone graft substitute for benign bone lesions . Orthopedics，2001，24（2）：162-166.

[32] Sprio S，Tampieri A，Celotti G，et al. Development of hydroxyapatite/calcium silicate composites addressed to the design of load-bearing bone scaffolds. Journal of the Mechanical Behavior of Biomedical Materials，2009，2：147-155.

[33] Wu J，Zhu Y J，Chen F，et al. Amorphous calcium silicate hydrate/block copolymer hybrid nanoparticles：synthesis and application as drug carriers. Dalton Transactions，2013，42：7032-7040.

[34] 谭言飞. 磷酸钙生物陶瓷骨诱导过程中细胞基因表达的研究. 成都：四川大学，2007.

[35] Zhao W Y, Chang J. Two-step precipitation preparation and self-setting properties of tricalcium silicate. Materials Science and Engineering, 2008, 28 (2): 289-293.
[36] Chen C C, Wang W C, Ding S J. In vitro physiochemical properties of gelatin/chitosan oligosaccharide/calcium silicate hybrid cement. Journal of Biomedical Materials Research Part B: Applied Biomaterials, 2010, 95 (2): 456-465.
[37] Morejón-Alonso L, Carrodeguas R G, Santos L A. Development and characterization of α-tricalcium phosphate/monocalcium aluminate composite bone cement. Journal of Biomedical Science and Engineering, 2012, 5 (8): 448-456.
[38] Sheikh F A, Barakat N A M, Kanjwal M A, et al. Synthesis of poly (vinyl alcohol)(PVA) nanofibers incorporating hydroxyapatite nanoparticles as future implant materials. Macromolecular Research, 2010, 18 (1): 59-66.
[39] Huang X H, Chang J. Low-temperature synthesis of nanocrystalline β-dicalcium silicate with high specific surface area. Journal of Nanoparticle Research, 2007, 9 (6): 1195-1200.
[40] Lin Q, Lan X, Li Y, et al. Preparation and characterization of novel alkali-activated nano silica cements for biomedical application. Journal of Biomedical Materials Research Part B: Applied Biomaterials, 2010, 95 (2): 347-356.
[41] Park J, Bauer S, von der Mark K, et al. TiO_2 nanotube diameter directs cell fate. Nano Lett, 2007, 7: 1686-1691.
[42] Guvendiren M, Molde J, Soares R M D, Kohn J. Designing biomaterials for 3D printing. ACS Biomater. Sci. Eng., 2016, 2: 1679-1693.
[43] Zita M. Jessop, Ayesha Al-Sabah, Matthew D. Gardiner, et al. 3D bioprinting for reconstructive surgery: Principles, applications and challenges. Journal of Plastic, Reconstructive & Aesthetic Surgery, 2017, 70: 1155-1170.
[44] Ozbolat I T, Scaffold-based or scaffold-free bioprinting: competing or complementing approaches?. J. Nanotechnol. Eng. Med., 2015, 6 (2): 024701.
[45] Melchels F P W, Domingos M A N, Klein T J, Malda J, Bartolo P J, Hutmacher D W, Additive manufacturing of tissues and organs. Prog. Polym. Sci., 2012, 37: 1079-1104.
[46] Michael Maroulakos, George Kamperos, Lobat Tayebi, et al. Applications of 3D printing on craniofacial bone repair: A systematic review. Journal of Dentistry, 2019, 80: 1-14.
[47] Ozbolat I T, Hospodiuk M. Current advances and future perspectives in extrusionbased bioprinting. Biomaterials, 2016, 76: 321-343.
[48] Saunders R E, Gough J E, Derby B. Delivery of human fibroblast cells by piezoelectric drop-on-demand inkjet printing. Biomaterials, 2008, 29 (2): 193-203.
[49] Ahmed Munaz, Raja K. Vadivelu, James St. John. Three-dimensional printing of biological matters. Journal of Science: Advanced Materials and Devices, 2016, 1: 1-17.
[50] Tiselius A, Hjerten S, Levin €O. Protein chromatography on calcium phosphate columns. Arch. Biochem. Biophys., 1956, 65: 132-155.
[51] Bose S, Vahabzadeh S, Bandyopadhyay A. Bone tissue engineering using 3D printing, Mater. Today, 2013, 16: 496-504.
[52] Zita M. Jessop, Ayesha Al-Sabah, Matthew D. Gardiner, et al. 3D bioprinting for reconstructive surgery: Principles, applications and challenges. Journal of Plastic, Reconstructive & Aesthetic Surgery, 2017, 70 (9): 1155-1170.

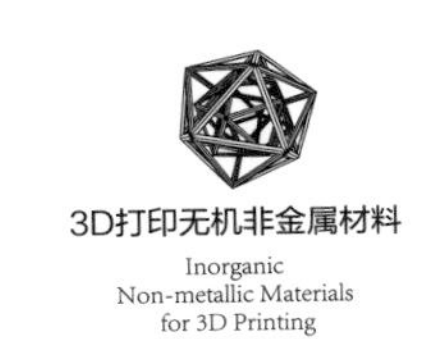

[53] 周怡，夏阳，章非敏.三维打印技术在骨组织工程中的应用及进展.中国骨与关节杂志，2015，4(11)：872-876.

[54] 方洪松，周建林，彭昊，等.组织工程支架材料修复关节软骨缺损.中国组织工程研究，2016，20(52)：7891-7898.

[55] Gareth Turnbull，Jon Clarke，Fréderic Picard，et al. 3D bioactive composite scaffolds for bone tissue engineering. Bioactive Materials，2018，3：278-314.

[56] Hongshi Ma，Chun Feng，Jiang Chang，Chengtie Wu. 3D-printed bioceramic scaffolds：From bone tissue engineering to tumor therapy. Acta Biomaterialia，2018，79：37-59.

[57] Leukers B，Gulkan H，Irsen S H，Milz S，Tille C，Schieker M，Seitz H. Hydroxyapatite scaffolds for bone tissue engineering made by 3D printing. Journal of Materials Science-Materials in Medicine，2005，16 (12)：1121-1124.

[58] Lei Zhang，Guojing Yang，Blake N. Johnson，Xiaofeng Jia. Three-dimensional (3D) printed scaffold and material selection for bone repair. Acta Biomaterialia，2019，84：16-33.

[59] Goncalves E M，Oliveira F J，Silva R F，et al. Three-dimensional printed PCL-hydroxyapatite scaffolds filled with CNTs for bone cell growth stimulation. Journal of Biomedical Materials Research，2015，104：1210-1219.

[60] Barba A，Diez-Escudero A，Maazouz Y，et al. Osteoinduction by foamed and 3Dprinted calcium phosphate scaffolds：effect of nanostructure and pore architecture. ACS Applied Materials & Interfaces，2017，9 (48)：41722-41736.

[61] Castilho M，Moseke C，Ewald A，et al. Direct 3D powder printing of biphasic calcium phosphate scaffolds for substitution of complex bone defects. Biofabrication，2014，6 (1)：015006.

[62] Yuan J，Zhen P，Zhao H，Chen K，Li X，Gao M，Zhou J，Ma X. The preliminary performance study of the 3D printing of a tricalcium phosphate scaffold for the loading of sustained release anti-tuberculosis drugs. Journal of Materials Science-Materials in Medicine，2015，50 (5)：2138-2147.

[63] Zhao N，Wang Y，Qin L，et al. Effect of composition and macropore percentage on mechanical and in vitro cell proliferation and differentiation properties of 3D printed HA/b-TCP scaffolds. RSC Advances，2017，7：43186-43196.

[64] Xu S，Lin K，Wang Z，et al. Reconstruction of calvarial defect of rabbits using porous calcium silicate bioactive ceramics. Biomaterials，2008，29：2588-2596.

[65] Yang C，Wang X，Ma B，et al. 3D-printed bioactive Ca_3SiO_5 bone cement scaffolds with nano surface structure for bone regeneration. ACS Applied Materials & Interfaces，2017，9：5757-5767.

[66] 陈燕，岳文海.石膏建筑材料.北京：中国建材工业出版社，2012.

[67] 唐明亮.$CaSO_4 \cdot 0.5H_2O$结晶动力学与制备关键技术研究.南京：南京工业大学，2010.

[68] A. Elena Charola，Josef P Ühringer，Michael Steiger. Gypsum：a review of its role in the deterioration of building materials. Environmental Geology，2007，52：339-352.

[69] 苏桂明，姜海健，陈明月，崔向红，张伟君，张晓臣.3D打印用石膏粉的微观形态研究.化学工程师，2015，11：54-56，60.

[70] Mathieu L，Boistelle R. The mechanical strength of the set plaster is due to an interlocking structure and intercrystalline interactions. Journal of Crystal Growth，1986 (79)：169.

[71] Singh N B，Middendorf B. calcium sulphate hemihydrate hydration leading to gypsum crystallization. Progress in Crystal Growth & Characterization of Materials，2007，53 (1)：57-77.

[72] Christ S，et al. Fiber reinforcement during 3D printing. Materials Letters，2015，139：165-168.

[73] 李晓燕，伍咏晖，张曙. 三维打印成型机理及其试验研究. 中国机械工程，2006，17（13）：1355-1359.

[74] 唐明亮，叶玉秋，沈晓冬，等. ZL201710801108. 4. 2017-09-07.

[75] 黄明杰，张杰. 硫酸钙（石膏）在3D打印材料中的应用综述. 硅谷，2014（12）：85-86.

[76] 任俊，卢寿慈，沈健. 超细颗粒的静电抗团聚分散. 科学通报，2000，45（21）：2289-2292.

[77] 陈阳. 3D打印技术在文化创意定制中的应用研究. 广州：华南理工大学，2016.

[78] 侯涛，李佳男. 3D打印技术在建筑景观设计中的有效应用. 工程技术，2019（2）：85，87.

[79] Suwanprateeb J，Suvannapruk W，Wasoontararat K. Low temperature preparation of calcium phosphate structure via phosphorization of 3D-printed calcium sulfate hemihydrate based material. Journal of Materials Science-Materials in Medicine，2010，21（2）：419-429.

[80] 冯全胜，马笙，徐文秀，杨璐. 口腔3D打印模型与传统石膏模型精确性对比研究. 中国老年保健医学，2015（3）：80-81.

[81] Lowmunkong R，et al. Fabrication of Freeform Bone-Filling Calcium Phosphate Ceramics by Gypsum 3D Printing Method. Journal of Biomedical Materials Research Part B-Applied Biomaterials，2009，90B（2）：531-539.

[82] Lowmunkong R，et al. Transformation of 3DP gypsum model to HA by treating in ammonium phosphate solution. Journal of Biomedical Materials Research Part B-Applied Biomaterials，2007. 80B（2）：386-393.

[83] Wycisk P，Schimpf L. Visualising 3D geological models through innovative techniques. Zeitschrift Der Deutschen Gesellschaft Fur Geowissenschaften，2016，167（4）：405-418.

[84] 刘华博，赵毅鑫，姜耀东. 3D打印石膏试件力学性质实验. 力学与实践. 2017，39（5）：455-459，471.

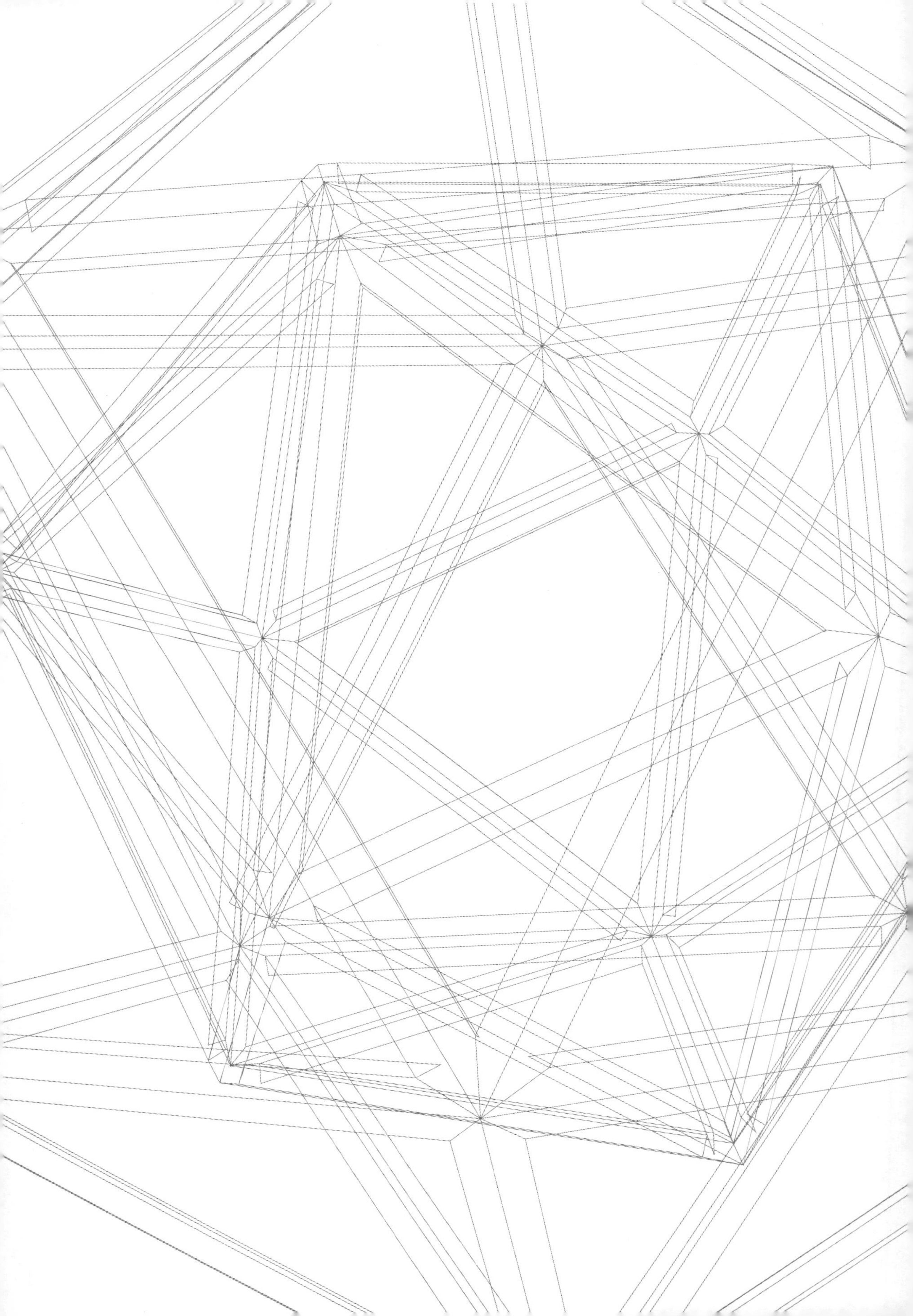

第 4 章
3D 打印玻璃材料

3D 打印技术通过对材料的逐层叠加制造实体产品，不需要任何模具，能简化工艺过程，缩短产品的研制周期。将 3D 打印技术用于玻璃器件的近净成形，可以极大地提高生产效率、减少材料浪费。同时，玻璃材料容易制成纤维、粉末和浆料，还可做成粒度分布均匀、流动性好的玻璃微珠或造粒粉，能够满足不同的 3D 打印成形方式。

4.1 玻璃工艺基础

4.1.1 玻璃特性与组分

玻璃的定义可分为狭义和广义两类[1,2]。狭义玻璃是指熔融物在冷却过程中不结晶的无机物质；而广义玻璃是具有转变温度 T_g 的非晶态材料，包括无机玻璃、金属玻璃、有机玻璃等。

玻璃可看作是一种快速固化的液体。从微观结构来看，其原子不像晶体在空间长程有序排列，而近似于液体的长程无序、短程有序状态，具有各向同性、无固定熔点，以及介稳性、渐变性等特点[2]。玻璃的原子排列无规则，固液转化在一定温度范围内进行，而且玻璃处于亚稳态，存在向析出晶体的低能量状态转化的趋势，在熔融或冷却过程中，其物理、化学性能连续渐变并且可逆。

常用玻璃主要为无机玻璃，按组成特点可分为元素玻璃、氧化物玻璃和非氧化物玻璃三大类[3]。元素玻璃是指由单一元素构成的玻璃，如硫玻璃、硒玻璃等；氧化物玻璃是最常见的玻璃品种，它借助氧桥形成聚合结构，如石英玻璃、硅酸盐玻璃、硼酸盐玻璃、磷酸盐玻璃等；非氧化物玻璃主要包括卤化物玻璃和硫族化合物玻璃，如氟化物玻璃（BeF_2 玻璃等）、氯化物玻璃（$ZnCl_2$ 玻璃等）、硫化物玻璃、硒化物玻璃等。

4.1.2 玻璃熔制与烧结

玻璃熔制是将各种原料的机械混合物变成复杂的熔融物，并进一步熔化为均质的玻璃液。

熔融玻璃流变性能的最主要指标是玻璃的黏度、表面张力和弹性。玻璃冷却和硬化主要决定于它在成形中连续地同周围介质进行热传递。这种热现象受到传热过程的抑制，以及玻璃液本身及其周围介质的热物理性质（比热容、热导率、透热性、传热系数）的影响。玻璃黏度-温度曲线和关键技术点的黏度范围如图 4-1 所示[4]。其中玻璃软化点（softening point）定义为黏度为 $10^{7.6}$dPa・s 时的温度。在软化点附近，玻璃会由于自重迅速发生形变，玻璃粉末的烧结和玻璃吹制就在这个温度区进行。

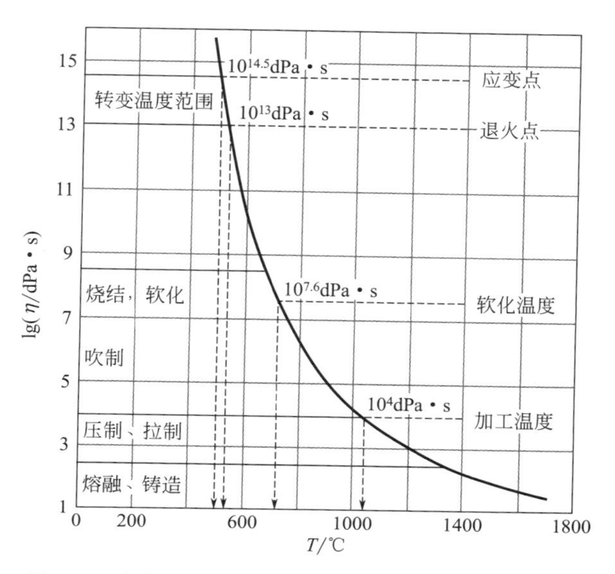

图 4-1　玻璃黏度-温度曲线和关键技术点的黏度范围

玻璃颗粒或粉末在高温下存在烧结的趋势，可通过颗粒重排、气孔填充等阶段成为整体，如图 4-2 所示。影响玻璃烧结的因素主要有玻璃成分、温度、时间和粒度等。玻璃的组分配比直接影响烧结温度范围。当玻璃颗粒的组分和烧结时间一定时，烧结温度的提高有利于玻璃颗粒中液相的产生，从而促进烧结。

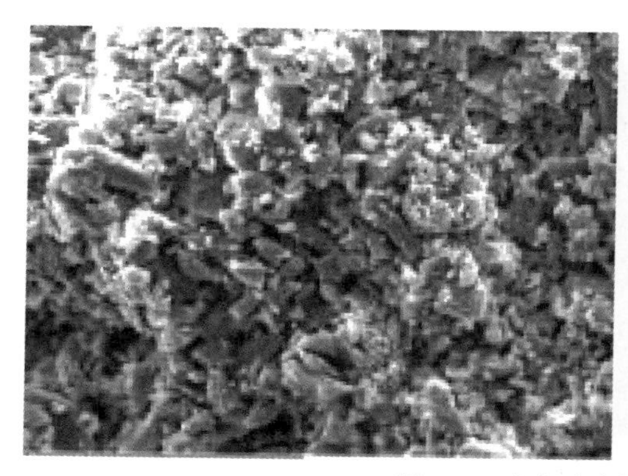
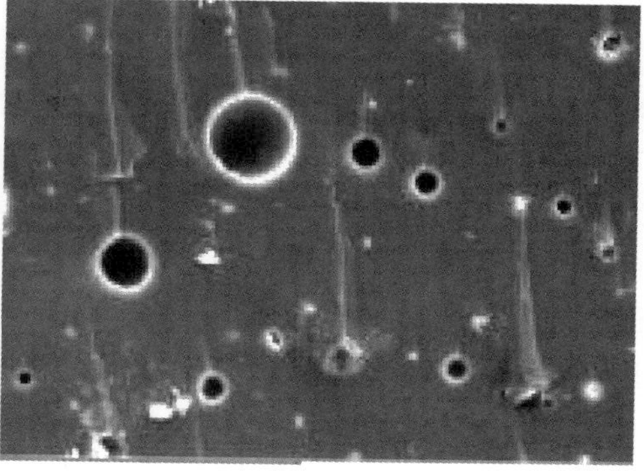

图 4-2　球磨玻璃粉与烧结后的玻璃

玻璃颗粒或粉末在高温下存在析晶和烧结两种趋势。对于结晶型玻璃，当烧结温度高于起始析晶温度时，玻璃粉末在烧结前发生晶化，在玻璃粉末表面和内部析出的晶体会使玻璃黏度升高、原子迁移率下降，对质点的迁移起到阻碍作用，容易出现孔洞等宏观缺陷，甚至玻璃颗粒无法通过烧结实现较高强度的黏结。因此烧结应在玻璃的析晶温度以下进行。

玻璃的烧结温度和析晶温度都随玻璃粉末粒度的减小而降低。粉末太细可能会使玻璃的析晶温度低于烧结温度，粉末太粗则会导致玻璃材料结构的不均匀。利用烧结法制备的玻璃材料中或多或少都存在气孔。为得到致密烧结的玻璃，应严格控制粉末的粒度分布，并尽可能采取不同粒度级配颗粒密堆积的方式。

4.2 用于3D打印的玻璃原料

玻璃可以加工制备成粉体、微珠、纤维、浆料等形式，能适应不同类型3D打印的成形方式。

4.2.1 玻璃粉与造粒粉

玻璃粉是通过粉磨等方法制备的外形不规则的玻璃微粒，常用粉磨设备如图4-3所示。粉磨过程中，由于机械力截断颗粒内部电价键，产生带正或负静电颗粒。当正、负静电颗粒之间的互吸作用足以克服颗粒质量时，颗粒发生团聚[5]。当粉碎与团聚平衡时，即达到“逆粉磨”平衡点，粉体颗粒达到极限值。通过添加合适的分散剂（表面活性剂），可以屏蔽粉体断裂时所产生的正、负活性点，减弱粉体的团聚趋势，从而推迟“逆粉磨”行为。通常采用球磨机、气流磨的干法研磨方式，玻璃粉的中值粒径 D_{50} 的极限为 $2\sim3\mu m$。而采用砂磨机等湿法研磨，可得到 $D_{50}<0.5\mu m$ 的玻璃粉。

为适应3D打印的铺粉工艺，避免细玻璃粉的团聚和黏附，可以使用有机黏结剂将玻璃粉末制备成流动性良好的球形造粒粉，如图4-4所示。常用的黏结剂有聚乙二醇、聚乙烯醇、石蜡等。黏结剂加入量过少时，造粒粉韧性、塑性差，不易形成规则的球形；而黏结剂加入量过多时，影响玻璃的烧结性能[6]。

常用造粒设备为喷雾造粒塔，它具有干燥速度快，产品流动性和分散性好的优点。设备由干燥室、加热器、离心风机加料系统、压力喷嘴雾化器及除尘系统等组成，如图4-5所示。将玻璃粉末与有机溶液制成均匀的料液，在干燥室内经压力喷嘴喷成雾化的微小液滴，与干燥热空气充分接触，极短时间内被干燥成球形颗粒，经筛分得到所需粒度分布的造粒粉。

由喷雾造粒的原理可知，影响造粒粉性能的主要因素有玻璃粉密度、粒度分布、有机物种类与含量、料液的固相含量、喷嘴口径、喷枪压力、热风入口与出口温度等。其中，喷嘴口径直接影响雾化液滴的粒径分布，进而决定造粒粉的平均粒径。喷雾造粒后，玻璃粉末

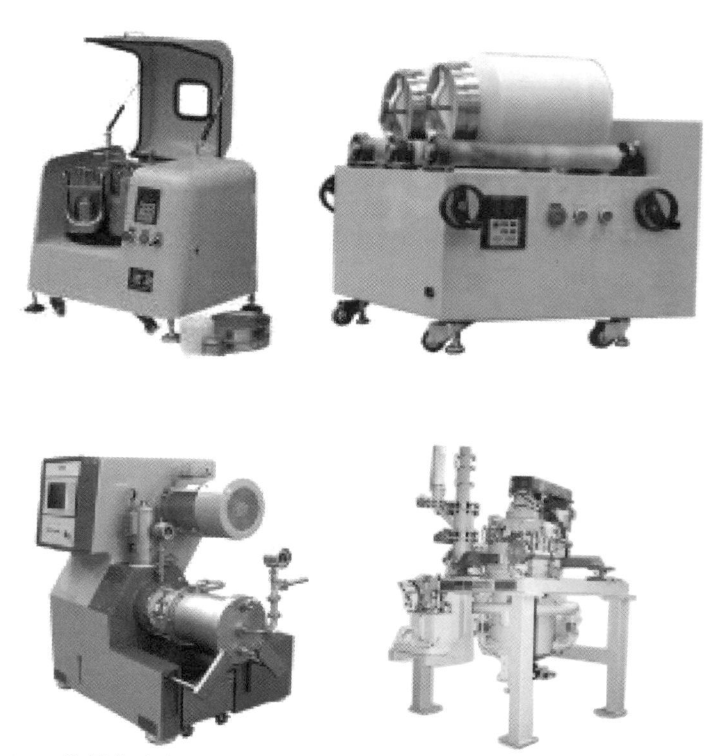

图 4-3 常用的玻璃粉磨设备（行星球磨机、辊磨机、砂磨机、气流磨）

图 4-4 玻璃造粒粉

与有机黏结剂结合为如图 4-4 所示球状的大颗粒。规则的外形保证了造粒粉的流动性，便于控制 3D 打印中铺粉厚度与填充密度。

使用造粒粉进行 3D 打印的优势主要为：

① 造粒粉流动性好，方便控制粒径分布，适合铺粉工艺；

② 与玻璃微珠相比，生产成本低，适合于多数玻璃材料；

③ 方便添加陶瓷粉、金属粉等多种填料，使玻璃具备各种不同性能。

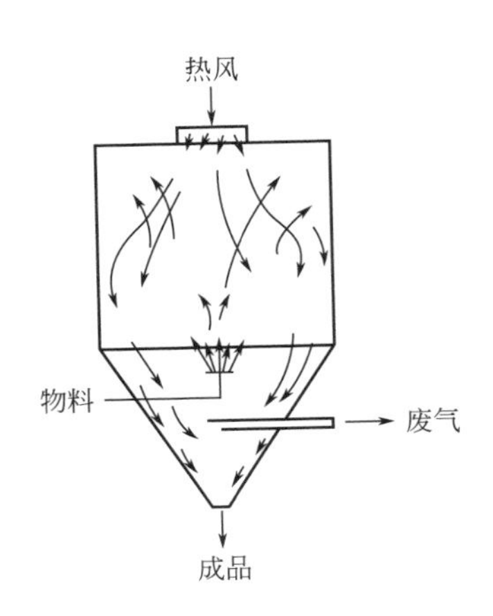

图 4-5　喷雾造粒塔及原理图

3D 打印对造粒粉的要求体现在以下两方面：

① 3D 打印的常用铺粉间距为 0.05～0.1mm，要求粒径 0.1mm 以下的造粒粉仍然具有较好的流动性。

② 造粒粉中的有机黏结剂影响 3D 打印效果。玻璃粉烧结软化后，未充分分解的有机物将被包裹在软化的玻璃体内，与玻璃组分或残余气体反应，使玻璃体发泡，降低玻璃强度和致密度。因此，使用造粒粉进行 3D 打印需要考虑黏结剂的充分排除。

4.2.2 玻璃微珠

玻璃微珠是具有规则球形外观的玻璃颗粒，如图 4-6 所示。它通常具有较好的流动性，可以满足铺粉的需要。按照形态可分为空心玻璃微珠和实心玻璃微珠。

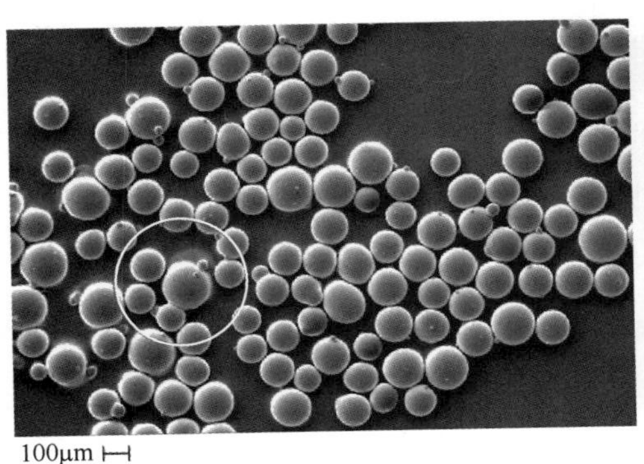

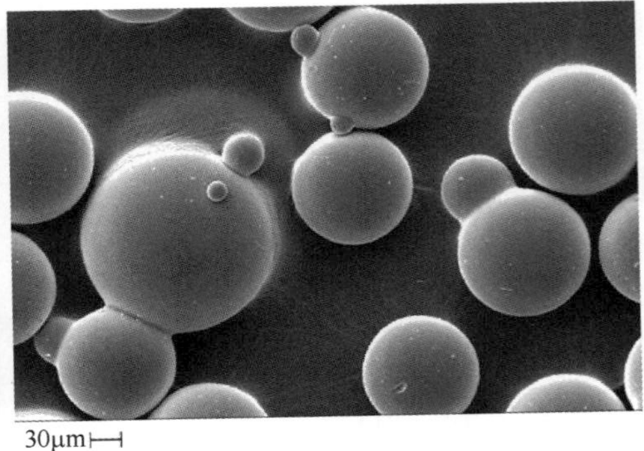

图 4-6　玻璃微珠的 SEM 照片

适用于 3D 打印铺粉工艺的是实心玻璃微珠，其生产方法主要有三种：火焰漂浮法、隔离剂法和喷吹法。火焰漂浮法是将玻璃粉碎成所需的粒度，通过布料器将玻璃粉末均匀地投

入成珠炉中，在热态的高温气流中加热熔融，在玻璃表面张力作用下形成球状的玻璃珠。为防止微珠间的相互黏结，在玻璃粉末受热成珠的同时处于漂浮状态，冷却、回收、分级后得到所需要的玻璃微珠。

4.2.3 玻璃纤维

玻璃纤维通常作为复合材料增强基材、电绝缘材料、耐热绝热材料、光导材料、耐蚀材料和过滤材料等，广泛应用于国民经济各个领域。

玻璃纤维生产工艺可分为坩埚法拉丝和池窑法拉丝。坩埚法拉丝被称为二次成形工艺，是先把玻璃配合料经高温熔化制成玻璃球，再将玻璃球二次加热至熔化，然后高速拉制成一定直径的玻璃纤维原丝。这种生产工艺工序较多，生产规模和自动化水平受到一定限制。池窑法拉丝被称为一次成形工艺，是将各种玻璃配合料在池窑熔化部熔制成玻璃液，在澄清部排除气泡澄清，再在成形通路中辅助加热，经池窑漏板，高速拉制成一定直径的玻璃纤维原丝。一座窑炉可以通过数条成形通路，安装大量拉丝漏板同时生产，如图4-7所示为中材设计建设的3万吨/年玻璃纤维池窑拉丝生产线。

图4-7　玻璃拉丝生产线（见彩图）

4.2.4 玻璃凝胶

溶胶-凝胶法是一种低温制备玻璃材料的工艺。它的基本原理是将金属氧化物的有机或无机化合物作为先驱体，经过水解-缩聚等反应形成凝胶，再经适当温度烧结制得玻璃。溶胶-凝胶法制备玻璃，通常以正硅酸乙酯（TEOS）为原料引入SiO_2，以钛酸四丁酯（TBOT）引入TiO_2，以Al、Mg、Zn、K、Na的无机盐引入相应元素。该方法的优点是材料均匀性好，可达到纳米级甚至分子级水平，可制备高温存在分相区或高温难熔的玻璃体系。此外，溶胶-凝胶法还可降低热处理温度，避免玻璃配料中某些成分在高温时的挥发，能够使材料成分严格符合设计要求。

溶胶-凝胶法制备玻璃的缺点是有机物含量高，排除有机物的过程复杂，使得生产周期长，成本高，环境污染大。另外，凝胶在烧结过程中有较大的收缩，使得制品变形量大，无法直接控制产品的尺寸精度。

4.2.5 玻璃浆料

玻璃浆料是在玻璃粉、功能相等无机粉体中加入有机载体，调制成具有一定流变性能的浆状，可通过印刷、涂布、流延、浸渍等方式在器件表面成膜，见图 4-8。玻璃浆料中无机粉体的含量通常为 50%～90%，粉体的粒度、形状、表面性质等都影响浆料性质。为便于印刷或涂布，玻璃浆料通常需具有适宜的黏度和可塑触变性，以形成高质量的膜层，保证印刷图案的准确性。

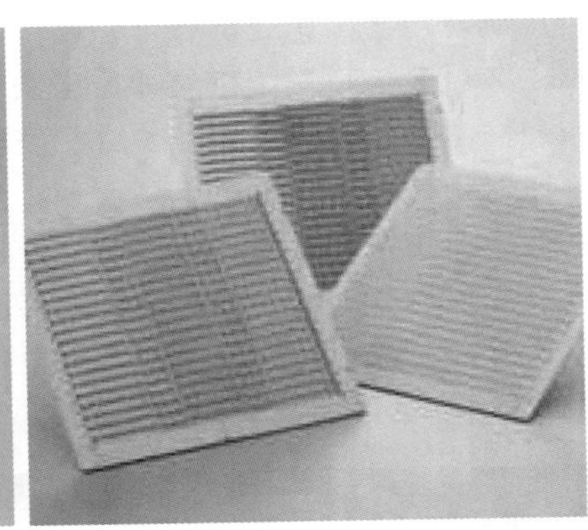

图 4-8　玻璃浆料及厚膜电路基板

有机载体是获得高质量、高稳定性玻璃浆料的基础，一般包括溶剂、黏结剂、分散剂等组成部分。

常用的溶剂主要包括松油醇类、多醇类、酯类等。溶剂中极性溶剂的含量越高则有机载体的黏性越强；溶剂在常温下必须有较小的挥发，在升温时又可全部挥发掉；此外，对有机黏结剂还要有较好的溶解性。

黏结剂是产生黏性的主要物质，和玻璃粉体等要有较高的亲和性。浆料中黏结剂的含量主要根据黏度调节和成膜强度的需要而定。如果黏结剂含量过低，膜层的强度和密度会受到影响；反之，如果过高，则会导致烧成后膜层中残留炭分的增加，影响厚膜的各项性能。常用的黏结剂主要包括聚乙烯丁醛、聚乙烯醇、亚克力树脂、聚乙二醇、甲基纤维素、乙基纤维素等。

分散剂多为表面活性剂，通过改善粉体表面和有机载体的亲和性来提高分散的效果和稳定性。分散剂改变粉体之间以及粉体与分散介质间的相互作用，使粉体表面吸附的极性有机官能团吸附缔结、形成立体网络结构，以提高浆料的悬浮性和流动性，防止分层、阻止絮凝。常用的有机分散剂主要包括卵磷脂、三乙醇胺、丙三醇单油酸酯、司盘 85、吐温 81 等。

除了溶剂、黏结剂、分散剂的选择之外，各试剂的添加量、溶存关系、混合顺序等，也对玻璃浆料的均匀性、稳定性产生很大的影响。

4.3 3D打印玻璃成形工艺

与金属、陶瓷及有机材料相比，玻璃材料特别是玻璃粉体、玻璃纤维在受热过程中容易析晶，影响烧结和致密化；再者，玻璃烧结软化过程中，容易产生宏观气泡缺陷，难以得到透明、均匀的块状玻璃，也难以满足尺寸精度的要求；此外，玻璃的热导率低，使用3D打印方式层叠堆积，容易产生内应力。

玻璃的以上特性，使得3D打印玻璃制品的研究和应用不同于其他材料。从成形工艺区分，玻璃材料的3D打印可分为传统的分层实体制造、直接打印成形和间接打印成形。

4.3.1 分层实体制造工艺

低温共烧陶瓷（LTCC）采用厚膜技术，根据预先设计的电路结构，通过生瓷带的逐层叠加将电极材料、基板、电子器件等一次烧成，是典型的分层实体制造（LOM）方法[7]。图4-9是LTCC器件的分层制造过程示意图。

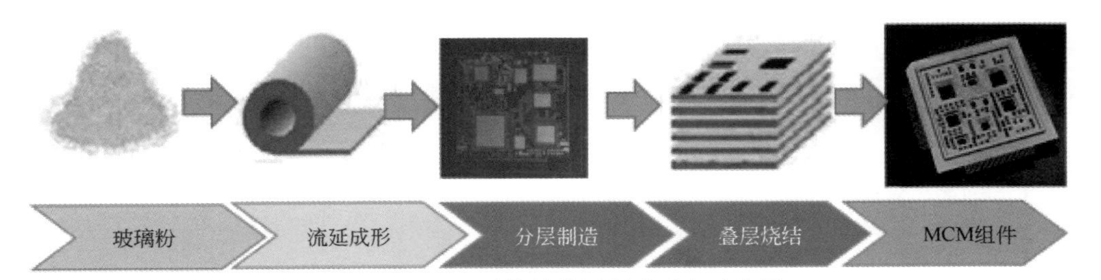

图4-9 LTCC器件的分层制造过程示意图

LTCC技术的原材料为生瓷带。它是将玻璃粉、陶瓷粉和有机载体混合成浆料，然后经脱泡、流延、干燥成为厚度0.05～0.5mm的瓷带。每层生瓷带表面通过导体浆料印制线路，需要上下层导体连通的部分采用穿孔、填充浆料的方式。多层生瓷带叠加、烧结后形成包含三维微电路的陶瓷基板。图4-10为LTCC基板和内部立体电路示意图。这种方法可以在极小的体积里制备出微型立体电路，实现电容、电感、滤波器等无源器件和电路板的高度集成化。目前的技术可以做到数十层生瓷带的叠加。

LTCC生瓷带的关键参数为烧结收缩率、介电常数、介电损耗、抗折强度、弹性模量等，由组成生瓷带的玻璃粉和陶瓷粉的配方设计和粒度分布等决定。为满足多层基板高布线密度、高精度和高可靠性要求，生瓷带必须有极高的批次稳定性，以保证规模化生产LTCC基板时各项性能的一致性[8]。自20世纪80年代起，IBM、Du Pont、Ferro、Tektronix等公司都相继开始研制和使用LTCC材料，开发出各种自有配方的LTCC生瓷带，形成了瓷

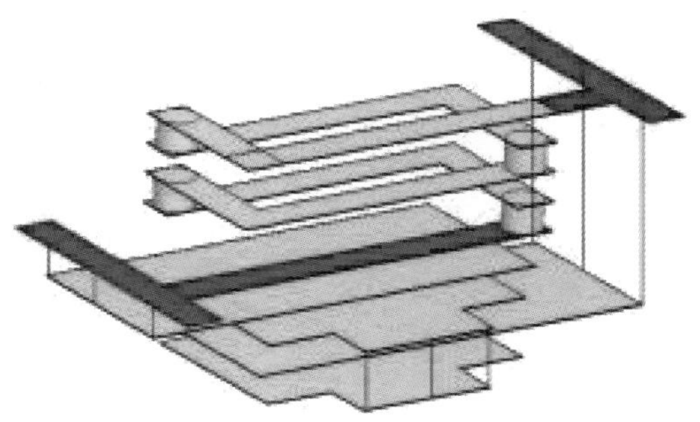

图 4-10　LTCC 基板和内部立体电路示意图

粉研发制备、生瓷带流延开发、导体浆料研发及 LTCC 基板加工的整个生产链。

采用 LOM 方法制备 LTCC 基板和其他玻璃材料，需要生产批次稳定性极高的生瓷带，而且逐层印刷、叠烧方式生产工序极多、过程控制复杂，不同于常见的、快速高效的 3D 打印方式。因此，新的 3D 打印技术正被尝试用于玻璃材料的制备，在玻璃工艺品、生物玻璃、光学玻璃等领域已出现大量 3D 打印的探索性研究成果。

4.3.2　直接打印成形工艺

3D 打印玻璃材料通常以玻璃粉、玻璃丝、浆料等为原料，通过逐层铺粉/送粉，送丝，或浆料喷涂堆积等方式成形。成形过程中玻璃粉直接烧结固化的，可称为直接打印成形工艺。常用的烧结热源为激光，它可通过振镜驱动实现复杂形状的高速烧结，还可通过功率调节焦点温度。太阳能、火焰等也可用于玻璃 3D 打印的热源。此外，玻璃熔体也被尝试用于玻璃体的堆积成形。

4.3.2.1　以粉体/颗粒为原料

2011 年，英国 Royal College of Art 毕业展展出了 Markus Kayser 在撒哈拉沙漠用太阳能烧结砂子的作品[9]。他使用了电脑控制的可自动铺砂、移动的砂箱和 1.4m×1m 的菲涅尔透镜。通过透镜将太阳光聚焦在砂子表面，焦点温度达 1400～1600℃，可以将砂子表面烧结熔融，形成相互黏结的玻璃态烧结体；配合使用砂箱移动装置，按设定程序控制太阳光焦点在砂子表面移动，烧结出所需形状的器皿（见图 4-11）。

这种艺术化的 3D 打印装置，完全利用太阳能和砂子，可制备出满足基本需求的实体玻璃结构。虽然目前实际应用价值不高，但仍然具有很好的启发性。在月球、火星等极端环境条件下，采用自然能源和有限原料，通过烧结成形打印建筑、器皿等，具有理论上的可行性和潜在的应用价值。

和以上艺术创作相比，采用激光为热源、逐层烧结特定组分的玻璃粉体或颗粒，可以得到具有实用功能的玻璃制品。

2003 年，新加坡国立大学 Gupta Manob 等使用激光选区烧结方法 3D 打印 Li_2O-Al_2O_3-SiO_2 玻璃粉末[10]。所用玻璃质量配比为 SiO_2 ∶ Al_2O_3 ∶ Na_2O ∶ SiO_2 ＝64.39 ∶

图 4-11　太阳能 3D 打印装置

25.21∶7.40∶3.00。混合均匀的原料在 1600℃熔制 4h，水淬后通过研钵研磨得到粒径63～90μm 的研磨粉，通过球磨得到粒度 10μm 以下的球磨玻璃粉。实验所用 CO_2 激光器焦点直径 0.3mm，功率设定为 10～50W，扫描速度 50～200mm/s。研究发现，颗粒较粗的研磨粉经激光烧结后出现球化现象，增加激光功率，玻璃烧结成球的直径增大。采用粒度小的球磨粉，激光器功率<20W 时，玻璃粉即可通过黏性流动相互联结；增大功率或降低扫描速度，烧结区域逐渐连接在一起；激光功率 30W、扫描速度为 150mm/s 时，玻璃粉烧结后成为整体，表面相对光滑、内部存在较多气泡；而激光功率为 40W、扫描速度<50mm/s 时，激光在粉体表面停留时间长、烧结能量过高，使得玻璃黏度低，在表面张力作用下，玻璃烧结体也出现球化等现象。因此，降低玻璃粉体粒径、选择合适的激光烧结参数，可通过 3D 打印方法得到较为均匀的块体玻璃。

2004 年，德国弗朗霍夫学会的 Klocke 等用逐层铺粉的激光选区烧结方法制备块状玻璃[11]。他们使用了平均粒径 30μm 的硼 33 玻璃粉，玻璃组分为 80.6% SiO_2、12.6% B_2O_3、4.2% Na_2O 和 2.2% Al_2O_3。玻璃的转变温度 T_g 为 552℃，退火点 565℃，软化点 820℃。

使用 SLS 设备 3D 打印玻璃，影响打印效果的主要因素为：层厚 d_n、激光功率 P_L、扫描速度 v_s 和扫描间距 h_s。扫描间距 h_s 主要影响样品的密度和表面粗糙度，合适的扫描间距为 $0.12mm \leqslant h_s \leqslant 0.18mm$。每层铺粉厚度 d_n 固定为 0.2mm 时，随激光功率增大，3D 打印样品的裂纹增多，如图 4-12 所示。激光烧结在短时间内聚集大量热量，导致硼硅玻璃烧结体内部产生热应力、引起开裂。激光功率大于 47W 时，样品因裂纹过多而断裂失效。因此，采用低功率 P_L 和低扫描速度 v_s 才能得到内部缺陷少的样品。

研究发现，采用低功率激光烧结成形的样品，再通过加热处理，可提高样品的致密度，

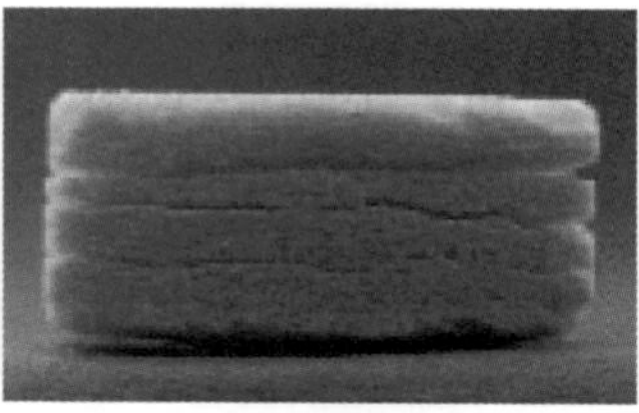

图 4-12　激光功率 P_L 分别为 14W（左）、32W（中）和 47W（右）时样品的照片

如图 4-13 所示。激光功率为 9W、扫描速度 v_s 为 225mm/s、扫描间距 h_s 为 0.15mm、铺粉厚度 d_n 为 0.1mm 时，3D 打印硼硅玻璃样品的致密度为 48.6%，尺寸精度 98%，表面粗糙度 152μm。在 600～800℃保温 6h，随温度升高，样品密度增大，而收缩率也随之增加；经 700℃热处理，可将样品致密度提高至 54.4%，同时减少内部裂纹。

	600℃	700℃	750℃	800℃
样品外观				
微结构				
ρ/%	49.7	54.4	63.3	96.4
收缩率/%	0	3.1	约8.0	约17.0

图 4-13　不同烧结温度样品的致密度和收缩率

2011 年，西班牙学者 Comesaña 用氩气气流吹送 60～150μm 的 45S5 和 S520 生物玻璃粉体，通过最大功率 140W 的 CO_2 激光烧结，逐层打印牙齿等生物玻璃器件[12]。45S5 玻璃主要成分为 SiO_2、CaO、Na_2O 和 P_2O_5，使用铂金坩埚在 1200℃熔制 3h，然后在 1400℃澄清 1h；S520 玻璃组分中多了 K_2O，熔制温度 1200℃，而澄清温度为 1350℃。两者玻璃的转变温度 T_g 分别为 560℃和 490℃，析晶起始温度为 673℃和 643℃。玻璃熔体经水淬、干燥、粉磨后，使用筛网选取 60～150μm 的玻璃颗粒，玻璃粉体形貌见图 4-14。3D 打印过程中气流量 1.8～8L/min，粉体吹送量为 20mg/s，粉体在气流中的传送速度可达（1730±250）mm/s，传送过程中受激光辐照时间约（295±45）μs。通过高速摄像机观察激光烧结过程，如图 4-15 所示。粉体在激光照射下烧结、熔融形成熔池，并捕获新的粉体颗粒。频率

图 4-14　用于激光烧结的玻璃粉体形貌（粒度<150μm）

13.5kHz、功率33W的激光以5mm/s速度移动，离开烧结区域后，玻璃温度以450℃/min的速度降低至900℃，然后以不同速率降低至600℃。对于45S5玻璃，900℃降温至600℃的平均速率约为（96±11）℃/min，而S520玻璃为（75±11）℃/min。

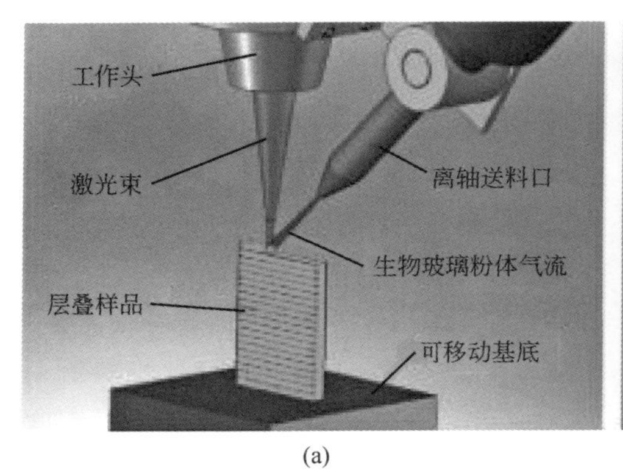

(a)

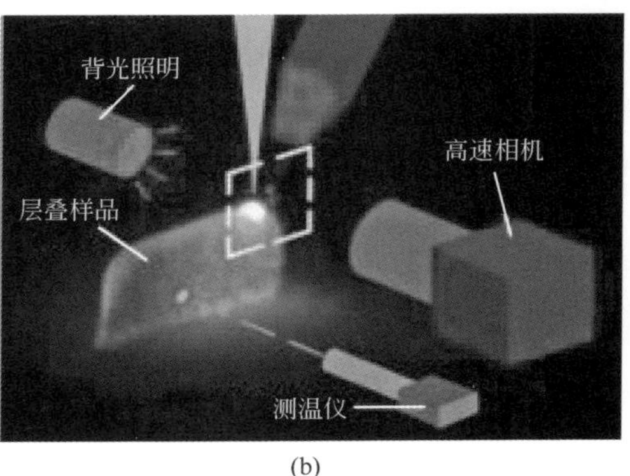

(b)

图4-15　3D打印设备示意图

完成烧结的样品如图4-16所示，最大尺寸约50mm，完成打印约需30min。玻璃体的断面有明显的波浪形层状结构。打印过程中，保持基底温度为225℃，可以防止玻璃体开裂。每层玻璃的上表面和激光直接接触，容易出现析晶。使用45S5玻璃的样品析晶明显，而使用S520玻璃的样品晶相主要在表面。通过改变玻璃组分和激光烧结工艺，可以抑制玻璃粉析晶，使完成烧结的生物玻璃满足致密度、硬度、强度等方面的需求。

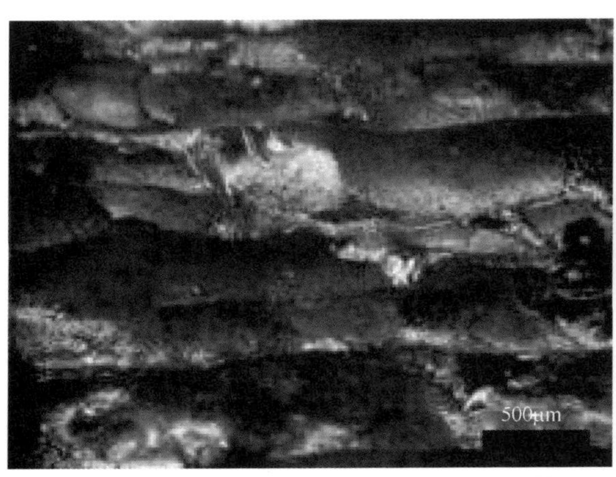

图4-16　3D打印人工骨的SEM照片与外观照片

在玻璃基体中掺入填料和碳纳米管，可增加3D打印样品的力学强度，提高其实用价值。Liu Jinglin等使用13-93生物玻璃为原料，研究了激光选区烧结制备生物支架材料，并探讨了碳纳米管增强方法的应用[13]。13-93生物玻璃的主要组分为53% SiO_2、20% CaO、6% Na_2O、4% P_2O_5、5% MgO和12% K_2O。玻璃在铂金坩埚中熔制，淬冷后用ZrO_2球和酒精介质研磨成平均粒径100nm左右的粉体。按不同比例掺入多壁碳纳米管（CNT），并使用高能球磨机混合均匀。使用SLS设备打印，每层铺粉0.1mm，激光器功率6W，扫描

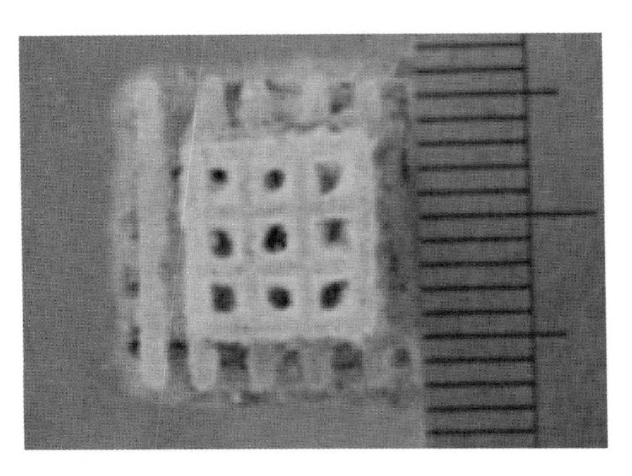

图 4-17　3D 打印 13-93 生物玻璃与 CNT 的混合物

速度 100mm/min，激光聚焦光斑 800μm。3D 打印试样见图 4-17。测试不同 CNT 含量时试样的力学强度。研究发现，CNT 加入量为 3%时，抗压强度和断裂韧性分别提升 75%和 49%，主要得益于 CNT 在玻璃基体中的拔出力高，并对裂纹具有桥联、偏转等作用。

玻璃还可作为黏结剂，用于生物材料的 3D 打印制备。中南大学 Deng Junjie 等研究了纳米生物玻璃黏结镁橄榄石（Mg_2SiO_4）的 3D 打印[14]。使用溶胶-凝胶法制备平均粒径 60nm 的 58S 玻璃，组成为 58%SiO_2、27%CaO、9%P_2O_5。按不同质量比例与平均粒径1～5μm 的镁橄榄石粉末混合均匀。使用 SLS 设备打印，激光器最大功率 100W，实际使用功率 9W，扫描间隔 2mm，扫描速度 100mm/min。使用刮刀控制每层玻璃厚度，层厚约 0.1mm。完成打印的样品如图 4-18 所示，相互连接的孔洞结构有助于生物组织的向内生长与再生。

图 4-18　完成打印的镁橄榄石增强 58S BG 玻璃

58S 玻璃的引入，促进了样品在模拟体液浸泡时表面形成磷灰石晶相，从而提高了样品的生物活性。58S 玻璃含量大于 30%时，激光烧结过程中，玻璃与镁橄榄石反应生成 $Ca_2MgSi_2O_7$ 晶相。58S 玻璃含量为 0～20%时，随玻璃含量增大，样品抗压强度逐渐增加；而 58S 玻璃含量大于 20%时，样品抗压强度逐渐降低。这主要是由于纳米级的 58S 玻璃粉体含量高时容易发生团聚，使得激光烧结的玻璃-镁橄榄石样品结构不均匀，降低了力学性能。

3D 打印技术还可用于功能性玻璃材料的制备。西班牙学者Rodríguez-López等以玻璃粉为原料，采用边挤出边激光熔封的方法制备 SOFC（固体氧化物燃料电池）的封接层，玻璃组分为 $47.5SiO_2$-27BaO-18MgO-$7.5B_2O_3$，设备和样品如图 4-19 所示[15]。玻璃转变温度 T_g 为（655±2)℃，软化温度 T_s 为（700±5)℃。使用铂铑合金坩埚将玻璃原料在 1550℃熔制 2h，水淬、研磨、过筛后得到粒度分别为 100～250μm 和 20～80μm 的两种玻璃粉。

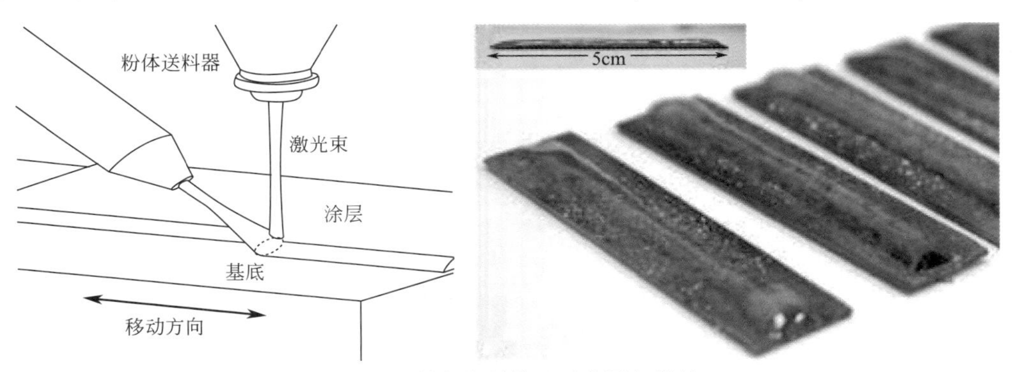

图 4-19　激光熔封装置示意图与样品

采用图 4-19 所示的装备，将玻璃粉熔封在 Crofer22APU 高温合金基底上。激光功率 90W、平均熔封速度为 1.25mm/s，所得熔封玻璃层厚度（1.7±0.1)mm，宽度（5.9±0.3)mm。

采用激光烧结熔封玻璃的缺点在于玻璃的热导率低，玻璃被激光熔融时，基底材料温度仍较低，使得界面熔封强度低。因此，将基底在 200℃预热，可以提高玻璃与合金界面的结合强度。完成熔封的样品中，玻璃层致密、均匀、无明显晶相，玻璃与合金界面存在 0.5～1μm 的成分过渡层。玻璃内部存在（290±40)MPa 的压应力，合金基底中存在 250～370MPa 的拉伸应力，通过后续热处理，可降低应力、提高熔封强度。这种方法大幅度降低了热处理温度、减少了 SOFC 封接的时间，但是这种激光熔覆的方法目前只适合厚度较薄的玻璃器件，打印层数较多时难以控制形变。

4.3.2.2　以玻璃微珠为原料

玻璃粉粒径小、表面积大，容易在静电吸附等作用下，出现团聚、黏附等现象，使得 3D 打印时铺粉不均匀，需要气流吹送或挤出送粉等辅助方式。和玻璃粉末相比，玻璃微珠粒径均匀、流动性好，适合于逐层铺粉的 3D 打印工艺。

2014 年，德国亚琛应用科技大学 Fateri 等用钠钙玻璃微珠进行激光选区烧结，得到了复杂形状的玻璃器件[16,17]。他使用波长 1070nm 的 Yb：YAG 激光器，以平均粒径 160μm 的钠钙玻璃微珠为原料，通过调节激光功率、扫描速度、扫描路线等工艺参数控制玻璃烧结质量，得到致密度达 93%、表面硬度与块体玻璃相同的玻璃制品。该工艺的关键点之一是采用了粒度合适、分布较窄的玻璃微珠，满足了 3D 打印对玻璃原料逐层铺粉一致性和均匀性的要求。

图 4-20 是使用不同参数激光烧结玻璃微珠的表面形貌。激光功率低时，玻璃微珠烧结不完全，存在大量孔隙，玻璃烧结体强度和致密度低；增加激光功率，烧结熔池区域增大，影响表面粗糙度和尺寸精度；增大扫描速度，玻璃烧结体的表面粗糙度随之增加。研究发现，适宜的参数设置为激光功率 80～100W、扫描速度 0.05m/s。

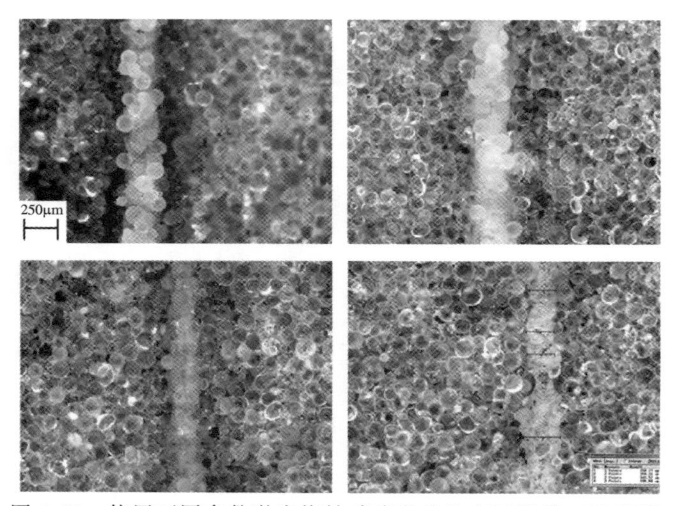

图 4-20　使用不同参数激光烧结玻璃微珠的表面形貌（见彩图）

不同激光扫描路径对 3D 打印玻璃样品有显著影响，如图 4-21 所示。扫描路径为螺旋形时，样品外形轮廓清晰，但内部变形较大；采用跳棋式的间隔扫描，样品表面出现明显条纹；采用随机扫描方式，熔池相对均匀、样品表面质量较高，但仍存在起伏变化。相对以上三种方法，采用直线扫描可以得到较为规则的外观形状。这是由于激光烧结质量既与扫描路径有关，也受降温冷却过程影响。采用直线扫描，每条线上的熔池受热过程相似、冷却速率均匀，使得样品整体烧结质量较高。

为进一步提高 3D 打印质量，采用了如图 4-22 所示的扫描方法，采用直线扫描方法，每层采用不同功率激光按相互垂直的方向扫描两次。第一遍扫描激光功率 20W、第二遍 80W 时，样品形状较为规则，但表面粗糙度增大。通过优化激光参数设置，可进一步提高表面质量、增加烧结致密度。

使用激光直接烧结的 3D 打印工艺，可制备出复杂形状的玻璃制品。如图 4-23 所示，激光功率 100W、扫描速度 0.05m/s 时，可制备出玻璃链、玻璃碗等形状的样品，而且表面未经加工处理即具备较高的光泽度。

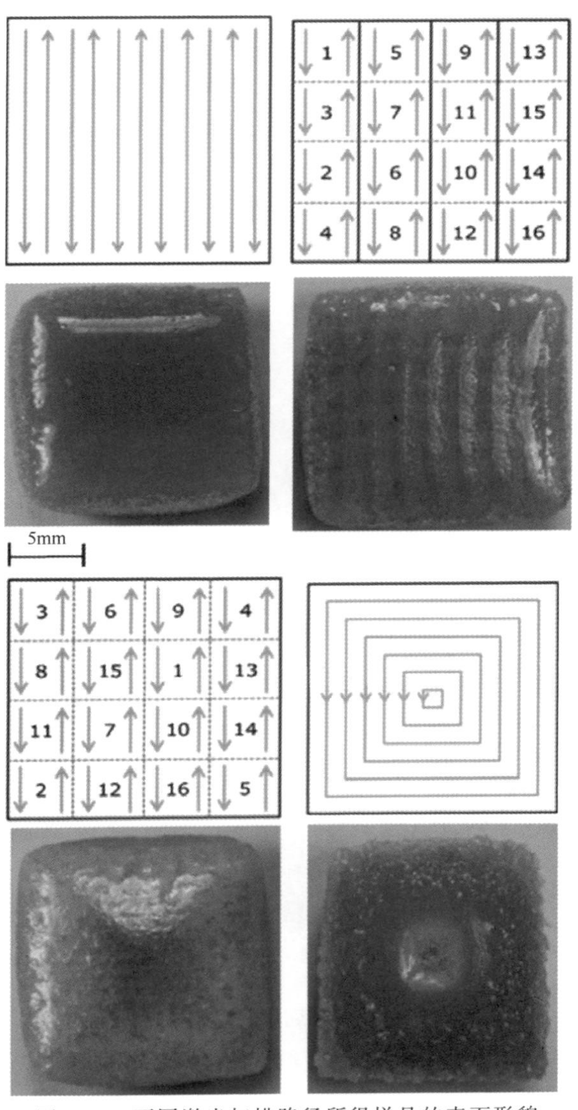

图 4-21　不同激光扫描路径所得样品的表面形貌

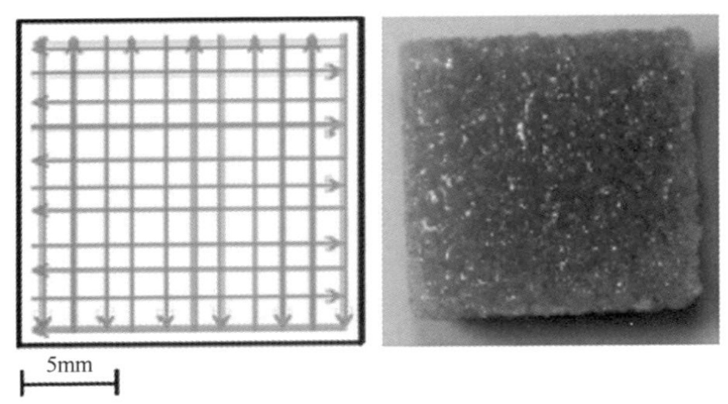

图 4-22　激光烧结样品的表面形貌

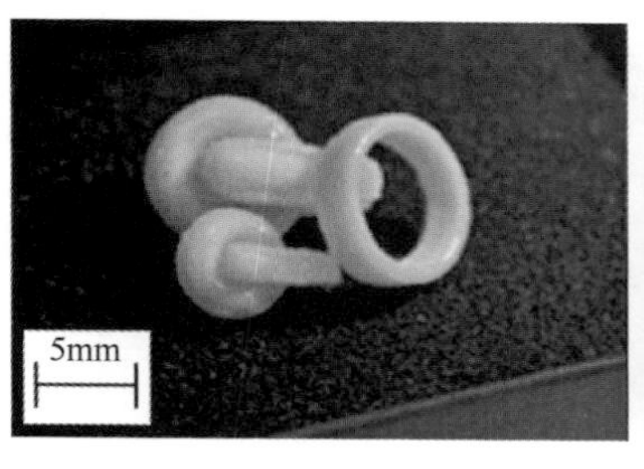

图 4-23 3D 打印玻璃制品

4.3.2.3 以玻璃熔体为原料

2015 年，中国科学院宁波材料技术与工程研究所 3D 打印团队研发了玻璃熔融沉积成形材料及相关技术[18]。针对玻璃高温熔融成形工艺，开发了耐高温、高精度的 Al_2O_3 陶瓷喷嘴及桌面级成形装备；通过优化 3D 打印工艺，解决了高温条件下的工艺稳定性，制备出了多种微结构成形、特征尺寸达到 50μm 以下透明件玻璃，如图 4-24 所示。

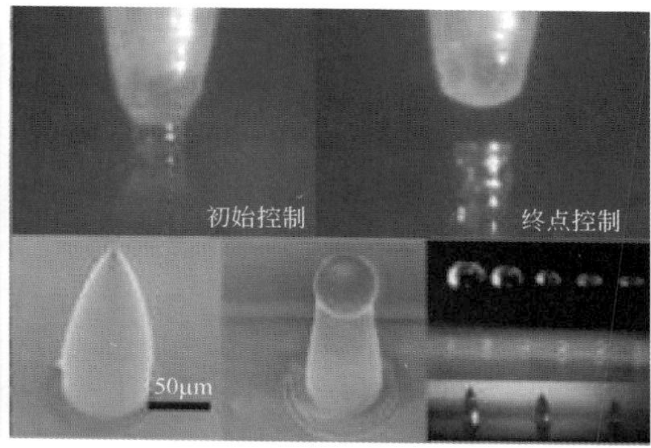

图 4-24 宁波材料技术与工程研究所 3D 打印玻璃的图片（见彩图）

同年，以色列 Micron 3DP 公司使用热挤出机，以熔融沉积成形方法，制备出硼硅酸盐玻璃器皿，如图 4-25 所示。打印过程中，玻璃的成形温度为 850℃[19]。

图 4-25 以色列 Micron 3DP 公司 3D 打印玻璃的图片（见彩图）

美国麻省理工学院（MIT）媒体实验室、The Mediate Matter Group 与 Lexus 制作了名为 G3DP2 的 3D 打印玻璃装置，可连续沉积 30kg 熔融玻璃，从而制备出了大型玻璃器件[20]，见图 4-26。该装置包括数字集成热控制和四轴运动控制系统，通过控制玻璃流量和空间精度，精确控制玻璃厚度和折射率等参数，创建出复杂的 3D 打印几何形状结构。

图 4-26　3D 打印的玻璃工艺品（见彩图）

Klein 详细介绍了 3D 打印玻璃所用装备和具体生产过程[21]。设备如图 4-27 所示，包括 X、Y、Z 三个方向的自动控制系统、1800W 的坩埚熔炉、3300W 的退火炉等部分。其中对玻璃成形起重要作用的是可控加热的漏料口，它由氧化铝瓷棒加工而成，可精确调节玻璃液流速。

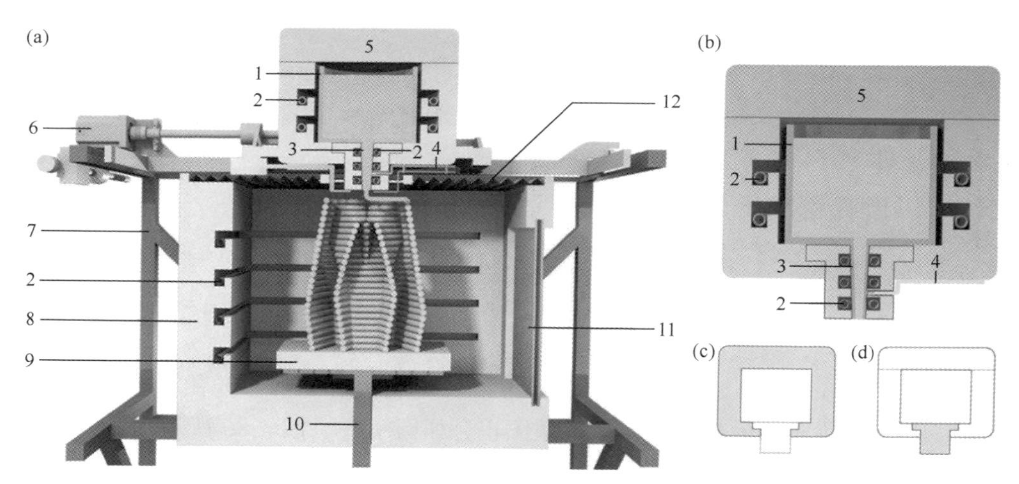

图 4-27　3D 打印玻璃设备示意图

(a) 剖面图；(b) 坩埚炉剖面图；(c) 坩埚；(d) 漏料口

1—坩埚；2—加热装置；3—漏料口；4—热电偶；5—可移动进料检修盖；6—步进电机；7—支撑框架；8—退火炉；9—陶瓷托盘；10—Z 轴传动系统；11—陶瓷视窗；12—绝热衬里

图 4-28 为玻璃熔体 3D 打印过程中的图片与温度分布。打印过程中，先将坩埚熔炉在 1165℃保持 4h 以上，使玻璃充分熔制，再澄清 2h，以消除气泡。开始打印时，熔炉温度设置为 1040℃，使玻璃液有合适的成形黏度；打印在退火炉中完成，温度设置为 480～515℃。这一温度高于玻璃转变温度，主要作用是消除已成形玻璃的应力、防止开裂。完成打印的玻

璃单层厚度 4.5mm，平均壁厚 7.95mm。在此基础上，综合利用形状设计和玻璃表面化学强化，对 3D 打印玻璃的强度和折射率进行调控，使产品达到了实用化的程度。

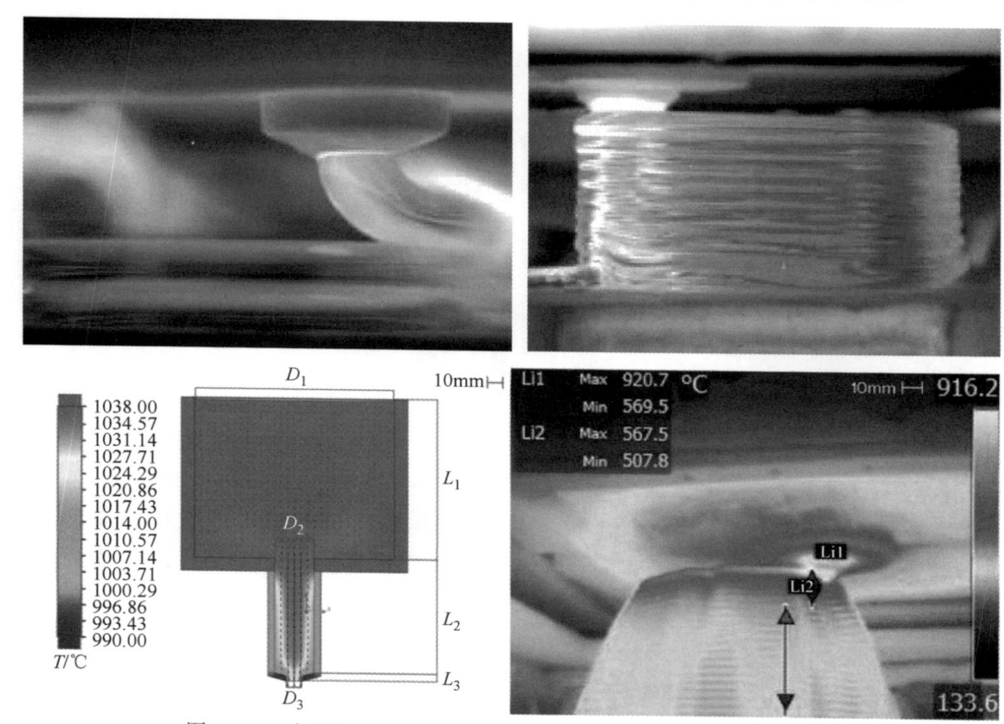

图 4-28 玻璃熔体 3D 打印过程中的图片与温度分布（见彩图）

4.3.2.4 以玻璃丝/纤维为原料

直接采用玻璃熔体 3D 打印成形，有助于保持玻璃透明的外观，但流出的玻璃液直径较粗、工作温度高，而且玻璃软化易流动变形，难以控制堆积成形精度。与之相比，玻璃纤维或玻璃丝的直径可控，因此也被用于 3D 打印。

2017 年，Stefanie Pender 等用小型机器人、火焰喷头、顶部敞开的炉子熔融沉积玻璃丝，实现了相对较为精确的玻璃制品的熔融沉积，如图 4-29、图 4-30 所示[22,23]。

采用直径 0.5mm 和 1mm 的 Bullseye 系列玻璃丝为原料，由自动送丝装置和机器人带动，实现三维运动；以氧气-丙烷为燃料，使用双火焰喷枪熔融玻璃丝。为保证成形体不开裂，玻璃丝熔融沉积在温度为 1150℃、顶部敞开的炉子中。通过以上装置，实现了相对较为精确的玻璃样品的 3D 打印成形。

Luo Junjie 等学者系统研究了以玻璃粉为原料和以玻璃丝为原料进行 3D 打印的异同，并采用激光选区烧结方法研究了逐层铺粉与送丝方法对样品性能的影响，如图 4-31 所示[24~28]。

采用钠钙玻璃粉为原料时，以功率 50W 的 CO_2 激光为热源，扫描速度 20mm/s，光斑直径 70μm，每层厚度 1mm，所得样品内部有大量气孔和热应力导致的小裂纹，使得样

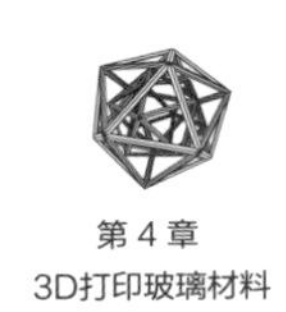

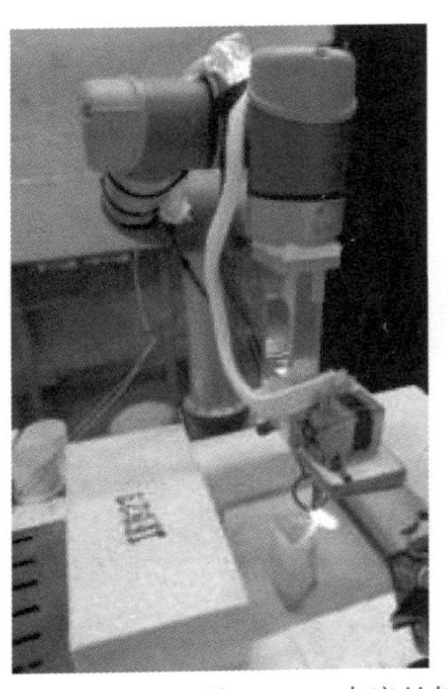

图 4-29　玻璃丝熔融打印装置与示意图

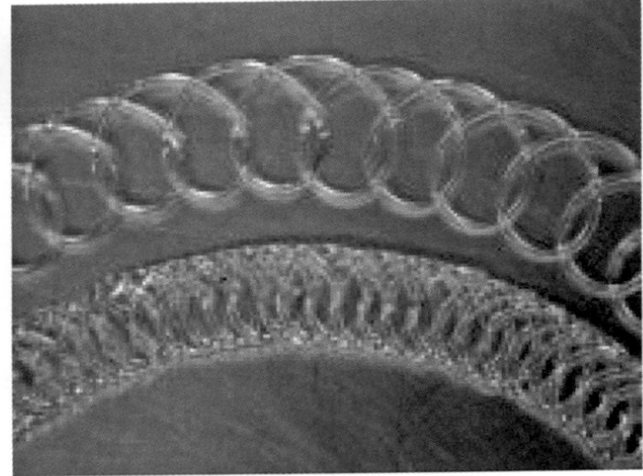

图 4-30　玻璃丝熔融成形样品

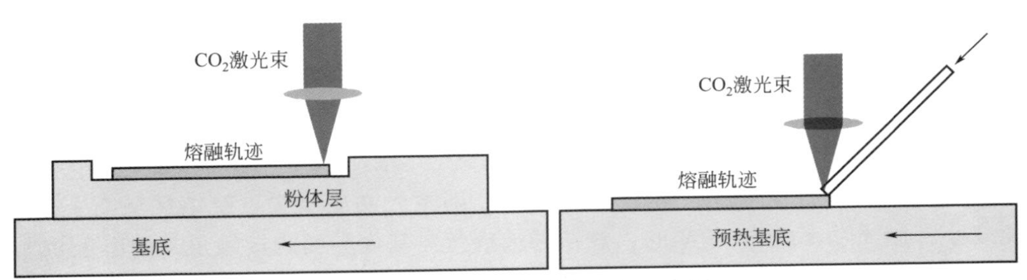

图 4-31　逐层铺粉与送丝方法示意图

品不透明、加工时断裂；而采用直径 1mm 的玻璃丝为原料时，送丝速度 1mm/s，激光功率 30W，扫描速度 0.5mm/s，基底温度保持在 530℃，可得到透明、无裂纹的玻璃样品，通过控制打印层数和玻璃丝运动路径，可直接打印出透镜状透明玻璃样品，如图 4-32 所示。

图 4-32　铺粉和送丝工艺样品对比

两种工艺所得玻璃样品的微观照片如图 4-33 所示。以玻璃粉为原料的样品内存在大量气泡。而以玻璃丝为原料的样品，在合适功率激光的作用下，熔融的玻璃丝与下层玻璃紧密结合，打印过程中不引入空气，因而可以得到致密、透明的样品。

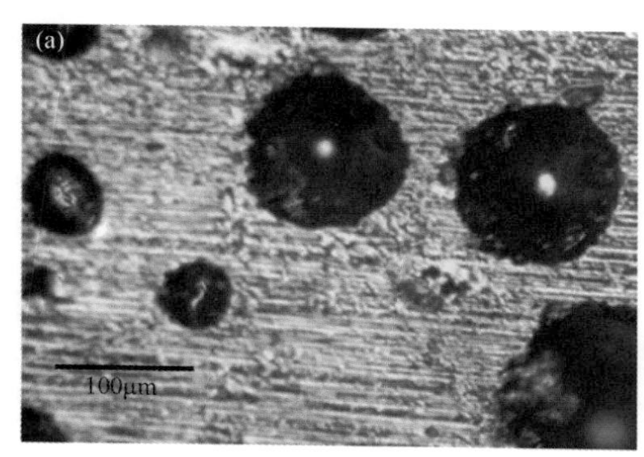

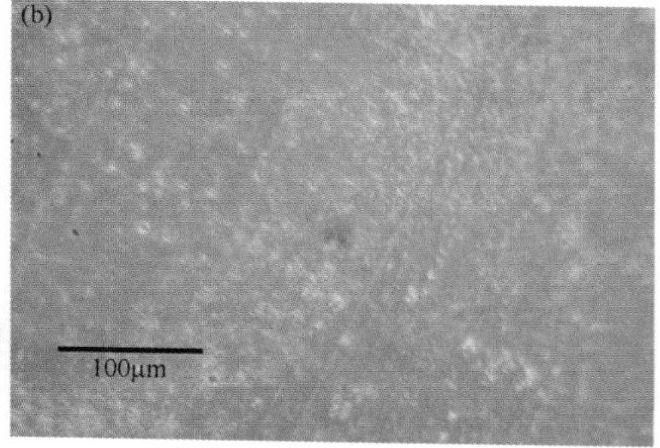

图 4-33　铺粉和送丝工艺样品的 SEM 照片

以玻璃丝为原料时，激光熔融区域的温度对样品形态和透明度有显著影响。激光功率 10W、扫描速度 0.5mm/s、送丝速度 1mm/s 时，熔池区域温度预测为 1223℃，被加热的钠钙玻璃黏度约为 1000Pa・s，玻璃不足以黏结成形，烧结后玻璃丝弯曲、断裂；激光功率为 20W 和 30W 时，对应熔池温度预测分别为 1554℃和 1791℃，玻璃丝完全熔融，3D 打印可持续进行。

激光烧结玻璃丝的断面照片如图 4-34 所示。随激光功率增大，烧结区域与下层玻璃的接触角变小。激光功率大于 35W 时，烧结的玻璃丝与基底界面的接触角开始小于 90°，说明玻璃熔融并与下层玻璃充分结合。但激光功率过大时，烧结区域温度过高，玻璃发生沸腾（reboil）现象，出现大量气泡，影响 3D 打印效果。

以玻璃丝或玻璃纤维为原料进行 3D 打印，还可实现玻璃预成形体的近净成形和重量精确控制。建材总院基于对红外玻璃光纤的长期研究，提出了利用玻璃纤维 3D 打印光学玻璃预成形体的技术方法[29]。通过激光烧结硫系玻璃纤维，快速制备精密模压用预成形体，适用于硫系玻璃透镜等高价值玻璃材料的生产，见图 4-35。

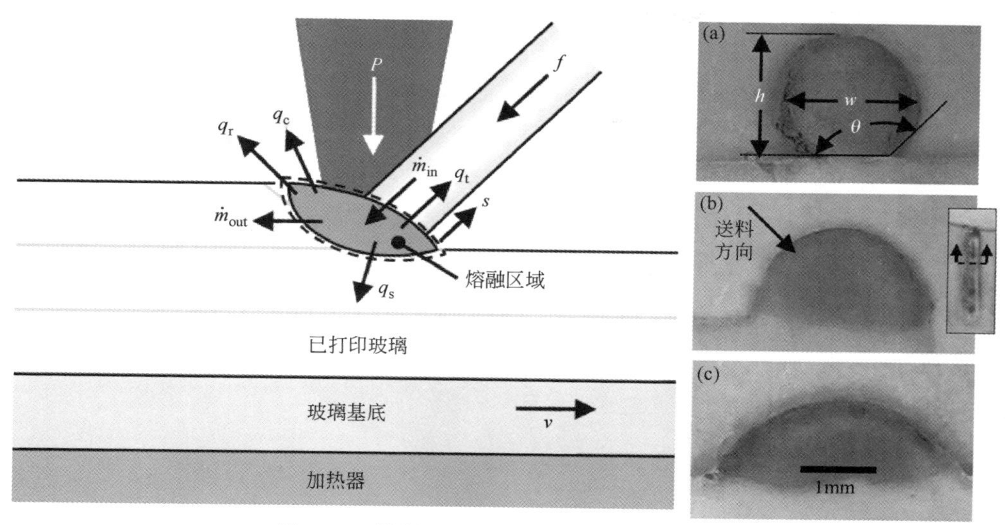

图 4-34 铺粉和送丝工艺样品的 SEM 照片

图 4-35 硫系玻璃及制品

4.3.2.5 以玻璃浆料为原料

2006 年，华中科技大学曾晓雁教授用激光微细熔覆技术在 Al_2O_3 基板材料上烧结 BaO-ZnO-ZrO_2-Al_2O_3-SiO_2 微晶玻璃介质浆料，得到了立体结构的厚膜电容器[30,31]。他采用微喷系统的均匀喷涂或微笔直写方法在基板预置浆料，烘干后用激光跟踪扫描烧结需要留下的区域，再用酒精洗去未扫描区域，得到所需结构，设备结构原理如图 4-36 所示。

激光微熔覆过程的实质为瞬时液相烧结。研究发现，浆料黏度的大小直接影响介质膜的厚度和固体含量，进而影响介质膜的致密性和成形性能。浆料黏度为 120Pa・s 时，激光烧结的介质膜上分布较多的针孔；黏度为 100Pa・s 时，介质膜均匀、致密；黏度为 80Pa・s 时，介质膜被烧穿，出现大量孔洞，如图 4-37 所示。激光离焦量、加工功率、扫描速度、两相邻线间距等参数也直接影响介质材料的烧结效果。激光加工功率 25W、扫描速度 2mm/s、离焦量 1.5mm、两线间距为 0.2mm 时，在 Al_2O_3 基板上可制备出厚度 4μm 的厚膜电容器。

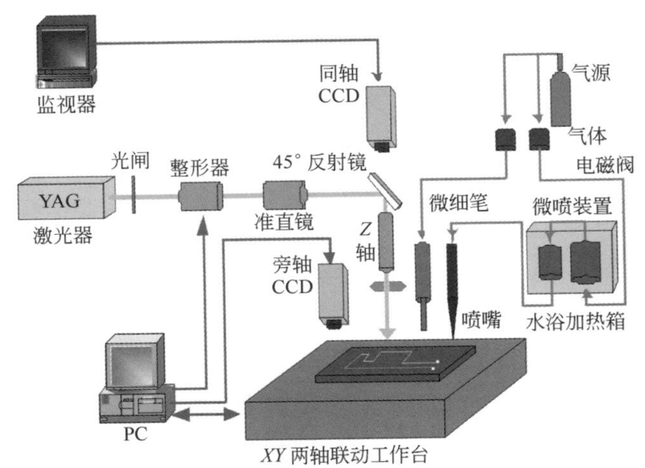

图 4-36　激光微熔覆设备结构原理图

(a) 120Pa・s　(b) 100Pa・s　(c) 80Pa・s

图 4-37　不同浆料黏度下激光烧结介质膜的扫描电镜照片

采用激光微熔覆技术制备的厚膜电容、电阻、电感如图 4-38 和图 4-39 所示。这种方法不需要制作掩模和高温烧结，所得介质膜致密性和均匀性高，可应用在单层、多层以及复合电子元件、电路的制备和修复中。将微细笔和微喷装置用于浆料预置，还可提高材料利用率，并在同一基板预置不同材料，实现多种材料和多层材料的 3D 打印制造。

图 4-38　陶瓷基板上的厚膜电容

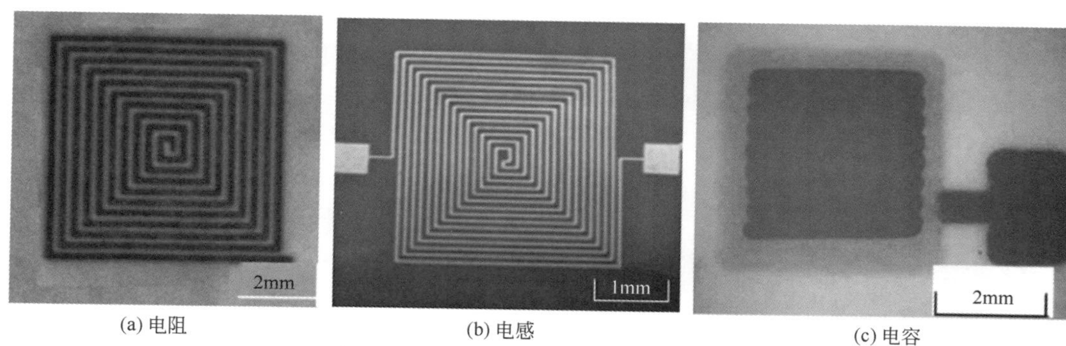

(a) 电阻　(b) 电感　(c) 电容

图 4-39　激光微熔覆技术制备电子元器件

4.3.3 间接打印成形工艺

玻璃材料 3D 打印工艺中，采用一次性直接成形的方法，普遍存在成形精度较低、样品形变较大的问题。为提高 3D 打印玻璃的精度和工艺稳定性，部分学者开发了先逐层打印成形、再烧结固化的间接 3D 打印工艺，拓展了可用于 3D 打印的玻璃材料范围，同时可将更多种类的 3D 打印设备用于玻璃材料制备。

4.3.3.1 三维黏结成形

三维黏结成形（3DP，也称黏结剂喷射成形）具有成形速度快的优点。它通过喷头喷黏结剂，将所需截面逐层“印刷”在材料粉末上，从而固化成形。三维黏结成形技术用于玻璃材料 3D 打印时，需要在成形后加热烧结，排除黏结剂并使玻璃粉固化成形。

Bergmann 等采用三维黏结成形方法打印制备了人工骨关节[32]。首先在 1000℃烧结合成 β-磷酸钙（β-TCP），在 1300℃熔制得到 SiO_2-Al_2O_3-CaO-Na_2O-P_2O_5 体系的 BGH 玻璃；然后使用球磨机，以水为介质，将 40%β-TCP 和 60%BGH 玻璃研磨并混合均匀，制备成浆料；接下来在 230℃的喷雾干燥器中制备成造粒粉，如图 4-40 所示。

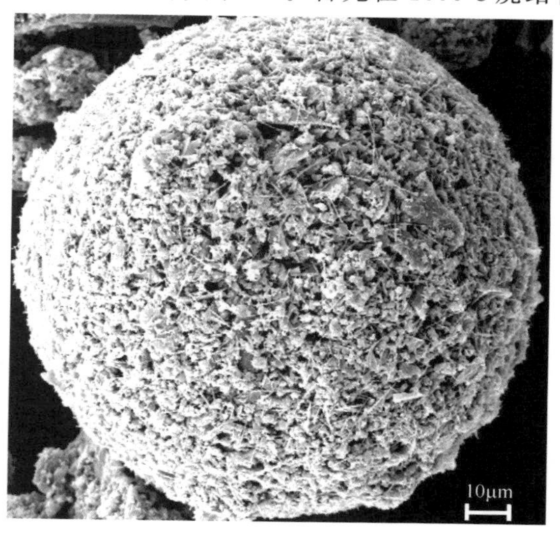

图 4-40　造粒粉（40%β-TCP 和 60%BGH 玻璃）

3D 打印所用黏结剂为异丙醇和磷酸或焦磷酸的混合溶液，打印每立方毫米造粒粉所用黏结剂为 0.376～0.94mL，每层粉厚 25～1000μm。打印完成的坯体在 1000℃烧结，这一温度低于 α-TCP 的形成温度（1125℃），以得到强度满足使用要求的样品。图 4-41 为完成打印的样品。这种方法的打印精度可达 50μm，主要不足在于完成烧结

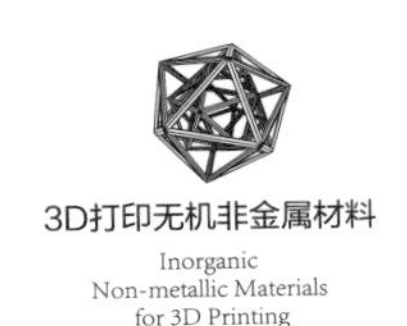

的样品在骨移植实验中存在部分降解，降低了新生骨组织的力学强度。未来研究中可通过优化样品结构和孔隙率解决降解问题。

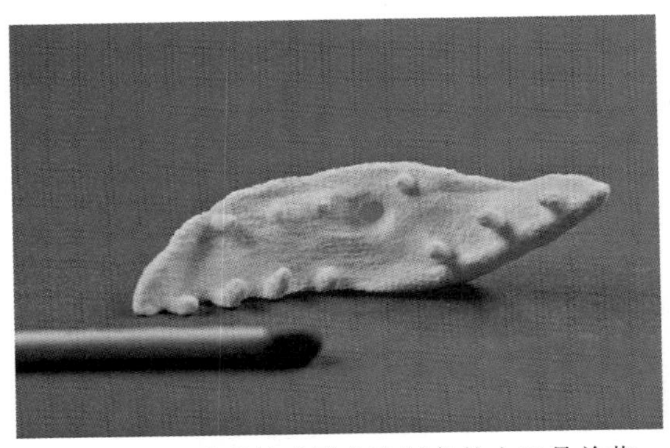

图 4-41　三维黏结成形方法制备的人工骨关节

意大利帕多瓦大学的 Zocca 等也使用三维黏结成形方法，以玻璃粉、陶瓷先驱体、填料等为原料制备生物微晶玻璃支架[33]。

陶瓷先驱体（preceramic polymer）为粒径小于 100μm 的聚甲基硅倍半氧烷（polymethylsilsesquioxane），它在各种有机溶剂中有良好的溶解性。填料为 $CaCO_3$ 和 AP40 玻璃，AP40 玻璃组成为 44.30SiO_2、31.89 CaO、11.21 P_2O_5、0.20 K_2O、4.60 Na_2O、2.80 MgO 和 5.00 CaF_2，结晶后形成磷灰石-硅灰石晶相。玻璃在铂金坩埚中 1550℃熔制 3h，粉碎后过 45μm 的筛网。

玻璃、陶瓷先驱体与填料的混合物在辊磨机中干磨 3h 后造粒，得到粒径 45～125μm 的造粒粉。使用 RX-1 型 3DP 打印设备，黏结剂为己醇和乙酸己酯的混合物，通过喷嘴喷在粉体表面，每层铺粉厚度 150μm，逐层打印得到坯体，如图 4-42 所示。完成打印的坯体以 2℃/min 升温速率，在 900℃保温 1h。

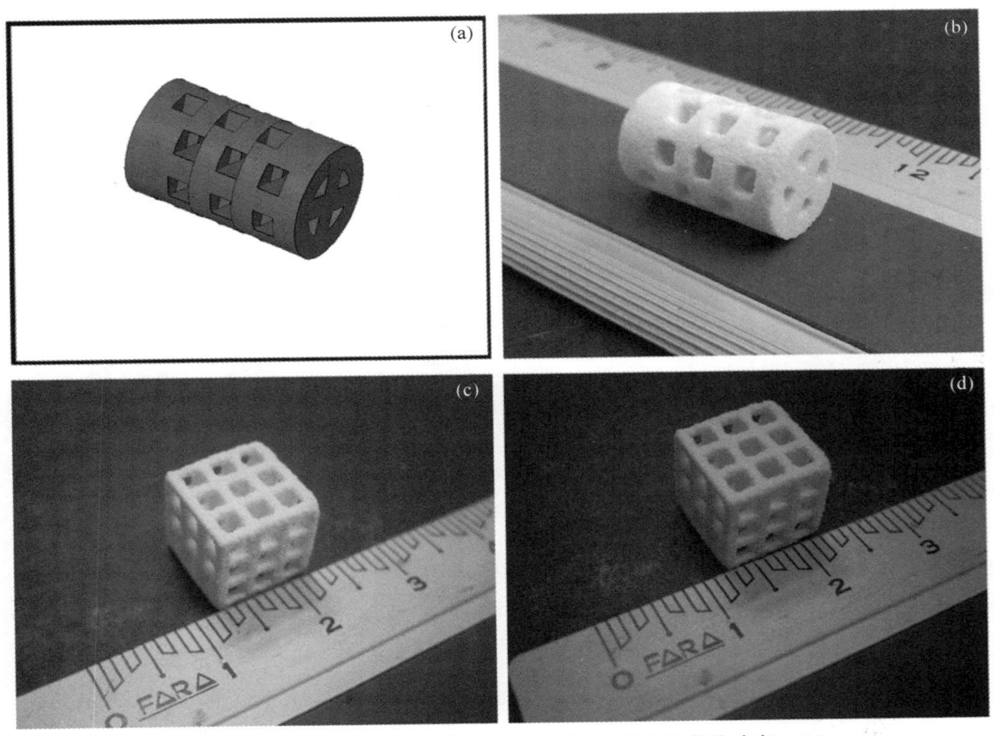

图 4-42　多孔支架的 CAD 模型（a）、热处理后的多孔支架（b）、打印成形的立方支架（c）及热处理后的支架（d）

陶瓷先驱体在打印过程中起到了双重作用，既作为非烧蚀性黏结剂，也与填料反应生成所需的生物陶瓷相。打印所得样品的气孔率为 64%（体积分数）左右，双轴抗弯强度 6MPa。细胞实验表明具有较好的生物相容性，植入生物体两周后可在表面生成较为致密的细胞层。

4.3.3.2 激光烧结成形

激光烧结玻璃所需能量通常较高，打印过程中发热量和玻璃形变较大，使得打印样品的内应力大。为解决以上问题，激光间接烧结成形工艺被用于玻璃样品制备。通常以玻璃粉和有机固化剂/黏结剂为原料，通过激光选区烧结固化有机物，获得所需形状的坯体；而后通过加热排胶和高温烧结，排除有机物使玻璃粉固化成形，得到所需要的玻璃制品。

激光间接烧结成形方法的关键在于选择合适的固化剂和打印参数。固化剂通常采用软化温度较低、热塑性较好的高分子聚合物。选区烧结时，激光加热使固化剂成为熔融态，流入玻璃粉空隙内，将玻璃粉黏结在一起而成形。此外，固化剂的烧蚀温度应低于玻璃的烧结软化温度，在玻璃软化变形之前能够充分分解，防止玻璃烧结过程中有机物在软化的玻璃体内发泡，影响玻璃性能。

激光间接烧结成形方法可用于生物玻璃制品的制备。Goodridge 等研究了 $4.5SiO_2$-$3Al_2O_3$-$1.6P_2O_5$-$3CaO$-$2CaF_2$ 玻璃的间接 3D 打印成形[34]。

玻璃的主晶相为磷灰石和莫来石，经熔制、水淬、粉磨和过筛后，得到粒度 45～90μm 的玻璃粉，并与 5%的丙烯酸黏结剂混合后，在辊磨机上研磨 1h。使用激光选区烧结设备打印成形，CO_2 激光器的输出功率为 100W，扫描速度为 250mm/s，扫描线宽为 1.1mm，相邻两条线的重叠率为 50%，层厚约 0.25mm。打印成形后，样品在 1200℃烧结 1h。经细胞毒性实验，采用玻璃直接成形和 3D 打印成形的样品具有相似的细胞毒性实验结果，说明激光烧结和后续热处理不改变生物玻璃的特性。

建材总院的徐博等研究了激光间接 3D 打印封接玻璃预制件的方法[35]。封接玻璃预制件是将玻璃粉末压制成所需形状，经排胶、预瓷化后成为具有一定强度的烧结体，它具有结合强度高、化学稳定性好等优点，可用于光学窗口、电连接器等的绝缘气密性封装，还可简化器件封接工艺，提高封接精度。与普通玻璃相比，封接玻璃预制件没有透明性的要求，对表面质量等要求也不高，适合于现有的激光烧结成形工艺。

实验所用封接玻璃粉体为 SiO_2-Al_2O_3-B_2O_3 体系，通过黏结剂聚乙二醇和喷雾造粒工艺，制备成流动性好的球形造粒粉，以适应逐层铺粉工艺。

实验研究了激光烧结 PEG 和聚苯乙烯（PS）的成形性能。PEG 的软化温度为 64℃，可在低于 300℃的温度下完全分解、挥发，但 PEG 的塑性和成形性能也相对较低，在较低功率激光作用下即软化变形，固化后无法将玻璃粉塑化成所需形状。PS 的玻璃化温度 T_g 为 80～90℃。加热至 T_g 以上后转变为高弹态，且在较宽的范围内保持这种状态，使其便于热成形。此外，PS 在高真空和 330～380℃下可剧烈降解，成为理想的激光烧结用固化剂，适合于普通玻璃的间接烧结成形。

分别将 15%、20%和 30%的 PS 粉末掺入玻璃造粒粉中，均匀混合后在 AFS360 快速成形机上进行 3D 打印。选择 30%的激光输出功率，每层铺粉高度 0.2mm，扫描速度

2000mm/s，打印高度 1.2～1.5mm、内外径不同的薄环，如图 4-43 所示。

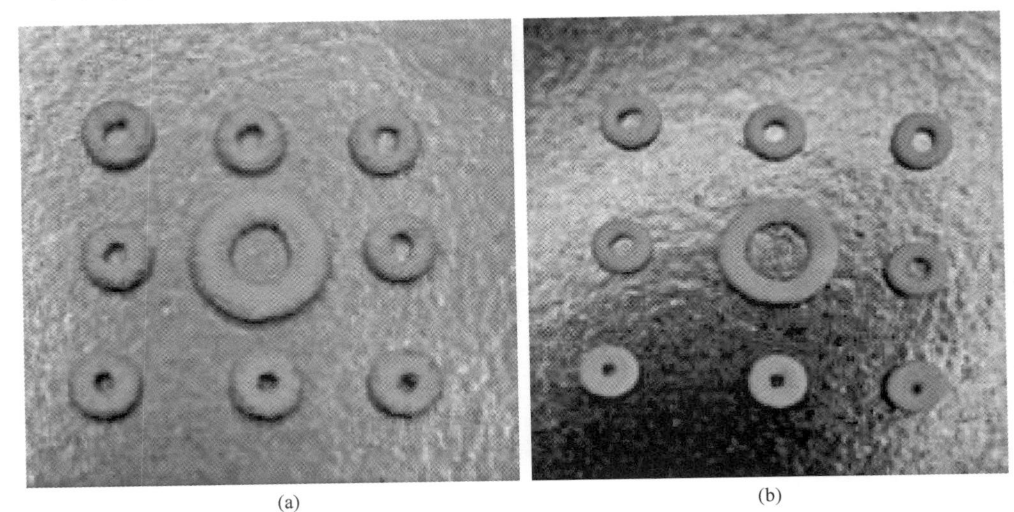

(a) (b)

图 4-43　3D 打印样品预烧结前（a）与预烧结后（b）的微观形貌

实验发现，添加 15%以上的 PS 固化剂可使打印成形的薄环形状规则、不变形；PS 固化剂含量 20%以上时，薄环具备足够强度，可满足运输、夹持的需要。随固化剂含量增大，内外径和厚度相似的薄环，平均质量增大。这是由于激光烧结致密度随固化剂含量增加而增大，相似尺寸的薄环质量也随之增加。

完成打印的薄环在 450℃保温 30min，充分排除有机物，而后在 750℃保温 10min，得到封接玻璃预制件。由图 4-44 的扫描电镜照片可知，预制件中玻璃颗粒相互黏结形成较为致密的烧结体，部分颗粒仍保持造粒粉的形状，而 PS 固化剂完全烧蚀。在薄环部分区域出现较大的孔洞等结构，这与固化剂颗粒的团聚有关。因此，在激光间接烧结的 3D 打印中，应提高固化剂与造粒粉的混合均匀性，从而减少烧结缺陷，提高预制件的重量均匀性和尺寸一致性。

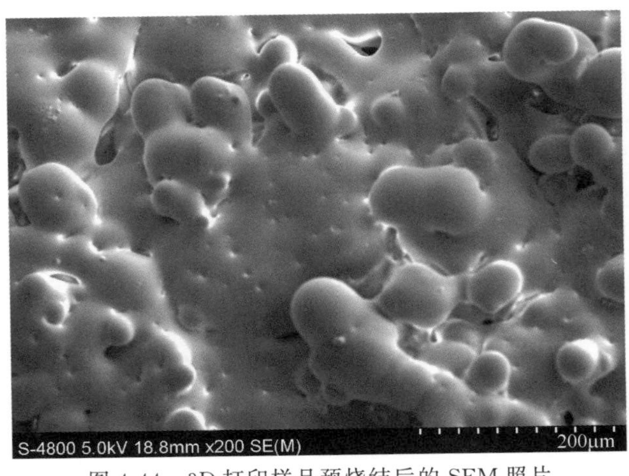

图 4-44　3D 打印样品预烧结后的 SEM 照片

4.3.3.3 浆料喷涂成形

惠普公司利用喷墨打印机方面的技术优势，开发了适用于玻璃浆料的单点微喷涂设备，提高了玻璃浆料 3D 打印的成形精度，如图 4-45 所示[36]。它将不同粒度的玻璃粉与有机黏结剂制成流动性好的浆料，通过逐层叠加成形、烧结玻化成为块状玻璃。所用的玻璃浆料中黏结剂为多糖类有机物，溶剂为水，喷射成形后再进行排胶烧结。

由图 4-45 可知，玻璃粉体粒径对打印效果有显著的影响。分别使用平均粒径 700nm 和 50μm 的玻璃粉，经过相同的打印成形和烧结工艺。平均粒径 50μm 的样品出现玻璃光泽，而平均粒径 700nm 的样品呈现陶瓷色彩。这是因为玻璃粉粒径与析晶倾向存在相互关联。使用较粗的玻璃粉，烧结固化过程中容易变形；降低玻璃粉粒径可实现更高的打印精度，但玻璃的析晶倾向增大，过细的玻璃粉在烧结过程中容易析晶，使玻璃失去透明性，难以得到以玻璃态为主的样品。因此，以浆料为原料进行玻璃制品的 3D 打印，样品的透明度和打印效果与玻璃粉粒径、颗粒级配有关。适宜 3D 打印的玻璃粉粒度范围为 38～75μm。

除了玻璃粉容易析晶以外，烧结后玻璃体内残余气孔也影响样品的透明度。气孔与浆料中未完全排除的有机物有关，也与浆料中混入的气泡有关，如图 4-46 所示。玻璃粉烧结时体积收缩、软化变形，将未排除的有机物和气泡包裹在玻璃体内，形成微气孔，使透射光散射、玻璃失透。因此，以玻璃浆料为原料进行 3D 打印，难以同时得到精度高、透明性好的玻璃器件。

(a) (b)

图 4-45 惠普公司的 3D 打印玻璃样品
(a) 使用平均粒径 700nm 的玻璃粉；
(b) 使用平均粒径 50μm 的玻璃粉

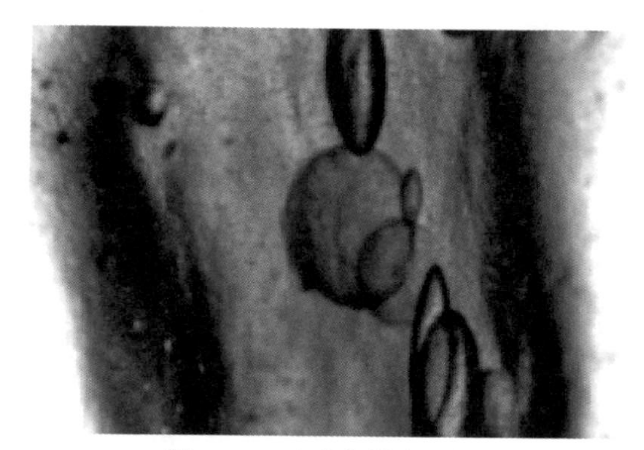

图 4-46 玻璃浆料中的气泡

使用玻璃浆料还可进行 LTCC 基板等不透明玻璃制品的生产。2017 年，贵州大学张派等将玻璃浆料挤出成形技术用于制备 LTCC 基板，研究了打印浆料的制备工艺过程以及各种添加剂的成分对浆料性能的影响[37,38]。

浆料的最佳制备工艺为：首先制备硼硅酸盐玻璃和 Al_2O_3 粉体，与溶剂按比例混合后，使用玛瑙研磨球在行星球磨机上球磨16h，转速400r/min，经干燥、研磨后，与增塑剂、黏结剂、分散剂和消泡剂混合搅拌2h；最后在0.01MPa真空除气60min，得到所需浆料。浆料的黏度随黏结剂含量上升而上升、随分散剂含量上升而下降；提高玻璃粉含量，浆料的黏度随之上升。当黏结剂/增塑剂比例为3∶2时，浆料黏度最小、流动性最佳。适合3D打印的浆料成分范围为：溶剂去离子水含量49%～55%，分散剂聚甲基丙烯酸胺含量0.5%～1.0%，黏结剂羟乙基纤维素含量4%～6%，增塑剂聚乙二醇和邻苯二甲酸二丁酯含量2.7%～4%，固相含量33%～37%。

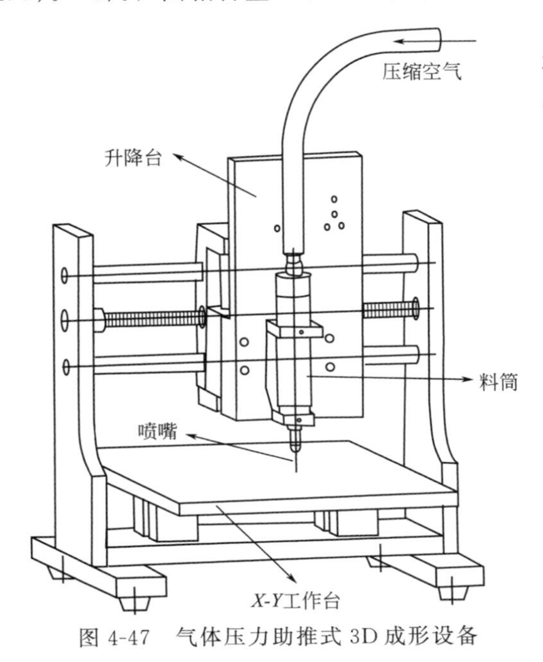

图4-47　气体压力助推式3D成形设备

使用气体压力助推式方法挤出成形浆料，研究了打印工艺参数对LTCC基板的影响。气体压力助推式3D成形设备见图4-47。基板的厚度主要由打印时喷嘴距离工作台的距离决定，当喷嘴直径为0.16mm、喷嘴距离工作台距离0.2mm、工作台移动速度6.67mm/s、气压为150kPa时，打印的基板表面粗糙度为0.9278μm，厚度为107.8μm。基板干燥过程中，采用室温自然干燥、合理控制基板的厚度、优化粉体粒度分布和溶剂含量，可避免产生开裂。

打印成形的LTCC基板经不同烧结工艺处理后，宏观、微观组织以及介电性能有所不同。以10℃/min由室温升到400℃、保温120min，再以20℃/min升温到875℃保温120min后，所得LTCC瓷片存在单一晶相、结构较为致密。收缩率X方向为19%、Y方向为15%，密度为2.4g/cm^3，2.4GHz条件下试样介电常数为6.5，介电损耗为9×10^{-3}。

以上方法提供了快速制备LTCC基板的途径。但目前尚无法解决层与层间导电线路连通的问题，而且有机载体含量高，烧结过程中收缩率难以精确控制。同时，样品部分区域气孔率较高，如图4-48所示。

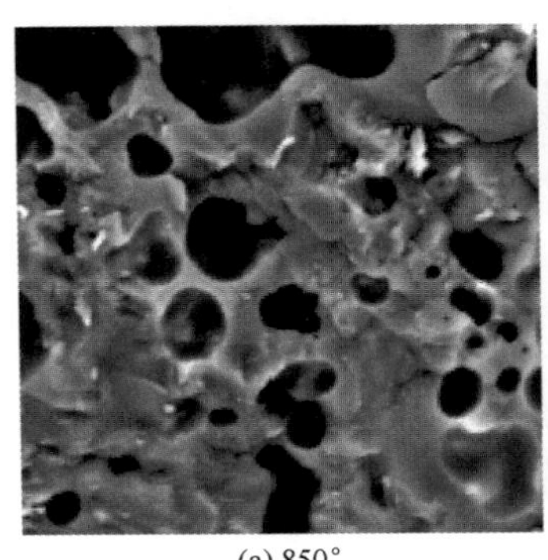
(a) 850°

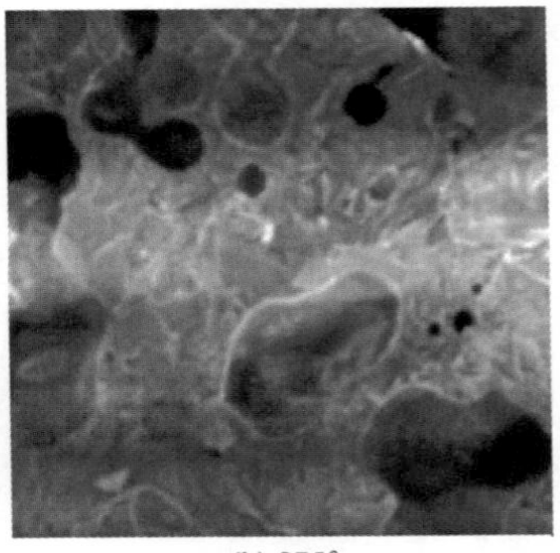
(b) 875°

图4-48　不同烧结温度下LTCC基板的SEM图

以玻璃浆料为主要原料的 3D 打印也被用于生物玻璃的制备。2015 年，悉尼大学的 Roohani-Esfahani 等使用 3D 打印方法制备了多孔微晶玻璃材质的骨组织支架[39]。

基础玻璃采用溶胶-凝胶法制备。以正硅酸乙酯（TEOS）、六水合硝酸锌、硝酸钙四水合物、硝酸锶等为原料，制备掺杂 Sr 的 $Ca_2ZnSi_2O_7$ 粉末（Sr-HT）。Sr-HT 干凝胶与 15% Al_2O_3 粉末混合后，研磨成不同粒度的粉体。在含有 45%（体积分数）以上粉末的水溶液中，加入 1%羟丙基甲基纤维素溶液和 1%聚丙烯酸钠（阴离子表面活性剂），然后用聚亚乙基亚胺溶液调节浆料的黏度。

浆料被灌注在注射器内，使用定制的 600μm 喷嘴，由 Hyrel 3D 公司的自动沉积装置带动进行 3D 打印。浆料沉积在表面涂油的 4mm 厚度的玻璃基体上，干燥 24h 后可取下，以 1℃/min 升温至 450℃以充分排除有机物，然后在 1250℃烧结 3h，得到 3D 打印玻璃样品，如图 4-49 所示。通过控制注射器的运动路线，可得到不同微观结构的样品，其中，六边形结构的样品抗压强度可达 110MPa。与普通样品相比，六边形结构样品还具有更好的抗疲劳性（1～10MPa 加载 1000000 次）、失效可靠性和抗弯强度（约 30MPa）。

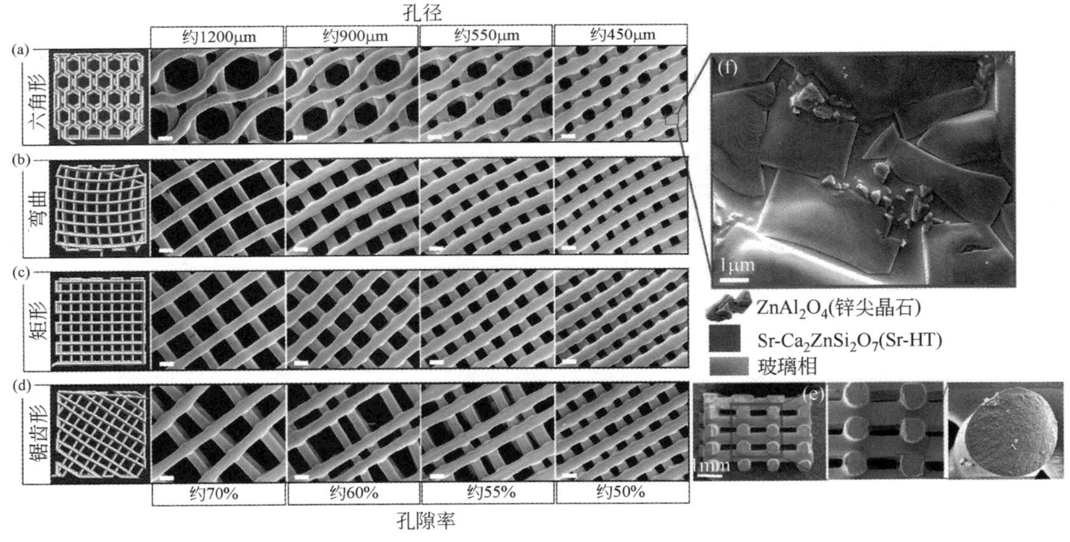

图 4-49　多孔支架的结构设计和微观形貌

（a）六角形；（b）弯曲；（c）矩形；（d）锯齿形；（e）多孔结构的 SEM 照片；（f）骨支架的物相组成

Luo Guilin 等采用 3D 打印技术，以 13-93 生物玻璃和海藻酸钠为原料，制备了人工骨关节[40]。

13-93 玻璃组分为 $6Na_2O$-$8K_2O$-8MgO-22CaO-$54SiO_2$-$2P_2O_5$，使用铂金坩埚在 1300℃熔制 2h，淬冷后研磨、过筛，使粉体粒度<40μm。13-93 玻璃与海藻酸钠按不同比例混合后，按 1∶5 比例与 PVA 溶液混合，充分搅拌后，装入直径 406μm 的打印针管，在电脑驱动下进行 3D 打印，如图 4-50、图 4-51 所示。针管压力为 400～500kPa，推进速度恒定为 25mm/s。打印成形的坯体在 $CaCl_2$ 的水溶液中浸泡 5h 使结构相互交联，然后用去离子水清洗三次。海藻酸钠作为有机基体，与 Ca^{2+} 通过胶凝作用形成稳定结构。13-93 玻璃作为

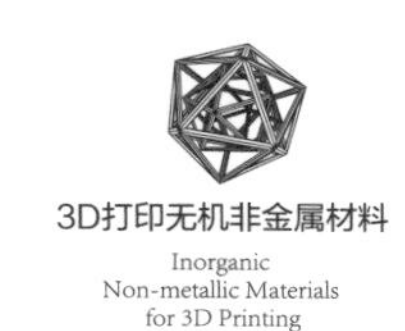

无机组分，提高力学性能、生物活性及磷灰石的矿化能力，进而提高成骨能力。

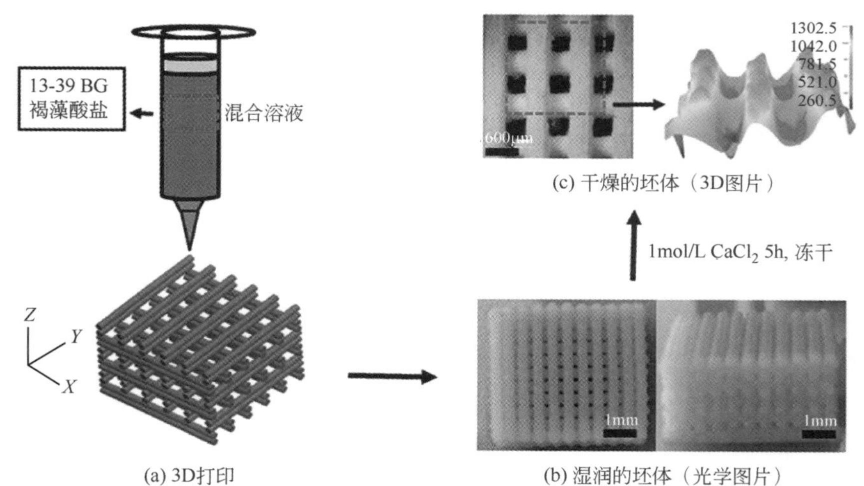

图 4-50　3D 打印 13-93 生物玻璃和海藻酸钠混合物的示意图（见彩图）

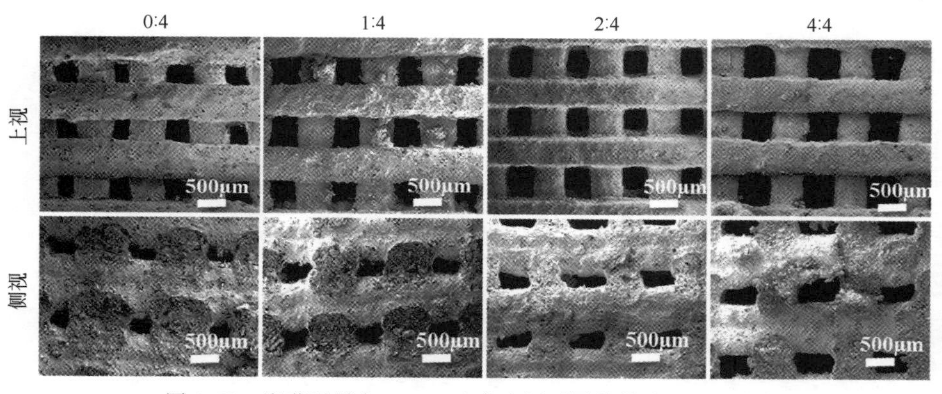

图 4-51　海藻酸钠与 13-93 玻璃比例不同的样品 SEM 图片

这种方法制备的人工骨具有相互连通的孔结构、适宜的孔隙率和可控的机械强度，有利于骨组织的生长。增加成分中 13-93 玻璃的含量，将提高孔隙率、降低收缩率。在进一步的力学实验中发现，13-93 玻璃均匀分布在海藻酸钠基体中，有助于提升结构稳定性、显著改善力学性能，最高抗压强度可达 (16.74±1.78)MPa，弹性模量 (79.49±7.38)MPa。

4.3.4　透明精细玻璃结构的制备

为进一步提高 3D 打印玻璃的实用价值，国内外学者开展了精细、透明的玻璃制品的 3D 打印技术研究。

2017 年，美国劳伦斯国家实验室 Nguyen 等使用先直写成形、再烧结固化的两步法，制备出可见光透明的亚毫米级玻璃结构[41]。他将含有 SiO_2 纳米颗粒的浆料从可编程控制的喷嘴中喷出，而后通过冷冻、蒸发或相变迅速固化成形，再经烧结成为透明玻璃。与直接成形熔融玻璃不同，两步法在打印过程中不需要高温，可以挤出更细的丝线，从而实现更高的成形精度。

这种方法的关键在于控制浆料的屈服应力和剪切稀化效应，使用的浆料必须有适合成形、固化的流变性能；在干燥过程中，既保持坯体形状不开裂，还要保持溶剂挥发后留下的通孔结构，便于烧结致密化过程中完全排除有机物；此外，成形的坯体还需要在低于 SiO_2 熔点的温度下，烧结成致密、非晶、透明的固体结构。Nguyen 等开发的浆料使用了亲水性的气相 SiO_2 纳米颗粒（CAB-O-SIL EH-5），分散在四乙二醇二甲醚中成为浆料。其中气相 SiO_2 同时作为玻璃的硅源和触变剂，四乙二醇二甲醚对纳米氧化硅有良好的分散性能。同时加入端羟基聚二甲基硅氧烷（PDMS）以强化材料结构，提高干燥过程的抗裂性。

打印过程中，利用喷嘴逐层直写实现坯体成形，而后经过了三个步骤的热处理，如图 4-52 所示。首先在 100℃保温 110h，在保持坯体形状完整的同时，逐步去除溶剂四乙二醇二甲醚，并形成开放的微观结构；接下来在 600℃保温，彻底去除有机物，体积收缩率约为 43%，成为完全通过化学键合的 SiO_2 粉体结合体；最后在 1500℃烧结 3min，得到透明、致密的玻璃，密度可达 $2.2g/cm^3$。通过控制浆料中 SiO_2 粉体含量，可调节样品总的体积收缩率。作者利用以上方法制备了多种结构的玻璃体，如图 4-53 所示。

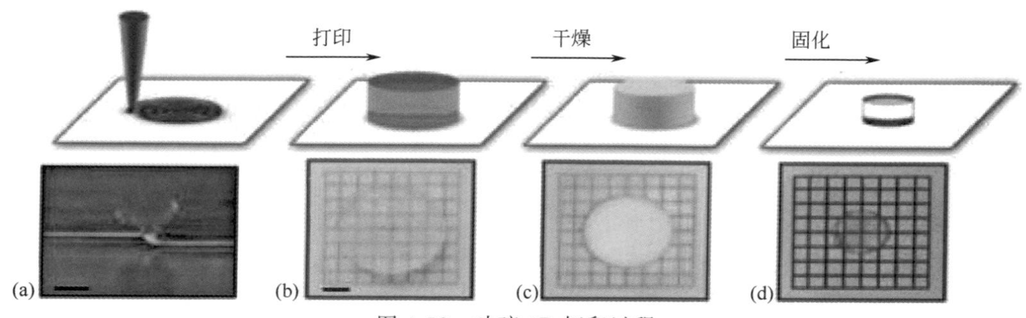

图 4-52 玻璃 3D 打印过程

德国卡尔斯鲁厄理工大学（KIT）的 Kotz 等学者利用光固化工艺，进一步提升了 3D 打印玻璃的精度[42]。他们将平均粒径 40nm 的玻璃态 SiO_2 颗粒分散在甲基丙烯酸羟乙酯（HEMA）溶液中，通过溶剂化作用使 SiO_2 颗粒均匀分散。而后使用高分辨立体光刻技术，通过自由基接枝共聚方法固化成形，再使用溶剂洗去未固化部分，得到尺寸精密的坯体；坯体经排胶后，在填充氮气的管式炉内烧结，升温速度 3℃/min，烧结温度 1300℃。烧结所得玻璃制品透明、无气孔、无裂纹，如图 4-54 所示。拉曼和 XRD 测试结果显示，采用以上方法打印并烧结固化的样品处于无定形的玻璃状态，没有晶相产生。

为提高打印样品的精度，使用高分子量三丙烯酸酯（triacrylates）提高浆料的化学交联度；调整引发剂体系，优化浆料的固化速度，提高其力学和化学稳定性；加入吸收剂和抑制剂，提高样品的横向分辨率、控制 Z 轴方向的固化误差。通过以上调整的浆料，可用于打印精密结构、MEMS 器件、微流道芯片和微光学透镜等，如图 4-55 所示。

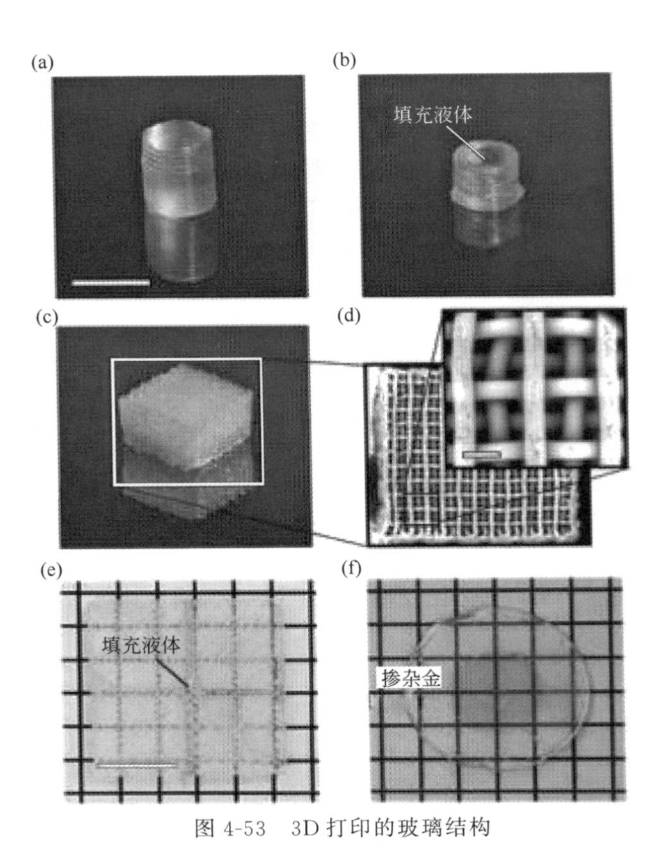

图 4-53　3D 打印的玻璃结构

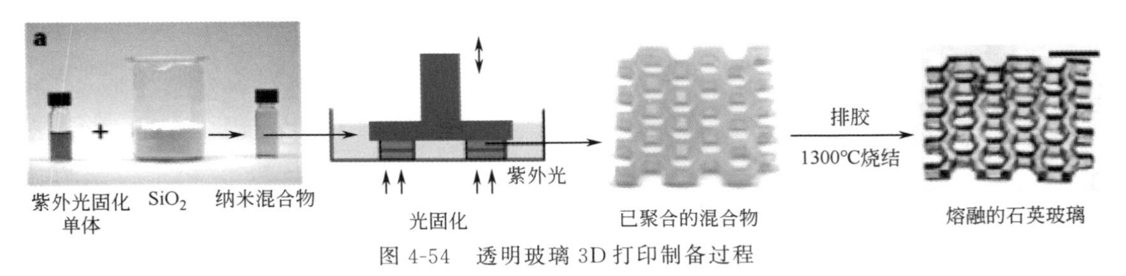

图 4-54　透明玻璃 3D 打印制备过程

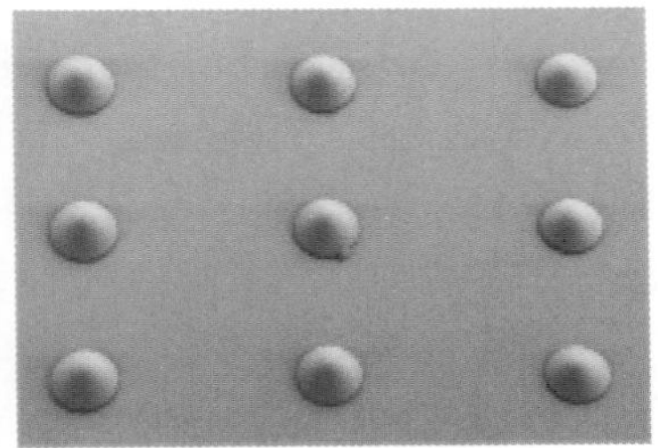

图 4-55　3D 打印玻璃器件

以上采用浆料直写成形和光固化成形的 3D 打印方法，都利用了纳米级粉体容易致密化烧结和玻璃态 SiO_2 不易析晶失透的特点，从而得到透明的玻璃材料。对于普通玻璃材料的 3D 打印，应在降低玻璃粉体平均粒径的同时，提高玻璃结构稳定性和抗析晶能力，才可能得到成形精度高、透明度高的玻璃制品。

4.4 3D 打印玻璃的应用

从国内外进展可以看到，随着技术的进步和研究的深入，3D 打印玻璃的研究热点，正从艺术家创作的工艺品转向具有实用价值的玻璃器件，从外形粗放、需要后续加工的玻璃体转向尺寸精确的功能玻璃器件。目前，国内外学者对 3D 打印玻璃软化变形、析晶和致密度控制开展了系统性的研究，有力推动了 3D 打印玻璃的实用化进程，未来有望在以下方面得到进一步发展和应用。

4.4.1 玻璃器件及工艺品的无模制备

3D 打印玻璃的重要应用价值之一是快速无模制备，通过玻璃颗粒、玻璃丝、玻璃熔体的逐层叠加制造玻璃实体，简化玻璃成形的工艺过程，缩短产品的生产周期。

将 3D 打印技术用于个性化玻璃艺术品的无模制备，可带动 3D 打印玻璃技术在民用领域的推广应用。使用 3D 打印技术制备封接玻璃预制件等器件，可以解决微型、复杂形状玻璃基材料成形复杂的难题，提升特种玻璃的生产技术水平。

4.4.2 玻璃基材料的近净成形

3D 打印玻璃用于高价值玻璃制品的近净成形，可有效地减少玻璃加工过程中的材料浪费，如特种光学玻璃、精密模压用玻璃预成形体等材料的生产。使用 3D 打印技术制备人工关节等生物材料，通过相对简单的后续加工即可满足植入件对形状、生物特性的苛刻要求，可以提高生产效率，降低生产成本。

4.4.3 玻璃基光电器件

玻璃 3D 打印技术还可实现玻璃基光电器件的快速生产。例如，LTCC 基板的 3D 打印具备可行性和必要性，已通过浆料喷涂、微笔直写等方式得以验证；3D 打印电容、电感等器件也将带动相关生产技术的革新。目前，一些微型玻璃器件，如光子晶体光纤、微透镜阵列、生物芯片的微流道玻璃基板等，仍然采用复杂的加工制备方法。随着装备和材料技术的发展，未来完全有可能被 3D 打印技术所取代。

参考文献

[1] 王承遇，陶瑛. 玻璃性质与工艺手册. 北京：化学工业出版社，2013.

[2] 田英良，孙诗兵. 新编玻璃工艺学. 北京：中国轻工业出版社，2009.

[3] 王承遇，陶瑛. 玻璃材料手册. 北京：化学工业出版社，2007.

[4] SCHOTT. Physical and technical properties. SCHOTT Technical Glasses，2010. https：//www. schott. com/tubing/chinese/download/index. html? highlighted _ text=Physical+and+technical+properties.

[5] 应德标. 粉体制备中的逆粉磨行为. 中国粉体技术，2003（1）：24-26.

[6] 徐博，殷先印，祖成奎，等. 封接玻璃密度与粘结剂含量对造粒粉性能的影响. 硅酸盐通报，2017，36（S1）：64-66.

[7] 贾程榈，钟朝位，周晓华，等. 低温共烧陶瓷用硼硅酸盐玻璃的研究进展. 电子元件与材料，2006（9）：8-11，15.

[8] 何中伟. LTCC 工艺技术的重点发展与应用. 集成电路通讯，2008（2）：1-9.

[9] Markus Kayser. Solar sinter 3D printer. Dezeen，2011-6-28. http：//www. dezeen. com/2011/06/28/the-solar-sinter-by-markus-kayser/

[10] Gupta Manob，Lu L，Fuh J Y H，et al. Selective Laster Melting of Li_2O-Al_2O_3-SiO_2（LAS）Glass Powders. Materials Science Forum，2003，437-438：249-252.

[11] Klocke F，McClung A，Ader C. Solid Freeform Fabrication Symposium Proceedings. //Direct laser sintering of borosilicate glass. Austin：2004：214-219.

[12] Comesaña R，Lusquiños F，del Val J，et al. Three-dimensional bioactive glass implants fabricated by rapid prototyping based on CO_2 laser cladding. Acta Biomaterialia，2011，7：3476-3487.

[13] Liu Jinglin，Gao Chengde，Feng Pei，et al. A bioactive glass nanocom posite Scaffold toughed by multi-wall carbon nanotubes for tissue engineering. Journal of the ceramic society of Japan，2015，123（6）：485-491.

[14] Deng Junjie，Li Pengjian，Gao Chengde，et al. Bioactivity Improvement of Forsterite-Based Scaffolds with nano-58S Bioactive Glass. Materials and Manufacturing Processes，2014，29：877-884.

[15] Rodríguez-López S.，Comesana R.，del Val J. Laser cladding of glass-ceramic sealants for SOFCS. Journal of the European Ceramic Society，2015：1-10.

[16] Miranda Fateri，Andreas Gebhardt，Stefan Thuemmlera，et al. Experimental investigation on Selective Laser Melting of Glass. Physics Procedia，2014，56：357-364.

[17] Miranda Fateri，Andreas Gebhardt. Selective Laser Melting of Soda-Lime Glass Powder. Int. J. Appl. Ceram. Technol，2014：1-9.

[18] 郭建军. 宁波材料所玻璃 3D 打印技术及装备研究取得最新进展，［2015-04-07］. http：//www. nimte. cas. cn/news/progress/201504/t20150407 _ 4332692. html

[19] Filip Visnjic. GLASS/G3DP-3D printing of optically transparent glass. CreativeApplications. Net，［2015-8-20］. http：//www. creativeapplications. net/objects/glass-g3dp-3d-printing-of-optically-transparent-glass/.

［20］ John Klein，Michael Stern，Giorgia Franchin. Additive Manufacturing of Optically Transparent Glass. 3D Printing and Additive Manufacturing，2015，2（3）：92-105.
［21］ John Klein. Additive Manufacturing of Optically Transparent Glass. Boston：Massachusetts institute of Technology，2015.
［22］ Gooood. 能打印出玻璃纤维的 3D 打印机. 工业设计，2017，（8）：21.
［23］ Stefanie Pender. Glass Fused Filament Deposition Modeling（FFDM）. Instructables，［2016-09］. https：// www. instructables. com/id/Glass-Fused-Deposition-Modeling-FDM/?.
［24］ Luo Junjie. Additive manufacturing of glass using a filament fed process. Missouri：Missouri university of Science and Technology，2017.
［25］ Luo Junjie，Pan Heng，Edward C. Kinzel. Additive Manufacturing of Glass. Journal of Manufacturing Science and Engineering，2014，136：061024-1.
［26］ Luo Junjie，Luke J. Gilbert，Qu Chuang，et al. Additive Manufacturing of Transparent Soda-Lime Glass Using a Filament-Fed Process. Journal of Manufacturing Science and Engineering，2017，139：061006-1.
［27］ Luo Junjie，Luke J. Gilbert，Qu Chuang，et al. Solid Freeform Fabrication of Transparent Fused Quartz Using a Filament FED Process//Annual International Solid Freeform Fabrication Symposium，SFF Symposium Proceedings，2015：122.
［28］ Luo Junjie，Luke J. Gilbert，Qu Chuang，et al. Wire-FED Additive Manufacturing of Transparent Glass Parts. Charlotte：Proceedings of the ASME 2015 International Manufacturing Science and Engineering Conference，2015：8-12.
［29］ 赵华，祖成奎，刘永华，等. CN201510906201. 2. 2015-12-09.
［30］ 李慧玲，曾晓雁. 激光微细熔覆快速原型制备厚膜电容介质膜的研究. 微细加工技术，2006，（5）：27-32.
［31］ 蔡志祥，曾晓雁. 激光微熔覆技术的发展及应用. 中国光学与应用光学，2010，3（5）：405-414.
［32］ Christian Bergmann，Markus Lindner，Wen Zhang，et al. 3D printing of bone substitute implants using calcium phosphate and bioactive glasses. Journal of the European Ceramic Society，2010，30：2563-2567.
［33］ Zocca A，Elsayed H，Bernardo E，et al. 3D-printed silicate porous bioceramics using a non-sacrificial preceramic polymer binder. Biofabrication，2015，7：025008.
［34］ Ruth D. Goodridge，David J. Wood，Chikara Ohtsuki，et al. Biological evaluation of an apatite-mullite glass-ceramic produced via selective laser sintering. Acta Biomaterialia，2007，3：221-231.
［35］ 徐博，殷先印，祖成奎，等. 封接玻璃预制件的激光选择性烧结制备技术. 激光与光电子学进展，2018，55（1）：155-159.
［36］ Susanne Klein，Steve Simske，Guy Adams，et al. 3D Printing of transparent glass. HP Laboratories Technical Report，2012.
［37］ 张派. LTCC 基板的打印成型技术与性能研究. 贵阳：贵州大学，2017.
［38］ 尚立艳，伍权，柴永强，等. 硼硅酸盐/氧化铝复合陶瓷基板的打印制备与性能研究. 电子元件与材料，2018，37（2）：64-68.
［39］ Seyed-Iman Roohani-Esfahani，Peter Newman，Hala Zreiqat. Design and Fabrication of 3D printed Scaffolds with a Mechanical Strength Comparable to Cortical Bone to Repair Large Bone Defects. Scientific Reports，2016，6：19468.
［40］ Luo Guilin，Ma Yufei，Cui Xu，et al. 13-93 bioactive glass/alginate composite scaffolds 3D printed under mild conditions for bone regeneration. RSC Adv.，2017，7：11880
［41］ Du T. Nguyen，Cameron Meyers，Timothy D. Yee，et al. 3D-Printed Transparent Glass. Adv. Mater.，2017：1701181
［42］ Frederik Kotz，Karl Arnold，Werner Bauer，et al. Three-dimensional printing of transparent fused silica glass. Nature，2017，544：337-340.

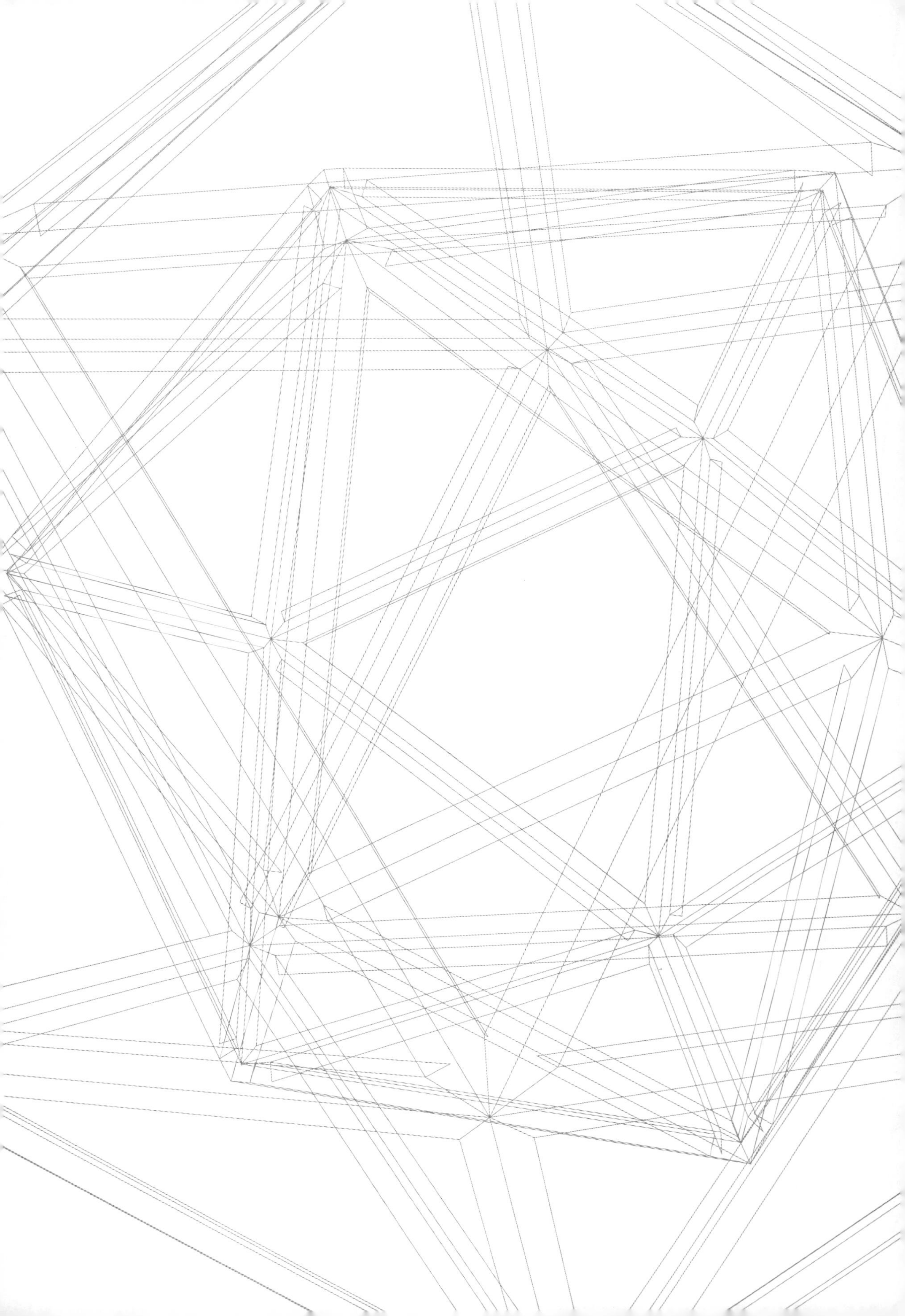

第 5 章
3D 打印型砂

在铸件生产时，砂型铸造是一种常用的铸造工艺。传统方法制备砂型常将砂芯分成几部分分别制备，然后进行组装，需要考虑装配定位和精度问题，不仅制造周期长，环境影响大，一些复杂型腔模具的制造非常困难，往往成为制约各企业开发新产品的瓶颈[1]。在航空、航天、国防、汽车等制造行业，基础的核心部件大多是非对称的，具有不规则自由曲面或内部含有精细结构的复杂金属零件（如叶片、叶轮、进气歧管、发动机缸体、缸盖、排气管、油路等），模具的制造难度非常大。另外，对于多品种、小批量的铸件，传统砂型的制造成本也较高。

3D打印技术能够很好地解决以上问题，改变了传统的模具加工方式[2,3]，特别是在复杂结构砂型制作方面发挥了越来越重要的作用，满足了无模直接快速成形各类复杂精密砂型（芯）的需要[4]。3D打印技术与精密铸造工艺的结合具有广阔的发展前景，充分发挥两者的特点和优势能够为大型复杂薄壁零件的小批量快速试制提供一定的技术途径，将在新产品试制和新技术开发方面取得重大进展[5,6]，尤其在制备汽车缸体、缸盖、进气歧管及内腔流道特别复杂、近封闭型、有立体交叉多通路变截面细长管道的砂型整体成形方面表现出极大的优越性，对于提升航空、航天及汽车等工业领域的快速响应能力和制造水平有着重要意义。砂型3D打印已经成为目前应用最广泛、产量最大的无机材料3D打印应用领域。

根据成形技术，砂型3D打印主要分为覆膜砂3D打印和树脂砂3D打印两种类型。其中，覆膜砂3D打印采用的是激光选区烧结3D打印技术，树脂砂3D打印采用的是黏结剂喷射3D打印技术。

5.1 3D打印覆膜砂

覆膜砂3D打印工艺采用的是激光选区烧结（SLS）技术。其基本原理是：首先，运用三维造型软件建立砂型（芯）的三维CAD模型，利用分层软件对CAD原型进行切片处理，以获得每一层的截面轮廓及数据加工信息，激光扫描系统将按照其转化的电信号信息进行有序地扫描工作；其次，在烧结工作平台上铺设一层事先制备好的覆膜砂，成形设备的扫描系统按照计算机输出的数据信息，控制激光束在指定路径上对覆膜砂进行激光选区烧结，覆膜砂表面的树脂膜受热熔融并黏结，而没有被扫描到的覆膜砂仍呈现原有的自然松散状态并担当支撑作用；最后，逐层铺粉、逐层烧结，循环往复，直至完成所有加工层面的扫描工作，获得覆膜砂型（芯）烧结原型件。

将覆膜砂作为烧结材料、直接激光烧结铸型（芯）的实验研究工作开始于21世纪初的欧洲（如德国）[7]，国内同期展开了这项研究工作。国外目前在无模直接快速成形各类复杂精密砂型（芯）的应用方面取得了实质性进展。美国DTM公司开发的Si或Zr覆膜砂材料烧制成的砂型，在100℃的烘箱中保温2h硬化后，直接用于砂型铸造的冷壳抗拉强度达到3.3MPa，可以用于汽车制造业及航空工业等合金零件的生产[8]。AC Tech公司使用EOSINT S700系统制造的树脂砂型，可用于生产铸造铝、镁、灰铸铁和高合金钢零件。美国Texas大学利用SLS工艺烧结包覆有共聚物的锆砂砂型，浇注出了航空用钛合金零件。国内的激光烧结覆膜砂型（芯）研究还处于初步阶段。华中科技大学利用覆膜砂直接烧结砂型（芯）并结合熔模精密铸造工艺成功浇注出摩托车汽缸体、汽缸盖和涡轮等铸件[9]。王鹏程等以轮形铸件为例“反求”精铸型壳模型，对直接烧结的覆膜砂型后处理成功浇注了铸铝、铸铁和铸钢件[10]。北京隆源自动成型系统有限公司已开发出较为成熟的激光烧结设备和配套的烧结工艺，其覆膜砂产品常温抗拉强度达到了5.0MPa以上，能够用于完成汽车缸体、缸盖等复杂零件的制造并获得广泛的应用和认可[11]。

目前，SLS覆膜砂型（芯）的成形工艺还存在的问题是激光砂型的初强度偏低，一些细小结构的激光烧结成形仍十分困难。通过增加覆膜砂中的相对含量（一般在3%以上）来提高砂型初强度的方法会导致经后固化处理后的覆膜砂型（芯）发气量较大，溃散性较差[12~14]。事实上，由于SLS特殊的成形方式（激光束逐行、逐层扫描、逐层叠加成形三维实体）与工艺特点（高能激光作用下的瞬态熔化与部分固化），对覆膜砂的材料性能亦有特殊要求，但目前研究所选用粉末材料的化学成分和物理特性并非专门为SLS设计，从而直接影响烧结过程和烧结质量。因此，覆膜砂型（芯）的整体力学性能、表面质量、尺寸精度、使用寿命等方面还存在很大程度的提升空间，随着高品质新材料的不断推出以及材料成形技术的突破，激光烧结成形设备的完善和工艺改进，其在铸造模具制造领域的应用将得到进一步拓展。

5.1.1 覆膜砂特点及制备

5.1.1.1 铸造用覆膜砂材料

覆膜砂作为铸造中一种应用广泛的造型材料，其发展历史由来已久。一直以来，人们都致力于开发新型改性酚醛树脂产品[15]。美国Borden公司采用合成工艺及改性的方法开发出的专用树脂，得到全面推广。近年来国内的沈阳铸造研究所、华中科技大学等对改性酚醛树脂的研究取得重大进展，相继开发出了高强度酚醛树脂、快聚速酚醛树脂和易溃散酚醛树脂等系列，其中高强度改性树脂可使覆膜砂强度提高15%，抗弯强度提高20%以上，而且改善了溃散性，发气量也降低[16]。由于国内树脂在质量上与进口树脂仍存在显著差距[17~19]，如硬化速度慢，存放期间有粘连、结团现象，高温耐热性差导致铸件易出现裂纹、夹砂等缺陷，直接制约了覆膜砂质量的提高，所以新型专用类高性能树脂产品仍有待开发与应用。

覆膜砂中最常用的固化剂是六亚甲基四胺（乌洛托品），工业上还用多聚甲醛、三羟甲基苯酚、多羟甲基三聚氰胺等。固化剂会促进树脂发生固化反应由线型结构转变成体型交联网状结构而产生一定的强度。润滑剂能够减少覆膜过程中的机械阻力，改善覆膜砂的流动性，防止存放期间结块，易于制芯过程中顶出脱模，提高砂芯表面的致密度[20]。一般硬脂酸钙或硬脂酸锌能提高覆膜砂的热韧度和热强度，增加树脂的韧性和挠度，提高砂芯的紧实度，降低砂芯的热应力，减轻砂芯的热膨胀量。张伟民等提出增加树脂用量会使覆膜砂变形严重，造成导流能力下降，添加偶联剂或增塑剂能提高树脂的黏结效率，一定程度上改善覆膜砂的抗破碎能力[21]；易溃散树脂具有良好的溃散性，但不能保证砂型（芯）的强度，目前普遍采用添加高性能溃散剂改善覆膜砂的溃散性[22]。高效强韧剂可以提高覆膜砂的强度和热韧度，延长了树脂的软化分解过程，使砂芯能经历较长时间变形而不会断裂[23]。

铸造用覆膜砂的混制工艺经历了干混法、冷覆膜法、温覆膜法和热覆膜法四个阶段，目前大都采用热覆膜法，由于成分比例及操作工艺有差异，覆膜砂的性能也不同[24]。国内大都采用手工加料的半自动生产线，电脑控制的全自动生产线较少。自动化生产线可通过视频实时观察混砂状态，其加料时间可精确到 0.1s，加热温度精确到 0.1℃，有效提高了生产效率和产品稳定性。有的学者认为，树脂的黏度是影响覆膜均匀性的关键因素，采用覆膜温度等于软化点加 40～50℃的控制原则比较合适。也有人提出采用熔融上限温度会导致树脂部分焦化或氧化影响树脂间的键合力，砂粒间的黏结性变差使砂芯的强度降低。不同的冷却条件对覆膜砂强度也有影响，随着冷却速率的加快，覆膜砂的强度有所提高，能有效控制砂粒的团聚、结块现象，同时合适的破碎方式是覆膜砂性能稳定的优质保证。梁春永等[25] 优化了影响覆膜砂性能的主要工艺因素。梁铣等[26] 对覆膜砂壳法制备过程分析发现，将原砂加热至树脂熔融温度上限进行覆膜，并以 1.3℃/s 的速率急速冷却至 110℃，可获得较好的覆膜效果。

总体来讲，我国在覆膜砂生产和应用方面的研发能力有待提高[27,28]。据统计目前厂家的生产规模小，工艺设备不先进，产品规格种类少；检测仪器简单，检测及质量控制水平低，尚缺乏统一完善的检测标准；大多厂家不具备自主研发能力，需要开发出拥有自主知识产权的专用覆膜砂产品系列以提高市场占领优势[29,30]。在国外，日本的覆膜工艺应用水平处于国际领先地位，生产规模大、品种数量多，工艺装备均为微机自动控制，检测仪器先进，检测指标项目多，并朝着高质量、优品质、无污染、低成本和高性能的方向发展，这必将成为我国 SLS 用覆膜砂的研制目标和发展方向。

5.1.1.2 激光选区烧结用覆膜砂

激光选区烧结技术作为材料应用种类最多的一种 3D 打印方法，其适用的材料范围已覆盖蜡粉、高分子塑料、覆膜陶瓷、覆膜砂、金属及其复合粉末等[31]，目前对于部分 SLS 成形材料已进入到一定程度的研究和应用阶段。理论上，达到一定细度的粉末或其表面覆有的热塑（固）性黏结剂受热后能相互黏结的都可用作 SLS 材料[32]。激光选区烧结工艺一般要求材料具备以下性能：良好的热塑（固）性，一定的导热性和足够的黏结强度；粉末的颗粒越小越能体现激光烧结的工艺优势和成形特点；材料应有较小的软化-固化温度范围，保证砂型精度和表面质量不受影响。

覆膜砂的原砂种类、成分和粒径大小等性能对激光烧结的工艺过程、成形精度和砂型强度有很大影响，综合表现为覆膜砂的激光烧结成形性。覆膜砂中的原砂主要有硅砂、锆砂、铬铁矿砂和陶粒砂等，原砂的成分和粒度特性很大程度上决定了覆膜砂的质量[33～35]。天然硅砂的角形系数大，砂粒表面不规整，热膨胀系数大，流动性较差，含泥量高，树脂的添加

量较高，砂型（芯）发气量大以及透气性和溃散性差，初始强度普遍不高；锆砂和铬铁矿砂的耐火度高，导热性好，热膨胀量小，但是由于矿产稀少，价格比较昂贵，只适用于生产制造形状复杂、尺寸稳定性要求高的精密液压件等[36]。美国 Carb Ceramics 公司于 20 世纪 80 年代为代替昂贵的锆砂，研制成功的新型陶粒砂是一种由莫来石人工制造的球形颗粒，商品名为“宝珠砂”，在覆膜砂生产中获得成功应用。宝珠砂颗粒为圆形，成分均匀，结构稳定，表面光洁平滑无裂纹、不易破碎，导热性能好，易于紧实，透气性好并且耐火度较高，热膨胀量小，具有良好的流动性及充填性[37]。近年来，我国部分公司开发出的粒目 40/70、50/100、70/140 等不同规格的商业宝珠砂已进入了实际应用阶段，价格也比较实惠。所以，寻求综合性能优良并具有良好激光烧结成形性的覆膜砂原砂便成为当务之急。

在覆膜砂的成分配比和制备过程中，国内外对于 SLS 用覆膜砂的具体成分种类、含量和制备工艺都是保密的，即使略有报道也是原则性的[38~40]。现阶段，激光选区烧结用覆膜砂大都直接沿用了传统铸造用覆膜硅砂或锆砂[41]，并没有开发出适用于 SLS 技术的专用覆膜砂种类，砂型普遍存在着热影响区大、力学性能低和表面质量差等问题[42]。国内外研制成功并投入使用的覆膜砂材料有美国 DTM 公司开发的酚醛树脂覆膜硅、锆砂，粒度在 160 目以上，烧结效果较好，但是价格昂贵，达到了每千克 9.9 美元以上，使得在国内制造行业的普遍应用很难实现。华中科技大学在有关专利中提出[43] 在覆膜砂中加入复合黏结剂和光吸收剂来改善砂型的烧结性能，提高了覆膜砂材料的应用范围，更加符合 SLS 技术的成形特点和制造优势。国内华北工学院（中北大学）开发的 160～300 目覆膜陶瓷粉末（CCPI）性能稳定，烧结试样变形较小，已得到初步应用[44]。北京隆源自动成型系统有限公司开发的覆膜砂成形精度较高，粒度分布均匀，砂型的强度性能和综合质量基本满足使用要求，但是价格昂贵，成形工艺仍需完善。

目前国内开展覆膜宝珠砂相关的研究和应用工作较少[45,46]，由于覆膜砂中树脂的固化反应特性和黏结机理等理论不足[47]，对于 SLS 用覆膜砂必备材料性能的研究进展缓慢。有学者仅针对铸造用覆膜砂进行激光烧结实验，得到了较为合适的粒度组成，但没有对其粒径和粒度分布展开深入研究，具有的诸多性能特点和成形优势没有得到充分体现。因此，开发合适的成形材料及相关工艺的研究已成为推进 SLS 技术应用水平和制造能力发展的关键，其首要任务便是在普通覆膜砂的基础上优化成分配比和制备工艺，改善覆膜砂的质量和性能，大幅度提高覆膜砂型（芯）的制造水平，拓展其应用。

5.1.2 成形工艺对覆膜砂成形性的影响

激光烧结工艺参数对砂型的力学性能、形状尺寸精度和表面质量有重要影响，选择合适的工艺参数尤为重要。对此，众多学者已进行了详细研究并得出一些影响规律[48,49]。砂型的微观组织结构、致密化程度和翘曲变形等性能受到烧结工艺参数及粉末性能等因素的综合作用。并且，在激光加热过程中，粉末内部各点对激光的吸收程度、受热温度和物理状态是一个时刻变化的不稳定过程，进而导致材料的烧结性能表现出明显的差异。

国外的 Y. Tang 等[50] 探究了各工艺参数对砂型力学性能、表面粗糙度和烧结尺寸的影响规律，率先提出对工艺参数进行优化。G. Casalino 等[51] 研究了工艺参数对覆膜硅砂砂型抗压强度、表面质量和精度的影响，发现扫描速度不能太低，可通过建立数学模型来平衡力学性能和透气性的关系。Alessandro Franco 等[52] 对激光烧结聚酞胺粉末砂型测试并探讨了其最合适的激光能量密度范围。S. Kolosov 等[53] 对比了粉末材料对激光吸收的均匀情况和砂型试样的质量差异，考虑到激光束中心的热扩散、能量沉积和光强变化会影响到烧结状态，得出当能量密度为 0.25J/mm^2 时，激光分布最为均匀，烧结性能更稳定。H. C. H. Ho 等[54] 通过激光烧结聚碳酸酯（PC）粉末，发现能量密度的增大会使试样的密度和抗拉强度增大，较高的激光能量密度能促进颗粒间的良好融合，使结构更紧凑。Yu. Chivel 等[54] 对烧结过程中的熔体表面温度和激光脉冲变化进行实时测量，并观察颗粒间接触点的熔化状态和接触颈部连接状况，得出粉体的最佳烧结温度，提高试样的孔隙率。Gean V. Salmoria 等[55] 发现不同的聚合物颗粒大小，其烧结密度是不同的，颗粒越小，烧结程度越高，力学性能和组织致密度也更好。

杨力等[56] 通过比较烧结件后处理前后的抗弯强度，确定了覆膜砂的烧结工艺参数。孙康锴等[57] 指出，随着扫描速度的增加，烧结试样的长度、宽度、高度都减小；树脂的固化程度越好，颜色越深。邓琦林[58] 研究了扫描间距对激光输入总能量分布的影响，只有当扫描半径小于光束半径时，相邻激光束能量叠加后的分布基本上才是均匀的，有利于保证烧结厚度的一致性和性能的稳定性，同时也要避免扫描间距太小使得激光能量过高引起收缩和翘曲变形。杨劲松[59] 发现较低的激光功率对覆膜砂试样的力学性能影响更显著。随着激光功率的增大，试样发生翘曲变形且表面部分树脂炭化分解，颜色由浅黄色变成褐色，而较低的扫描速度和扫描间距可获得高的树脂固化深度和粘接深度。覃丹丹等[60] 研究了激光能量密度对铸造覆膜砂试样尺寸的影响，当激光功率不变时，随着扫描速度的增加，单位时间内激光输入的比能量降低，黏结剂的软化区和热影响区范围缩小，使试样的实际长度、宽度和烧结深度均有所减小。

李湘生[61] 提出小激光功率、低扫描速度和大激光功率、高扫描速度对砂型质量的影响是等效的。Texa 大学的 Nelson[62] 认为试样的成形质量与激光能量有密切关系，并且将单位面积激光作用的能量（即能量密度）定义为式(5-1)：

$$E_{\mathrm{D}}=\frac{P}{(\pi v d)} \tag{5-1}$$

式中，P 为激光功率；v 为扫描速率；d 为扫描间距。当扫描间距 d 为一定值时，激光能量密度可近似为 P/v 对砂型成形质量的影响。郑海忠等[63] 测试了纳米复合材料烧结试样的致密度并观察其微观组织结构变化。任乃飞等[64] 研究了激光能量密度对尼龙 12/高密度聚乙烯（HDPE）制品尺寸的影响，随着激光能量密度的增加，烧结件的翘曲量逐渐增大。

上述研究大都是针对单个烧结工艺参数的改变对于试样某一方面性能（如力学性能、尺寸精度、致密度和微观组织结构）或缺陷变形的影响[65]，很少考虑到整个激光烧结过程中所有工艺参数对烧结件力学性能和质量产生的综合作用及其相互间的影响和联系[66]。而且，对于不同覆膜砂材料的激光烧结工艺并未根据其质量性能和使用要求进行具体分析，从烧结工艺本质上避免产生收缩、翘曲和变形等缺陷，实现砂型高质量、优良性能的高度统一。所以，对于材料性能已定的 SLS 材料，有必要对其采取的烧结工艺的影响因素加以综合分析，争取实现对形状复杂、高性能覆膜砂型（芯）的成功试制。

5.1.2.1 激光功率对覆膜砂激光选区烧结强度的影响

在激光烧结工艺过程中，激光功率和扫描速度共同决定了粉末的加热温度和加热时间，激光束在逐行、逐层动态扫描粉末材料的过程中，激光束产生的温度和照射时间对树脂的熔融和固化程度至关重要。由于激光的光强分布是不均匀的，处于光斑中心位置的激光强度最高，即单位时间里光斑中心处粉末获得的能量最多，受热温度最高，产生的烧结深度最大；距离光斑中心位置越远，激光强度以指数分布规律逐渐递减，烧结深度也随之减小，直到光斑边缘处激光的光强衰减为零；而光斑边缘以外的粉末只能通过间接传递的热量受热并产生黏结。激光作为固化反应的主要热源，直接照射在覆膜砂上，它为覆膜砂的固化反应提供大量的直接热量，直接影响到砂型的成形效果。激光功率过大会使砂层表面温度过高，容易让树脂反应过后焦化，致使砂粒间的固化效果弱化，激光功率过小会导致固化反应无法较为彻底地进行，砂粒间的黏结不够充分。有研究得出，激光束的光强分布公式：

$$I(r)=I_0\exp(-2r^2/\omega_0^2) \tag{5-2}$$

式中，I_0 为光斑中心最大光强；ω_0 为光斑半径；r 为砂粒表面上一点到激光光斑中心的距离。

砂粒表面受激光直接照射接受热量发生固化，表层下的砂粒靠表层的热传导吸收热量发生固化，而且激光在砂层表面还要发生反射，流失一部分热量，表层下砂粒吸收的这部分热量是激光输出的总能量除去反射流失后余下的能量，见式(5-3)：

$$E_{吸}=E-E_{反} \tag{5-3}$$

合理的激光输出总能量既要避免光斑中心处的树脂受热温度过高而分解，又要保证受到间接传热的树脂能够软化起到黏结作用。由实验数据可得，激光功率对砂型抗拉强度的影响如图5-1所示。在其他条件不变的情况下，砂型的抗拉强度随着激光功率变化，在18W时抗拉强度最大[67]。

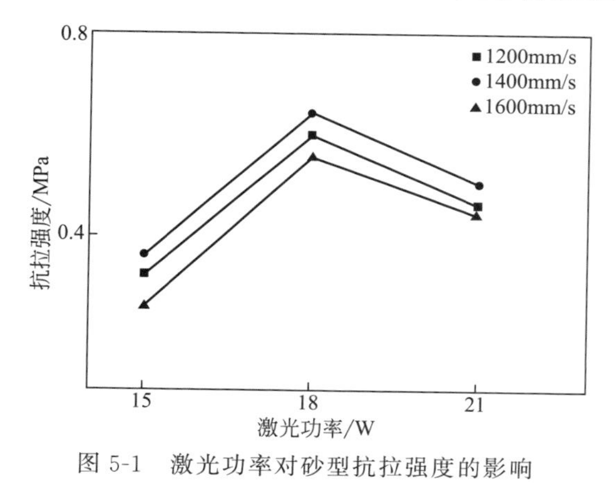

图5-1 激光功率对砂型抗拉强度的影响

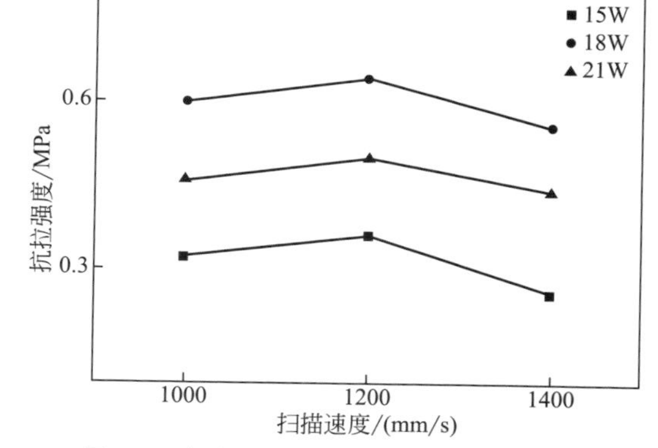

图5-2 扫描速度对砂型抗拉强度的影响

5.1.2.2 扫描速度对覆膜砂激光选区烧结强度的影响

扫描速度与激光功率共同影响覆膜砂砂型的强度。扫描速度与激光功率决定了单位时间一定扫描范围内覆膜砂吸收的热量，进而决定了该范围内砂粒间固化反应的进行程度。由实验数据可得，扫描速度对砂型强度的影响如图5-2所示。在其他条件不变的情况下，砂型的抗拉强度随扫描速度变化，在 1200mm/s 时抗拉强度最大。

当扫描速度过小时，激光束在砂粒表层停留时间过长，砂粒表面树脂吸收过多热量易使树脂出现焦化，砂型粘砂严重，清砂困难如图 5-3 所示。当扫描速度过大时，砂粒表面树脂吸收不到足够的热量让固化反应充分进行，致使砂粒间黏结不牢固，砂型强度降低如图 5-3（b）所示。

合适的激光功率与扫描速度搭配，既可以保障扫描区域内砂粒间树脂的固化反应正常进行，又能避免树脂吸收过多热量而影响砂型强度，这种合理的搭配就显得尤为重要。

(a) 扫描速度过小

(b) 扫描速度过大

图 5-3　不同扫描速度对砂粒粘接的影响

5.1.2.3　预热温度对覆膜砂激光选区烧结强度的影响

对工作台的覆膜砂进行预热是改善激光烧结砂型强度和保持砂型尺寸精度的有效措施。合理的预热可以使砂粒不至于受激光照射升温过高而体积膨胀，还可以保持树脂的流动性使砂型内的致密程度保持稳定。由表 5-1 不同预热温度下抗拉强度平均值可以得到预热温度对烧结砂型抗拉强度的影响规律，随着预热温度的升高，抗拉强度先增大后减小，如图 5-4 所示。

表 5-1　不同预热温度下抗拉强度平均值

预热温度/℃	55	60	65	70	75
抗拉强度/MPa	0.48	0.56	0.60	0.64	0.62

总体上高的预热温度要比低的预热温度烧结的抗拉强度高，实验中预热温度为 70℃ 的烧结效果是最好的，因为预热温度可以影响到砂型的选区激光烧结密度。如果预热温度太低，烧结后温差较大，覆膜砂比热容小降温快，熔化的树脂来不及充分包覆整个砂型，砂粒间不能充分黏结导致烧结试样的强度大幅度下降，容易致使试样因表面强度不够，发生“坍塌”现象，从而使砂型质量受到很大的影响。但是预热温度太高，又会造成部分酚醛树脂的炭化，如图 5-5 所示，致使砂粒间的黏结失效，反而降低烧结深度和密度。综合考虑，合理的预热温度应设定在低于成形材料的熔点 10～50℃左右，这样既能使酚醛树脂流动性增加，有利于其流动扩散，还可以使砂型得到更好的烧结效果，砂粒间黏结更紧密，使激光选区烧结成形质量能够得到提升。

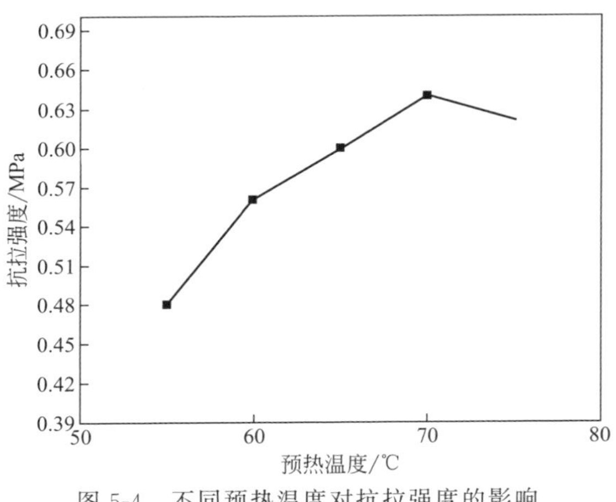

图 5-4 不同预热温度对抗拉强度的影响

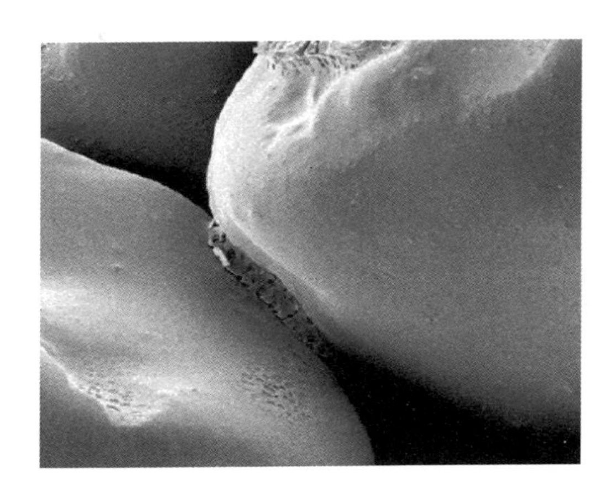
图 5-5 炭化分解的树脂

5.1.2.4 铺粉层厚对覆膜砂激光选区烧结强度的影响

在激光扫描烧结过程中，表层的覆膜砂将激光能量吸收并转化为热能，热能通过热传导作用传递给下一层的覆膜砂。但是表层和下一层覆膜砂存在一个温度差，因此不同层之间的覆膜砂的固化程度就会产生区别，所以铺粉层厚在很大程度上也影响了覆膜砂激光选区烧结强度。铺粉层厚的影响因素主要有颗粒粒径、颗粒形貌等。

由表 5-2 不同铺粉层厚下抗拉强度平均值可以得到铺粉层厚对烧结砂型抗拉强度的影响规律，随着铺粉层厚的增加，抗拉强度先增大后逐渐减小，如图 5-6 所示。

表 5-2 不同铺粉层厚下抗拉强度平均值

铺粉层厚/mm	0.15	0.2	0.25	0.3
抗拉强度/MPa	0.6	0.64	0.58	0.52

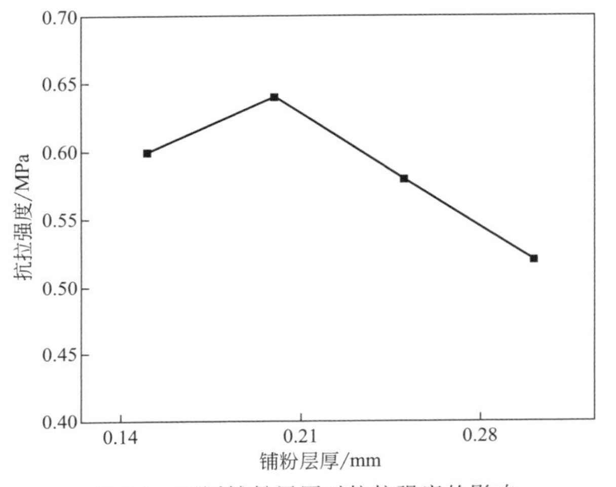

图 5-6 不同铺粉层厚对抗拉强度的影响

一般为了得到力学性能和成形精度都比较好的砂型，都会选择较小的铺粉层厚，因为较小的层厚，烧结深度相对而言比较大。但是铺粉层厚过小，有时高热量会导致树脂炭化，反而降低了砂型的强度及成形精度，而且砂型的烧结时间也会变长。铺粉层厚是影响砂型成形精度和表面粗糙度的一个重要因素。理论上，层厚越小，精度越高，砂型件的表面越光洁，这在烧结斜面、曲面等形状的零件时表现尤为明显。但是当铺粉层太薄时，层与层之间容易因吸收相对较多的热量而发生翘曲变形的现象，而且在铺粉过程中极易发生砂型件直接被铺粉辊推移而产生“推粉”现象（如图 5-7 所示），进而直接影响砂型的成形。

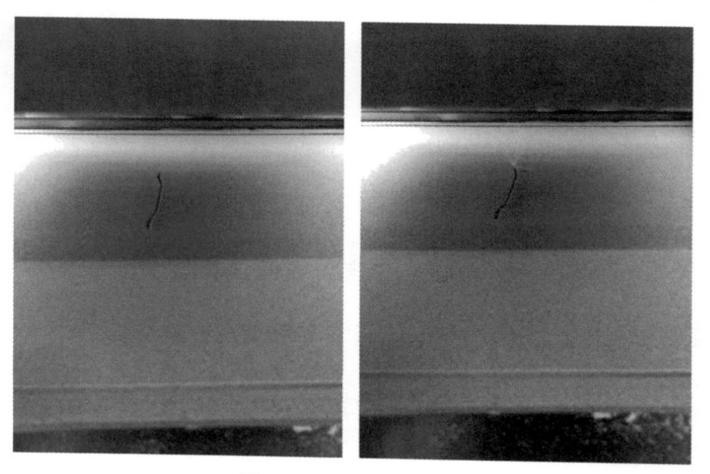

图 5-7 “推粉”现象

5.1.2.5 扫描间距对覆膜砂激光选区烧结强度的影响

在覆膜砂的激光选区烧结过程中，表层砂粒吸收的激光能量与激光功率的大小成正比，与扫描速度的大小和铺粉厚度的大小成反比，但是激光照射的光斑并不是均匀分布的，能量的分布是从光斑中心到边缘逐渐减小。虽然光斑直径大小是一定的，但逐行扫描时扫描间距的大小将会影响砂粒表面的能量累积与吸收。当扫描间距大于激光光斑半径时，激光能量的叠加情况是不一致的，同一层砂粒的能量吸收情况也不一样；只有当扫描间距小于激光光斑半径时，扫描线的激光能量才会叠加，砂粒才会均匀受热，这样可以使得砂粒的强度和致密度等性能更加稳定。但扫描间距也不能够过小，过小的扫描间距会致使同一区域的砂粒重复受到扫描，叠加吸收能量，过多的能量叠加会致使树脂过度烧结，使砂型产生翘曲与变形，影响砂型的成形尺寸与力学性能。

5.1.3 覆膜砂激光选区烧结的应用

激光选区烧结技术与传统加工制造技术相比具有如下特点：

① 可以使用多种烧结成形材料　华中科技大学研发的覆膜砂和覆膜蜡粉、北京隆源自动成型系统有限公司研发的塑料粉、中北大学研发的精铸蜡粉、复合尼龙粉等都可以直接用于激光烧结成形；

② 可以大大缩减复杂模型的制造周期与成本　传统加工技术制造复杂零件往往需要从一块很大的坯体上切削下大量废料，材料利用率低、制造周期长，激光烧结技术的材料利用率在90%以上[68]，无需切削加工，成形缸中未反应的材料粉末还可以继续回收利用，明显缩减了制造成本与周期；

③ 自动化程度高　把模型文件导入、开始激光烧结后，就可以不用施加人工操作了，直至模型烧结完成取出即可。

随着对铸件薄壁轻量化、形状复杂化、尺寸精度和表面质量等要求的不断提高，利用SLS技术制备的复杂砂型（芯）在组织结构、力学性能、尺寸精度和表面质量等方面还有一定差距[69～71]。目前，国内外商品化的覆膜砂材料仍是少数，许多单位和机构均在沿用传统普通铸造覆膜砂试制的初步阶段，覆膜砂烧结体普遍存在着烧结强度低和表面质量差等缺陷，而且黏结剂的含量较高，造成砂型（芯）的发气量大、透气性和溃散性差，难以满足高质量、优性能复杂铸件的生产要求[72]。而且不同的覆膜砂材料存在不同程度的上述问题，即使通过后处理工艺提高了强度，也较难满足覆膜砂型（芯）的使用要求，制约了其应用范围，不利于SLS技术的产业化推广。

利用激光选区烧结技术与大型复杂件的覆膜砂铸造技术结合，可以大大体现快速制造技术在制造业领域内的优势，尤其是复杂零件的精密成形方面，大大缩减了制造周期和经济成本，对于新型材料在工业制造和航空航天领域能够快速应用有着里程碑式的意义，为新型制造材料的广泛应用提供了广阔的前景。

［实例1］　复杂砂型（芯）的激光选区烧结应用实例

应用100/200目树脂含量为2.0%的覆膜砂进行复杂砂型（芯）的激光选区烧结，能够保证覆膜砂型（芯）具备良好的溃散性和较小的发气量，采用优化后的烧结工艺参数为激光功率$P=45\text{W}$、扫描速度$v=2.500\text{m/s}$、铺粉层厚$d=0.20\text{mm}$、扫描间距$t=0.15\text{mm}$、预热温度$T=60℃$。

由图5-8复杂砂芯的三维模型可见，其形状比较复杂，长管道直径为10mm，最小的管道直径仅为6mm。采用传统加工的方法比较困难，且制造周期较长，主要是因为悬空的弯曲细长、立体交叉形状的管道结构要求的配合精度较高，采用激光选区烧结技术则可整体成形。

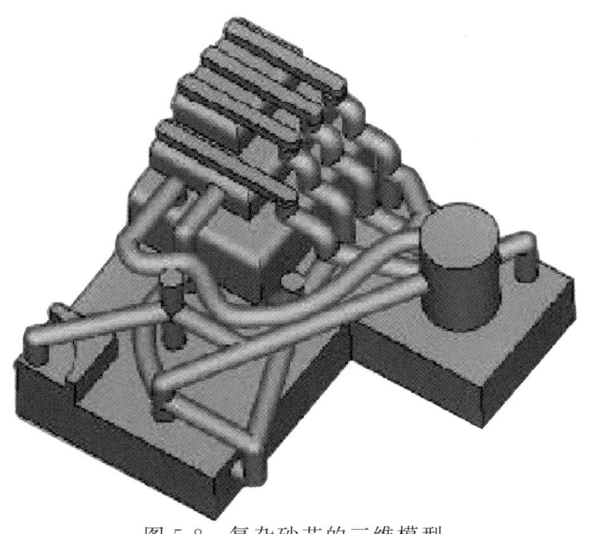
图5-8　复杂砂芯的三维模型

通过对激光烧结覆膜砂的成分配比和颗粒特性加以优化，并且选用合适的烧结工艺参数组合，即可得到烧结性能优良、完整、无任何缺陷及残损的烧结体。通过清粉、修整后，砂芯的表面光滑平整，尺寸精确，底部无翘曲或变形问题，经后固化处理后即可用于浇注具有复杂油路、气路等近封闭性、具有复杂细长流道结构的铝镁铸件，图 5-9 为激光烧结复杂覆膜砂型和砂芯的应用实例。

图 5-9　激光烧结成形的覆膜砂型和砂芯

5.2　3D 打印树脂砂

树脂砂 3D 打印主要以黏结剂喷射（3DP）工艺为主，也就是选择性喷射沉积液态黏结剂黏结粉末材料的 3D 打印工艺。广为熟知的是利用呋喃和酚醛树脂作为黏结剂喷射在层铺的预混了固化剂的型砂上进行三维成形的工艺。具体就是以铸造砂材料作为基材（粉末材料），选择性喷射铸造树脂黏结剂黏结成形。打印成形时，首先在打印室工作台上均匀地铺上一层砂（混好固化剂的型砂），然后打印头喷嘴按照原型切片截面形状，将铸造树脂有选择性地喷射到已铺好的砂层上，使原型截面实体区域内的砂子黏结在一起，形成截面实体。一层打印完后，工作台下降一个截面的高度，并逐层交替，直至原型打印完成[73]。

树脂砂材料的打印层厚度可以低至仅仅 200μm，打印精度高，生产结构复杂的铸件有很大的优势。与传统制造树脂砂型/芯相比，树脂砂 3DP 工艺代替了模具、造型、制芯、合箱等工艺过程，直接打印出砂型，使铸件生产由复杂变简单。与传统模具造型铸造方式相比，生产周期缩短 50%以上，生产效率提高约 3～5 倍，铸件成品率提高 20%～30%，铸型尺寸误差降到 0.3mm 左右。树脂砂 3DP 工艺已经应用于航空航天、发动机、机器人、汽车、工程机械、高档数控机床、压缩机等装备的高难度复杂铸件的产业化生产。如发动机汽缸盖铸件，其内部型腔结构非常复杂，采用传统模具造型铸造方式，需要做10～30个砂芯来组成腔体结构，而且腔体往往呈不规则的三维曲面，导致模具制作困难、造型复杂，不能完全满足铸件尺寸精度的需求。该铸件采用传统铸造方式生产，废品率高达30%以上，并且需要经验丰富的高级技能工人制造。采用3DP工艺生产该铸件，可以将多个砂型减少为1～3个，并一体打印成形，铸造生产难度显著降低，生产效率大幅提高；铸件成品率提升20%～30%，铸件尺寸精度也提高到0.3mm左右。

树脂砂3DP工艺打印砂型是数字化、精密铸造，对于原砂种类、粒度、砂温、黏结剂、加入量、环境条件等要求更高。

5.2.1 树脂砂3DP工艺材料

树脂砂与普通黏土砂、水玻璃砂相比具有很多优点。树脂砂成形性好，先硬化后起模，砂型轮廓清晰，强度高，浇注时型壁位移小，铸件尺寸精度高。铸件表面质量显著提高，其表面粗糙度可达ISO N11～N9（铸钢件为25～50μm，铸铁件约25μm），废品少。造型、制芯工艺简化，节约劳动力50%以上。更主要的是树脂砂的溃散性好，无需专用的清理设备，减少清理铸件的繁重体力劳动。还有树脂砂可以再生而且容易再生，旧砂可回用，减少新砂耗量，可节约能源60%以上。另外还可以减少厂房和设备的投资，改善工作条件，降低铸件综合成本。在可预见的相当长时间内，树脂砂工艺仍然是一种高效造型、制芯工艺。

常用的树脂砂工艺有自硬冷芯盒法、热（温）芯盒法、壳法和冷芯盒法。自硬冷芯盒法是化学方法硬化的一种制型、芯的工艺，应用最广泛的呋喃树脂砂就属于自硬冷芯盒工艺；热（温）芯盒法一般是指用呋喃树脂或酚醛树脂做黏结剂的芯砂在预热到200～250℃的芯盒内成形，硬化到具有起模强度后取出，依靠砂芯的余热和硬化反应放出的热量使砂芯内部继续硬化的制芯方法；壳法即5.1所介绍的覆膜砂工艺方法；冷芯盒法指借助于气雾催化或硬化，在室温下瞬时成形的树脂砂制芯工艺。树脂砂3DP工艺就是利用自硬冷芯盒工艺原理，打印设备选择性喷射液态树脂成形的一种工艺方法，其材料有铸造原砂（或再生砂）、液态树脂及液态固化剂，按照固化的类型分为酸催化的呋喃树脂和酚醛树脂、尿烷系树脂等。这种工艺对原砂和黏结剂的质量要求高，工艺过程受环境的温度、湿度影响大。

树脂砂3DP工艺的基材主要包括硅砂、宝珠砂、陶粒砂、特种砂等铸造砂，根据不同铸件产品的要求可以选择不同类型、不同目数的原砂，当然也要考虑原砂的粒度分布、角形系数、主要成分、膨胀系数、灼减量、含泥量、含水量等因素；黏结剂主要采用基于呋喃树脂、酚醛树脂等的改性材料，重点考虑黏结剂的黏度、表面张力、最小颗粒、腐蚀性、与打印头的兼容性等影响，还要满足成形机理、铸造和后处理的各项性能要求，比如渗透扩散性、强度、发气量、溃散性、退让性、透气性等。目前比较成熟的是呋喃树脂类的改性材料，适用性、稳定性、可靠性高，酚醛类材料也取得了一些突破。呋喃树脂砂3DP工艺所用固化剂，主要是酸固化剂，有对甲苯磺酸、对甲苯磺酰氯、硫酸乙酯和磷酸等。

目前国外3D打印树脂砂铸型技术已较成熟，并得到一定的应用[74～77]，但其3D打印设备及耗材昂贵，在国内的应用还比较缓慢[78～92]。但是随着国内3D打印在铸造行业的产业化应用，有关原材料的研究也实现了突破，基本实现了国产化，性能和质量几乎达到国际

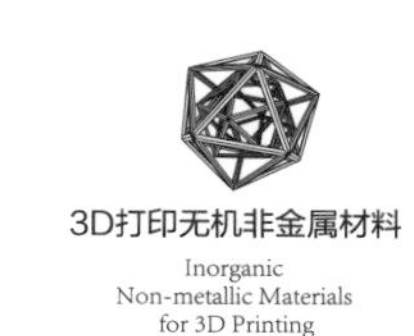

同类型产品水平，成本更低，为国内3D打印在铸造行业的产业化应用奠定了基础。

5.2.1.1 树脂砂3DP工艺用原砂材料

树脂砂3DP工艺用的原砂材料比传统的树脂砂要求更严格。树脂砂3DP工艺用原砂材料性能包括种类、成分、含泥量、水分、酸耗值、灼减量、角形系数、颗粒组成、热导率、比热容、膨胀系数、耐火度、烧结性能、磁性物质等，对树脂砂3DP的工艺过程、铸型成形精度、铸型强度和铸造缺陷有很大影响。

3DP工艺原砂材料主要有硅砂、宝珠砂、陶粒砂、特种砂等。硅砂的角形系数大，砂粒表面不规整，含泥量高，酸耗值高，树脂的添加量较高，砂热膨胀系数大，流动性较差，型（芯）发气量大以及透气性和溃散性差，初始强度普遍不高。宝珠砂、陶粒砂的含泥量低、含水量低、热膨胀率小、角形系数小、酸耗值低，耐火度高，流动性好，抗磨损破碎、抗压、可再生性能好。采用相同参数打印的砂芯，陶粒砂砂芯抗压强度较硅砂砂芯高出18%，透气性比硅砂高出25%；陶粒砂因膨胀系数低，铸件内腔不易产生脉状纹缺陷；而且陶粒砂的再生率可达99.25%，较硅砂的再生率（94.36%）存在明显优势[76]。

树脂砂3DP工艺用的原砂灼减量不得超过0.2%，灼减量高于0.2%消耗更多固化剂，砂型强度下降、发气量高。

树脂砂3DP工艺用的原砂含泥量应小于0.2%。含泥量高使比表面积增大，消耗更多的树脂固化剂，打印参数不易固定，打印的铸型（芯）砂强度降低，固化慢。含泥量（200目以上）由0.2%升至1.0%时，树脂砂强度降低10%～35%。同时泥中含有大量的碱金属与碱土金属氧化物，会降低树脂砂的耐火度；泥中含有的碳酸盐物质会增大酸耗值。

树脂砂3DP工艺用的原砂含水量应控制低于0.2%。高的含水量会降低树脂砂强度，增大发气量与发气速度，固化速度减慢，造成砂型固化不良，甚至造成砂型报废。原砂中含水量由0.2%增至0.6%，型砂强度将降低50%甚至更多。树脂砂3DP工艺用的原砂粒度组成可选用50～100目、100～140目、70～140目、100～200目等不同规格，粒度组成影响树脂砂3D打印的层厚选择、成形精度、砂型表面粗糙度等。

再生砂的利用可有效减少铸造生产中的新砂用量，减少经济投入，从而保护自然环境。再生砂是铸造生产中经过再生处理基本恢复了使用性能可以正常使用的旧砂。适用于树脂砂3DP工艺的再生砂一般采用热法再生。一方面把旧砂加热到500℃以上，将失效的黏结剂烧掉；另一方面通过再生设备将铸造生产中涂料、粉尘、过程杂物、破碎后粉末等去除掉，获得高质量标准的再生砂。

5.2.1.2 树脂砂3DP工艺用呋喃树脂黏结剂材料

树脂砂3DP工艺用呋喃树脂为酸硬化呋喃自硬树脂，可在常温下与酸缩聚交联固化，特点是强度高、黏度低、毒性小。国内的呋喃树脂合成及生产工艺主要分为两种，最常见的为脲醛改性呋喃树脂，是由尿素甲醛碱性加成物与糠醇在酸性条件下进行聚合而成，具有成本低、砂型终强度高的特点；另外一种为酚醛改性呋喃树脂，是由苯酚甲醛碱性加成物与糠醇在酸性条件下进行聚合而成，具有硬化速度快、高温强度高的特点。

作为国内传统铸造业使用最多的黏结剂，呋喃树脂在3D打印中也拥有巨大的优势。在使用方法上，传统呋喃树脂造型使用直臂式混砂机，由泵及管路将固化剂及树脂输送至搅拌臂，与砂充分混合后再充填至模具实现造型。而在3D打印设备上，打印头组按照砂型文件的切片解析进行精确的选择性喷射树脂，一层完成后，继续下一层的铺砂、树脂喷射，逐层交替，直至打印完成。短时间放置后，就可以进行开箱清砂及其他后续作业。

由于3DP工艺的特殊要求，普通呋喃树脂在黏度、硬化速度、腐蚀性等方面难以满足要求。主要体现在以下几个方面：首先，普通呋喃树脂的黏度一般在20～40mPa·s，用在直径只有几十微米的打印头喷孔上无法正常喷射；其次，普通呋喃树脂的硬化速度较慢，而3DP工艺要求打印过的砂层要在短时间内建立一定强度；最后，普通呋喃树脂生产工艺粗放，游离的活性小分子物质及微小颗粒杂质较多，对与液料直接接触的3DP设备的使用寿命有不利的影响。所以3DP工艺用呋喃树脂需要具备快速硬化、强度高、低黏度、洁净的特性。

目前3D打印用呋喃树脂在国外的主要生产厂家为ASK化学、欧区爱、花王等，在国内，宁夏共享化工有限公司在3D打印呋喃树脂的研发、测试、应用及配套产品上取得了突破，产品均已实现工业化批量应用，图5-10为3DP工艺生产的呋喃树脂砂型。

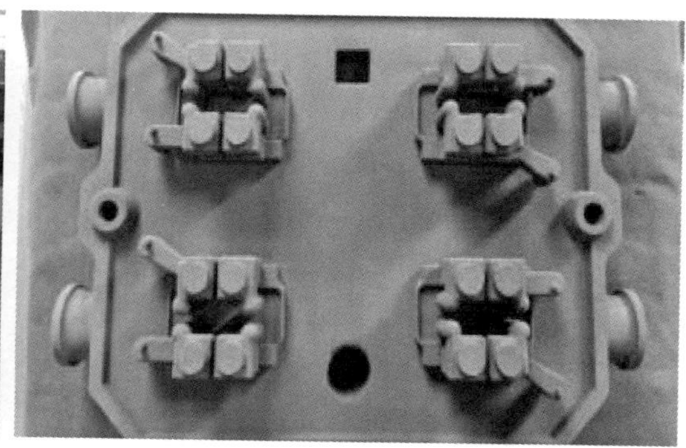

图5-10　3DP呋喃树脂砂型

为了使呋喃树脂适应3DP打印工艺，需要在合成工艺进行改进[93]，如使用特殊酚类通过酚醛改性呋喃这一工艺，提升了呋喃树脂的反应活性，在保证一定的常温自硬强度的同时，也获得了更高的高温强度。在实现快速硬化的同时，保证了3D打印后的砂型表面质量。在此基础上，再通过一系列工艺及生产改进，最终获得了能满足3D打印的呋喃树脂。该树脂主要具有以下特点：低黏度，良好的流动性及湿润性，硬化速度快，液料洁净度高，打印造型及浇注过程中低气体释放，适应人造砂、天然砂，高温特性优良，砂型稳定性高，表面质量优良。树脂主要参数见表5-3。

表5-3　铸造3D打印用呋喃树脂主要参数

指标名称	黏度/mPa·s	pH	常温拉伸强度/MPa	水分/%	杂质含量/%	外观
指标	8.0～13.0	5～9	≥1.4	≤1	≤0.006	暗红色透明液体

配套3DP工艺用呋喃树脂使用的还有固化剂及清洗剂。这种固化剂为一类高活性的复

合磺酸，具有低水分、低挥发性、高活性、低游离酸、低腐蚀性、良好砂子润湿性的特点。清洗剂主要为小分子的醇类复合体，具有低黏度、清洗效率高、不伤机体的特点。

当前国内外3DP呋喃树脂产品还存在一些不足：液料成本较高，阻碍了产业化应用；在使用过程中，糠醇分子会逸散到空气中，造成环境污染；打印过程中清洗会产生树脂废液，浪费较大；液料在一定程度上还会影响打印头寿命等。

5.2.1.3 树脂砂3DP工艺用酚醛树脂黏结剂材料

树脂砂3DP工艺用酚醛树脂黏结剂材料是酚类化合物和醛类化合物在碱性催化剂（如NaOH）催化作用下经加成-缩聚得到的甲阶热固性酚醛树脂材料，其结构主要是一元、二元及三元羟甲基酚的混合物，它实际上是缩聚反应控制在一定程度内的活性中间产物，易在适当条件下继续进行反应而凝胶化，甚至交联固化成网状结构大分子。

树脂砂3DP工艺用酚醛树脂黏结剂材料具有较好的耐热性、黏附性和抗烧蚀性能，低黏度和低发气量。3DP酚醛树脂砂型（芯）应用范围非常广泛，不仅可以应用于传统的铸钢、铸铁领域，还可以应用于对砂型（芯）发气量要求更高的有色合金铸造领域，市场前景广阔。图5-11是3DP工艺生产的酚醛树脂砂型。

图5-11 3DP酚醛树脂砂型

配套3DP工艺用酚醛树脂黏结剂材料使用的，还有3DP工艺用酚醛树脂用固化剂及清洗剂材料。3DP工艺用酚醛树脂用固化剂具有低挥发性、高活性、高游离酸、砂润湿性好等技术特点。3DP工艺用酚醛树脂用清洗剂主要为小分子的醇类复合体，具有低黏度、清洗效率高、体系温和、不损伤设备部件的技术特点。树脂砂3DP工艺用酚醛树脂黏结剂材料的主要技术指标见表5-4。

表5-4 铸造3D打印用酚醛树脂参数

指标名称	黏度/mPa·s	密度/(g/cm^3)	pH	常温拉伸强度/MPa	高温拉伸强度/MPa	水分/%	杂质含量/%	外观
指标	8.0～14.0	0.90～0.93	6～7	≥1.6	≥0.8	≤10.0	≤0.006	暗红色透明液体

树脂砂3DP工艺用酚醛树脂黏结剂材料黏度为8.0～14.0mPa·s，远低于传统砂型铸

造用酚醛树脂材料，满足压电式喷液打印头对于液料黏度的严苛要求。酚醛树脂黏结剂常温拉伸强度可达到1.6MPa以上，远高于传统砂型铸造用碱性酚醛树脂0.6～1.0MPa的强度水平。酚醛树脂黏结剂1000℃高温拉伸强度达到0.8MPa以上，远高于3DP呋喃树脂水平，特别适用于铸钢件的生产。

5.2.2 树脂砂3DP工艺对砂型成形的影响

自硬树脂砂的主要性能指标有强度、发气量、透气性、高温强度和溃散性等。强度是其重要的乃至关键的一个性能指标。影响强度的因素很多，主要有树脂加入量、树脂的性能、固化剂的性能及加入量和原砂的性能等。

树脂砂3DP工艺，先在工作箱平铺一层砂（已混合固化剂），而后打印头选择性喷射化学黏结剂，并逐层交替，最后自硬成形。由于其填砂和黏结剂加入的方式不同于普通树脂砂工艺，所以对于原砂和黏结剂的要求不同于普通工艺，另外由于3DP工艺成形的型芯无法安放芯骨作为支撑，对于型芯的强度要求更高，需要增加树脂的加入量，但同时要保证型芯发气量，所以对于黏结剂的性能指标要求更高。

5.2.2.1 树脂与固化剂加入量对树脂砂成形强度的影响

影响呋喃树脂砂硬化特性的最主要因素是树脂与固化剂的品种及加入量，此外原砂的性能参数及温度、环境温度与湿度等也对树脂砂的硬化强度特性有一定影响。

(1) 树脂加入量对树脂砂成形强度的影响

由图5-12可见，随着呋喃树脂加入量的增加，砂型的抗拉强度、抗压强度、抗弯强度及发气量均随着树脂加入量增加而增加，而砂型透气性则随之降低。这是由于树脂用量少，砂粒表面只有薄薄的一层树脂膜，砂型的强度取决于砂粒上粘接的树脂表面积及厚度。同样质量的砂粒中树脂的加入量增加时，砂粒与树脂的黏结会更牢固，强度就会增加。但是加入量达到一定量后，强度的增加就会减缓，同时随着树脂加入量过高，砂粒的空隙就减少，透气性也随之降低。

(2) 固化剂加入量对树脂砂成形强度的影响

从图5-13可见，当固化剂加入量低于18%左右时，固化剂加入量过低，固化剂不能覆盖砂的表面，硬化过程进行得极为缓慢，型砂强度也较低；当固化剂加入量大于20%时，硬化反应速度过快，树脂交联结构不完整，树脂膜和黏结剂桥变脆，型砂强度大幅降低；当固化剂加入量为18%左右时，酸性比较适中，在不增加树脂量的条件下，得到了较理想的硬化效果。

(3) 砂温、环境温度和环境湿度对成形强度的影响

呋喃树脂和甲阶酚醛树脂在酸性催化剂的作用下能够硬化。硬化反应过程属于缩合反应，温度越高，反应速度越快，同时缩合反应过程中要放出水分。因此，反应水的排出及时与否，对树脂砂的黏结强度有很大影响。环境湿度大，能阻碍反应水的逸出，影响固化反应的进行，初强度和终强度都会降低。为了保证获得理想的终强度，3DP工艺要严格控制砂温、环境温度和湿度，最好的控制范围为：砂温控制在20～30℃，环境温度控制在20～30℃，环境湿度控制在30%～60%。

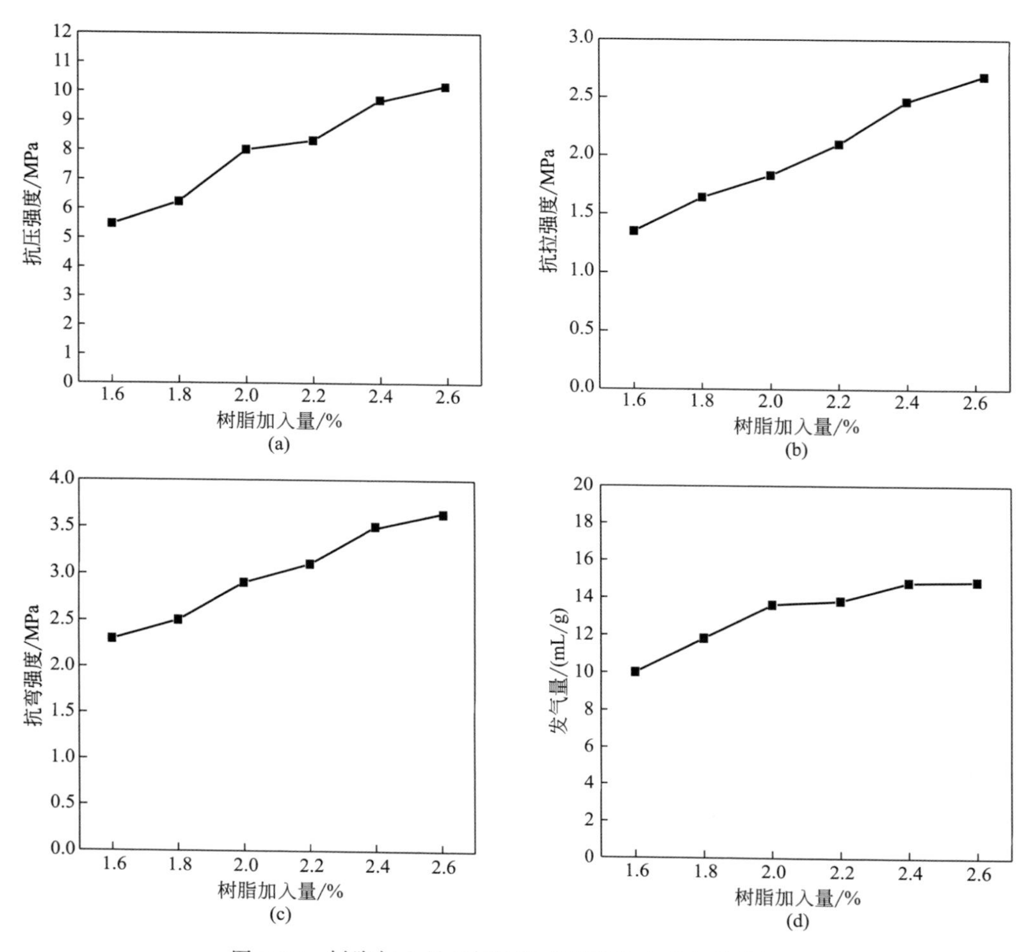

图 5-12　树脂加入量对树脂砂成形强度和发气量的影响

(a) 抗压强度；(b) 抗拉强度；(c) 抗弯强度；(d) 发气量

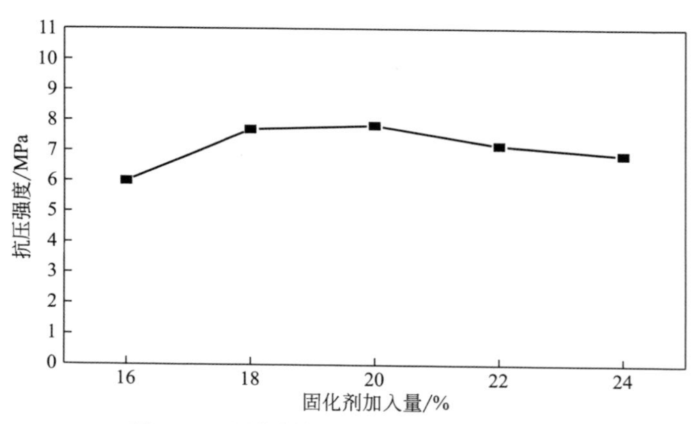

图 5-13　固化剂加入量对型砂强度的影响

5.2.2.2 铺砂层厚、速度及下砂量对树脂砂成形强度的影响

在树脂砂3D打印过程中，型砂储存在铺砂装置中，通过布砂器均匀地平铺在工作台平面上，铺完一层砂以后，打印头开始运动，在已经铺好的砂面上喷树脂黏结剂，逐层交替，实现砂型打印。铺砂的参数对整体砂芯的质量起到了非常重要的作用。铺砂的关键因素主要包含层厚、下砂量、铺砂结构等。

铺砂层厚是影响砂型的成形精度和表面粗糙度的一个重要因素。理论上，层厚越小，精度越高，砂芯的表面越光洁平滑。铺砂的层厚主要取决于砂子的粒径，层厚一般为砂子粒径的1.5～2倍左右。常用的砂子粒度主要为50/100目、100/140目，50/100目砂的打印层厚一般为0.38～0.44mm，100/140目砂的打印层厚一般为0.28～0.32mm左右，砂子目数与砂粒尺寸的对应关系见表5-5。层厚设置太厚，黏结剂渗透不够而导致砂芯没有强度或产生分层现象，层厚设置太薄则会导致推砂、拉砂等问题，进而影响砂芯质量。因此，需要根据对砂芯精度的要求选择合理的层厚和砂子粒度。

表5-5 筛号对应粒度尺寸

筛号	6	12	20	30	40	50	70	100	140	200	270
尺寸/mm	3.35	1.7	0.85	0.6	0.425	0.3	0.212	0.15	0.106	0.075	0.053

下砂量是影响树脂砂3DP工艺砂芯成形精度和质量的重要因素。此参数随机械结构不同而有所区别。常见的铺砂装置有两种结构：通过振动下砂，见图5-14（a）；通过花键槽旋转下砂，见图5-14（b）。对于结构（a），主要是使用偏心轮振动控制下砂量，因此偏心轮的偏心量决定了振幅的大小，偏心轮的旋转频率决定了振动频率的大小，偏心轮设计是否合理决定了下砂量是否均匀。一般情况下，下砂量与振动频率和幅度成正比。振动频率越高，下砂量越大，振幅越大，下砂量越大。振幅在机械结构设计之初就已经确定，因此在实际的工作过程中，铺砂器的下砂量只取决于振动频率。偏心轮设计点位不合理会导致振动点之间或者边缘出现不下砂或者下砂量少的情况，进而引起下砂量不

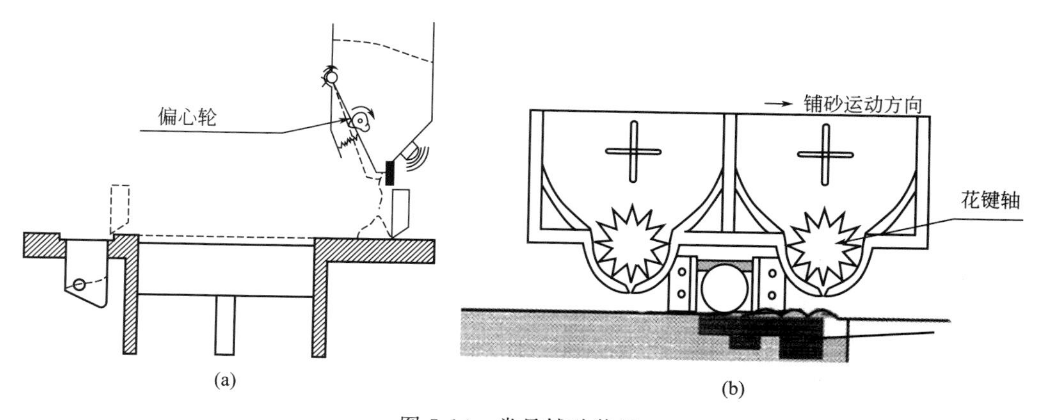

图5-14 常见铺砂装置

均匀。因此在设计时，振动点尽可能均匀布置，并保证两边的振动最大限度地接近边缘。对于结构（b），主要取决于花键槽的容砂量和花键轴的转速。在结构设计之初，花键槽的容砂量已经确定，因此在实际的工作过程中，铺砂器的下砂量只取决于花键轴的转速。铺砂的均匀性则是由花键轴本身的制作精度确定。铺砂器的铺砂速度与下砂量成正比，铺砂速度越快，需要的下砂量越大。铺砂器的速度可以在设计要求的极限范围内尽可能增大。无论是哪种结构，下砂量都需要在合理的范围内进行调整。下砂量太小，铺砂不紧实，会引起砂芯密度不够、强度不够；下砂量太大，会引起推砂、拉砂等一系列质量问题。

铺砂结构也是影响成形强度的一个关键因素，有刮板结构、滚轮结构等多种形式。铺砂设计的基本原则是平面度良好，不推砂、不拉砂，并对振动或者花键轴下来的砂子起到紧实的作用，进而保证砂芯质量合格。

5.2.2.3 打印头分辨率及波形对树脂砂成形强度的影响

3DP 砂型 3D 打印采用的成形原理与树脂自硬砂造型相同，不同的是 3DP 工艺是喷嘴逐层均匀地将树脂喷射在砂面上（混合好固化剂的砂层）。传统铸造使用混砂机将固化剂和树脂与型砂混合搅拌均匀，树脂的加入量依靠流量计来测算。对于 3DP 打印设备来说，树脂是被喷射到型砂中的，树脂量无法使用流量计来测量，只能预先测算出喷头喷射的单滴树脂的质量，再根据喷射的点距来计算出树脂的加入量。

(1) 分辨率与树脂加入量之间的关系

3DP 砂型打印设备的树脂加入量与打印分辨率有直接关系。例如当打印分辨率是 0.08mm 时，树脂的加入量比分辨率为 0.07mm 时要小，由于同样的打印面积，喷射的两滴树脂之间的距离小，总的喷射点数就多。相反，两滴树脂间的距离大，总的喷射点数就少，所以，树脂加入量与分辨率成反比关系（当以点距表述分辨率时）。分辨率表示了单位面积内树脂喷射点数的多少，但是单滴树脂的量是由波形文件确定的，因此，最基本的加入量是由喷树脂的波形参数确定的。

(2) 波形与树脂量的关系

波形直接影响喷射出的单滴树脂的质量和速度，喷射的频率也影响单滴树脂的质量和速度。波形与喷射对象即树脂有很大的关系。喷嘴相同情况下，树脂特性决定了波形的参数。当喷嘴确定后，波形的脉宽与树脂的质量有如图 5-15 的关系。

由图 5-15 可以看到，脉宽在 $7\mu s$ 与 $8\mu s$ 之间，液滴的质量达到最大。

波形参数中除了脉宽外，还有电压。喷嘴一定，电压与液滴质量有如图 5-16 的关系。

由图 5-16 可以看到，液滴的质量与电压成正比关系，随着电压的增加，液滴的质量也在增加。

以上，从波形的脉冲宽度和电压参数两个方面看到的液滴质量的变化，同样的波形可以用不同的频率喷射，这就涉及到了不同的频率对液滴质量的影响。

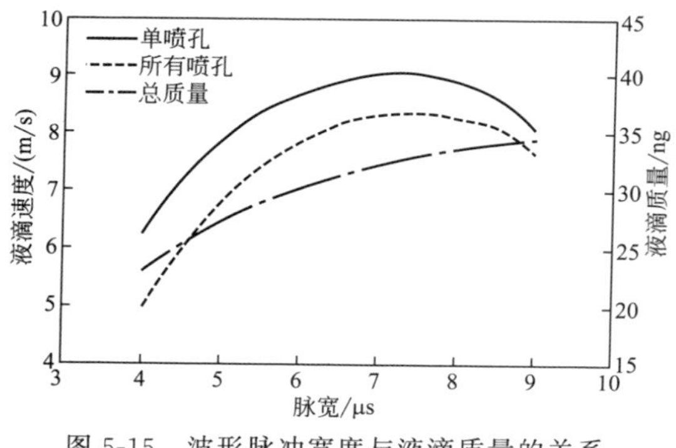

图 5-15　波形脉冲宽度与液滴质量的关系

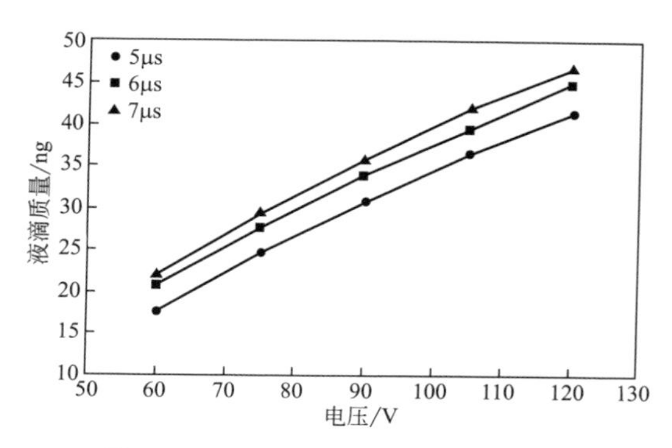

图 5-16　波形电压与液滴质量的关系

(3) 喷射频率与树脂量的关系

由图 5-17 可以看到，随着喷射频率的增加，液滴质量总的趋势在减小，而喷射频率与打印头的扫描速度有直接的关系，同样分辨率的参数打印，打印头速度越快，喷射频率越高。

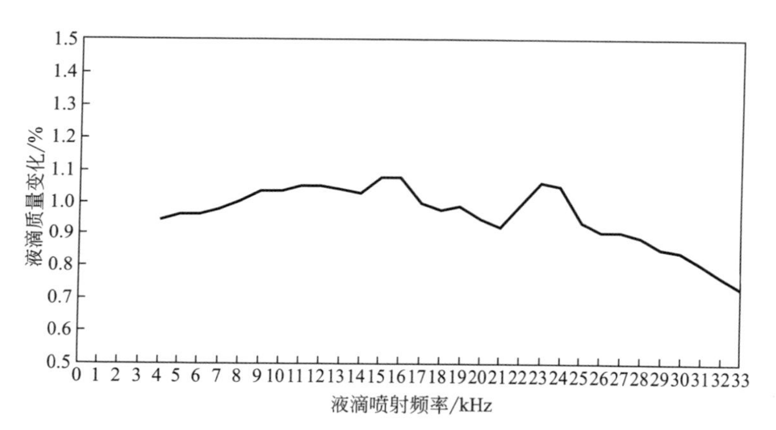

图 5-17　喷射频率与液滴质量的关系

以上，是从分辨率、波形参数、喷射频率三个方面对液滴质量影响关系的分析，说明了液滴质量的变化特性。实际应用中，要根据使用的树脂特性，开发出适合于特定喷头的波形与喷射频率，确定合适的打印速度。当波形、打印头速度确定后，单滴树脂的质量就固定不变了，只需要改变打印的分辨率，就可以掌握树脂的加入量，从而达到调整砂型强度的目的。

5.2.2.4　砂型结构及布图方式对树脂砂成形尺寸精度的影响

通过对砂型结构及布图方式的研究发现，相同的砂型结构在不同的布图方式下，表现出的砂型尺寸精度等级不同。以圆台形结构为例，在同一工艺参数情况下成形，布图方式对成形尺寸精度影响比较大。树脂砂 3D 打印成形过程中，连续的层状增材成形方式会在成形砂型的斜面、圆弧面等部位形成细小的纹路，纹路对成形尺寸精度产生不利影响。在工业应用中，应通过合理的布图方式减少纹路的产生，以获得优良的尺寸精度，见表 5-6、表 5-7。

表 5-6 不同布图方式对圆台结构成形尺寸精度的影响

布图方式	Z向(砂子逐层叠加方向)	Z向(砂子逐层叠加方向)
±0.2mm 合格率	61.65%	84.32%
±0.4mm 合格率	93.82%	96.54%
标准偏差	0.1628	0.1449

表 5-7 不同布图方式对斜面结构成形尺寸精度的影响

布图方式	Z向(砂子逐层叠加方向)	Z向(砂子逐层叠加方向)
±0.2mm 合格率	70.63%	69.42%
±0.4mm 合格率	95.26%	97.35%
标准偏差	0.2729	0.2382

树脂砂 3D 打印成形尺寸精度受众多影响因素的影响，在合理优化工艺参数及选用正确的布图方式下，成形尺寸精度可达到较高水平。

5.2.3 树脂砂 3DP 工艺及应用实例

铸造是装备制造业的基础，铸件在航空航天发动机、燃气轮机、汽车发动机、内燃机、高精密加工机床、工业机器人、大型金属结构装备等各类装备中占有相当大的比例，对提高装备主机性能至关重要。3D 打印技术的应用给传统铸造带来“变革性”影响，这项技术可成形具有复杂功能设计要求、传统方法难以制造甚至无法直接制造的零件，可根据用户设计要求成形制造个性化、小批量、定制产品。利用 3D 打印成形实现铸造用熔模和砂型的无模快速制造，显著降低单件和小批量铸件的制造周期和生产成本，实现绿色制造、智能制造，为高端铸件的生产提供了解决方案。

5.2.3.1 树脂砂 3D 打印工艺

铸造砂型的 3D 打印制造工艺与传统砂型铸造工艺相结合，利用 3D 打印技术的优势来实现高难度、高技术、高附加值铸件的铸型自动化、智能化制造，是树脂砂 3D 打印工艺的重要发展方向。通过对 3D 打印砂型设计、组芯工艺、3DP 成形工艺、铸型清理—施涂—烘干、铸造工艺等方面的系统研究，已形成了一整套树脂砂3D打印工艺方案（图5-18）。

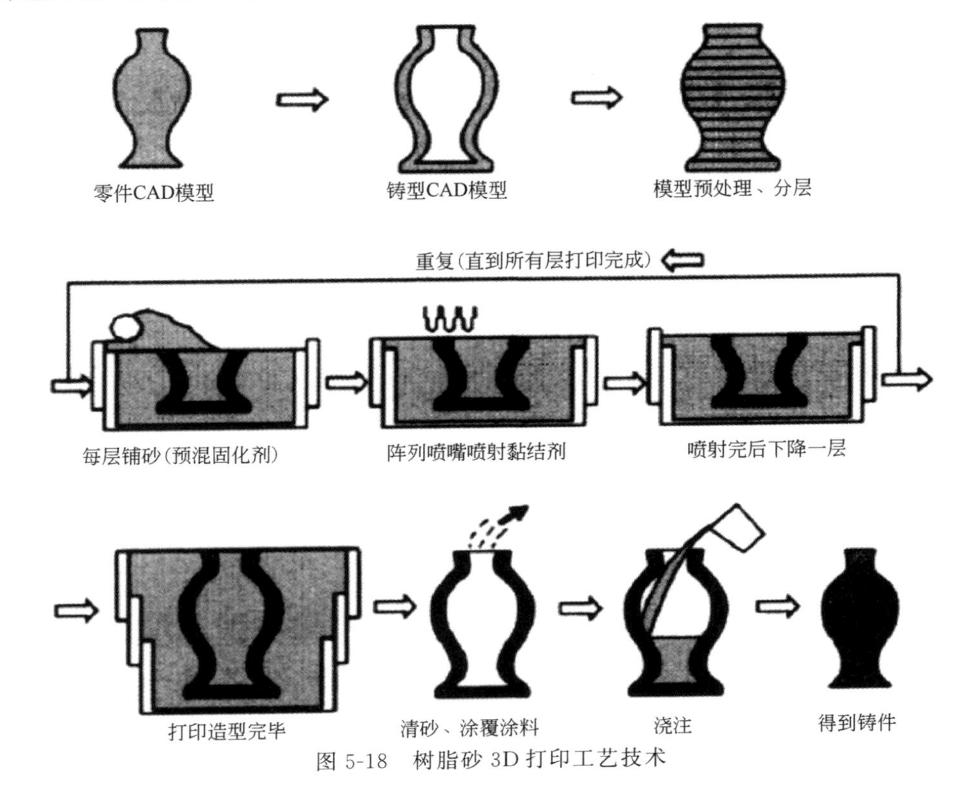

图5-18 树脂砂3D打印工艺技术

5.2.3.2 树脂砂3D打印技术应用实例

经过近十年的研究，已经实现了铸造3D打印技术产业化应用，并在航空航天铝镁合金件，内燃发动机、机器人、高精密数控机床、压缩机等领域的高难度、高附加值铸件上进行推广。以下将用柴油机汽缸盖、压缩机汽缸铸件、高速数控机床床身铸件三种产品的应用实例来介绍树脂砂3D打印工艺。

[实例2] 柴油机汽缸盖铸件[94]

① 产品简介 某中速柴油机汽缸盖铸件（尺寸615mm×420mm×290mm，最小壁厚8～10mm，局部较厚；材质为RuT300）是中速柴油机上关键部件，属于薄壁多腔体承压类复杂铸件，其结构见图5-19。

② 难点识别 该铸件传统工艺采用模具、砂型重力铸造。由于铸件曲面结构复杂，断面差异大、最小壁厚较薄，内部的复杂结构全部由砂芯形成，需要分成至少30个砂芯。由于砂芯数量较多，容易在制造过程中出现尺寸不合、气孔等缺陷，故导致汽缸盖铸件的废品率通常在20%～30%。3D打印作为一种无模铸造工艺可以大幅度减少薄壁复杂件的砂芯数量，关键砂芯一体化，可以避免砂芯错动导致的气孔缺陷，同时也减小了尺寸不合发生的概率。

③ 方案策划 将传统的砂型铸造技术与先进的树脂砂3D打印成形技术集成，进行高难

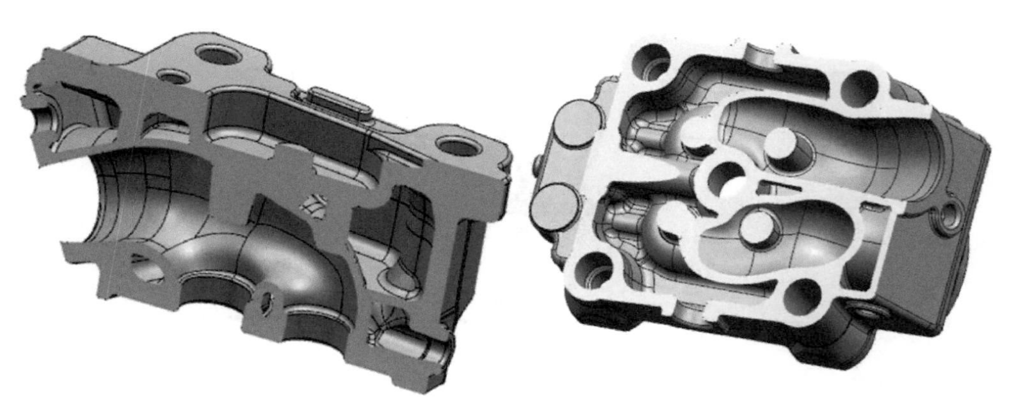

图 5-19 汽缸盖铸件三维模型

度、高技术、高附加值的高端铸件产品的高效研发生产。通过 CAD/CAE 进行最优化的 3D 铸造工艺设计，包括砂型尺寸、组芯方式、浇注系统形式、冷铁设置、施涂及转运方式、铸造生产过程模拟等。

④ 铸造工艺设计　浇注方案选择，通过充型模拟对比不同浇注系统，选择充型平稳，利于补缩的浇注系统。充型模拟（图 5-20）显示底注最平稳，顶注次之，侧注最差。而且铸件底部薄、上部厚，顶注的工艺利于补缩。最后综合考虑温度场、内浇口流速、补缩等多方面因素，选择顶注方案并优化阻流截面，缩短浇注时间。

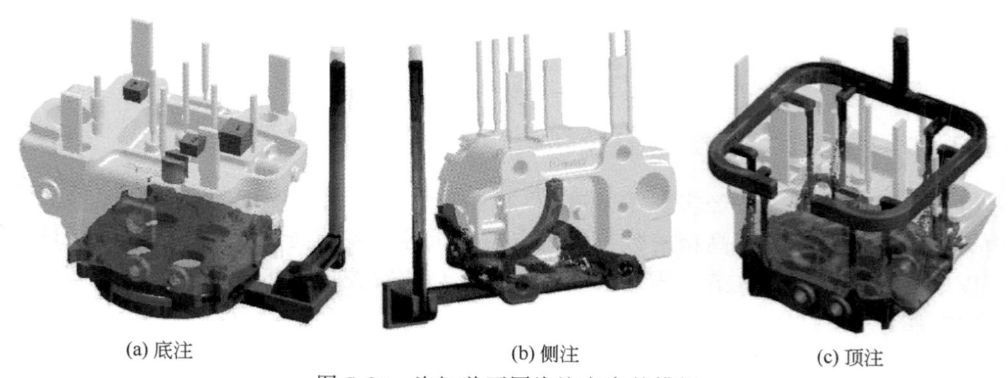

(a) 底注　(b) 侧注　(c) 顶注

图 5-20 汽缸盖不同浇注方案的模拟

通过仿真模拟软件模拟优化确定生产工艺参数并建立汽缸盖的三维铸造工艺图（图 5-21）。浇注系统比例为 1∶2.2∶2.5，内浇口平均流速 0.8m/s，浇注温度（1380±10）℃，浇注时间 13s，顶部厚大部位使用发热冒口进行补缩，燃烧室面设置冷铁。

⑤ 砂型工艺设计　利用 3D 打印无模铸造的特性，将气道芯、水腔芯、螺栓孔芯等内腔主要 9 个砂芯及部分铸型合并为 1 个模块化的砂芯，一次成形，无需下芯、合型，设计方案见图 5-22。

汽缸盖主要结构基本上都由气道、水套芯集成带出，其他砂芯的结构都只有简单结构。

⑥ 3D 打印铸型　砂型 3D 打印过程及成品见图 5-23。

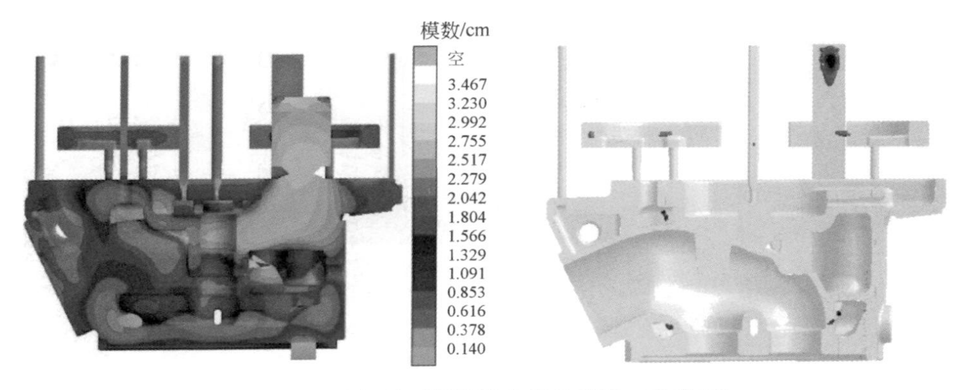

图 5-21 汽缸盖不同浇注方案的模拟（见彩图）

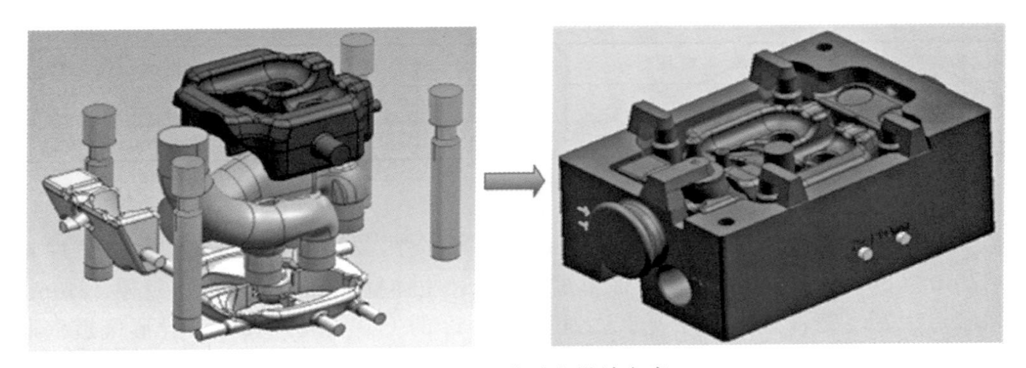

图 5-22 汽缸盖砂芯设计方案

图 5-23 汽缸盖砂型 3D 打印过程

⑦ 浇注及后处理 组芯/型，浇注成形，将打印好的型芯从造型箱中取出后经除砂清理、预表烘干、表面施涂、烘干检验合格后即可组芯成形，经浇注、冷却后开型，除去铸件积砂、浇冒口、钢丸等，方可喷漆、交检、合格入库。见图 5-24。

图 5-24　汽缸盖铸造过程

采用3D打印工艺直接打印砂型（芯），取消了模具制作工序，简化了铸造造型工艺，降低了铸件研制成本，大大提高新产品研发效率，适用于结构复杂、质量要求高、单件小批量铸件的研制。3D打印技术生产汽缸盖铸件与模具铸造的首件生产周期对比见表5-8。

表 5-8　两种工艺汽缸盖生产周期对比

铸造模式	工艺设计/天	模具制造/天	铸造/天	清理/天	检验入库/天	总计/天
传统有模砂型铸造	5	45	6	3	1	60
3D打印砂型铸造	5	0	3	1	1	10

［实例3］　压缩机汽缸体铸件[95]

① 产品简介　汽缸体是油气压缩机上的核心零部件，材料为HT300，汽缸铸件轮廓尺寸为987mm×800mm×744mm，铸件单重452kg，主体壁厚35mm，最小壁厚13mm。

② 难点识别　铸件整体尺寸要求达到ISO 8062的CT10级，其中，异形气道壁厚（要求UT测量气道处壁厚）公差要求控制在±1mm以内。汽缸铸件100%做磁粉检测（MT），要求达到1级；地脚板做RT检测，要求达到RT3级。要求石墨形态以A型为主，珠光体体积分数≥90%，抗拉强度≥300MPa，铸件本体硬度160～228HB，本体硬度差≤20HB。

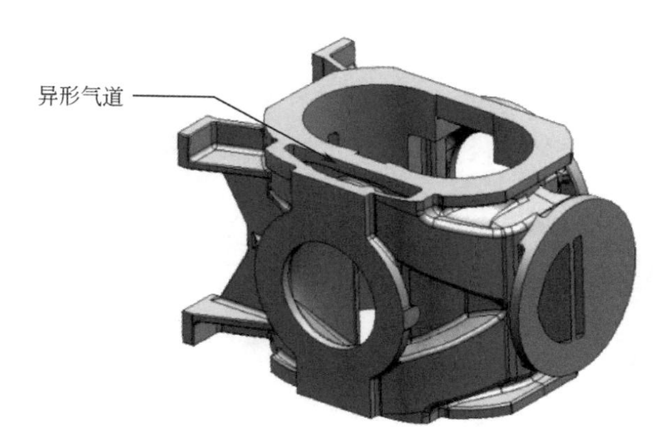

图 5-25　汽缸铸件三维模型

③ 方案策划　由于铸件内部除1个异形气道（如图5-25）外，没有特殊结构，将异形孔放在侧面，汽缸中空部位与浇注方向平行，可以将浇注系统布置在汽缸铸件的中空部位。铸件中间桶状主体结构壁厚过渡均匀，补缩通道通畅，顶面放置少量液态补缩冒口和出气即可。

④ 铸造工艺设计　采用开放式浇注系统，$\sum F_{直}:\sum F_{横}:\sum F_{内}=1:2.2:2.5$，直浇道从铸件中空部位进入型腔，横浇道中布置2片尺寸为120mm×120mm×20mm的过滤网，过滤网顶面和分型面处于同一平面。内浇道进入型腔部位呈喇叭状将截面放大，内浇道流速降低至0.6m/s，浇注温度（1380±10）℃。汽缸顶部法兰处只设计少量冒口，提供足够的出气截面积和少量的液态补缩即可。出气截面积：阻流截面积=2.1：1。工艺出品率82%，铸造工艺如图5-26所示。

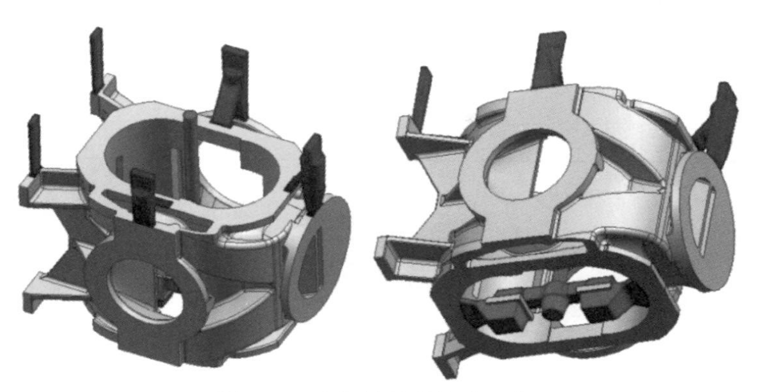

图 5-26　汽缸铸件的铸造工艺

⑤ 砂型工艺设计　铸型沿异形气道中间分为上型、下型，可以降低砂型高度，实现在大多数打印机Z轴高度（多为600～700mm）方向上完成打印，可以同时尽可能避免清砂死角的出现。

将型腔沿铸件上、下法兰顶面进行分割，将形成铸件外轮廓的铸型沿异形气道孔中间分割，下型带1/2的异形气道孔，上型带1/2的异形气道孔。中间中空部位用内腔芯带出，内腔芯侧面芯头部位进行延伸，形成特殊芯头可以实现砂芯的吊运和下芯。中间芯顶面延伸到顶部，与铸型顶部齐平，相应地用上型顶部形成中空芯座结构，在下芯过程中与中间芯顶面配合。下型的地脚处需要开清砂窗，清砂窗用粘芯封闭，见图5-27。

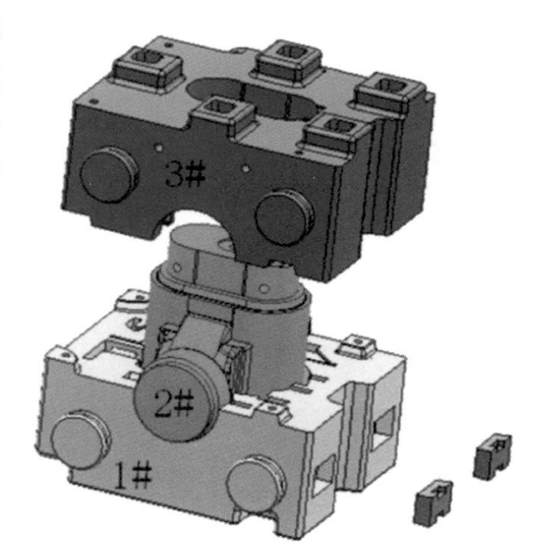

图 5-27　砂型示意图

⑥ 熔炼工艺设计　原材料配料：生铁5%～15%，废钢40%～70%，其余机铁。化学成分为：w(C) 3.24%～3.26%，w(Si) 1.80%～2.00%，w(Mn) 0.55%～0.75%，w(P) ＜0.10%，w(S) 0.065%～0.105%。采用75SiFe进行随流孕育处理，孕育剂加入量占铁水出铁量的0.15%。

⑦ 铸件检验　首件铸件经检测，MT检测符合1级要求，地脚板RT质量优于2级，气道处经过UT测量壁厚，尺寸略微小于设计壁厚13mm，但尺寸偏差都控制在0.5mm以内，分析主要是型腔两侧涂料干厚累加所致，后期在工艺设计时增加＋0.5mm涂料补偿即可。表5-9为铸件的金相组织和力学性能检测结果，表5-10为传统工艺和3D打印技术的铸件交付周期对比，可见采用3D打印技术生产首件，研发周期可以缩短70%以上。

表 5-9　铸件性能检测结果

项目	石墨形态	珠光体体积分数/%	抗拉强度/MPa	本体硬度/HB	本体硬度差/HB
参数	A型为主	95	305	187、194、191	＜15

表 5-10 传统工艺和 3D 打印技术的铸件交付周期对比

铸造模式	设计/天	制模/天	铸造/天	清理/天	检验/天	总计/天
传统有模砂型铸造	5	25	3	3	1	37
树脂砂 3D 打印快速成形铸造	5	0	2	1	1	9

［实例 4］ 高速数控机床 T 形床身铸件[96,97]

① 产品简介 T 形床身铸件是卧式加工中心的重要零件，材料为 HT300，铸件轮廓尺寸为 3870mm × 2300mm × 1200mm，铸件单重 9910kg，主体壁厚 30mm，最大壁厚 110mm。如图 5-28 所示为床身三维图，T 形床身轮廓尺寸和单重大，是机床产品最复杂铸件之一，铸造尺寸公差按 ISO8062—1994 的 CT11 级验收。

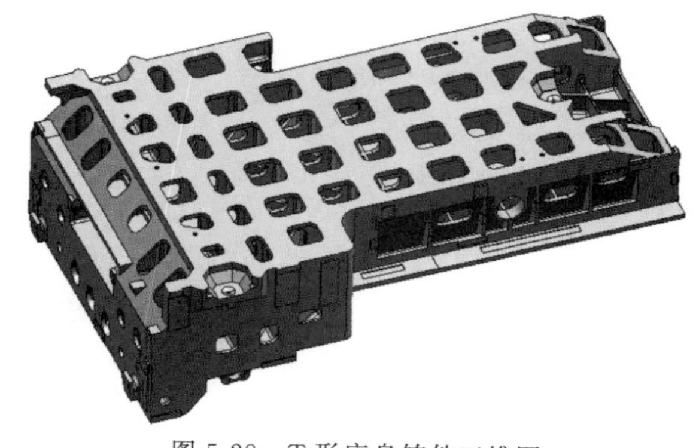

图 5-28 T 形床身铸件三维图

② 难点识别 本铸件工艺方案难点通过传统铸造工艺进行分析。

a. 传统铸造工艺方案 传统手工模具造型工艺方案如图 5-29 和图 5-30 所示，浇注时导轨朝下。由于其复杂的内腔结构，以及芯盒制作需要考虑撤料，导致了砂芯数量多达 54 个。该方案的主要缺点是，独立的内腔砂芯没有稳定的支撑及定位，在浇注过程中极易松动。

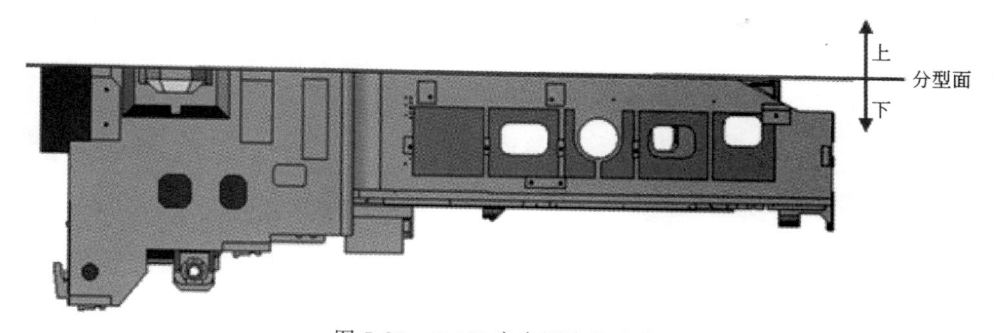

图 5-29 600H 床身原浇注方案

b. 技术难点及现状 如图 5-30 所示的内腔砂芯，T 形床身长度、宽度、高度三个方向都呈多层内腔，在常规铸造中由于砂芯太多，尤其大端头砂芯体积太大，且由于芯盒结构原因砂芯不能组合，必须将其单独出芯，导致薄片砂芯只能靠芯撑与底部型腔接触支撑，独立的内腔砂芯间配合不够精确，披缝大，在浇注过程中极易松动，造成铸件顶面或侧面出现呛气孔缺陷，严重导致铸件报废，如图 5-31 所示为顶面典型呛火缺陷。废品率高达 13%，严重影响了产品的正常交付。对所生产产品根据缺陷类型进行统计分析，结果如表 5-11 所示。

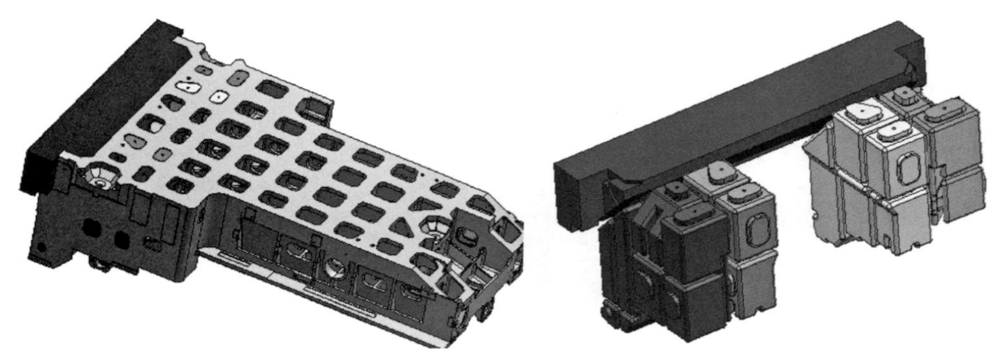

图 5-30　600H 床身分芯方案

图 5-31　顶面典型呛火缺陷

表 5-11　缺陷统计表

缺陷	呛火	冷隔	夹杂	尺寸	其他
数量	28	1	2	3	3
缺陷占比	75.7%	2.7%	5.4%	8.1%	8.1%

根据统计数据可以看出，呛火是主要缺陷。通过分析发现呛火主要发生在铸件铸造顶面大端头的两侧位置，是需要重点解决的质量问题。

③ 工艺方案改进　造成 600H 床身大端头呛火的主要原因是大端头砂芯体积大，单独出芯相对比较薄，缺少有效支撑固定，浇注过程中容易松动。大端头的砂芯必须进行连接重组，保证砂芯在型腔内的稳定。

基于树脂砂 3D 打印技术可以成形复杂结构的砂芯，在保证外模结构不变的情况下利用树脂砂 3D 打印技术将大端头砂芯进行重组优化。如图 5-32 所示，将原大端头 5 个独立砂芯进行重组，通过边芯将单侧的两个砂芯组合在一起。因此，砂芯变宽，底部芯撑支撑面增大，砂芯更加稳定。同时边芯的芯头搭接在砂型上，合箱后上箱压在芯头上，起到很好的支撑作用并将其固定。如此，大端头容易呛火的砂芯组合后在铸型内更加稳定，降低在浇注过程中松动的风险。

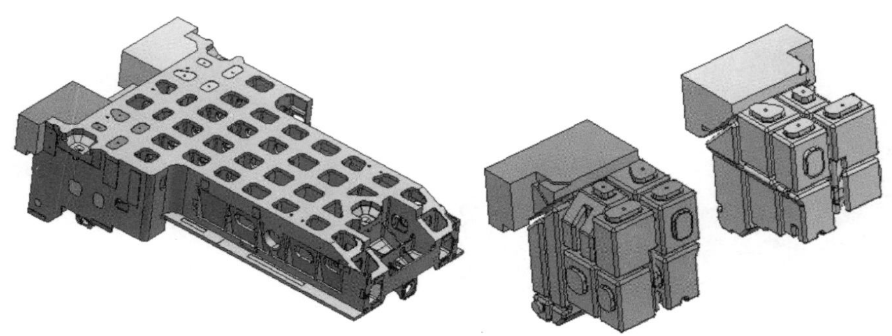

图 5-32 基于树脂砂 3D 打印技术改进后的工艺方案

④ 铸件生产验证 将制备好的 3D 打印树脂砂砂芯装配于砂型中，合箱浇注，浇注温度 1380～1400℃，浇注时间 80～90s，浇注过程正常，无呛火。如图 5-33 所示为工艺改进后的 T 形床身铸件，铸件顶面干净，无呛火缺陷。

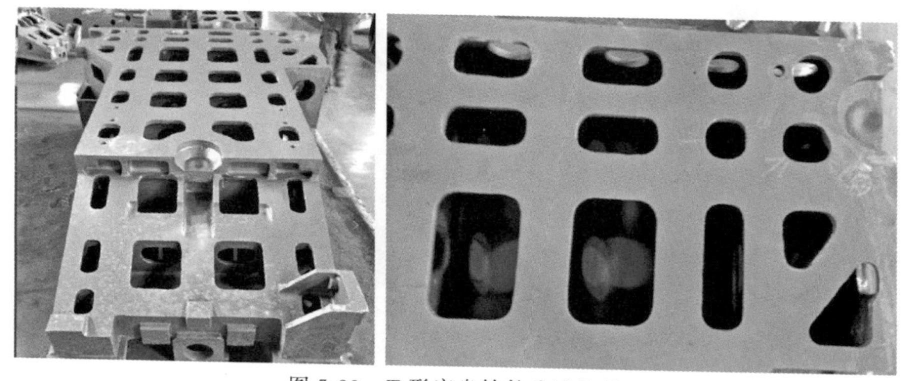

图 5-33 T 形床身铸件改进效果

此类床身采用树脂砂 3D 打印技术与传统铸造工艺复合制造，累计生产 T 形床身铸件达 500 多件，从根本上解决呛火缺陷质量问题，交付周期也大幅缩短（如表 5-12 所示）。

表 5-12 铸件传统工艺和 3D 打印技术的铸件交付周期对比

铸造模式	铸造/天	清理/天	检验/天	总计/天
传统有模砂型铸造	3	30	3	36
树脂砂 3D 打印快速成形铸造	3	7	2	12

参考文献

［1］ 李远才，等. 覆膜砂及制型（芯）技术. 北京：机械工业出版社，2007.
［2］ Steven Ashley. Sand casting with rapid prototyping . Mechanical Engineering，1997，119（1）：1-8.

[3] Carey P R，Kerns K J，Sorovetz T . European direct shell sand core and mold making rapid prototyping process. Transactzons of the American Founderymen Society，1998（105）：769-774.
[4] 颜永年，单忠德. 快速成型与铸造技术. 北京：机械工业出版社，2004.
[5] 张坚，徐志锋，郑海忠，等. 选择性激光烧结在快速制模中的应用. 模具工业，2004（6）：45-48.
[6] 董选普，黄乃瑜，樊自田，等. 快速成型技术及其在铸造中的应用（续完）——金属零件无模具快速铸造. 中国铸造装备与技术，2002（5）：25-27.
[7] Yuan C，Jones S. Investigation of fibre modified ceramic moulds for investment casting. Journal of the European Ceramic Society，2003，23：399-407.
[8] Cheah C M，Lee C W. Rapid prototyping and tooling techniques，areview of applications for rapid investment casting . Int J Adv ManufTeehno，2005（25）：308-320.
[9] 史玉升，刘洁，杨劲松，等. 小批量大型复杂金属件的快速铸造技术. 铸造，2005，54（8）：754-757.
[10] 王鹏程，肖军杰，李进福. 基于 SLS 的无模砂形制造工艺研究. 铸造，2008，57（2）：117-121.
[11] 冯涛，孙建民，赵红，等. 激光烧结砂及其制备方法和砂芯及其制备方法. 中国专利，101837427 A，200910301013.1，2009-03-20.
[12] King D，Tansey T. Selective laser sintering injection tooling. Materials processing Technology，2003（2）：42-48.
[13] 樊自田，黄乃瑜，宋象军，等. 提高 SLS 覆膜砂铸型（芯）强度的措施. 特种铸造及有色合金，1999（2）：1-4.
[14] 赵东方，赵忠泽，庞国星. 激光快速成型用覆膜砂工艺性能探讨. 热加工工艺，2004，（8）：33-34.
[15] 李远才. 壳法用覆膜砂应用及展望. 中国铸造活动周论文集，2007.
[16] 彭重高. 改变铸造用酚醛树脂流动性的研究. 铸造技术，2003，24（6）：528-529.
[17] 冀运东，李琳. 酚醛树脂粘度特性对覆膜砂性能的影响. 热加工工艺，2007，36（13）：44-46.
[18] 赵东方，郭会，李艳霞. 高性能覆膜砂用酚醛树脂的制作工艺研究. 热加工工艺，2007，36（13）：41-43.
[19] 陈少南，杨国栋，杨占峰，等. 热塑性酚醛树脂覆膜砂的研究进展. 热加工工艺，2008，37（23）：117-120.
[20] 李远才，张浩然，王文清，等. 附加物提高覆膜砂强度的机理初探. 造型材料，2004，（3）：1-4.
[21] 张伟民，任国平，秦升益. 热塑性酚醛树脂覆膜砂的研究进展. 高分子通报，2004，6（3）：99-105.
[22] 康明，卢定全，马朝阳，等. 提高酚醛树脂覆膜砂溃散性的研究. 铸造，2001，50（6）：337-341.
[23] 徐正达，罗吉荣，宋象军. 酚醛树脂覆膜砂强韧化措施. 铸造，2000，49（6）：356-358.
[24] 李岫歧，王忠惠，李世成，等. 覆膜砂性能影响因素的探讨. 铸造，1998，（4）：25-29.
[25] 梁春永，王磊，李海鹏，等. 覆膜砂工艺参数优化的研究. 中国铸造装备与技术，2007（6）：28-31.
[26] 梁铣，潘艳平，刘春玲，等. 覆膜砂制备工艺的研究. 铸造，2010，59（5）：506-509.
[27] 蔡教战. 我国铸造覆膜砂的生产、应用与展望. 广西机械，2001（4）：3-8.
[28] 徐罗清，杨发利，孙伟民. 我国覆膜砂的现状及其展望. 造形材料，2004（3）：16-18.
[29] Bertrand P，Bayle F，Combe C，et al. Ceramic components manufacturing by selective laser sintering. Applied Surface Science，2007（254）：989-92.
[30] Casalino G，De Filippis L A C，Ludovico A. A technical note on the mechanical and physical characterization of selective laser sintered sand for rapid casting. Journal of Materials Processing Technology，2005，166（1）：1-8.
[31] 顾冬冬. 激光烧结铜基合金的关键工艺及基础研究. 南京：南京航空航天大学，2007.
[32] 朱林泉，白培康，朱江森. 快速成型与快速制造技术. 北京：国防工业出版社，2003.
[33] 王英杰，夏春，龙文元. 原料对酚醛树脂覆膜砂性能的影响. 第十届 21 省（市、自治区）4 市铸造学术会议，2008.
[34] 吴国华，周杰. 原材料对铸造覆膜砂质量的影响. 热加工工艺，1995（4）：29-30.
[35] 王伟春. 原砂对覆膜砂性能的影响. 造型材料，2005，29（4）：4-8.
[36] 唐路林，李乃宁，吴培熙. 高性能酚醛树脂及其应用技术. 北京：化学工业出版社，2008.
[37] 宋会宗，李世平，杜向才，等. 人造球形砂的国内外发展概况. 第 6 届全国铸造工艺及造型材料学术年会论文集，2000.

[38] Pham D T, Dimov S S, Petkov P V. Laser milling of ceramic components. International Journal of Machine Tools& Manufacture, 2007 (47): 618-626.

[39] Song-Bae Kima, Seong-Jik Park, Chang-Gu Lee, et al . Bacteria transport through goethite coated sand: Effects of solution pH and coated sand content. Colloids and Surfaces B: Biointerfaces, 2008 (63): 236-242.

[40] 崔意娟，白培康，王建宏，等. 国内外主要 SLS 成型材料及应用现状. 新技术新工艺，2009 (4): 74-77.

[41] Shishkovsky L, Yadroitsev L, Bertrand P, et al. Alumina-zirconium ceramics synthesis by selective laser sintering/melting. Applied Surface Science, 2007 (254): 966-970.

[42] 宁文波，杨铁男，赵剑波，等. 粉末材料的物理性能对选择性激光烧结的影响. 山东轻工业学院学报，2006，20 (1): 86-88.

[43] 史玉升，闫春泽，沈其文，等. 用于选择性激光烧结成型的覆膜砂及其制备方法. 中国专利，101823119 A，201010192061. 4，2010-06-04.

[44] 梁红英，党惊知，白培康. 选择性激光烧结技术在华北工学院. 华北工学院报，2002，(3): 193-195.

[45] 邓琦林，张宏，唐亚新，等. 固态粉末的选择性激光烧结. 电加工，1995 (2): 32-35.

[46] 杨国栋，郝立昌，杨健，等. 铸造用热塑性酚醛树脂的研究进展. 铸造，2010，59 (10): 1083-1087.

[47] 李世平，唐骥，关键，等. 提高树脂覆膜砂性能的途径. 造型材料，2004 (2): 1-3.

[48] 王维，王兴良，佟明，等. 选择性激光烧结快速成型制件翘曲变形的研究. 铸造技术，2010，31 (4): 507-510.

[49] 董星涛，王正伟，阮耀波. 摆放位置对选区激光烧绪成型件密度的影响. 轻工机械，2008，26 (4): 46-48.

[50] Tang Y, Fuh J Y H, Loh H T, et al. Direct laser sintering of a silica sand. Materials and Design. 2003 (24): 623-629.

[51] Casalino G, De Filippis L A C, Ludovico A D, et al. Preliminary experience with sand casting applications of rapid prototyping by selective laser sintering//Proceedings of the Laser Materials Processing Conference, 2000 (89): 263-272.

[52] Alessandro Franco, Michele Lanzetta, Luca Romoli, et al. Experimental analysis of selective laser sintering of polyamide powders: An energy perspective. Journal of Cleaner Production, 2010 (18): 1722-1730.

[53] Kolosov S, Vansteenkiste G, Boudeau N, et al. Homogeneity aspects in selective laser sintering (SLS). Journal of Materials Processing Technology, 2006 (177): 348-351.

[54] Ho H C H, Gibson I, Cheung W L. Effect of energy density on morphology and properties of selective laser polycarbonate. Journal of Materials Processing Technology, 1999, 89-90: 204-210.

[55] Gean V. Salmoria, Priscila Klauss, Rodrigo A. Paggi, et al. Structure and mechanical properties of cellulose based scaffolds fabricated by selective laser sintering. Polymer Testing, 2009 (28): 648-652.

[56] 杨力，史玉升，沈其文，等. 选择性激光烧结覆膜砂芯成型工艺的研究. 铸造，2006，55 (1): 20-22.

[57] 孙康锴，邓琦林. 选择性激光烧结硅砂的实验研究. 电加工与模具，2004 (6): 20-23.

[58] 邓琦林，方建成. 选择性激光烧结粉末的参数分析. 制造技术与机床，1997 (10): 26-29.

[59] 杨劲松. 塑料功能件与复杂铸件用选择性激光烧结材料的研究. 武汉：华中科技大学，2008.

[60] 覃丹丹，党惊知，白培康，等. 选择性激光烧结铸造覆膜砂的实验研究. 铸造技术，2006，27 (7): 671-673.

[61] 李湘生. 激光选区烧结的若干关键技术研究. 武汉：华中科技大学，2001.

[62] James Christian Nelson. Selective laser sintering: A definition of the process and empirical sintering model. Austin: University of Texas, 1993.

[63] 郑海忠，张坚，徐志锋，等. 激光能量密度对纳米 Al_2O_3/PS 复合材料致密度和显微结构的影响. 中国激光，2006，33 (10): 1428-1433.

[64] 任乃飞，罗艳，许美玲，等. 激光能量密度对尼龙 12/HDPE 制品尺寸的影响. 激光技术，2010，34 (4): 561-564.

[65] Yadroitsev I, Bertrand P, Smurov I. Parametric analysis of the selective laser melting process. Ap-

pl. Sur. Sci，2007，19：8064-8069.
[66] 张坚. 选区激光烧结 PS/Al_2O_3 纳米复合材料若干关键技术研究. 南京：南京航空航天大学，2005.
[67] 梁培. 选区激光烧结用覆膜砂的制备及其成型工艺研究. 南京：南昌航空大学，2012.
[68] 宋建丽，葛志军，陈畅源，等. 铸造硅砂选区激光烧结工艺参数研究. 铸造技术，2006，55（3）：235-238.
[69] 潘淡峰，沈以赴，顾冬冬，等. 选择性激光烧结技术的发展现状. 工具技术，2004，38（6）：3-7.
[70] 张剑峰，张建华，赵剑峰，等. 激光快速成型制造技术的应用研究进展. 航空制造技术，2002（7）：36-37.
[71] Casalino G，De Filippis L A C，Ludovico A D，et al. An investigation of rapid prototyping of sand casting molds by selective laser sintering. Journal of Laser Applications，2002，14（2）：100-106.
[72] 宋建丽，葛志军，陈畅源，等. 铸造硅砂选区激光烧结工艺参数研究. 铸造技术，2006，55（3）：235-238.
[73] 毛春生，刘铁. 3D 打印技术在铸造中的产业化应用. 金属加工（热加工），2016（9）：27-28.
[74] 吴红兵，高文理，宋贤发，傅明康. 3D 打印耗材对树脂砂型性能影响的对比研究. 现代铸铁，2019，39（5）：48-51.
[75] 王永恩，刘铁，周鹏举，王博. 热固性酚醛树脂在铸造 3D 打印砂型中的应用. 中国铸造装备与技术，2019，54（6）：40-42.
[76] 杨小平，郭永斌，刘铁，张景豫. 陶粒砂与硅砂在 3D 打印砂型中的性能对比研究. 现代铸铁，2019，39（4）：46-48.
[77] 马涛，李哲，程勤，马浩楠，陈玉丹. 3D 打印技术在砂型铸造领域的应用前景浅析. 现代铸铁，2019，39（2）：38-40，50-51.
[78] 段望春，高佳佳，董兵斌，李研，刘少伟，楚珑晟. 3D 打印技术在金属铸造领域的研究现状与展望. 铸造技术，2018，39（12）：2895-2900.
[79] 游志勇，张鹏，孙战，等. 砂型 3D 打印技术对刹车盘铸造工艺的优化. 中国铸造装备与技术，2017，（2）：11-13.
[80] 张小艳，李竹青，王耀. 砂型 3D 打印技术的发展前景分析. 现代国企研究，2015，（4）：67-68.
[81] 傅骏，贾定磊，陈浩，等. 3D 打印技术用于砂型铸造工艺品的实践. 铸造技术，2017，（6）：1 500-1 502.
[82] 耿佩. 浅析 3D 打印技术在铸造成型中的应用. 中国铸造装备与技术，2016，（1）：8-9.
[83] 岡根利光，彭惠民. 3D 打印技术在铸造工艺中的应用. 国外机车车辆工艺，2017，（3）：18-22.
[84] 刘海舟，李文仲，林兆富. 3D 打印技术在铸造砂型（芯）量产上的发展与应用. 2016 重庆市铸造年会论文集. 重庆：重庆市铸造学会，2016.
[85] 宋彬，及晓阳，张红昌，等. 3D 打印增材制造技术在鼓式制动器轮缸模具制造中的应用. 金属加工（热加工），2016（15）：3-7.
[86] 郑行. 基于 3D 打印砂型滑油泵铸件整体铸造研究. 哈尔滨：哈尔滨工程大学，2016.
[87] 吕三雷，司金梅，陈菊意，等. 基于砂型 3D 打印的复杂内腔泵体铸造工艺研究. 新技术新工艺，2017（10）：79-82.
[88] 李栋，唐昆贵，孟庆文，等. 3D 打印技术在气缸盖铸件生产上的应用. 现代铸铁，2018（2）：17-19.
[89] 李哲，李栋，苗润青. 用 3D 打印技术改进 430B 型滑鞍铸件质量. 现代铸铁，2018（1）：40-41.
[90] 马涛，李哲，程勤，等. 3D 打印技术在砂型铸造领域的应用前景浅析. 现代铸铁，2019（2）：38-40.
[91] 尚红标，王跃，刘旭飞，等. 缸体铸件砂型的 3D 打印快速成型技术及应用. 现代铸铁，2018（1）：70-72.
[92] 施允洋，刘方方，房开拓，等. 3D 打印取代木模的砂型铸造工艺研究. 南方农机，2017，48（20）：11-12.
[93] 宁夏共享装备有限公司. 一种 3D 砂型打印铸造用呋喃树脂的生产方法. ZL201410290800. 1. 2016-03-30.
[94] 李栋，唐昆贵，付龙. 3D 打印的气缸盖砂芯. 铸造，2016（4）：325-328.
[95] 李栋，杜文强，唐昆贵. 利用 3D 打印技术无模铸造压缩机气缸铸件. 现代铸铁，2019（2）：14-17.
[96] 李栋，原晓雷，孟庆文. 3D 打印技术在高端铸件研发中的创新应用. 工艺技术创新，2017（4）：67-70.
[97] 苗润青，李栋，孟庆文. 一种“T”字形床身的质量改进. 铸造工程，2017（1）：42-45.

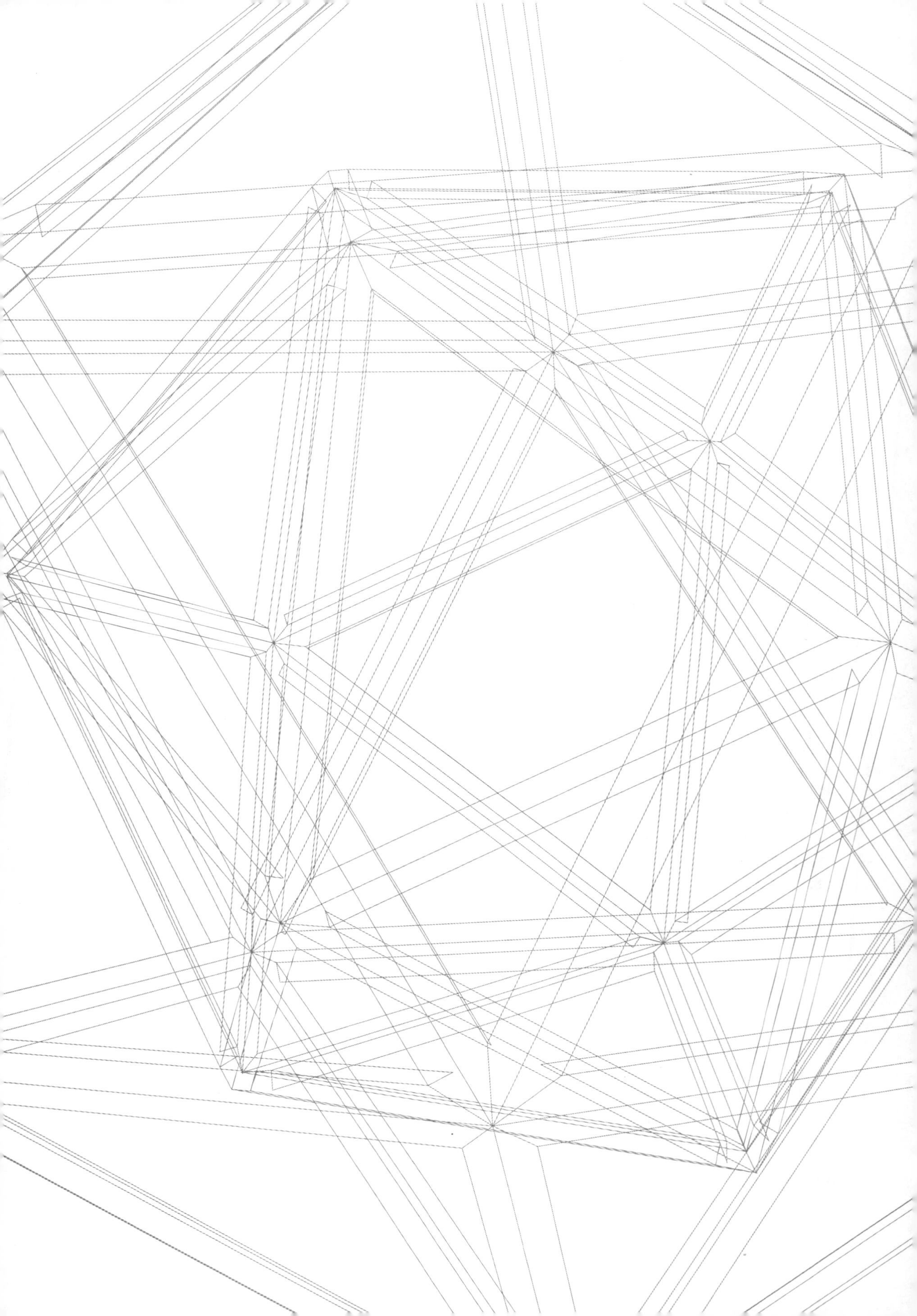

第 6 章
3D 打印无机复合材料

无机复合材料3D打印是以无机复合材料为打印原材料，采用与原材料相匹配的成形技术，制备所需零部件的过程。原材料作为无机复合材料3D打印的基础，在整个打印过程中有着至关重要的影响。随着科学技术的发展，传统材料在面对更为艰难、更为苛刻的使用环境时，显得越来越捉襟见肘，复合材料应运而生。经复杂的结构设计和制备工艺，复合材料可拥有传统材料所不能比拟的优异性能。3D打印技术的层状叠加特点，为材料的复合提供了一种数字化、智能化和自动化的方式。同时，这种3D打印方式使得宏观结构复杂的复合材料制备成为可能。

3D打印无机复合材料要求无机复合材料在保持复合材料优异性能的同时，还具备较好的可打印性能，这就对3D打印无机复合材料的结构设计和制备工艺提出了更高的要求。

目前，成功应用于3D打印的无机复合材料主要有纤维复合材料和颗粒增强复合材料等。纤维复合材料即在传统材料（树脂、金属、陶瓷等）已无法满足所需产品各方面要求时，引入纤维（碳纤维、玻璃纤维、其他纤维等）作为第二相增强材料，制备得到相应的结构材料，其各方面性能较传统材料均有质的提升；颗粒增强复合材料即引入颗粒增强体（金属颗粒、陶瓷颗粒、复杂体系等）作为第二相增强材料，制备得到相应的复合材料，在制备过程中可根据基体性能以及产品不同要求来选择颗粒增强体，假设基体为脆性基体，可加入延性颗粒增强体，假设基体为柔性基体，可加入刚性颗粒增强体，以改善基体材料的力学等各方面性能。

3D打印成形技术由于其具有精确物理复制、快速成形和结构多尺度可控剪裁设计等优点，受到了功能材料研究领域的广泛关注。相比传统的纤维复合材料成形技术，3D打印成形技术具有工艺简单、加工成本低、原材料利用率高、绿色环保、设计制造一体化等多方面优势。随着3D打印技术的快速发展，3D打印技术应用领域不断扩大，对于3D打印制品的性能和普适性提出了更高的要求[1]。

在无机非金属材料3D打印领域，传统的3D打印耗材已经无法满足制品的各项性能需求。大量研究表明，通过向原材料基体中引入第二相增强材料可提高基体材料强度、耐疲劳、热学、声学、光学和电学等性能，从而获得具有更优良性能的复合材料。同时，增强材料的形貌、尺寸、结晶完整度、掺量等也会影响复合材料的性能。根据增强材料的形貌不同，可以将其分为两类：纤维增强材料和颗粒增强材料。

6.1 3D打印纤维复合材料

6.1.1 3D打印纤维复合材料分类及特点

3D打印纤维复合材料可根据使用的3D打印技术、增强纤维种类、增强纤维长度进行分类。

6.1.1.1 按使用的3D打印技术分类

复合材料3D打印技术包括激光选区烧结（selective laser sintering，SLS）技术、多射流熔融（multi-jet fusion，MJF）技术、分层实体制造（laminated object manufacturing，LOM）技术和熔融沉积成形（fused deposition modeling，FDM）技术等。SLS技术主要使用短纤维增强尼龙、聚醚醚酮（PEEK）、热塑性聚氨酯弹性体橡胶（TPU）等粉末材料，以一定比例混合短切纤维和尼龙材料，通过激光烧结实现一体成形。MJF技术主要使用短纤维增强尼龙、PEEK、TPU等粉末材料，通过灯管加热和助熔剂共同作用，在零件截面处汇集足够热量实现熔化成形。LOM技术主要使用片材，其成形原理是采用激光器按照分层模型数据，用激光束将单面涂有热熔胶的薄膜材料箔带切割成原型件某一层的内外轮廓，再通过加热辊加热，将刚切上下两层黏结在一起，通过逐层切割、黏结，最后将不需要的材料剥离，得到所需样品。FDM技术是主要使用长纤维增强聚乳酸（PLA）、尼龙、PEEK等丝材，将长纤维填充进常规丝材中，进行增强的一种成形技术。

值得一提的是，与3D打印技术密切相关的3D打印设备制造技术已成为国内外研究单位大力发展的领域，美国、德国、日本已相继开发出打印更轻、比强度和比模量更大的纤维增强材料的3D打印专用设备。Arevo Labs公司主营的工业级碳纤维3D打印机，可用于新型碳纤维和碳纳米管（CNT）等增强型高性能材料的3D打印，该公司还可以结合独自研发的3D打印技术、专用软件算法，与市场上现有的长丝熔融3D打印机配合制造产品级超强聚合物零部件。Impossible Objects公司实现了基于复合材料的3D打印工艺（简称“CBAM”），该公司可以实现碳纤维、芳纶和玻璃纤维等高强度材料的3D打印。相比传统的热塑性材料，该技术制作的结构部件强度要高2～10倍。Electrolmpact公司研发了自动纤维铺放设备（AFP），该设备采用超薄碳纤维预浸带及预浸丝自动铺放技术，可以实现高质量、高精度的3D打印。AFP可以打印出最长近8 m的结构部件，在不平整和复杂的表面上，打印速度可高达50 m/min。Mark Forged公司研制出了全球首款可以打印复合材料的桌面3D打印机Mark One。该设备的成形尺寸为305mm×160mm×160mm，可直接制作出在力学性能上足以与金属部件媲美的“连续纤维加固”塑料类结构部件。Envision TEC公司成功研制出基于“选择性分层复合对象制造技术”工业级复合材料的3D打印机，最大3D打印尺寸可达61cm×76cm×61cm。Orbital Composites公司研发了一种可结合玻璃纤维、塑料长丝或环氧树脂材料的打印喷头，当使用玻璃纤维作为打印材料时不需要预浸润，可直接在喷头中挤出打印成形。

6.1.1.2 按增强纤维种类分类

按增强纤维种类可分为：碳纤维增强复合材料、玻璃纤维增强复合材料、其他纤维增强复合材料等。

其中碳纤维增强复合材料可分为四类：

① 短碳纤维增强改性工程塑料（SCFRT、LCFRT），该类增材普遍具有高强度、低成

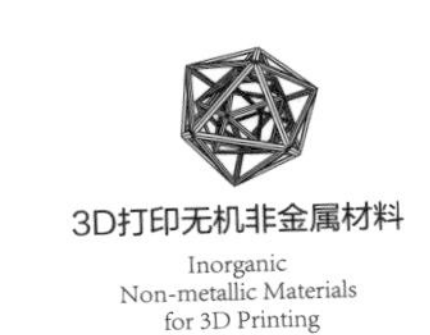

本、制备简单等特点，技术门槛低，国外大部分地区已经产业化发展与应用。国内刚开始研究及开发，应用也处于刚起步阶段。

② 连续碳纤维增强塑料及其复合材料（CFRTP），如连续单向碳纤维增强环氧预浸带或编织织物、连续单向碳纤维增强热塑性树脂预浸带或编织织物等材料。

③ 连续碳纤维增强复合材料（CFRP），该类材料具有高强度、高刚度、耐腐蚀性、抗疲劳性等多方面优点，是新一代的高性能、轻量化材料。

④ 连续碳纤维增强纳米复合材料，该类材料具有轻量化、高强度、耐高温、耐磨损、耐腐蚀等特性[2]，结合3D打印，开辟了3D打印制造尖端高性能功能化复合材料的一种新技术。

玻璃纤维是一种性能优异的无机非金属材料，单丝直径可达到几到二十几微米，由于其密度小、强度高、与树脂接着性良好、耐热性好、可加工性强等多方面优良特性，被广泛应用于增强复合材料。

除了常用的碳纤维和玻璃纤维，还有其他纤维，包括天然纤维（动物纤维和植物纤维）和合成纤维（尼龙材料等）可作为增强纤维。

6.1.1.3 按增强纤维长度分类

按增强纤维长度不同可分为长纤维增强复合材料和短纤维增强复合材料。其中，长纤维增强复合材料按照纤维嵌入基体的先后顺序分为长纤维直接增强复合材料和长纤维间接增强复合材料；短纤维增强复合材料按照增强工艺分类为共混-挤出制丝-打印增强复合材料、共混-光固化打印增强复合材料、共混-直接挤出打印增强复合材料。

6.1.2 纤维复合材料3D打印成形工艺

根据增强纤维长度的不同，从长纤维增强复合材料和短纤维增强复合材料两大类别分别介绍目前国内外纤维复合材料3D打印的成形工艺。

6.1.2.1 长纤维增强复合材料

目前关于长纤维增强复合材料的3D打印相关研究都停留在沿纤维方向或打印方向部分。虽然在该方向可取得较好的增强效果，但垂直于此方向的强度却较差，并且由于纤维的连续性，长纤维增强方式并不适于打印有过渡段或间隙的复杂结构。且相比长纤维直接增强，采取嵌入式的长纤维间接增强方法，由于纤维和基体并没有真正的黏结，导致纤维在拉伸过程中被剥离出基体并不能起到直接增强的作用。因此，提高长纤维增强复合材料3D打印制品在多方向、多维度的强度将成为未来研究的重点。

(1) 长纤维直接增强复合材料

蔡冯杰等[3] 提出利用纤维增强树脂基材料的方法，采用3D打印技术将玻璃纤维和聚乳酸复合并快速成形，同时研究了填充密度和切片层厚对于复合材料力学性能的影响。研究发现，该复合材料的拉伸强度、弯曲强度与切片厚度呈负相关，与填充密度呈正相关。纤维束浸润树脂基体的程度与试样层厚和填充密度也密切相关，填充密度的增加和层厚的减少有利于纤维束与树脂基体的结合。当试件切片层厚和填充密度等工艺参数都相同时，适当添加玻璃纤维可增强聚乳酸树脂基体的力学性能。

Ryosuke 等[4] 以 PLA 为基体，分别采用体积分数为 6.6%碳纤维和 6.1%黄麻纤维两种材料添加入基体树脂，随后通过改进优化的 FDM 打印出试件，并对其力学性能进行测试。实验结果表明，采用黄麻纤维增强的 PLA 材料弹性模量和拉伸强度分别为 5.11GPa 和 57.1MPa；采用碳纤维增强的 PLA 材料增强效果更明显，其弹性模量和拉伸强度分别为 19.5GPa 和 185.2MPa，比未增强的 PLA 分别提高了 499%和 335%。

Li 等[5] 研发出可打印连续纤维增强材料的 3D 打印机，其挤出原理如图 6-1(a) 所示。研究者测试分析了纯 PLA 试件、普通碳纤维增强 PLA 试件和表面改性碳纤维增强 PLA 试件的力学性能和热学性能。实验结果表明，经普通碳纤维和表面改性碳纤维增强后的 PLA 试件的拉伸和弯曲强度均有很大程度的提高。同时，力学性能测试前观察了各类试件的表面微观结构，并对比了 2 种 CF 增强方式下试件断裂横断面的微观结构。

Prüβ 等[6] 同样设计出类似上述可实现纤维增强复合材料的 3D 打印机头，如图 6-1(b) 所示，即在原始机头两侧嵌入可输送纤维丝束的挤出机头。另外，Prüβ 研究了几种新型打印模式，包括可减少支撑材料的细胞式打印模式、基于负载的打印模式和选择性支撑打印模式等。

如图 6-1(c) 所示，Tian 等[7] 设计了一种类似的纤维增强挤出装置，该设备具有两个通道，可同时供给 PLA 材料和碳纤维（carbon fiber，CF）材料。CF 丝束经熔融的 PLA 包覆后从熔腔被挤出，利用 3D 打印机控制制备出长纤维增强的 3D 打印复合材料试件。该研究团队系统地研究了 3D 打印工艺参数对打印界面分层和制品性能的影响，分析了 PLA/CF 试件断裂面的微观结构，并研究了碳纤维含量对复合材料力学性能的影响。同时，提出了一种基于 3D 打印碳纤维增强热塑性复合材料的回收和再制造工艺[7,8]，即将 3D 打印的长碳纤维增强 PLA 试件置于热气枪下，在热气流作用下，将基体与表面含有一定量 PLA 的碳纤维丝材分离，再调整打印机打印参数，将分离出的 PLA 线材再次打印。分析对比了纯 PLA 试件、初次打印的 PLA/CF 试件及经回收再制造工艺下的 PLA/CF 试件的力学强度和微观结构，结果表明此工艺具有可行性。

Bade 等[9] 采用熔融模压方法分别制备了纯 PLA 试件和碳纤维增强 PLA/CF 试件［如图 6-1(d) 所示］，并进行了拉伸强度测试。试验结果表明，碳纤维增强试件相比纯 PLA 试件拉伸断裂强度提高了 73%。另外，通过 PLA 与 CF 丝束共挤的方式制备了可用于 3D 打印的 PLA/CF 丝料，对比纯 PLA 丝料，其拉伸强度提高了 66%。

Bakarich 等[10] 以德国 3D-Bioplotter system 多喷头打印机为实验平台，将藻酸盐/丙烯酰胺凝胶前驱体溶液和环氧基紫外光固化黏合剂混合来制备可打印的复合材料，研究了纤维增强水凝胶复合材料的 3D 打印成形机理。图 6-1(e) 所示为该团队成功研制的可作为人体膝盖半月板软骨的纤维增强水凝胶复合材料。

Klift 等[11] 以 Mark One 3D 打印机为实验平台，分析对比了 2 种不同打印材料（Composite1.0、Composite2.0）的打印效果；分析了采用 3 种不同打印方式［如图 6-1(f) 所示］

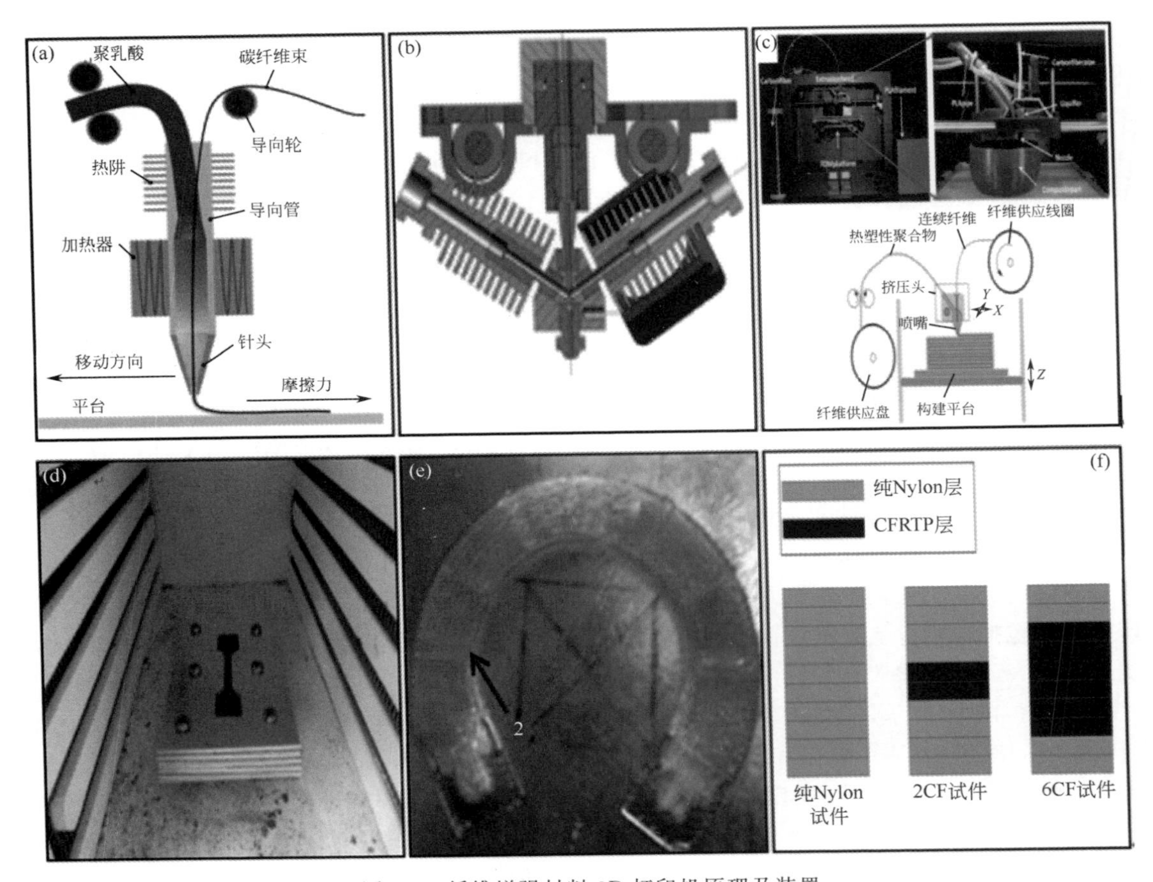

图 6-1　纤维增强材料 3D 打印机原理及装置

（a）可打印连续碳纤维增强材料的挤出头原理；（b）三通道连续碳纤维增强材料打印机原理图；
（c）连续型碳纤维增强材料打印原理；（d）烤炉中的样品模具；（e）打印半月板；
（f）Mark One 3D 打印机制备的三种样品示意图

成形的 Nylon/CF 试件的力学性能之间的差异，并通过分析其微观结构形态解释了上述强度差异的原因。Melenka 等[12] 同样以 Mark One 3D 打印机为实验平台，打印了凯芙拉纤维体积分数分别为 4.04％、8.08％和 10.1％的尼龙拉伸试件，并进行了拉伸强度测试。试验结果表明，随着掺杂纤维体积分数的提高，打印试件的拉伸强度和拉伸模量不断增大，根据平均刚度法对不同含量纤维体积分数试件的弹性模量进行了测算，其测算结果与试验一致，由此可通过平均刚度法对掺杂不同纤维体积分数试件的弹性模量进行预测，使其应用于特殊的功能化器件。同时，该研究团队对测试后的试件进行微观结构表征，并分析了纤维在边角处无规则取向问题及纤维的拉出位置与失效位置一致的原因。

日本东京理科大学成功研制出可打印碳纤维复合材料的 3D 打印机[13]。打印机机头采用碳纤维和热塑性树脂混合制作，使用浸泡过树脂的碳纤维作为打印材料。打印之前，将碳纤维加热使树脂更容易在纤维之间渗透扩散，挤出的树脂可以持续不断地供给碳纤维，进而

打印出立体制品。试验表明，当与热塑性树脂聚乳酸混合时，体积分数为 6.6%的碳纤维复合材料的拉伸强度提高 6 倍和弹性模量提高 4 倍。

肖建华[14] 以低密度聚乙烯（LDPE）、聚丙烯（PP）和丙烯腈-丁二烯-苯乙烯（ABS）等作为原材料，以 1K 散装长碳纤维作为增强材料，利用单螺杆挤出机供给打印材料，采用自主设计的挤出模具制备用于 3D 打印的碳纤维 CF/LDPE、CF/PP、CF/ABS 长丝耗材。试验结果表明，当 CF/LDPE、CF/PP、CF/ABS 长丝直径接近或超过 1.8mm 时 CF 居中度较高。CF/LDPE、CF/PP、CF/ABS 长丝耗材的拉伸强度随着长丝直径的增大而减小，当耗材直径开始接近 CF 直径时，其拉伸强度也开始接近 CF 的拉伸强度，随着挤出复合材料直径的增大，其拉伸强度先急剧减小后趋于平缓，最后趋近于热塑性树脂的本体拉伸强度。

(2) 长纤维间接增强复合材料

长纤维间接增强，即纤维不与其他添加材料同时挤出，而是在打印过程中或打印后嵌入材料内部来进行增强。

Mori 等[15] 在两层 3D 打印的 ABS 间加入碳纤维［如图 6-2(a) 所示］，在烘箱中加热 15min 使碳纤维与 ABS 更好地黏结，将制备的试件进行静态和疲劳力学测试。试验表明引入碳纤维的试件相比无纤维增强的试件在力学强度上有一定程度的增加。

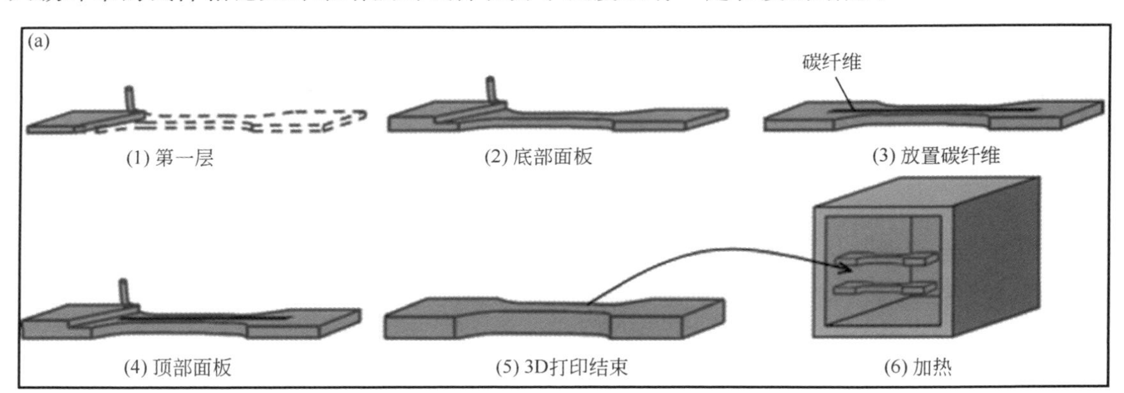

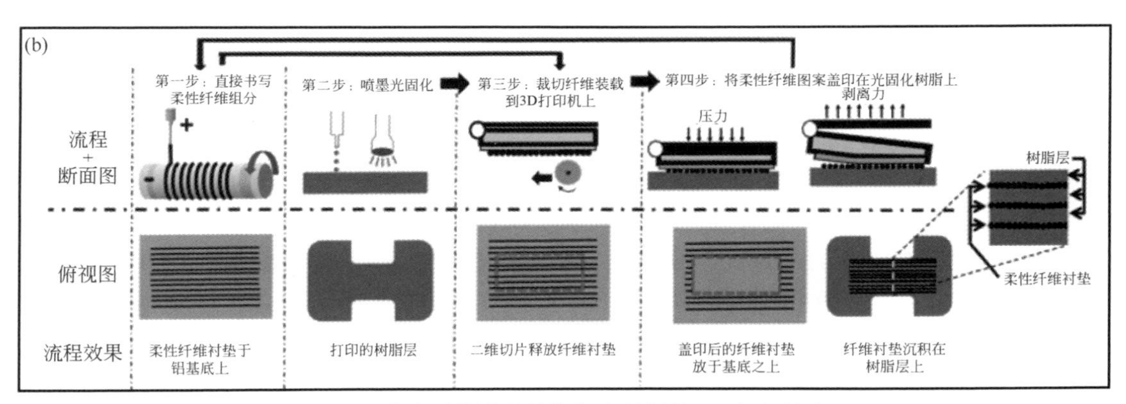

图 6-2 玻璃纤维增强软体复合材料的 3D 打印技术

(a) 纤维增强 3D 打印 ABS 制备示意图；(b) 玻璃纤维增强软体复合材料的 3D 打印制备工艺

Spackman 等[16] 开发了玻璃纤维增强软体复合材料的 3D 打印技术，如图 6-2（b）所示。其工艺过程为：①利用“直写式”制备软体聚合物纤维垫，放置于打印基板上；②采用喷墨和光固化技术打印聚合物基体层；③将纤维垫裁剪为聚合物基体的形状；④将纤维垫放置于聚合物基体层上冲压；⑤最后重复步骤①～④得到纤维增强软体 3D 打印试件。随后，该研究团队系统地研究了纤维排列、纤维覆盖面积和纤维载体基板的表面能量等对纤维增强软体 3D 打印复合材料拉伸性能的影响。

6.1.2.2 短纤维增强复合材料

目前，在短纤维增强复合材料的 3D 打印领域，以共混-挤出制丝-打印为主，但短纤维增强的制丝工艺不仅增加了材料成本，也限制了很多不易拉丝成卷材料在该领域的应用。因此，纤维与基体材料共混直接挤出打印的方式将是短纤维增强复合材料 3D 打印领域未来的发展趋势。就基体性质而言，短纤维增强复合材料以热塑性复合材料为主，其材料和设备已实现商业化，而热固性基复合材料仅在实验室实现了 3D 打印。

(1) 共混-挤出制丝-打印增强复合材料

刘晓军等[17] 研究了 3D 打印碳纤维增强 PLA 试件的力学性能。以 300 目短切碳纤维和聚乳酸为实验原料，配制 CF 质量分数分别为 5%、10%、15%和 20%的 CF/PLA 混合料，再经双螺杆挤出机挤出造粒后得到 CF/PLA 复合材料。分别以纯 PLA 和掺杂不同质量分数的 CF/PLA 复合材料为实验材料，在粒料 3D 打印机上制备力学测试试样并进行测试。试验结果表明，随着 CF 含量的增加，复合材料最大拉伸强度具有先增大后减小的趋势；材料的弯曲强度和压缩强度随 CF 含量的增加均呈先减小后增大再减小的趋势。

Shofner 等[18] 将增强碳纤维与 ABS 用密炼机混合挤出制得可供 FDM 工艺加工的复合丝材，再将丝材破碎造粒后通过 3D 打印机挤出制成力学测试试样［如图 6-3（a）所示］。试验结果表明，碳纤维增强 ABS 复合材料的刚度和强度均有大幅度提高，但由于层间以及 CF/ABS 复合材料界面连接不完美，导致材料韧性下降、脆性增加。

Tekinalp 等[19] 以 0.2～0.4mm 长度的短碳纤维增强的 ABS 为耗材，并研究对比了模压成形和 FDM 成形两种工艺方式的成形效果。宏观上分析对比了两种制备方式制备试件的力学性能，微观上从纤维取向、纤维分布和孔隙形成 3 个方面解析了宏观力学性能差异的原因。

Ning 等[20] 将 ABS 颗粒和短切碳纤维在搅拌器中混合，并成功 3D 打印出专用复合长丝材料，制得测试试件如图 6-3(b) 所示。随后研究了纤维长度及含量对试件拉伸强度、屈服强度、韧性和延展性等性能的影响。

Zhong 等[21] 使用短纤维玻璃纤维增强 ABS，制备出 ABS/玻璃纤维 3D 打印耗材，并 3D 打印成试件进行力学性能测试。试验结果表明，通过复合短切玻璃纤维可提高 3D 打印 ABS 复合材料的强度、软化温度和热变形温度，但弱化了塑形和可加工性，不利于 3D 打印。经研究发现，在 ABS/玻璃纤维中加入少量增塑剂可显著改善复合材料的塑性和可加工性，利于复合材料在打印机上稳定使用，减小制品与设备磨损。

Pandey 等[22] 研究了天然纤维增强热塑性复合材料的 3D 打印技术，将一种天然纤维（木材）增强塑料复合材料分别与各种聚合物材料（HDPE、LDPE、PS 或 PP）以不同比例下共混挤出制备成丝，将不同工况下的丝材3D打印成试件进行力学测试。

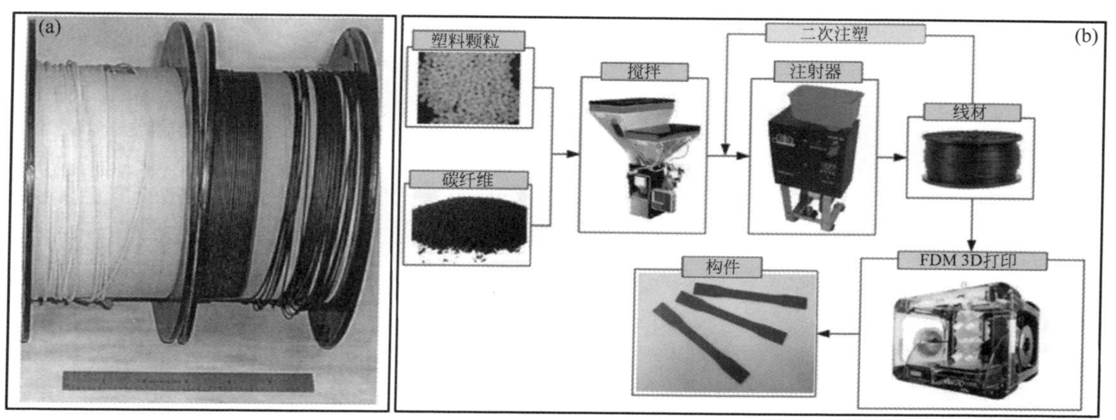

图6-3 碳纤维与ABS混炼挤出制得的丝材及3D打印制品（a）和3D打印碳纤维增强ABS试件工艺（b）

(2) 共混-光固化打印增强复合材料

Karalekas等[23]研究了纤维增强热固性树脂复合材料的SLS工艺，在光固化过程中，将单层的非纺织布玻璃纤维嵌入到丙烯酸基光敏聚合物中，光固化成形复合材料零件，力学测试实验结果表明：零件的拉伸强度为55MPa，高于纯丙烯酸酯光固化件的37MPa。

Cheah等[24]将短玻璃纤维与丙烯酸基光敏聚合物混合通过光固化打印技术制成力学测试试件，力学测试实验结果表明：试件的拉伸强度可提高33%，同时降低了固化导致的收缩变形。

Invernizzi等[25]研制出一种以玻璃纤维和碳纤维为原材料，通过热和光双重作用固化的聚合物基复合材料，经差示扫描量热法（DSC）和动态力学分析法（DMA）分析得出，采用热和光双重固化打印的试件具有良好的力学性能和热稳定性。另外研究了在碳纤维表面采用上胶处理工艺对纤维/树脂界面黏结强度的增强效果。

Griffini等[26]以带有注射器和UV光源的3D打印机为实验平台，光固化丙烯酸树脂和热固化树脂按一定比例混合，制备出双重固化的互穿网络聚合物（IPN），打印含有不同悬垂角的测试件（如图6-4所示）。首先研究了光固化树脂含量对IPN打印性能的影响并确定了可以打印出最佳效果的配比，发现较高的光固化树脂含量可提高IPN的打印效果。另外，研究了添加碳纤维前后该聚合物材料焓值的变化及打印前后CF/IPN焓值的变化，结果表明，碳纤维对紫外光吸收性较强，会导致材料光固化效果降低及焓值降低，但可通过适当增加光固化树脂含量进行调节。

(3) 共混-直接挤出打印增强

Compton等[27]利用纳米黏土片和甲基膦酸二甲酯改善环氧树脂的流变性能，并在其中加入碳化硅晶须和碳纤维，制备了可用于挤出式3D打印系统的“墨水”。其中，这些高长宽比的填料在微型喷嘴处因流体的剪切和拉伸作用而整齐排列，使复合材料沿打印方向硬化加强。如图6-5（a）所示，该“墨水”可以实现复合材料多尺度的3D打印，创建类似轻木的结构，这种复合材料比其他商业化的3D打印材料（热塑性塑料、光固化树脂等）在保持强度的同时弹性模量高一个数量级。该轻质蜂窝状材料有望代替轻木应用于高刚度夹层板、能量吸收器、催化剂载体、减振绝缘等方面。

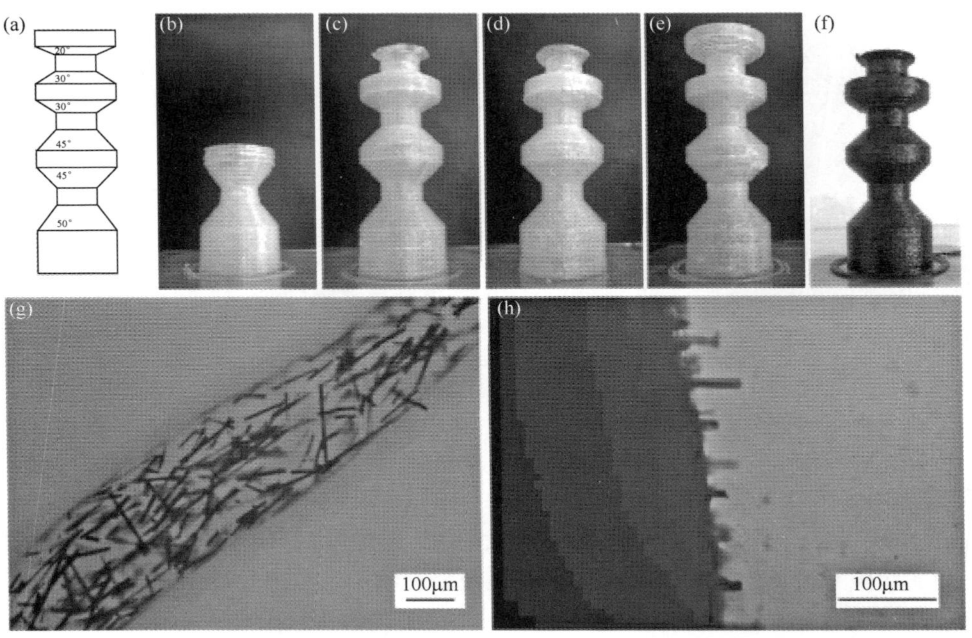

图 6-4　不同悬垂角的 3D 打印模型及试件

Mahajan 等[28] 以一种带有气压式微型挤出系统的熔体 3D 打印机为实验平台，通过螺旋打印的方式打印出碳纤维增强树脂复合材料，验证了在 3D 打印过程中，碳纤维的排列方向与喷嘴移动方向的一致性［如图 6-5（b）所示］。研究表明，影响纤维排列方向 3 个主要因素为碳纤维含量、喷嘴挤出直径和打印速度。当打印方向与拉伸试件方向平行时，试件的拉伸强度最大。

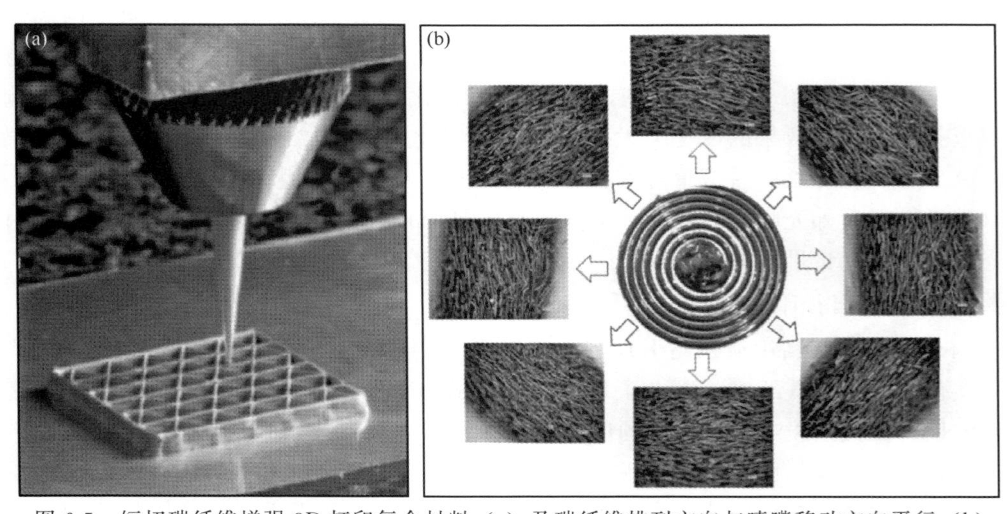

图 6-5　短切碳纤维增强 3D 打印复合材料（a）及碳纤维排列方向与喷嘴移动方向平行（b）

6.1.3 3D 打印纤维复合材料的应用

3D 打印技术使传统制造业发生了深刻变革，不断推动复合材料和智能制造技术发展，已在工业设计、机械制造、航空航天、生物医学等多方面得到了广泛的应用。纤维增强复合材料结合 3D 打印的新型制造模式，可拓宽复合材料应用范围，提升打印制品的精度质量，满足零部件对材料性能的需求，快速高效制备成品，为制造业转型升级提供服务。另外，复合材料回收再制造技术将突破传统纤维增强复合材料制造工艺理念，真正实现绿色、轻质、高性能复合材料创新应用。纤维复合材料 3D 打印技术在航空航天、汽车工业、生物、医疗行业、体育休闲/防护用品、智能家居等各制造领域大有用武之地。

将碳纤维应用于汽车制造领域，开发更轻、更强、更持久的零部件，有助于实现汽车减重，提高整体抗冲击性能。国际上许多研发机构正全力研发 3D 打印汽车，已有公司取得显著成果。采用碳纤维等高强纤维复合材料等 3D 打印新材料可使汽车车身减重 40%。2014 年 Local Motors 汽车公司在美国芝加哥举行的 2014 年国际制造技术展览会现场直接 3D 打印出一辆汽车［如图 6-6（a）所示］。这款新型 3D 打印汽车成本约为 3500 美元，制作周期

图 6-6　纤维复合材料 3D 打印技术应用领域

（a）3D 打印碳纤维增强型 ABS 树脂复合材料汽车；（b）3D 打印的自动驾驶电动公交车；（c）A350XWB 的机身板；（d）高性能 3D 打印尼龙复合材料零件

为 44h，全身由 40 个部件组成。其中，碳纤维增强型复合材料占 13%左右，ABS 树脂将近 87%。2016 年 6 月 16 日，Local Motors 3D 打印汽车公司又成功制造出一辆 3D 打印的自动驾驶电动公交车 Olli 车［如图 6-6(b) 所示］，这辆车的一部分材料为可回收的碳纤维增强塑料。

在航空航天领域，碳纤维复合材料产品可应用于航天光学遥感器的各个部位，如相机镜筒、相机支架、遮光罩、桁架等。飞行器结构应用纤维增强复合材料更可节省生产成本、生产时间，提供高性能零件，大幅度提升相关综合性能。2015 年 Rocket Lab 发射的火箭 Electron，使用碳纤维复合材料作为主体，电动涡轮发动机的腔室、泵、主推进剂阀和喷射器皆由 3D 打印制备。这款火箭的发射成本不到传统火箭发射成本的 1/10。借助 3D 打印技术，3 天就可打印完成发动机。美国 Coriolis 复合材料公司和赛峰集团 Aircelle 公司利用 3D 打印技术，采用自动铺放工艺，共同研制了碳纤维增强材料和自动铺放工艺制造的推力反向器组件［如图 6-6(c) 所示］。这种技术解决了大曲率制造难点和纤维铺放角度偏差问题，优化了复合材料结构的设计。利用这项技术，波音 787 飞机全机身主要由复合材料制作，完成了大型民用飞机由传统的铝合金向碳纤维增强复合材料（CFRP）的转变。

在体育休闲/防护用品领域，纤维增强复合材料也大有作为。在德国举行的国际体育用品博览会上，CRP Technology 公司展出了采用一种名为 Windform SP 的碳纤维增强聚酰胺材，通过激光选区烧结技术 3D 打印的滑雪鞋。与其他 3D 打印材料相比较，这种材料本身非常柔软，韧性很足，在很高的应力疲劳条件下，受到反复振动或冲击也不会有断裂的危险。这款滑雪鞋采用 3D 打印技术打印了鞋身及三个不同的滑雪鞋鞋垫。这种设计将为脚趾提供更多空间，为滑雪者在转弯时提供更多的压力、更好的抓地力。同时还设计了一个可裂开的鞋垫以及一个与之协调的楔体，与调节器连在一起，可根据需求通过调节器的设置将楔体移动到三个不同的位置，调节脚在鞋子内的高度。

Arevo 实验室[29] 研发出包括聚醚醚酮（PEEK）和聚芳醚酮（PAEK）聚合物基复合材料配方的一系列材料来进行 3D 打印复合材料制造，使用一种聚合物基体与碳纳米管、碳纤维和玻璃纤维相结合。这些复合材料可增强刚度、耐久性、耐磨性、耐化学性、热稳定性和静电放电（ESD）等特性。同时，3D 打印部件使用 Arevo 的软件算法改善力学性能，包括附加有限元分析和 3D 打印。该实验室目前已经成功地开发了航空航天、一次性医疗器械、石油、天然气、工厂自动化中的终端应用。Stratasys 公司研发了彩色打印技术及材料，通过 14 种基本材料相互调配形成超过 100 种不同色彩的材料［如图 6-6(d) 所示］。该公司新近研发的尼龙材料具有优异的抗折和耐冲击性能，能够有效解决航空航天、汽车、家用电子领域的功能零部件经强烈震动、重复压力及频繁使用而产生的疲劳问题。

6.2 3D打印颗粒增强复合材料

6.2.1 颗粒增强材料分类及特点

6.2.1.1 基本分类

颗粒增强材料根据基本性质不同，可分为刚性颗粒增强体（rigid particle reinforcement）和延性颗粒增强体（ductile particle reinforcement）。刚性颗粒增强体通常有较好的高温力学性能。延性颗粒增强体可加入陶瓷、玻璃等脆性基体中以增强其韧性。通常选用金属颗粒作为延性颗粒增强体，其作用机理大致分为两类：其一是拦截裂纹，起到一定的耗能作用；其二是颗粒塑性变形使得宏观裂纹的尖端应力场被屏蔽。

6.2.1.2 性质要求

向复合材料中加入不同的颗粒增强体可以改善复合材料不同方面的性能。常见的颗粒增强材料包括金属颗粒和陶瓷颗粒。通过向基体中添加陶瓷（SiC、TiC、Al_2O_3）、非金属及金属单质（C、Si、Ni）、复杂体系（水泥）等颗粒增强材料可以明显改善复合材料各项性能。在基于颗粒增强材料的3D打印制造过程中，颗粒增强材料的纯度、形状、级配等是决定材料性能，甚至是影响可打印性的关键因素。

颗粒的纯度会改变所制备样品的特性，过多杂质的存在不仅会从性质上影响材料性能，甚至会导致打印无法正常进行。

颗粒增强材料的形状直接影响粉末的流动性、松装密度，进而影响打印产品的可行性与性质[30,31]。例如，打印材料中若含有陶瓷或者复杂体系，则应考虑增强颗粒的形状和粒径，以保证打印过程的顺利进行。一般来讲，球形或者近球形颗粒具有良好的流动性，不易在打印过程中堵塞喷头并且更易铺成薄层，进而提高3D打印产品的精度、质量以及组织均匀性。但是，球形粉末的颗粒堆积密度小，空隙大，可能会使结构不够致密。因此，在实际应用过程中应综合各方面因素，达到一个良好的平衡点，并且通过改进工艺提高产品质量。

与混凝土颗粒级配类似，打印颗粒的级配也十分重要。一方面，粉末粒径越小，比表面积越大，烧结驱动力增大，则烧结可以更顺利进行；然而当粒径过小时，会导致铺粉厚度不均匀，在烧结过程中容易出现“球化”现象[30]；粒径过小的超细粉也容易团聚，降低输送性能进而影响3D打印的持续进行[31]。另一方面，粒径过大会影响打印过程中整体的流动性，且易堵塞喷头。有研究表明，在激光净成形技术中，粉末粒径过大时，喷嘴处粉末输送流的发散角会显著增大，反弹飞溅严重，粉末利用率明显降低。大量实验及理论模拟表明，合适的颗粒级配可以增加堆积密度，降低空隙，使相邻颗粒层之间连接更加紧密，提升烧结后样品的致密程度与强度，使用合适颗粒级配的原料有利于得到更好的3D打印效果[32]。

6.2.1.3 界面结合机制

颗粒增强复合材料中，基体与增强体共同承担载荷[33]，并且通过界面完成载荷从基体向增强体传递的过程，因此界面研究一直是复合材料领域极为重要的研究课题。常见复合材料的界面结合机制包括以下几个方面：

机械结合：基体与增强体表面之间的机械咬合。

化学结合：基体与增强体表面之间发生电子转移，形成界面原子键合。

界面扩散：基体与增强体的表面分子或原子通过相互扩散、渗透、缠结产生强大的黏结力，从而形成界面层。

界面化学反应结合：基体与增强体发生化学反应生成新相，见式(6-1)。

$$3SiC+4Al \longrightarrow Al_4C_3+3Si \tag{6-1}$$

这里以Al和SiC为例来解释界面化学反应结合。经上述反应，Al_4C_3将以薄片状沉淀析出，Si以块状沉淀析出，Al_4C_3作为脆性相分布在SiC界面周围，严重削弱了增强相的作用，Si则作为夹杂进一步降低材料强度。因此，在选择颗粒增强体时，除了要考虑所需性质外，还需考虑基体与增强体间是否会发生不利反应，降低材料稳定性。

6.2.2 颗粒增强复合材料3D打印成形工艺

目前，通常采用金属或陶瓷作为颗粒增强体材料。在实际制备过程中，需要综合考虑熔融温度环境、成品材料的缺陷及性能等问题，通常采用熔融沉积技术或激光成形技术实现颗粒增强复合材料的成形。为保证颗粒间的结合，在制备前可以采用合适的试剂对其进行包裹处理。

熔融沉积成形（fused deposition modeling，FDM）通常是将丝状材料如热塑性塑料、蜡或金属的熔丝从加热的喷嘴挤出，按照模型每一层的预定轨迹，以固定的速率进行熔体沉积。虽然这种工艺简洁，但是精度低、表面质量差，无法制造复杂构件。相对而言更适用于概念建模与形状、功能测试等基础打印。

激光选区烧结（selective laser sintering，SLS）是使用激光作为热能量，烧结或熔化高分子聚合物材料作为黏结剂黏结金属或陶瓷，黏结后通过加热蒸发聚合物形成多孔实体，最后通过渗透低熔点的金属提高密度，减小孔隙。激光选区熔化（selective laser melting，SLM）则使用金属粉末代替SLS中的高分子聚合物作为黏结剂，减少了蒸发与渗透的过程，同时可提高产品质量。研究表明，激光电流、脉冲宽度、扫描速度、激光频率、铺粉厚度、扫描间距等工艺参数都会影响最终成品质量[34]。

6.2.2.1 金属颗粒增强复合材料3D打印

金属颗粒增强材料可作为延性颗粒增强体掺杂进高分子、陶瓷、玻璃等脆性基体中，实现对材料整体韧性的增强。目前金属掺杂颗粒制备方法较为成熟，常用方法包括雾化法、等离子球化法和旋转电极法等。其中最常用的是雾化法制备球形金属粉末，然而由于工艺制备问题产生的空心粉、卫星粉（图 6-7）会使零件中残留气孔，并且也无法被后续的热处理消除，这对材料的抗疲劳强度等力学性能具有一定的影响。

图 6-7 卫星粉微观形貌

(1) 雾化法

雾化法是以快速运动的流体（雾化介质）冲击或以其他方式将金属或合金熔液破碎为细小液滴，使之迅速冷凝为固体粉末的制取方法。该方法制备得到的颗粒粉末直径一般小于150μm。按照粉碎金属熔液的方式分类，雾化法可分为气雾化、层流雾化、超声耦合雾化、真空雾化等[35]。雾化法自问世以来，经过不断的完善和改进，因其生产效率高、成本低等优点而被广泛应用于金属及合金粉末的制备。

Feng 等[36] 利用氮气雾化法制备了 Fe-50%Ni（质量分数）合金粉末，该粉末是平均粒径为 48μm 的球体。Yang 等[37] 利用高压气雾化技术，成功制备了灰口铸铁球形粉末［图 6-8（a)]，并研究了粉末内部组织的转变机理。覃思思等[38] 采用自制双层雾化喷嘴技术制

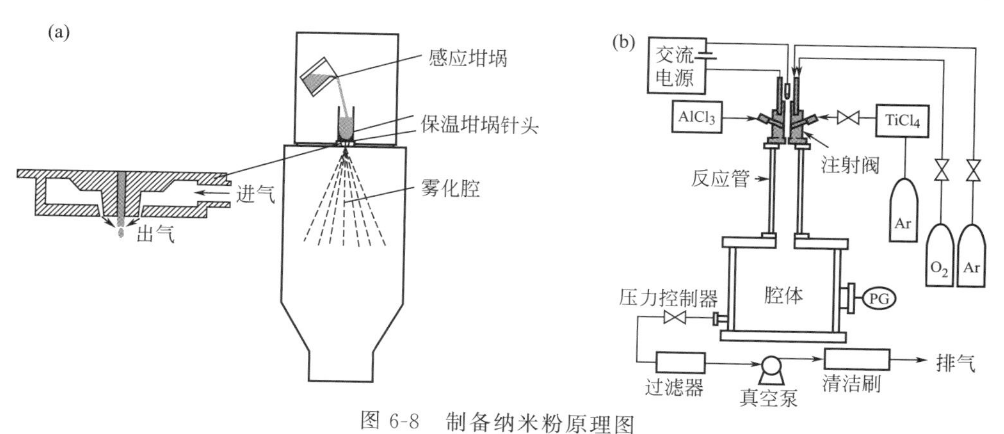

图 6-8 制备纳米粉原理图

(a) 雾化法；(b) 等离子球化法

备出球形度高、粒度分布窄、符合3D打印要求的高性能304L不锈钢粉末。余勇等[39]研究了不同真空气雾化工艺对Ni粉粒度的影响并得出了最佳雾化工艺参数。

英国PSI公司[40]首次提出了超声耦合雾化技术，随后通过改进耦合环缝式喷嘴结构使得气流出口速率超过音速，可在较小的雾化压力下获得高速气流。在2.5MPa压力下，气体的喷出速率可达540m/s，气体消耗量小于5kg/min。该技术效率高，成本低，可用于生产微细粉末。

在气雾化技术的基础上，德国Nanoval公司研发了层流雾化技术，并对喷嘴结构进行优化改进。该工艺具有雾化效率高、气体消耗量低、适用范围广等优点，当冷却速度达106～107K/s，在2.0MPa的雾化压力下可雾化Cu、Al和316L不锈钢等多种粉末，获得的粉末平均粒度约为10μm。

(2) 等离子球化法

等离子球化法主要是将金属粉体喷入感应等离子流中，在高温状态下，这些粉体会立刻熔化，在表面张力作用下变成球形液滴。当这些球形液滴离开等离子流就会立刻冷却并硬化成球形颗粒。等离子球化技术被认为是获得致密、规则球形颗粒的最有效手段[41]。按等离子体的激发方式，该技术可分为直流等离子体和射频等离子体两大类。

Lin等[42]采用直流等离子体技术成功制备了球形纳米ZnO颗粒；Lee[43]以$TiCl_4$和$AlCl_3$为前驱体，利用直流等离子体火炬直接制备了Al掺杂TiO_2粉末［图6-8 (b)］，并发现制得的粉末的粒度随着Al掺量的提高而减小。

射频等离子体法是利用强烈电磁耦合作用下产生的等离子体加热并熔化金属粉末，其加热温度范围约为10000～30000K，骤冷速度可达105K/s，该方法是制备具有组分均匀、球形度高、流动性好等优点球形粉末的良好途径。白柳杨等[44]以羰基Ni粉为原料，采用高频等离子体法成功制备微细球形Ni粉。Ni粉的振实密度由2.44g/cm^3提高到3.72g/cm^3，球形度好，平均粒径为100nm。Kobayashi等[45]同样利用射频感应热等离子体制备亚微米级Cu粉。研究表明，Cu粉的蒸发与加料速率、反应压力和H_2流量等工艺参数密切相关。

加拿大AP&C公司以金属丝为原料，利用等离子体火炬使其在氩气中雾化，随后迅速冷却固化为高品质金属球粉末。该方法制备的粉体具有球形度高、纯度高、含氧量低等优点。

(3) 旋转电极法

旋转电极法是将金属或合金制成自耗电极，其端面受电弧加热熔融，经高速旋转将液体抛出并粉碎为细小液滴，随后冷凝为粉末。这种方法的加热机制有效地避免了非金属杂质的掺杂，显著提高了生产粉体的洁净程度。

为避免钨污染，将钨电极替换为等离子炬的方法称为等离子旋转电极雾化制粉法(PREP)。该工艺最初起源于俄罗斯，后经不断发展和改进日趋成熟。该方法制得的粉末粒度分布区间较窄，球形度较高，氧含量低。

国为民等[46]在对不同方法制备Ni基高温合金粉末的实验中对比发现，旋转电极法制备的金属粉末氧含量低，空心粉、黏结粉少，粉末呈球形，表面光亮洁净，物理工艺性能优良。杨鑫等[35]采用等离子体旋转电极法制备球形钛铝合金粉末，在转速为18000r/min时，制备出粒径范围为30～250μm的Ti-47Al-2Cr-2Nb粉末，球形率达到99.6%，松装密度为

2.65g/cm^3。陈焕铭等[47]利用等离子体旋转电极雾化法制备了FGH95高温合金粉末，并分析了颗粒凝固组织特性。结果表明，粉末颗粒表面主要是树枝晶和包状晶凝固组织；随着粉末颗粒尺寸的减小，内部凝固组织由树枝晶为主逐渐转变为包状晶及微晶组织。刘军等[48]采用等离子旋转电极雾化制得TC4粉末，其原理图如图6-9所示。

周勇等[49]通过对硅氧烷树脂进行化学改性，引入钛元素和硼元素，通过3D打印制得紫外光固化的钛掺杂含硼硅氧烷新型复合材料成形件，表面能较低，固化收缩少，且打印过程浆料流动性好，产品柔韧性高，表面光滑透明。

2009年，D. Trenke[50]等采用激光选区烧结的方法，逐层铺设并烧结厚度为0.1mm的铁粉、陶瓷粉末，两种粉末都具有一定的颗粒级配。该研究小组制作出的成品硬度比单纯的金属有了明显的提高。Yagyu等[51]和Hanemann等[52]都将纳米金属颗粒和SiC颗粒作为高分子的增强材料。

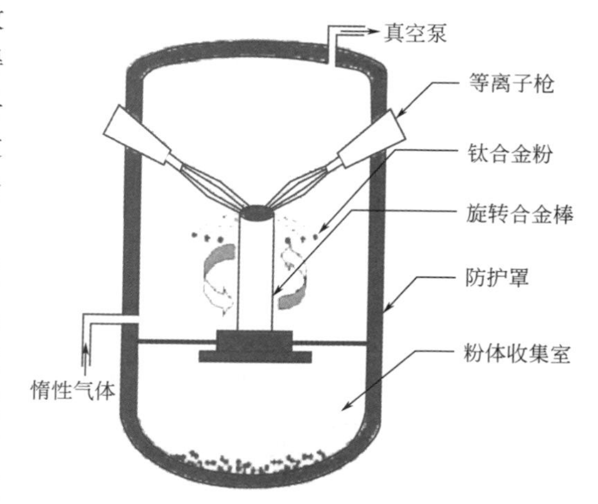

图6-9 等离子旋转电极雾化装置示意图

Nikzad等[53]将大量的铁粉与铜粉作为颗粒增强体加入ABS中（图6-10），采用熔融沉积法（FDM）打印出了具有更高抗压强度且具有更高热学性能的结构部件。Hwang等[54]也采用熔融沉积法打印金属-ABS复合材料来观察新复合材料的热-力学性能。研究发现，金属粉末掺量影响了材料的抗拉强度和热导率。

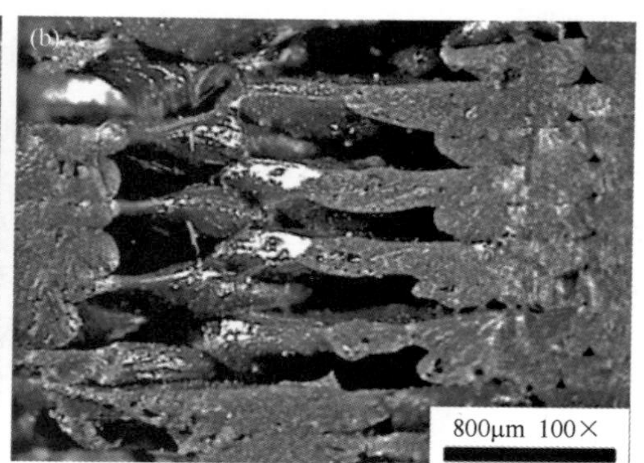

图6-10 分别添加了10%铜的ABS微观结构

6.2.2.2 陶瓷颗粒增强复合材料3D打印

陶瓷颗粒增强材料作为一种刚性颗粒增强材料，由于其强度高、耐高温、耐磨、物理化学性质稳定等优点而被应用于航空航天领域，例如航天飞行器隔热材料、发动机等。

在3D打印过程中，受限于打印针头的尺寸，浆料的粒径需远小于打印针头的直径，而陶瓷浆料中的大颗粒极易堵塞针头，同时浆料的稳定性也制约打印制品的性能[55]。Brian

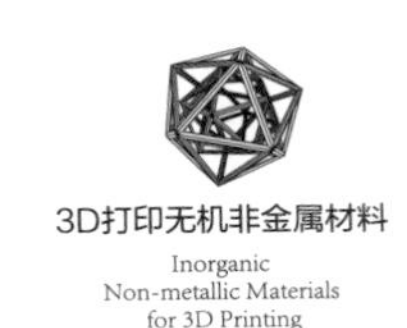

Derby 给出经验公式(式 6-2)[56]，在打印针头直径确定的情况下，通过这个公式可以确定粉料的最大粒径，一般来说喷嘴直径应当比粉料的最大粒径大 20～100 倍。

$$d_{max}=0.01\sim0.05\times d_{nozzle} \tag{6-2}$$

式中，d_{max} 为粉料最大粒径；d_{nozzle} 为喷嘴直径。

为了使浆料满足打印要求，通常采用添加分散剂和机械研磨等方法以提高浆料的稳定性。例如 Özkol E[57] 向经球磨混合的 3Y-TZP（3%氧化钇稳定的氧化锆）粉体中加入分散剂，制成适合直接打印的 3Y-TZP 浆料。经直径为 30μm 的打印针头制备试样并烧结后（图 6-11），其样品体积密度为 2.15g/cm^3。Gingter 等[58] 采用纳米 Al_2O_3 和纳米 3Y-TZP 为原料，以 PEG400 为结合剂，球磨 8h 后制得平均粒径小于 200nm 的 Al_2O_3 陶瓷浆料和 ZrO_2 陶瓷浆料。这两种浆料在打印时均表现出良好的稳定性，使用直径为 24μm 的打印针头时未出现阻塞针头的现象。随后采用直接喷墨打印法制备出高精确度的 Al_2O_3-ZrO_2 功能梯度陶瓷材料，烧结后的样品密度达到理论密度的 97.5%。

图 6-11　3D 打印网筛成品的微观形貌

陶瓷粉体原料一般有三种制备方法，分别是：将陶瓷粉末与黏结剂直接混合；将黏结剂覆在陶瓷颗粒表面，制成覆膜陶瓷；将陶瓷粉末进行表面改性后再与黏结剂混合。当陶瓷颗粒作为增强体时，以上三种方法也是处理陶瓷颗粒增强体的常用方法。值得一提的是，由于陶瓷颗粒增强体巨大的比表面积，使得烧结驱动力增加，烧结温度大幅下降。即便如此，3D 打印中的烧结温度有时仍无法满足要求。因此，在打印前经常采用高分子或者金属等熔融温度较低的材料将陶瓷包裹起来，以便后期更好地黏结。

Maleksaeedi 等[59] 使用纯 Al_2O_3 为原料，以聚乙烯醇（PVA）为结合剂制备陶瓷浆料，利用 3D 打印技术成形，采用真空渗透技术减少颗粒团聚引起的大气孔。实验结果表明，烧结后密实度由 37%提升到 86%，40%固相含量试样的抗弯强度是对比试样的 15 倍。陶瓷浆料固相含量的增加会导致试样密度增加，气孔率减小，力学性能增强，且表面更加光洁。Zhou 等[60] 以高纯 Al_2O_3 作为原料，将聚乙烯吡咯烷酮作为分散剂，利用光固化技术制备了高致密的 Al_2O_3 陶瓷。利用该方法制备的试样相对密度为 99.3%，维氏硬度可达 17GPa。

Azhar 等[61] 以 MgO 为颗粒增强材料，向 Al_2O_3 加入 0.7%的 MgO，大幅提高了氧化铝陶瓷的硬度。

SiC 颗粒增强的铝合金复合材料具有比强度高、耐腐蚀、耐磨损、导电导热性好等优点，近年来受到国内外广大学者的关注，其在航空航天、船舶、汽车等领域展现出广阔的应用前景，目前 SiC 铝基复合材料已经实现了大规模生产。路建宁等[62] 采用 3D 打印高温烧结技术制备了 SiCP 预制体，为避免在压力作用下变形对其进行了高温氧化处理，随后采用压力浸渗工艺制备 SiCP/A356 复合材料。A356 合金中的 Si 元素有利于防止脆性相 Al_4C_3 的形成，Mg 元素的存在提高了 A356 基体和 SiCP 增强体之间的润湿性。

C. Polzin 等[63] 以低于 50μm 粒径的 SiC 细粉为原料制备了陶瓷粉料，并以 Solupor-Binder 聚合物作为液体黏合剂，采用直接喷墨打印技术制备得到碳化硅多孔陶瓷。

B. Cappi 等[64] 亚琛工业大学研究人员采用直接喷墨（DIP）的方式，将 Si_3N_4 陶瓷颗粒分散在水性有机溶剂中，通过喷墨打印机将具有非牛顿特性的低黏度陶瓷分散液按照预定形状喷射在基底上，再逐层降低基底高度，同时施加较高温度使得溶剂挥发固化，实现了 Si_3N_4 陶瓷的 3D 打印（图 6-12）。

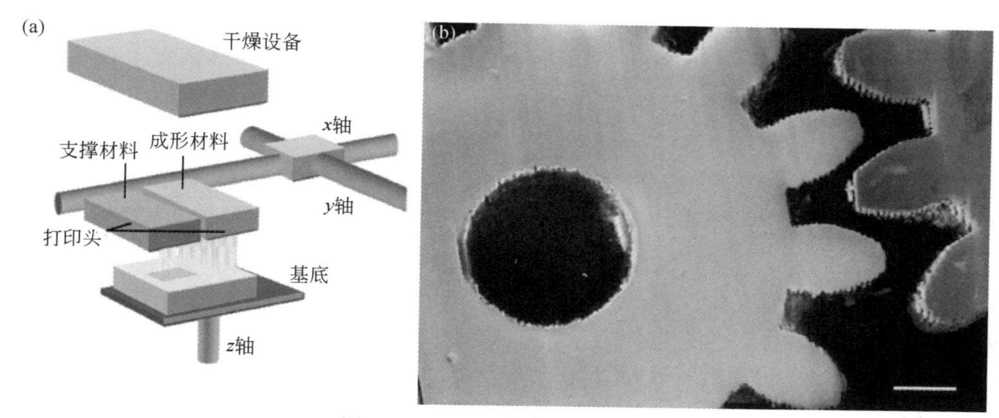

图 6-12　Si_3N_4 陶瓷的 3D 打印

（a）直接打印原理图；（b）SEM 下的成品图（图中标尺为 1mm）

美国 Tobias A. Schaedler 团队[65] 报道了一种具有聚合物结构的陶瓷光固化打印技术。通过光固化（SL）技术将聚合物前驱体单体进行紫外光固化，在高温条件下进行热解得到具有聚合物结构的 SiOC 陶瓷材料（图 2-24）。这种材料具有结构高度可控、密度超轻、力学性能优异、耐高温性能好等优点。

6.2.2.3　其他颗粒增强复合材料的 3D 打印

周琦琪等[66] 制备了纳米级羟基磷灰石/聚乙烯醇复合材料，用于定制骨支架修复骨损伤。毕永豹等[67] 以聚乳酸（PLA）作为基体，麦秸粉作为增强体，通过挤出成形工艺制备出用于 3D 打印熔融沉积成形的木塑复合材料。美国 Emerging Objects 3D 打印公司研发出一种利用废轮胎胶粉作为 3D 打印材料的 3D 打印方法，并计划用其制造家具、建筑物外部构件等。

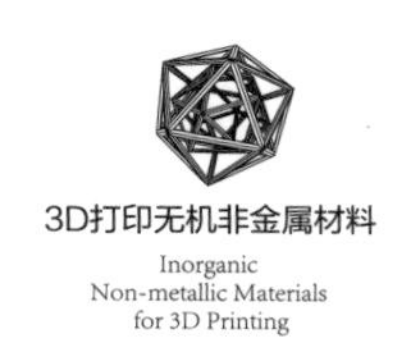

6.2.3 3D打印颗粒增强复合材料的应用

目前，随着制造工艺的进步，颗粒增强材料在各方面已有很多的成果，3D打印颗粒增强材料也有了越来越多的应用。

在航空航天、军事等领域，金属基体颗粒复合材料已用于导弹、飞机及精密光学仪器和电子设备上。其中，在结构部件方面，美国武器研究中心采用10%SiCp/7064Al复合材料，利用气压超塑性成形技术制造了用于B-1B飞机的翼前缘加强筋和大的通用正弦波形梁[68]，采用17%SiCp/2124复合材料制造了导弹的尾翼；在精密仪器方向，美国的Trident导弹上采用40%SiCp增强6061Al复合材料替代了原来使用的AlSi416不锈钢制造的万向接头部件，并利用SiCp增强的铝基复合材料替代了铍合金用于制造惯性导航器件；在光学仪器方面，美国亚利桑那大学研制了一种超轻型空间望远镜，采用SiCp增强铝基复合材料制造支承和副镜，不仅大大减轻了重量，且通过控制SiC的含量还可使得复合材料的膨胀系数与反射涂层相匹配，可在很大的温度范围内均能保证理想的尺寸稳定性。

在汽车工业等民用领域，如汽车活塞、轴承、轴瓦及一些体育运动器材上颗粒增强材料也已成功应用。美国曾用SiCp/Al复合材料制造赛车和摩托车的刹车片，并用20%SiCp/6061复合材料制造参赛帆船的桅杆和浮筒等部件。

在医学生物领域，与纤维增强体提高材料韧度不同，颗粒增强体在复合材料中更多地是起到增强作用。也因为这种性质使得颗粒增强材料在医疗骨修复领域比其他领域有着更多的应用。高精度的Al_2O_3-ZrO_2功能阶梯陶瓷材料和高强度的人体石膏骨骼已经利用3D打印技术成功制备。西安交通大学"3D打印技术重建脊柱脊髓功能的临床应用与相关研究成果"和"微纳尺度典型金属材料的力学特性及其内在机理"研究项目开发出了个性化穹隆顶钛笼式人工颈椎，提出椎体次全切术后可动人工椎体-椎间盘复合体植入、重建椎体运动单位功能的理念，并研制出可动人工颈椎假体和人工寰齿关节。目前，200余例临床应用证实钛笼塌陷等并发症发生率从大约90%降低到10%，较传统钛笼的塌陷发生率显著下降。

事实上，3D打印由于高度可定制使得它在复杂精细零部件制造方面有着很大的优势。目前，这种生产方式对于小产量定制产品要比传统制造成本低、精度高。相信在不久的将来，3D打印颗粒增强材料会以其稳定的产品质量控制能力、自动化的生产过程逐步替代传统工业制造。

参考文献

[1] 黄卫东. 材料3D打印技术的研究进展. 新型工业化，2016，6（3）：53-70.

[2] 方鲲，向正桐，张戬，等. 3D打印碳纤维增强塑料及复合材料的增材制造与应用. 新材料产业，2017（1）：31-37.

[3] 蔡冯杰，祝成炎，田伟，等. 3D打印成型的玻璃纤维增强聚乳酸基复合材料. 纺织学报，2017，38（10）：13-18.

[4] Matsuzaki R，Ueda M，Namiki M，et al. Three-dimensional printing of continuous-fiber composites by

in-nozzle impregnation. Scientific Reports，2016，6：23058.
[5] Li N，Li Y，Liu S. Rapid prototyping of continuous carbon fiber reinforced polylactic acid composites by 3D printing. Journal of Materials Processing Technology，2016，238：218-225.
[6] Prüβ，Vietor T. Design for fiber-reinforced additive manufacturing. Journal of Mechanical Design，2015，137（11）：1-7.
[7] Tian X，Liu T，Yang C，et al. Interface and performance of 3D printed continuous carbon fiber reinforced PLA composites. Composites Part A Applied Science & Manufacturing，2016，88：198-205.
[8] 田小永，刘腾飞，杨春成，等.高性能纤维增强树脂基复合材料3D打印及其应用探索.航空制造技术，2016，59（15）：26-31.
[9] Bade L，Hackney P M，Shyha I，et al. Investigation into the Development of an Additive Manufacturing Technique for the Production of Fibre Composite Products. Procedia Engineering，2015，132：86-93.
[10] Bakarich S E，Rd G R，In h P M，et al. Three-dimensional printing fiber reinforced hydrogel composites. Acs Appl Mater Interfaces，2014，6（18）：15998-16006.
[11] Klift F V D，Koga Y，Todoroki A，et al. 3D Printing of Continuous Carbon Fibre Reinforced Thermo-Plastic（CFRTP）Tensile Test Specimens. Open Journal of Composite Materials，2016，6（1）：18-27.
[12] Melenka G W，Cheung B K O，Schofield J S，et al. Evaluation and prediction of the tensile properties of continuous fiber-reinforced 3D printed structures. Composite Structures，2016，153：866-875.
[13] 中化新网.日本开发出碳纤维复合材料3D打印机.齐鲁石油化工，2015（4）：324-324.
[14] 肖建华.3D打印用碳纤维增强热塑性树脂的挤出成型.塑料工业，2016，44（6）：46-48.
[15] Mori K I，Maeno T，Nakagawa Y. Dieless Forming of Carbon Fibre Reinforced Plastic Parts Using 3D Printer. Procedia Engineering，2014，81：1595-1600.
[16] Spackman C C，Frank C R，Picha K C，et al. 3D printing of fiber-reinforced soft composites：Process study and material characterization. Journal of Manufacturing Processes，2016，23：296-305.
[17] Liu X J，Liam Dillon，Flynn Lachendro James，等. 3D打印碳纤维增强PLA试件的力学性能分析.塑料，2017（3）：47-50.
[18] Shofner M L，Lozano K，Rodríguez-Macías F J，et al. Nanofiber - reinforced polymers prepared by fused deposition modeling. Journal of Applied Polymer Science，2003，89（11）：3081-3090.
[19] Tekinalp H L，Kunc V，Velez-Garcia G M，et al. Highly oriented carbon fiber-polymer composites via additive manufacturing. Composites Science & Technology，2014，105：144-150.
[20] Ning F，Cong W，Wei J，et al. Additive Manufacturing of CFRP Composites Using Fused Deposition Modeling：Effects of Carbon Fiber Content and Length//Msec，2016.
[21] Zhong W，Li F，Zhang Z，et al. Short fiber reinforced composites for fused deposition modeling. Materials Science & Engineering A，2001，301（2）：125-130.
[22] Pandey K. Natural fibre composites for 3D Printing. Helsinki：Arcada University of Applied Sciences，2015.
[23] Karalekas D E. Study of the mechanical properties of nonwoven fibre mat reinforced photopolymers used in rapid prototyping. Materials & Design，2003，24（8）：665-670.
[24] Cheah C M，Fuh J Y H，Nee A Y C，et al. Mechanical characteristics of fiber-filled photo-polymer used in stereolithography. Rapid Prototyping Journal，1999，5（3）：112-119.
[25] Invernizzi M，Natale G，Levi M，et al. UV-Assisted 3D Printing of Glass and Carbon Fiber-Reinforced Dual-Cure Polymer Composites. Materials，2016，9（7）：583.
[26] Griffini G，Invernizzi M，Levi M，et al. 3D-printable CFR polymer composites with dual-cure sequential IPNs. Polymer，2016，91：174-179.
[27] Compton B G，Lewis J A. 3D-Printing of Lightweight Cellular Composites. Advanced Materials，2015，26

(34)：5930-5935.

[28] Mahajan C，Cormier D. 3D Printing of carbon fiber composites with preferentially aligned fibers：proceedings of the 2015 Industrial and Systems Engineering Research Conference. Berlin：Springer，2015：1-10.

[29] 厉娜. Arevo 实验室材料可以制造 3D 打印复合材料部件. 玻璃钢，2015 (4).

[30] Momeni A，Abbasi S M. Effect of hot working on flow behavior of Ti-6Al-4V alloy in single phase and two phase regions. Materials & Design，2010，31 (8)：3599-3604.

[31] 熊博文，徐志锋，严青松，等. 直接选区激光烧结金属粉末材料的研究进展. 热加工工艺，2008，37 (9)：92-94.

[32] 王会杰，崔照雯，孙峰，等. 激光选区熔化成型技术制备高温合金 GH4169 复杂构件. 粉末冶金技术，2016，34 (5)：368-372.

[33] 耿文范. 金属基复合材料的发展现状. 国外金属材料，1989 (1)：14-16.

[34] ASTM F3049—14. Standard guide for characterizing properties of metal powders used for additive manufacturing processes. West Conshohocken，PA：ASTM，2014.

[35] 杨鑫，汤慧萍，葛渊. 粉末性能对电子束选区熔化快速成型的影响. 稀有金属材料与工程，2007，36 (a03)：574-577.

[36] Feng Y，Qiu T. Preparation，characterization and microwave absorbing properties of FeNi alloy prepared by gas atomization method. Journal of Alloys & Compounds，2012，513 (3)：455-459.

[37] Yang M，Dai Y，Song C，et al. Microstructure evolution of grey cast iron powder by high pressure gas atomization. Journal of Materials Processing Technology，2010，210 (2)：351-355.

[38] 覃思思，余勇，曾归余，等. 3D 打印用金属粉末的制备研究. 粉末冶金工业，2016，26 (5)：21-24.

[39] 余勇，曾归余，肖明清，等. 不同工艺对真空气雾化 Ni 粉粒度的影响研究. 粉末冶金工业，2015，25 (1)：38-41.

[40] Nanoval process offers fine powder benefits. Metal Powder Report，1996，51 (11)：30-33.

[41] Xu J L，Khor K A，Gu Y W，et al. Radio frequency (rf) plasma spheroidized HA powders：powder characterization and spark plasma sintering behavior. Biomaterials，2005，26 (15)：2197-2207.

[42] Lin H F，Liao S C，Hung S W. The dc thermal plasma synthesis of ZnO nanoparticles for visible-light photocatalyst. Journal of Photochemistry & Photobiology A Chemistry，2005，174 (1)：82-87.

[43] Lee J. Synthesis of nano-sized Al doped TiO_2 powders using thermal plasma. Thin Solid Films，2004，457 (1)：230-234.

[44] 白柳杨，袁方利，胡鹏，等. 高频等离子体法制备微细球形镍粉的研究. 电子元件与材料，2008，27 (1)：20-22.

[45] Kobayashi N，Kawakami Y，Kamada K，et al. Spherical submicron-size copper powders coagulated from a vapor phase in RF induction thermal plasma. Thin Solid Films，2008，516 (13)：4402-4406.

[46] 国为民，陈生大，万国岩. 用不同方法制取的镍基高温合金粉末性能. 航空工程与维修，1998 (2)：22-24.

[47] 陈焕铭，胡本芙. 等离子旋转电极雾化 FGH95 高温合金粉末颗粒凝固组织特征. 金属学报，2003，39 (1)：30-34.

[48] 刘军，许宁辉，于建宁. 用等离子旋转电极雾化法制备 TC4 合金粉末的研究. 宁夏工程技术，2016，15 (4)：340-342.

[49] 周勇，秦海芳，杨怡，等. 紫外光固化钛掺杂含硼硅氧烷的制备及在 3D 打印材料中的应用研究. 化工新型材料，2017 (9)：199-200.

[50] Trenke D，Müller N，Rolshofen W. Selective Laser Sintering of Metal and Ceramic Compound Structures. Intelligent Production Machines and Systems，2006：198-203.

[51] Yagyu H，Sugano K，Hayashi S，et al. Rapid prototyping of glass chip with micro-powder blasting

using nano-particles dispersed polymer//MICRO Electro Mechanical Systems, 2004. IEEE International Conference on. IEEE, 2004: 697-700.

[52] Hanemann T, Bauer W, Knitter R, et al. Rapid Prototyping and Rapid Tooling Techniques for the Manufacturing of Silicon, Polymer, Metal and Ceramic Microdevices//MEMS/NEMS. Springer US, 2007.

[53] Nikzad M, Masood S H, Sbarski I. Thermo-mechanical properties of a highly filled polymeric composites for Fused Deposition Modeling. Materials & Design, 2011, 32 (6): 3448-3456.

[54] Hwang S, Reyes E I, Moon K S, et al. Thermo-mechanical Characterization of Metal/Polymer Composite Filaments and Printing Parameter Study for Fused Deposition Modeling in the 3D Printing Process. Journal of Electronic Materials, 2015, 44 (3): 771-777.

[55] Cai K P, Yayun L I, Sun Z X, et al. Preparation of 3D Ceramic Meshes by Direct-write Method and Modulation of Its Photocatalytic Properties by Structure Design. Journal of Inorganic Materials, 2012, 27 (1): 102-106.

[56] Brian Derby, Nuno Reis. Inkjet printing of highly loaded particulate suspensions. MRS Bulletin, 2003, 28 (11): 815-818.

[57] Özkol E, Ebert J, Uibel K, et al. Development of high solid content aqueous 3Y-TZP suspensions for direct inkjet printing using a thermal inkjet printer. Journal of the European Ceramic Society, 2009, 29 (3): 403-409.

[58] Gingter P, Watjen A M, Kramer M, et al. Functionally Graded Ceramic Structures by Direct Thermal Inkjet Printing. Journal of Ceramic Science and Technology, 2015, 6 (2): 119-124.

[59] Maleksaeedi S, Eng H, Wiria F E, et al. Property enhancement of 3D-printed alumina ceramics using vacuum infiltration. Journal of Materials Processing Technology, 2014, 214 (7): 1301-1306.

[60] Zhou M, Liu W, Wu H, et al. Preparation of a defect-free alumina cutting tool via additive manufacturing based on stereolithography-Optimization of the drying and debinding processes. Ceramics International, 2016, 42 (10): 11598-11602.

[61] Azhar A Z A, Mohamad H, Ratnam M M, et al. Effect of MgO particle size on the microstructure, mechanical properties and wear performance of ZTA-MgO ceramic cutting inserts. International Journal of Refractory Metals & Hard Materials, 2011, 29 (4): 456-461. Walter R. Mohn. Advanced Composites; 1987: 237-240.

[62] 路建宁，杨昭，王娟，等. 3D 打印制备 SiC 预制体增强铝基复合材料的微观组织. 特种铸造及有色合金，2017，37 (9)：966-970.

[63] Polzin C, Günther D, Seitz H. 3D Printing of Porous Al_2O_3 and SiC ceramics. Journal of Ceramic Science & Technology, 2015, 6 (2): 141-146.

[64] Cappi B, Özkol E, Ebert J, et al. Direct inkjet printing of Si_3N_4: Characterization of ink, green bodies and microstructure. Journal of the European Ceramic Society, 2008, 28 (13): 2625-2628.

[65] Eckel Z C, Zhou C, Martin J H, et al. Additive manufacturing of polymer-derived ceramics. Science, 2016, 351 (6268): 58-62.

[66] 周琦琪，韩祥祯，宋艳艳，等. 3D 打印羊椎骨粉/聚乙烯醇支架、纳米级羟基磷灰石/聚乙烯醇支架、羊椎骨粉/聚乙烯醇无孔骨板的性能比较. 中国组织工程研究，2016，20 (52)：7851-7857.

[67] 毕永豹，杨兆哲，许民. 3D 打印 PLA/麦秸粉复合材料的力学性能优化. 工程塑料应用，2017，45 (4)：24-28.

[68] Clyne T W, Withers P J. An introduction to metal matrix composites. New York, NY, USA, 1993.

第 7 章 无机非金属材料 3D 打印技术展望

无机非金属材料种类繁多，性能优越，特别是高强度、高硬度、耐磨、耐高温、耐腐蚀等特性是金属材料和高分子材料所无法比拟的，并且还具有磁、光、电等功能特性，因此其应用领域非常广泛。对于无机非金属材料，适用的3D打印工艺较多，目前大部分3D打印工艺都可用于无机非金属材料的打印，而且大多数无机非金属材料都至少能找到一种合适的3D打印工艺，有的材料可以采用多种工艺成形，从而获得不同性能和不同应用的3D打印制品。

随着新的3D打印工艺不断涌现和3D打印技术在金属和高分子领域应用的拓展与深化，无机非金属材料3D打印的技术研究和应用研究都必将成为今后3D打印技术发展的重要领域和热点。无机非金属材料3D打印工艺、材料及应用的发展不仅符合我国产业发展方向，也将助推“中国制造2025”的早日实现。

7.1 无机非金属材料3D打印技术挑战与对策

虽然无机非金属材料3D打印是3D打印技术的重点发展方向，且未来发展潜力巨大，但是，就发展现状看，其尚处于起步阶段，无论是打印装备、专用材料、打印工艺开发还是应用领域及产业影响等都远落后于高分子和金属材料。无机非金属材料3D打印要实现快速发展，需要从技术、人才与市场等方面解决几个关键问题和挑战：

(1) 无机非金属材料3D打印专用装备开发

虽然大多数3D打印工艺都能用于无机非金属材料的打印成形，但是无机非金属材料3D打印发展主要是依托于其他材料体系的3D打印发展起来的，特别是在打印装备方面，大多是借用其他材料的成形装备或在这些装备基础上发展起来的，如陶瓷材料3D打印所用的熔融沉积成形（FDM）装备、立体光固化（SL）装备和激光选区熔化（SLM）装备等。这些打印装备虽然能够实现无机非金属材料的3D打印，但是，无论在成形质量还是打印效率方面都有不足，特别是依附于这些装备的打印软件等尚未能实现专用化，从而在一定程度上制约了无机非金属材料3D打印的发展。另外，由于无机非金属材料的多样性，即使对于同一种打印工艺，由于材料特性的差异，打印装备也需要进行一定的专用化改造。如三维喷印（3DP）工艺具有广泛适用性，可以用于石膏材料、陶瓷材料、水泥基材料、型砂等各种无机粉末材料的3D打印，当然也可用于金属材料的成形。由于特性各异的无机非金属材料无法做到各种3D打印金属粉末材料在粒度、球形度方面的高度一致，在打印过程中，需要打印装备能够在铺粉方式、黏结剂喷射速率及液滴大小等方面对粉末形貌和粒度级配的差异，以及粉末表面特性的不同等进行全面考虑并进行专用化改造，才能实现材料的高质量成形。同样的情况也存在于陶瓷材料和混凝土材料的挤出成形中。虽然工艺原理一致，但是打印材料、成形零件尺寸等方面的巨大差异使得打印装备无法做到通用。因此，无机非金属材料对专用打印设备的需求和要求远高于金属材料、高分子材料这两类材料，这也是无机非金属材料 3D 打印进展缓慢的重要原因之一。

加强基础理论研究，基于无机非金属材料自身特性、固化机制和所采用打印工艺特点，研制、开发专用的装备，是无机非金属材料 3D 打印的首要任务。如为了使 SLM 打印工艺适用于打印陶瓷、玻璃材料，可以在打印装备中引入在线监测和温度场控制等技术手段，有效优化相组成，减少热应力，抑制裂纹产生；针对非平衡材料、梯度材料、多尺度复合材料的打印，开发新型无机复合材料 3D 打印专用装备等。在专用 3D 打印装备开发过程中，关注焦点除了如何实现无机非金属材料高效、高精度成形外，还应全面评估设备的安全性、稳定性、可靠性以及能效水平等特性。

(2) 3D 打印专用无机非金属材料体系设计与制备研究

材料是制造业的基础，也是 3D 打印的关键因素和发展的瓶颈。传统成形工艺所用的材料无法完全满足 3D 打印工艺需要，特别是利用不同工艺成形同一种材料时，对打印材料的要求也是不一样的，如 SLS、SLM 等工艺用的粉末材料对流动性、填充密度、分散性等有很高要求；SL、DLP 等工艺对所用的浆体或者膏体材料的黏度、流变学行为、固相含量、均匀性、稳定性等有较高要求；FDM 工艺对所用的线材的固相含量、线材韧性等方面有要求。另外，即使同种材料利用同种工艺成形，但是如果应用领域不同时，对材料的要求也是不一样的。如石膏材料 3D 打印，如果用于文创设计方面，如何保证打印制品的色彩还原度是首要考虑因素，而用于模具打印时，则如何提高制品的精度、表面质量以及力学性能是关注重点。这都需要材料具有专用性。

不仅无机非金属材料 3D 打印，高分子材料和金属材料的 3D 打印同样存在专用材料的开发问题。如金属打印所用的粉末材料，虽然在形貌、粒度等特性方面基于 3D 打印工艺要求进行了调整，但是其组分仍然沿用传统牌号，不能保证完全适用于 3D 打印的工艺要求。同样，对于无机非金属材料的 3D 打印专用材料，无论是主体无机材料还是辅助材料以及黏结材料等，其组成也基本是沿用传统的设计方法。如 3D 打印混凝土材料，其所有材料组分都是传统建筑材料的组分，仅从 3D 打印应用需求角度对凝结固化速率、流变性等方面进行一定调整，材料本身并没有区别。利用这类材料虽然能够实现成形，但是，并未做到打印制品性能、成本等的有效控制。

基于应用需求和 3D 打印工艺特点，加大无机非金属材料 3D 打印基础理论研究，以材料计算、材料基因工程为手段的 3D 打印专用材料设计理论及制备方法将是未来该领域的研究焦点。无机非金属材料 3D 打印基础理论研究包括但不限于成形能量/介质与打印材料之间的相互作用机理（如光固化成形过程中紫外光或激光与光敏树脂/陶瓷颗粒的相互作用机理、SLM/SLS 成形过程中激光与无机粉末颗粒的相互作用机理、3DP 成形过程中胶水与无机粉末颗粒作用机理等）、成形体微结构演变机制及失效机制等。材料体系设计包括材料设计方法和设计软件的开发，以及包含热力学、动力学、微观组织特征、物理性质与力学性能、实验条件和处理工艺等的材料数据库的建设等。

如上所述，3D 打印技术对所用材料有着特殊和苛刻的性能要求。这不仅要求专用材料制备过程中需要按照 3D 打印的技术要求和材料设计方法进行组分设计和工艺设计，同时要对所用的基础原材料（主要为无机粉末材料）的颗粒大小、级配、球形度以及表面性质等方面进行严格控制。对于无机非金属材料体系，硬度大、熔点高、形态多，高性能粉末材料制备难度很大，这也是专用材料制备的关键。以现有材料制备理论和技术为基础，开发适用于 3D 打印用无机非金属基础粉末材料高效、批量化稳定制备的新工艺、新装备是 3D 打印专用材料开发的重要研究内容。

(3) 基于制品制备全过程的 3D 打印工艺研究

对于无机非金属材料特别是陶瓷材料的 3D 打印，打印过程只是整个制品制备的成形工艺过程，成形后还需要进行热处理等后处理工艺过程。成形及后处理过程都是关键工艺，对最终制品性能都有重要影响。此外，这几个工艺过程之间有密切关联并相互影响。打印工艺作为中间工艺过程，起着承上启下的作用。以陶瓷材料 3D 打印为例，无论是用于 FDM 工艺的线材、用于 SL 工艺的膏体还是用于 3DP 工艺的粉末等，打印材料的设计及制备都需要以所采用打印工艺需求作为配比设计的基本原则；3D 打印过程作为材料成形阶段，打印质量和效率不仅受到前面工艺配套的打印材料性能影响，还需兼顾脱脂、烧结等后处理工艺过程及该工艺过程获得的脱脂坯体或烧结陶瓷制品的性能。对于混凝土材料 3D 打印，不仅要考虑如何实现大体积建筑的一体成形以及配筋、表面平整度等应用问题，更要评价 3D 打印新成形方式下建筑物的耐久性、安全性等应用问题。

因此，3D 打印工艺研究需要以满足最终应用需求为目标，将打印过程纳入到整个工艺体系中开展系统研究与工艺制度制定，建立基于材料基本要素下全工艺过程的有机统一与优化，以达到性能-成本之间的最佳平衡。

(4) 3D 打印无机非金属材料评价与标准体系建设

专用装备和工艺研究的缺乏以及相关应用尚未形成规模，导致 3D 打印无机非金属材料的相关标准体系建设也落后于其他材料体系。3D 打印无机非金属材料评价与标准体系主要包括原材料评价、装备评价和服役性能评价。其中，原材料评价体系建设是建立原材料的适用性评价指标体系，评价材料的成熟性和使用合理性；装备评价主要是建立打印装备的评价指标体系，全面评价装备的先进性、可靠性、适用性、合理性和安全性等；服役性能评价是基于材料体系和应用领域，建立 3D 打印制品的服役性能评价指标体系和标准体系，综合评价制品的尺寸精度、形位公差、表面质量、力学性能、组织结构、内部缺陷、安全性、耐久性、生物相容性和环境影响等各类服役特性。

基于 3D 打印全过程研究，全面考察材料制备与应用过程的关键影响因素和重要指标，特别是全面评价 3D 打印这种新的成形工艺对于打印制品应用性能或服役过程的影响，建立全生命周期的综合评价与标准体系，是实现技术研究与产业应用发展的关键。

(5) 高素质专业人才培育与团队建设

高水平人才队伍是行业发展的第一资源和智力保证。因为技术开发时间短，涉及学科众多，高水平人才特别是综合性人才以及专业创新团队缺乏一直是 3D 打印行业发展的重要制约因素。主要表现在行业发展前期，从业人员以机械、自动化等领域专业人才和团队为主，行业主要的研发活动以打印装备的仿制和二次开发为主，以实现制品的三维结构构造为主要目标。虽然短期内使得我国3D打印行业有了较快发展，但目前已经遇到了发展瓶颈，包括打印成本居高不下，制品质量无法很好地满足应用需求等。这一方面是由于我们在装备和工艺方面的原始创新和集成创新欠缺；另一方面，行业人才结构单一，特别是缺乏材料领域专业人才的深度参与。3D打印技术作为一种新型的制造工艺，材料是其主要工作对象，也是物质基础。材料组成、加工工艺、结构与性能等材料基本要素及其相互关系是整个工艺过程的理论基础之一。以材料思维引导行业技术系统创新，构建集机械、自动化控制、材料及各应用领域专业人才的创新队伍是行业人才队伍构建的关键。

虽然专业人才不足是整个3D打印行业普遍存在的问题，但是对于无机非金属材料3D打印领域更加突出，无论专用装备、工艺和材料开发还是产业应用及服务等各个方面的专业人才缺口都很大，人才结构也不合理。这需要社会、行业及相关单位依托各种手段，强化专业人才的培养，引导各类人才加入，快速形成多支有重要影响力的创新团队。

(6) 基于重大应用牵引的行业快速发展

应用需求是产业发展的源动力，特别是重大应用示范对于产业发展有巨大牵引作用。金属材料3D打印发展在于航空航天等重大工程应用的示范带动，高分子材料3D打印发展则由于其在工业设计等领域不断成熟的应用。无机非金属材料具有区别于高分子材料和金属材料的优异特性，应用潜力大，但由于以上装备、材料等多方面的原因，仍局限于文创、医疗等少数领域。砂型打印是为数不多的工业应用，但规模和影响仍然有限；建筑3D打印虽然社会关注度高，但由于服役性能和耐久性等方面的不足，也未能形成规模应用；石墨烯材料、陶瓷材料以及复合材料等先进无机非金属材料3D打印仍都是实验研究性质，或者处于探索阶段，没有得到应用推广和工程验证。这也导致社会与行业对无机非金属3D打印的关注和支持不够，领域创新体系建设迟缓，创新动力和能力都不足。

基于无机非金属材料的传统应用领域，结合3D打印技术的突出特点，将3D打印无机非金属材料的应用拓展到航空、航天、军工等重大工程以及化工、冶炼等传统但要求苛刻领域，大幅激发无机非金属材料3D打印的应用需求，进而推动上游基础原材料、3D打印专用材料、3D打印装备等的开发以及专业人才的培养是行业发展的重要途径。

7.2 无机非金属材料3D打印技术发展趋势

(1) 多材料打印及器件一体化制造，是无机非金属材料3D打印未来发展的重要方向

3D打印技术的突出特点是通过材料的层状堆积逐渐实现制品的三维构造，从而能够实

现复杂结构制品的一体化制造。在这样的工艺过程中，如果通过变换打印材料种类或组成，甚至更换打印工艺，就可以使得异相材料按照预定打印路径在制品内部的规则排列，实现复合材料或者多材料的打印。金属材料的同轴送粉打印工艺（LENS）通过多个送粉喷头可以实现多种金属材料的复合打印，并且各组分之间的比例可以在打印过程中任意调整，得到各种梯度材料。高分子材料在材料挤出3D工艺过程中，同样可以通过多个挤出打印头或在进料过程中（如以颗粒料作为原材料）通过不断变换打印头或调整进料组成实现多材料打印。

无机非金属材料3D打印适用工艺多，但所用原材料多为粉末材料、浆体或膏体材料，更加易于实现多材料打印。目前，3D打印的陶瓷坯体、砂型等都是高分子组分和无机粉末组分的复合，3D打印混凝土材料从组成分析同样为复合材料，碳纤维、玻璃纤维以及石墨烯等通过与高分子材料、无机材料预混或者打印过程中复合，也能制备各种复合材料。另外，通过集成多种打印工艺或者多个打印头，结合人工智能技术的发展，实现多种材料的一体化、智能化成形，彻底改变传统的不同材质材料集成所采用的加工方式。这种打印方式已经有多个典型应用。如已报道的荷兰在钢筋混凝土桥梁打印时，钢筋和混凝土分别通过不同打印方式同步构造，以解决建筑3D打印时无法配筋的问题，是多材料打印的典型案例。另外，印刷电子行业基于3D打印技术，通过材料喷射和材料挤出等多种工艺集成将导电材料、介电材料、半导体材料等各种性质功能材料在基底上一次成形，从而一体化制造出电子器件与系统。这样的工艺不仅大大简化生产工艺，节省材料，还使得柔性电子设备、可穿戴传感器的一体化制备成为可能。近年来开发的纳米粒子喷射技术，允许同一台机器打印金属和陶瓷，从而实现单个一体打印制品的不同部分有不同成分和特性。另外，3D打印过程中，也可通过暂停打印，然后嵌入电子元器件等部件，直接制造出嵌入式的电子产品等多材料复合3D打印电子设备。

多材料器件的一体化技术正在通过3D打印工艺的不断创新引起多个领域的重大变革。无机非金属材料拥有优异的电学特性、光学特性、生物功能和高温特性等，是各种器件的关键材料，其多材料打印也必将是3D打印领域研究的热点。

(2) 3D打印工艺与传统工艺的复合应用，也将是无机非金属材料3D打印未来另一个重要的发展方向

3D打印工艺是一种新型的材料制备及成形方式，虽然在多个领域已经引起重大技术变革，但仍然具有一些很难克服的缺点，如尺寸精度低、表面质量差，在大规模制造过程中效率低、成本高等。这也决定了在工业化生产中3D打印技术更多是作为传统制造工艺的重要补充。如何充分发挥3D打印的技术优势、弥补劣势是目前3D打印研究的迫切需求。

增减材复合制造技术是将3D打印与传统工艺结合的重要创新技术，并于近几年在金属材料3D打印领域得到重点支持和快速发展。通过先增材后减材的工艺路径，该技术弥补了3D打印在精度等方面的不足，不但具有3D打印制造复杂零件及材料利用率高等优点，而且兼顾了减材加工与高精度的优点，能够直接获得结构复杂、组织致密、形状精度和表面质量高的机械制品。在无机非金属3D打印领域，也在积极探索增减材复合技术，并出现了FDM 3D打印工艺和切削工艺联合使用的陶瓷3D打印装备，通过引入减材工艺对复杂陶瓷坯体进行精准加工，为高质量陶瓷制品的制造提供重要保证。

除了增减材技术外，3D打印技术与浇注成形技术联合使用也是另外一种3D打印与传

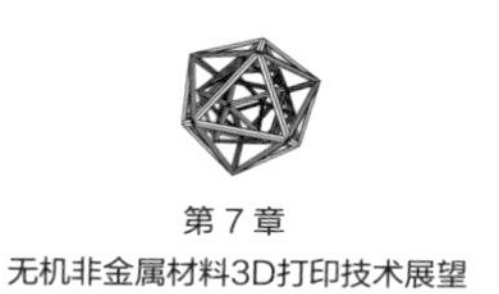

统工艺复合应用的重要途径。3D打印的模具主要包括砂型、石膏模具和耐火材料模具等，可以用于金属制品、陶瓷坯体以及耐火材料坯体等制造。

如何实现无机非金属材料3D打印工艺与传统制造和加工工艺进行复合应用和无缝衔接，充分发挥3D打印技术和传统工艺各自优势，也将是未来无机非金属材料3D打印的研究热点之一。

(3) 面向仿生结构的制造领域，无机非金属材料3D打印技术将发挥越来越重要的作用

根据“物竞天择，适者生存”的自然法则，生物体在进化过程中其本身构造也在不断更新、优化及调整，甚至某些生物具有比人造机械更为优越的功能。仿生学即是通过了解生物的结构和功能原理，为工程技术提供新的设计思想。将无机非金属材料3D打印技术运用到仿生学研究中，易于快速制备一系列兼具结构复杂、轻质、高强等优异性能的产品。如采用3D打印制备的仿生莲藕支架，在提高大块骨缺损修复能力方面明显优于普通支架；根据鲍鱼壳分级性质3D打印高密度陶瓷防弹衣等。

仿生学研究程序包括首先将生物模型提供的资料进行数学分析，然后根据数学模型制造出可在工程技术上进行实验的实物模型，其研究步骤与3D打印有相通之处。因此无机非金属材料的3D打印在仿生应用领域势必会发挥越来越重要的作用。

(4) 更高精度和更高维度无机材料3D打印技术及学科发展

极端制造也叫极限制造，是指对极端尺度或极高功能器件和功能系统的制造，如微纳电子器件、微纳光机电系统、分子器件、量子器件等极小尺度和极高精度的制造；或者空天飞行器、超大功率能源动力装备、超大型冶金石油化工装备等极大尺寸、极为复杂和功能极强的重大装备制造。随着材料精密制备科学的发展，以及新型3D打印装备的进步，配合材料计算和设计技术，3D打印在极端制造技术领域具有极大应用潜力。无机的材料4D打印近几年也已进入研究者的视野。从单纯追求结构到结构功能一体化的高维智能材料制备，必将赋予材料更加优异的性能。未来的3D打印技术，也将迎来新的革命和挑战，从现有传统制造的查漏补缺，跃变为面向前沿领域和极端环境的智能化、数字化的制备科学技术集成，引领材料制造向更高层次和更高纬度发展。

(5) 无机非金属材料3D打印的应用将会越来越广泛，并覆盖国民经济与人们生活的各个领域

无机非金属材料是人类最早学会加工并使用的材料，早已渗透到社会生产和人们生活的各个领域和环节。从日用的陶瓷制品、玻璃制品和水泥制品等传统无机材料，到电子、航天、能源、计算机、通信、激光、光电子、生物医学等各种现代新技术、新产业领域所用的先进陶瓷、人工晶体、非晶态材料、无机涂层、无机纤维、磁性材料、光学材料、高温结构材料等，无机非金属材料在国民经济和人们的日常生活中发挥着非常重要的作用。

目前，3D打印无机非金属材料也逐渐进入社会各个领域，成为我们生活的一部分，未来也必将在各个领域都发挥不可替代的作用。无机非金属材料3D打印技术的发展，也必将立足应用，开展多层面、多方位研究，实现材料与工艺的紧密结合与协同作用，最终实现3D打印无机非金属材料的广泛应用和行业快速发展。无机非金属材料3D打印任重道远，但前景可期。

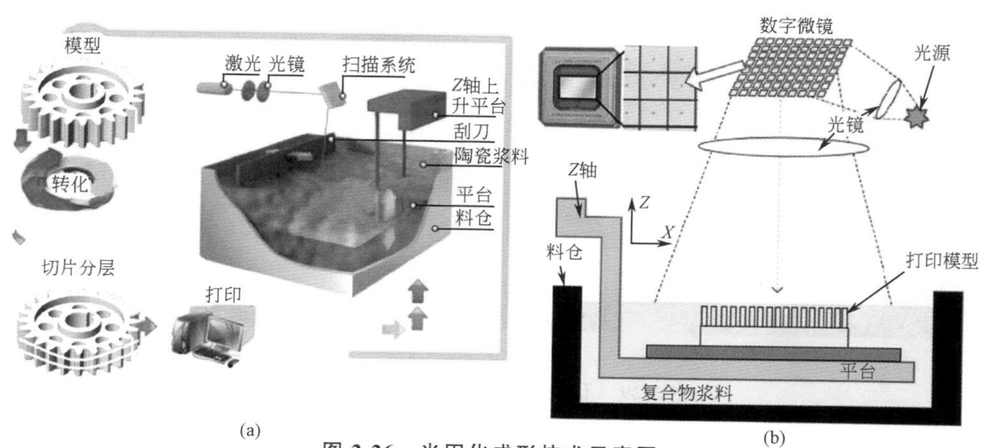

图 2-26　光固化成形技术示意图

(a) SL 技术[48]；(b) DLP 技术[57]

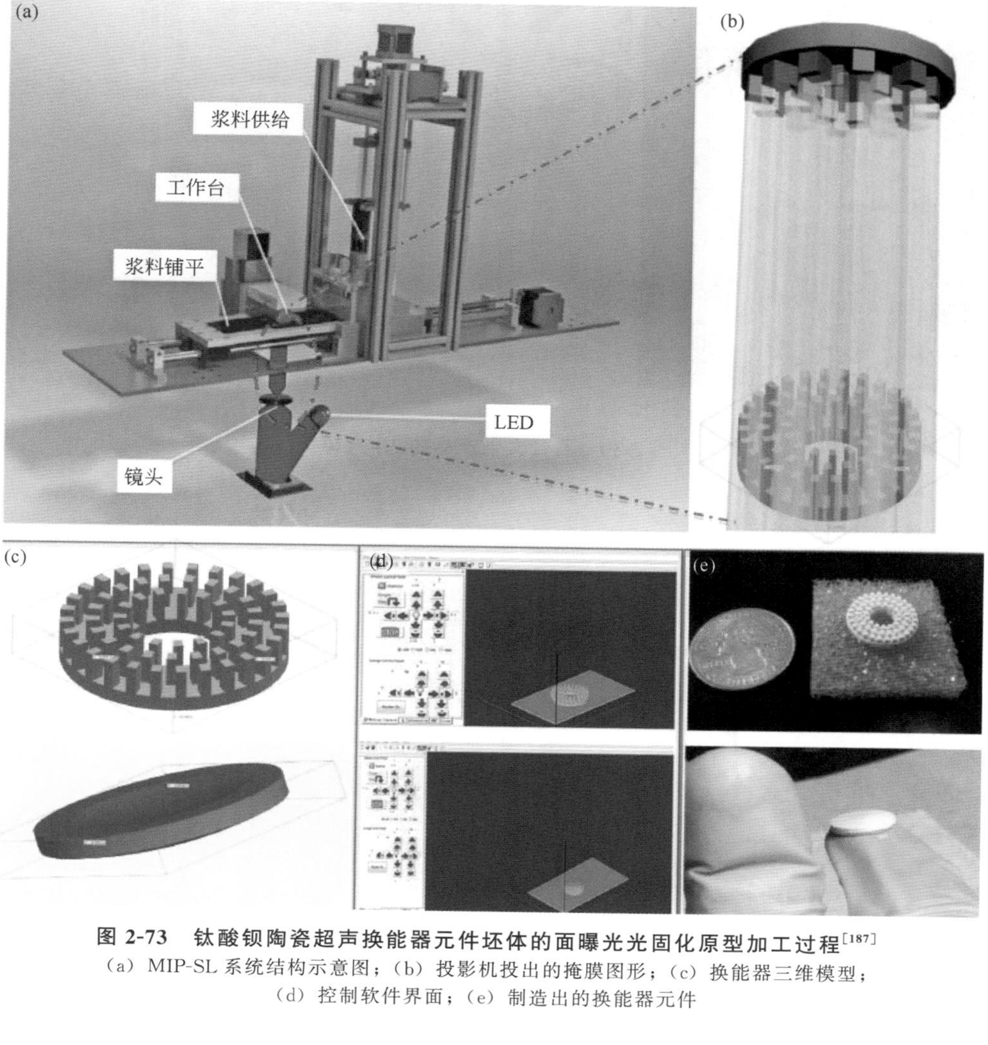

(a)
浆料供给
工作台
浆料铺平
LED
镜头
(b)
(c)
(d)
(e)

图 2-73　钛酸钡陶瓷超声换能器元件坯体的面曝光光固化原型加工过程[187]

(a) MIP-SL 系统结构示意图；(b) 投影机投出的掩膜图形；(c) 换能器三维模型；
(d) 控制软件界面；(e) 制造出的换能器元件

(a)

(b)

图 3-29 石膏 3D 打印存在的色彩问题

(a)

(b)

图 3-30 石膏文创产品的 3D 打印

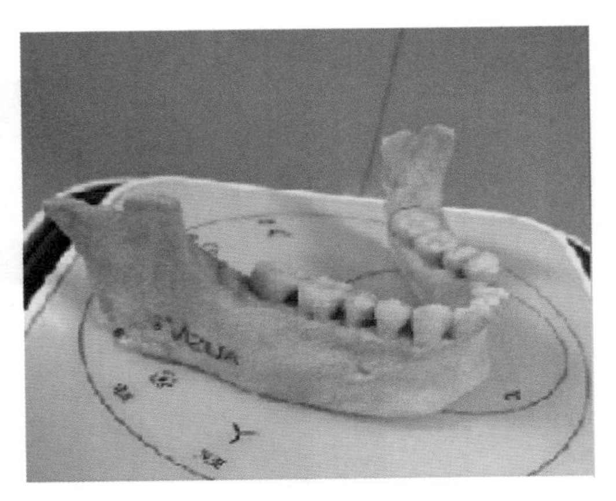

图 3-31 石膏 3D 打印医学模型

图 3-34 石膏 3D 打印在地理、地质等方面的应用

（a）比特菲尔德煤矿区的三维地质模型[83]；（b）地貌模型；（c）萨瑟兰沉船遗址模型；（d）建筑沙盘

图 4-7 玻璃拉丝生产线

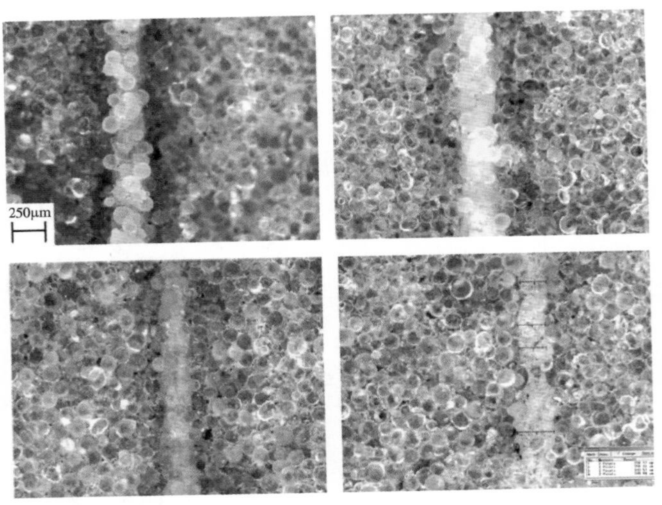

图 4-20　使用不同参数激光烧结玻璃微珠的表面形貌

图 4-24　宁波材料技术与工程研究所 3D 打印玻璃的图片

图 4-25　以色列 Micron 3DP 公司 3D 打印玻璃的图片

图 4-26　3D 打印的玻璃工艺品

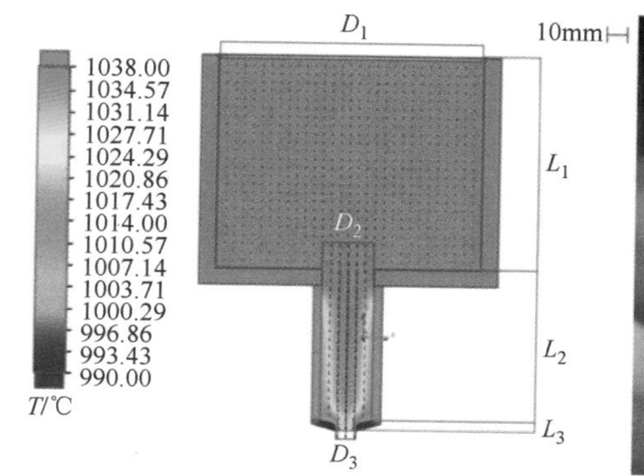

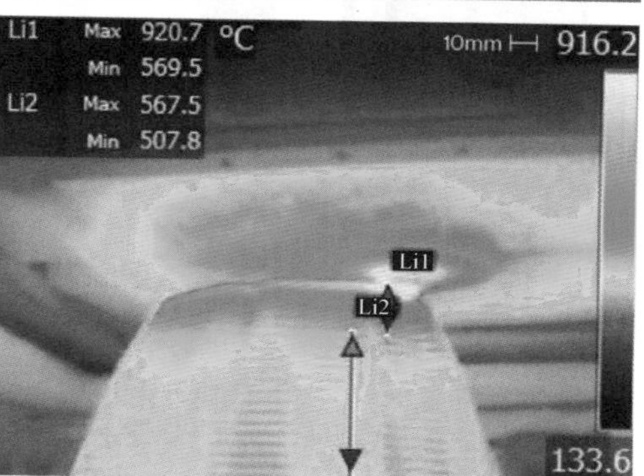

图 4-28　玻璃熔体 3D 打印过程中的图片与温度分布

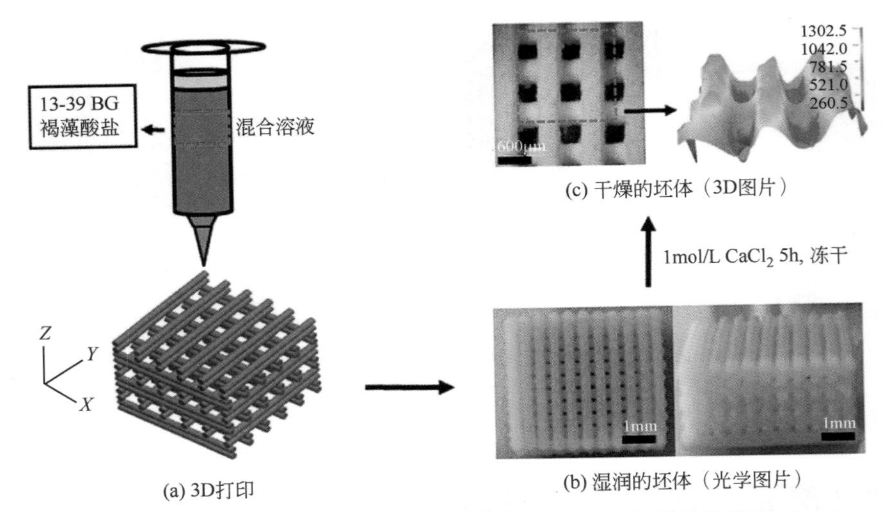

图 4-50　3D 打印 13-93 生物玻璃和海藻酸钠混合物的示意图

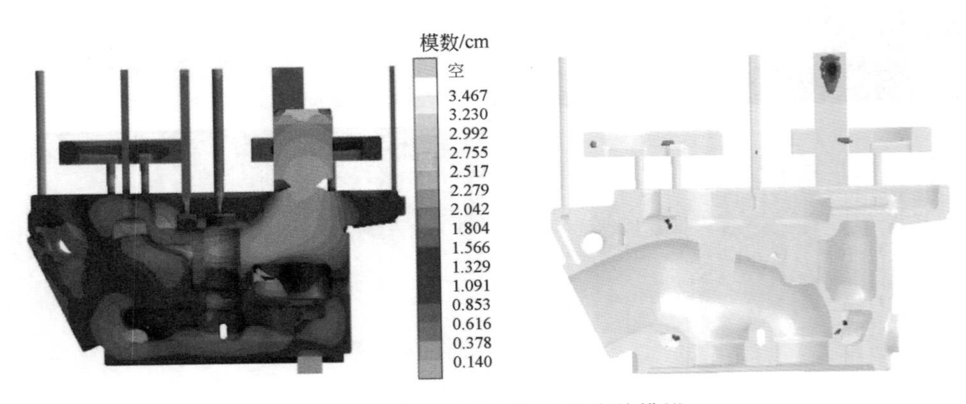

图 5-21　汽缸盖不同浇注方案的模拟